# 光电信息技术综合实验教程

主　编　陈　丽

副主编　雷　亮　周冬跃　温坤华

科学出版社

北　京

## 内 容 简 介

本书共分为六章，内容涉及基础光学、信息光学与激光技术、光学器件设计与仿真、光电器件与视觉检测技术、光纤与通信技术、综合创新等实验的原理、仪器、步骤。全书既体现了光电子学科领域的系统性，也体现了不同类型实验的特点。每个实验着重描述实验的操作，强调实验的施行技巧，以便读者能快速掌握实验的要点。

本书适合高等学校光电信息类专业的本科生阅读，也可供光电信息类相关专业的技术人员参考。

**图书在版编目（CIP）数据**

光电信息技术综合实验教程/陈丽主编. —北京：科学出版社，2017.10

ISBN 978-7-03-054924-2

Ⅰ. ①光… Ⅱ. ①陈… Ⅲ. ①光电子技术-信息技术-实验-高等学校-教材 Ⅳ. ①TN2-33

中国版本图书馆 CIP 数据核字（2017）第 257939 号

责任编辑：郭勇斌 邓新平 欧晓娟 / 责任校对：彭珍珍
责任印制：张 伟 / 封面设计：蔡美宇

科学出版社 出版
北京东黄城根北街 16 号
邮政编码：100717
http://www.sciencep.com

固安县铭成印刷有限公司 印刷

科学出版社发行 各地新华书店经销

*

2017 年 10 月第 一 版 开本：720 × 1000 1/16
2022 年 1 月第五次印刷 印张：23
字数：450 000

**定价：78.00 元**

（如有印装质量问题，我社负责调换）

# 前　言

本书涉及基础光学、信息光学与激光技术、光学器件设计与仿真、光电器件与视觉检测技术、光纤与通信技术和综合创新等实验的原理、仪器、步骤及详细的技术操作流程，着重描述实验过程的要求，强调实验手段的施行技巧，以通俗易懂的语言表述繁复易错的操作过程，以便学生使用本书快速掌握实验流程，达到融会贯通的目的。

本书将现有光电子技术实验内容分为六章，既体现了光电子学科领域的系统性，又能在每章体现不同类型实验的特点。本书既可为高等学校光电信息类专业的光电实验课程提供一套内容较为全面的实验教材，亦可供高等职业学校相近专业及光电工程技术人员参考使用。本书第 1 章基础光学实验由陈丽编写，第 2 章信息光学与激光技术实验由陈丽、居桂方和蒙自明编写，第 3 章光学器件设计与仿真实验由胡正发编写，第 4 章光电器件与视觉检测技术实验由雷亮和黄继才编写，第 5 章光纤与通信技术实验由周冬跃和温坤华编写，第 6 章综合创新实验由董华锋和李杨编写。

本书在编写过程中参考使用了相关实验仪器公司所提供的授权资料，在此一并表示感谢!本书的编写者在相关课程的教学方面具有丰富的经验，但由于水平有限，书中难免存在疏漏，欢迎广大同行和读者批评指正。

编　者

2017 年 3 月

# 前言

# 目　　录

# 第 1 章　基础光学实验

## 1.1　自组显微镜（测量）实验

### 一、实验目的

了解显微镜的基本原理和结构，并掌握调节、使用和测量它的放大率的方法。

### 二、实验原理

物镜 $L_o$ 的焦距 $f_0$ 很短，将 F 放在它前面距离略大于 $f_0$ 的位置，F 经 $L_o$ 后成一放大实像 F'，然后再用目镜 $L_e$ 作为放大镜观察这个中间像 F'，F'应成像在 $L_e$ 的第一焦点 $F_e$ 之内，经过目镜后在明视距离处形成一放大的虚像 F''。

### 三、实验仪器及原理图

本实验所使用的实验仪器见图 1-1。

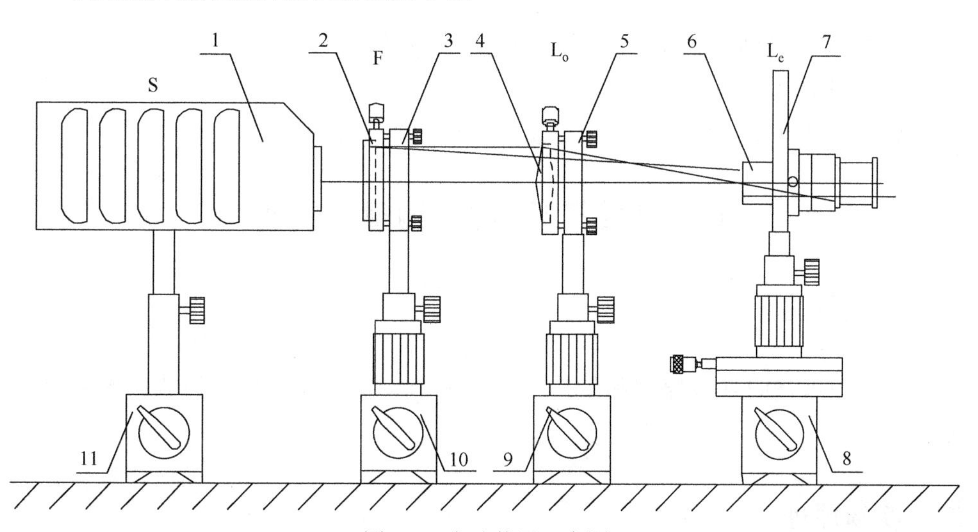


图 1-1　实验装置示意图

1. 带有毛玻璃的白炽灯光源 S；2. 1/10 mm 分划板 F1；3. 二维调整架：SZ-07；4. 物镜 $L_o$：$f_0$=15 mm；5. 二维调整架：SZ-07；6. 测微目镜 $L_e$（去掉其物镜头的读数显微镜）；7. 读数显微镜架：SZ-38；8. 三维底座：SZ-01；9. 一维底座：SZ-03；10. 一维底座：SZ-03；11. 通用底座：SZ-04

图 1-2 是本实验的原理图。

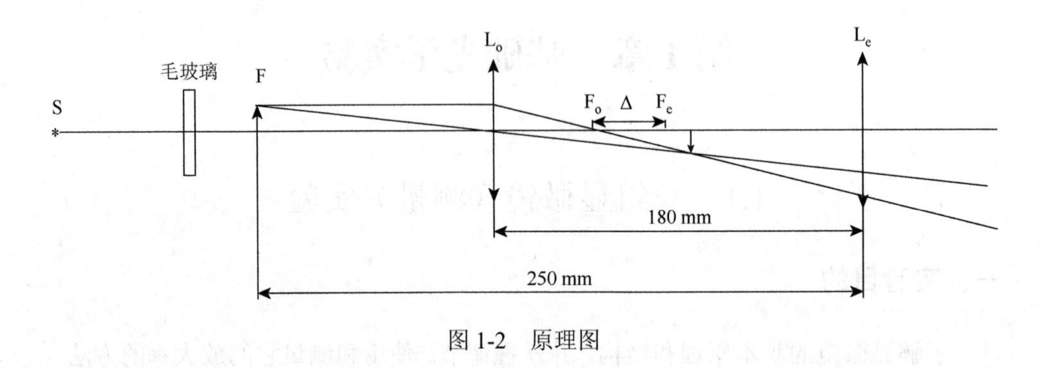


图 1-2　原理图

## 四、实验步骤

（1）把全部器件按图 1-1 的顺序摆放在平台上，靠拢后目测调至共轴。

（2）把透镜 $L_o$、$L_e$ 的间距固定为 180 mm。

（3）沿标尺导轨前后移动 F（F 紧挨毛玻璃装置，使 F 置于略大于 $f_0$ 的位置），直至在显微镜系统中看清毫米尺 F 的刻线。

## 五、数据处理

显微镜的计算放大率：$M = |(250\times\Delta)|/(f_0\times f_e)$

其中，$\Delta = F_O - F_e$，见图 1-2。

本实验中的 $f_e$=250/20（计算方法可参考光学书籍）。

# 1.2　自组望远镜（测量）实验

## 一、实验目的

了解望远镜的基本原理和结构，掌握调节、使用和测量它的放大率的两种方法。

## 二、实验原理

最简单的望远镜是由一片长焦距的凸透镜作为物镜和一片短焦距的凸透镜作为目镜组合而成。远处的物体经过物镜在其后焦面附近成一缩小的倒立实像，物镜的像方焦平面与目镜的物方焦平面重合。目镜起放大镜的作用，把这个倒立的实像再放大成一个正立的像。

## 三、实验仪器及原理图

本实验所使用的实验仪器见图 1-3。

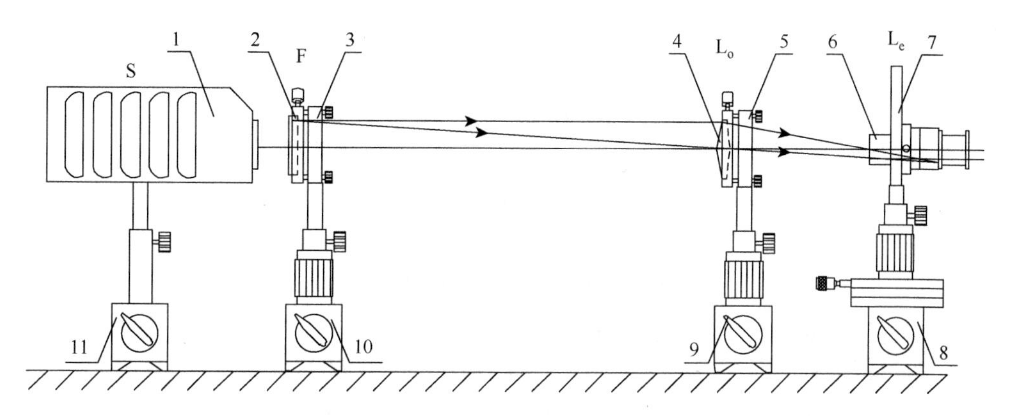


图 1-3　实验装置示意图

1. 带有毛玻璃的白炽灯光源 S；2. 毫米尺 F；3. 二维调整架：SZ-07；4. 物镜 $L_o$：$f_0$=225 mm；5. 二维调整架：SZ-07；6. 测微目镜 $L_e$（去掉其物镜头的读数显微镜）；7. 读数显微镜架：SZ-38；8. 通用底座：SZ-04；9. 通用底座：SZ-04；10. 通用底座：SZ-04；11. 通用底座：SZ-04；12. 白屏：SZ-13

图 1-4 是本实验原理图。

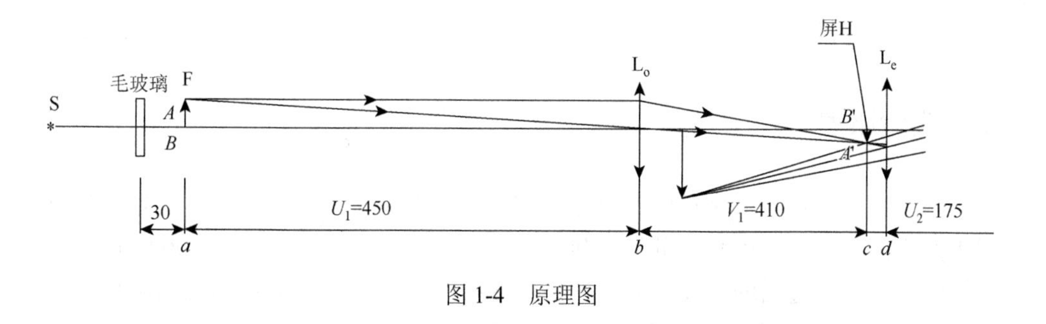


图 1-4　原理图

## 四、实验步骤

（1）把全部器件按图 1-3 的顺序摆放在平台上，靠拢后目测调至共轴。

（2）把 F 和 $L_e$ 的间距调至最大，沿导轨前后移动 $L_o$，使一只眼睛通过 $L_e$ 看到清晰的毫米尺 F 上的刻线。

（3）再用另一只眼睛直接看毫米尺 F 上的刻线，读出直接看到的 F 上的满量程 28 条线对应通过望远镜所看到 F 上的刻线格数 $e$。

（4）分别读出 F、$L_o$、$L_e$ 的位置 $a$、$b$、$d$。

（5）去 $L_e$，用屏 H 找到 F 通过 $L_o$ 所成的像，读出 H 的位置 $c$。

## 五、数据处理

$$\because M=\frac{\omega'}{\omega}$$

$$\frac{\omega'}{\omega}=\frac{A'B'/U_2}{AB/(U_1+V_1+U_2)}=\frac{A'B'}{AB}\frac{U_1+V_1+U_2}{U_2}$$

$$\text{又}\because \frac{A'B'}{AB}=\frac{V_1}{U_1}$$

$$\therefore M=V_1(U_1+V_1+U_2)/(U_1\times U_2)$$

望远镜的测量放大率：$M$=140/$e$

望远镜的计算放大率：$M=V_1(U_1+V_1+U_2)/(U_1\times U_2)$

其中，$U_1=b-a$；$V_1=c-b$；$U_2=d-c$；$AB$、$A'B'$如图 1-4 所示。

# 1.3　自组透射式幻灯机（测量）实验

## 一、实验目的

了解幻灯机的原理和聚光镜的作用，掌握调节透射式投影光路系统的方法。

## 二、实验原理

幻灯机能将图片的像放映在远处的屏幕上，但由于图片本身并不发光，要用强光照亮图片，所以幻灯机的构造包括聚光和成像两个主要部分，在透射式的幻灯机中，图片是透明的。成像部分主要包括物镜 $L_1$、幻灯片 P 和远处的屏幕。为了使这个物镜能在屏上产生高倍放大的实像，P 必须放在物镜 $L_1$ 的物方焦平面外很近的地方，使物距稍大于 $L_1$ 的物方焦距。

聚光部分主要包括强光源（通常采用溴钨灯）和透镜 $L_1$ 构成的聚光镜。聚光镜的作用是：一方面，要在未插入幻灯片时，能使屏幕上有强烈而均匀的照度，并且不出现光源本身结构（如灯丝等）的像，一经插入幻灯片后，能够在屏幕上单独出现幻灯片清晰的像；另一方面，聚光镜要有助于增强屏幕上的照度。因此，应使从光源发出并通过聚光镜的光束能够全部到达像面。为了达到这一目的，必须使这束光全部通过物镜 $L_1$，这可用“中间像”的方法来实现。即聚光镜使光源成实像，成实像后的那些光束继续前进时，不超过透镜 $L_1$ 边缘范围。光源的大小以能够使光束完全充满 $L_1$ 的整个面积为限。聚光镜焦距的长短是无关紧要的。通常将幻灯片放在聚光镜前面靠近 $L_2$ 的地方，而光源则置于聚光镜后 2 倍于聚光镜焦距之处。聚光镜焦距等于物镜焦距的一半，这样从光源发出的光束在通过聚光镜前后是对称的，而在物镜平面上光源的像和光源本身的大小相等。

## 三、实验仪器及原理图

本实验所使用的实验仪器见图 1-5。

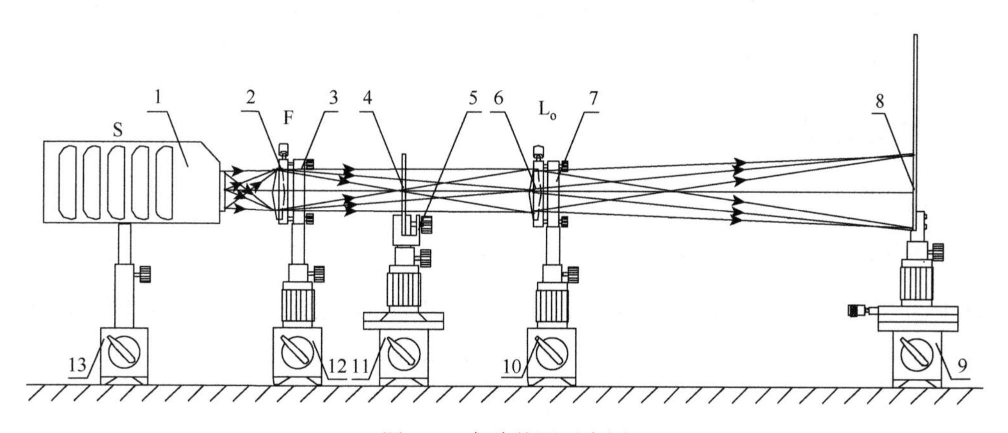


图 1-5　实验装置示意图

1. 带有毛玻璃的白炽灯光源 S；2. 聚光镜 $L_1$：$f_1$=50 mm；3. 二维调整架：SZ-07；4. 幻灯底片 P；5. 干板架：SZ-12；6. 放映物镜 $L_2$：$f_2$=190 mm；7. 二维调整架：SZ-07；8. 白屏 H：SZ-13；9. 三维底座：SZ-01；10. 一维底座：SZ-03；11. 二维底座：SZ-02；12. 一维底座：SZ-03；13. 通用底座：SZ-04

图 1-6 是本实验原理图。

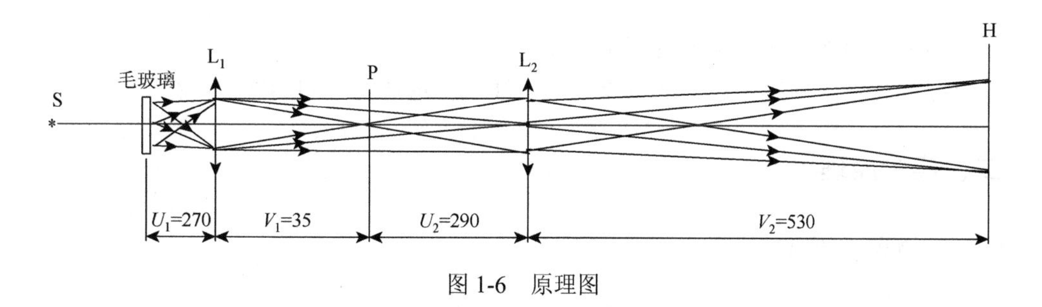


图 1-6　原理图

## 四、实验步骤

（1）把全部仪器按图 1-5 的顺序摆放在平台上，靠拢后目测调至共轴。

（2）将 $L_2$ 与 H 的间隔固定在间隔所能达到的最大位置，前后移动 P，使其经 $L_2$ 在屏 H 上成一最清晰的像。

（3）将聚光镜 $L_1$ 紧挨幻灯片 P 的位置固定，拿去幻灯片 P，沿导轨前后移动光源 S，使其经聚光镜 $L_1$ 刚好成像于白屏 H 上。

（4）再把底片 P 放在原位上，观察像面上的亮度和照度的均匀性，并记录所有仪器的位置，计算 $U_1$、$U_2$、$V_1$、$V_2$ 的大小。

（5）把聚光镜 $L_1$ 拿开，再观察像面上的亮度和照度的均匀性。

注：演示其现象时的参考数据为 $U_1$=35，$V_1$=35，$U_2$=300，$V_2$=520。与计算焦距时的数据并不相同。

## 五、数据处理

放映物镜的焦距：$f_2 = M/(M+1)^2 \times D_2$

聚光镜的焦距：$f_1 = D_1/(M+1) - D_1/(M+1)^2$

其中，$D_2 = U_2 + V_2$；$D_1 = U_1 + V_1$；$M_i = \dfrac{V_i}{U_i}(i=1,2)$ 为像的放大率。透镜的焦距的计算公式为

$$f_i = \frac{U_i V_i}{U_i + V_i}(i=1,2)$$

# 1.4　光的干涉实验

## 一、实验目的

（1）观察双缝干涉现象及测量光波波长；

（2）观察牛顿环等厚干涉现象，用干涉法测量透镜表面的曲率半径。

## 二、实验原理

### （一）杨氏双缝实验

杨氏双缝实验原理如图 1-7 所示，在普通单色光源（如钠光灯）前面放一个

开有小孔 S 的屏，作为单色点光源。在 S 照明范围内的前方，再放一个开有两个小孔 $S_1$ 和 $S_2$ 的屏。$S_1$ 和 $S_2$ 彼此相距很近，且到 S 等距。根据惠更斯原理，$S_1$ 和 $S_2$ 将作为两个次波源向前发射次波（球面波），形成交迭的波场。这两个相干的光波在距离屏为 D 的接收屏上叠加，形成干涉图样。为了提高干涉条纹的亮度，实际中 S、$S_1$ 和 $S_2$ 用三个互相平行的狭缝（杨氏双缝干涉），而且可以不用接收屏，代之以目镜直接观测。在激光出现以后，利用它的相干性和高亮度，用氦氖激光束直接照射双孔，在屏幕上同样可获得一套相当明显的干涉条纹。

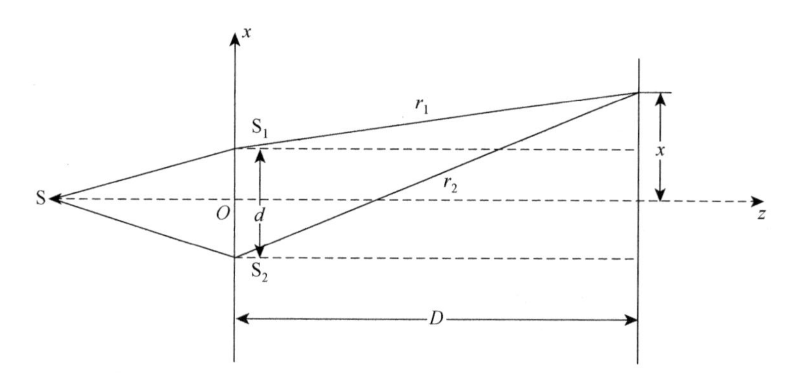


图 1-7　杨氏双缝实验原理图

如图 1-7 所示，设两个狭缝 $S_1$ 和 $S_2$ 的间距为 $d$，它们到屏幕的垂直距离为 $D$（屏幕与两缝连线的中垂线相垂直）。

假定 $S_1$ 和 $S_2$ 到 S 的距离相等，$S_1$ 和 $S_2$ 处的光振动就具有相同的相位，屏幕上各点的干涉强度将由光程差 $\Delta L$ 决定。为了确定屏幕上光强极大和光强极小的位置，选取直角坐标系 $O\text{-}xyz$，坐标系的原点 $O$ 位于 $S_1$ 和 $S_2$ 连线的中心，$x$ 轴的方向为 $S_1$ 和 $S_2$ 连线方向，假定屏幕上任意点 $P$ 的坐标为（$x, y, D$），那么 $S_1$ 和 $S_2$ 到 $P$ 点的距离 $r_1$ 和 $r_2$ 分别写为

$$r_1 = S_1 p\sqrt{\left(x-\frac{d}{2}\right)^2 + y^2 + D^2} \tag{1-1}$$

$$r_2 = S_2 p\sqrt{\left(x+\frac{d}{2}\right)^2 + y^2 + D^2} \tag{1-2}$$

由上两式可以得到 $r_2^2 - r_1^2 = 2xd$ 。

若整个装置放在空气中，则相干光到达 $P$ 点的光程差为

$$\Delta L = r_2 - r_1 = \frac{2xd}{r_1 + r_2} \tag{1-3}$$

在实际情况中，$d$ 远小于 $D$，这时如果 $x$ 和 $y$ 也比 $D$ 小得多（即在 $z$ 轴附近

观察）则有 $r_1 + r_2 \approx 2D$ 。在次近似条件下式（1-3）变为

$$\Delta L = \frac{xd}{D} \tag{1-4}$$

再由光程差判据

$$\Delta L(p) = m\lambda_0 (m = 0, \pm 1, \pm 2, \cdots), p \text{ 为光强极大处}$$

$$\Delta L(p) = \left( m + \frac{1}{2} \right) \lambda_0 (m = 0, \pm 1, \pm 2, \cdots), p \text{ 为光强极小处}$$

可知道在屏幕上各级干涉的极大的位置为

$$x = \frac{mD\lambda}{d} (m = 0, \pm 1, \pm 2, \cdots)$$

干涉极小的位置是

$$x = \left( m + \frac{1}{2} \right) \frac{D\lambda}{d} (m = 0, \pm 1, \pm 2, \cdots)$$

相邻两极大或两极小值之间的间距为干涉条纹间距，用 $\Delta x$ 来表示，它反映了条纹的疏密程度。由式（1-4）可得相干条纹的间距为

$$\Delta x = \frac{D}{d} \lambda \tag{1-5}$$

变换可得

$$\lambda = \frac{\Delta x d}{D}$$

式中，$d$ 为两个狭缝中心的间距；$\lambda$ 为单色光波波长；$D$ 为双缝屏到观测屏（微测目镜焦平面）的距离。

由式（1-5）可知，如从实验中测得 $D, d$ 及 $\Delta x$ ，即可计算出 $\lambda$ 。

## （二）牛顿环实验

一个曲率半径很大的平凸透镜，以其凸面朝下，放在一块平面玻璃板上（图 1-8），两者之间形成一层厚度由零逐渐增大的空气膜，若对透镜投射单色光，空气膜下缘面与上缘面反射的光就会互相干涉。从透镜上看到的干涉花样是以玻璃接触点为中心的一组中央疏、边缘密的明暗相间的同心圆环条纹，这就是牛顿环。它是等厚干涉，与接触点等距离的空气厚度是相同的。

从图 1-8 来看，设透镜的曲率半径为 $R$，与接触点 $O$ 相距为 $r$ 处的膜厚为 $d$，其中几何关系为

$$R^2=(R-d)^2+r^2=R^2-2Rd+d^2+r^2 \quad (1\text{-}6)$$

因为 $R\gg d$，所以 $d^2$ 可略去，得

$$d=r^2/2R \quad (1\text{-}7)$$

光线应是垂直入射的，计算光程差时还要考虑光波在平面玻璃上反射会有半波损失，从而带来 $\lambda/2$ 的附加光程差，所以总的光程差为

$$\sigma=2d+\lambda/2 \quad (1\text{-}8)$$

产生暗环的条件是

$$\sigma=(2m+1)\frac{\lambda}{2} \quad (m=0,1,2,\cdots) \quad (1\text{-}9)$$

其中 $m$ 为干涉条纹的级数。

综合上面的式子可得到第 $m$ 级暗环半径为

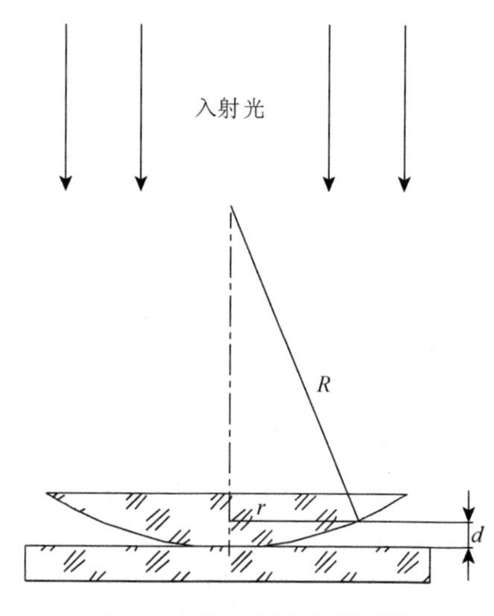


图 1-8　牛顿环实验原理图

$$r_m=\sqrt{mR\lambda} \quad (1\text{-}10)$$

从式（1-10）可见，只要波长 $\lambda$ 为已知，测量出第 $m$ 级暗环半径 $r_m$，即可得出平凸透镜的曲率半径 $R$ 值。但是由于两镜面接触点之间难免存在着细微的尘埃，使光程差产生难以确定的变化，中央暗点就可变成亮点或若明若暗。再者，接触压力引起玻璃的变形会使接触点扩大成一个接触面，以致接近圆心处的干涉条纹也是宽阔而模糊的。这就给 $M$ 带来某种程度的不确定性。为了求得比较准确的测量结果，可以用两个暗环半径 $r_m$ 和 $r_n$ 的平方差来计算曲率半径 $R$。

因

$$r_m^2=mR\lambda,\ r_n^2=nR\lambda$$

两式相减得

$$r_m^2-r_n^2=mR\lambda-nR\lambda \quad (1\text{-}11)$$

所以

$$R=\frac{r_m^2-r_n^2}{(m-n)\lambda} \quad (1\text{-}12)$$

因 $m$ 和 $n$ 有着相同的不确定程度，利用 $m-n$ 这一相对性测量恰好消除了由绝对测量的不确定性带来的误差。

## 三、实验仪器

### （一）杨氏双缝实验

杨氏双缝实验仪器见图 1-9。

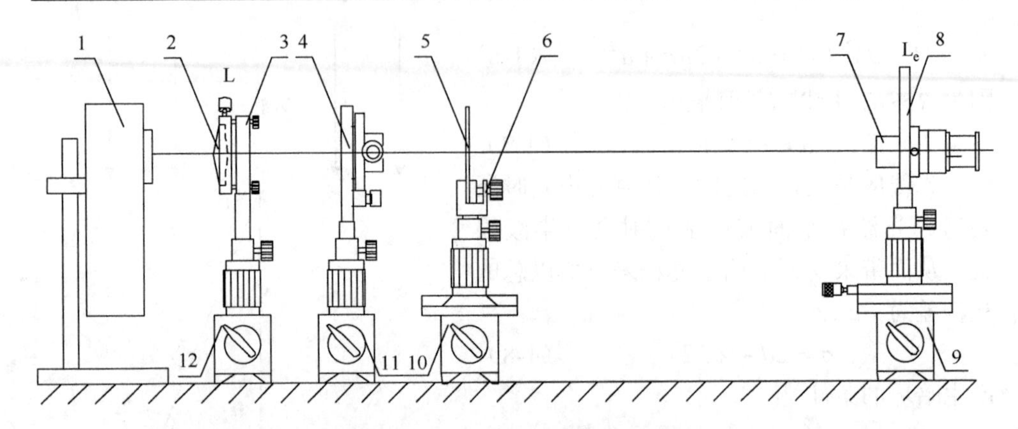


图 1-9　杨氏双缝实验装置示意图

1. 钠光灯（可加圆孔光栏）；2. 凸透镜 L：$f$=50 mm；3. 二维调整架：SZ-07；4. 单面可调狭缝：SZ-22；5. 双缝（多缝板）；6. 干板架：SZ-12；7. 测微目镜 $L_e$（去掉其物镜头的读数显微镜）；8. 读数显微镜架：SZ-38；9. 三维底座：SZ-01；10. 二维底座：SZ-02；11. 一维底座：SZ-03；12. 一维底座：SZ-03

图 1-10 是杨氏双缝实验原理图。

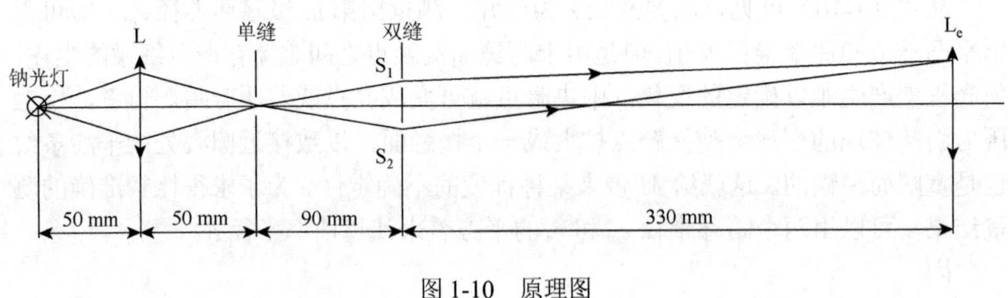


图 1-10　原理图

## （二）牛顿环实验

牛顿环实验仪器见图 1-11。

# 四、实验步骤

## （一）杨氏双缝实验

（1）把全部仪器按照图 1-9 的顺序在平台上摆放好，并调成共轴系统。钠光灯（可加圆孔光栏）经透镜聚焦于狭缝上。使单缝和双缝平行，而且由单缝射出的光照射在双缝的中间。

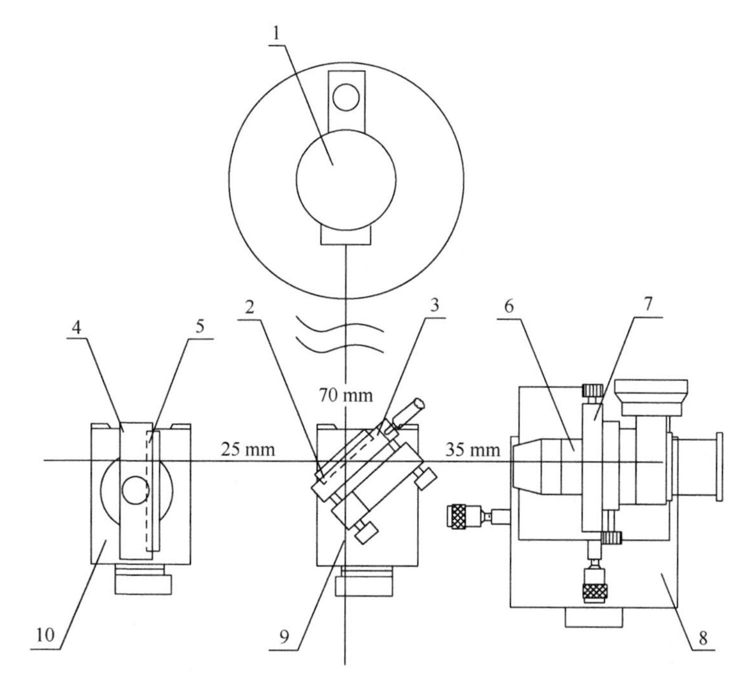


图 1-11　牛顿环实验装置示意图

1. 钠光灯；2. 半透半反镜；3. 二维调整架：SZ-07；4. 牛顿环；5. 牛顿环直立架：SZ-34-54；6. 读数显微镜架：SZ-38；7. 读数显微镜；8. 三维底座：SZ-01；9. 通用底座：SZ-04；10. 一维底座：SZ-03

（2）直接用眼睛观测到干涉条纹后，再放入微测目镜进行测量。使相干光束处在目镜视场中心，并调节单缝和双缝的平行度（调节单缝即可），使干涉条纹最清晰。

（3）用微测目镜测出干涉条纹的间距 $\Delta x$ 和双缝到微测目镜焦平面上叉丝毫米尺的距离 $D$。

（4）利用已知双缝间距，再把测出的 $\Delta x$ 和 $D$ 代入公式 $\lambda = \dfrac{\Delta xd}{D}$ 中求出波长 $\lambda$。把实验值和真实值进行比较，并找出误差原因。

## （二）牛顿环实验

（1）调节牛顿环装置三个螺钉，使接触点 $O$ 大致在中心，螺钉的松紧程度合适，太松则接触点不稳定，太紧则将镜压碎，将牛顿环置于牛顿环直立架上。

（2）把全部器件按图 1-11 的顺序摆放在平台上，靠拢后目测调至共轴。

（3）点亮钠光灯，使钠光垂直射到半透半反镜上，调节半透半反镜的角度和位置。此时显微镜上看到明亮的视场，前后移动显微镜就可观察到等厚干涉同心圆环。

（4）用测微目镜的鼓轮测出 $K$=20、15、10、5 牛顿环直径，用环差法：$m-n$=5，再由已知波长 $\lambda$=5893Å 和 $R=(r_m^2-r_n^2)/[(m-n)\lambda]$，可求得牛顿环透镜的曲率半径 $R_{(20-15)}$、$R_{(15-10)}$ 和 $R_{(10-5)}$，求其平均值就可以得出牛顿环的曲率半径 $R$ 的大小。

# 1.5　典型图案的傅里叶变换实验

## 一、实验目的

（1）了解菲涅耳衍射、夫琅禾费衍射的本质区别；

（2）了解不同图形夫琅禾费衍射的光强分布；

（3）对比不同图形菲涅耳衍射、夫琅禾费衍射的光强分布。

## 二、实验原理

### （一）傅里叶变换实验

傅里叶光学主要研究以光波作为载波，实现信息的传递、变换、记录和再现问题。描述光的传播规律的标量衍射理论，显然是研究这些问题的物理基础。

利用基尔霍夫或瑞利-索末菲衍射公式计算衍射光场复振幅分布虽然准确，但是在计算积分时存在数学上的困难。在一定条件下对瑞利-索末菲衍射公式进行近似，便可以将衍射现象划分为两种类型——菲涅耳衍射和夫琅禾费衍射，也称近场衍射与远场衍射（图 1-12）。先简单分析单色光经过小孔后的衍射现象。图 1-12

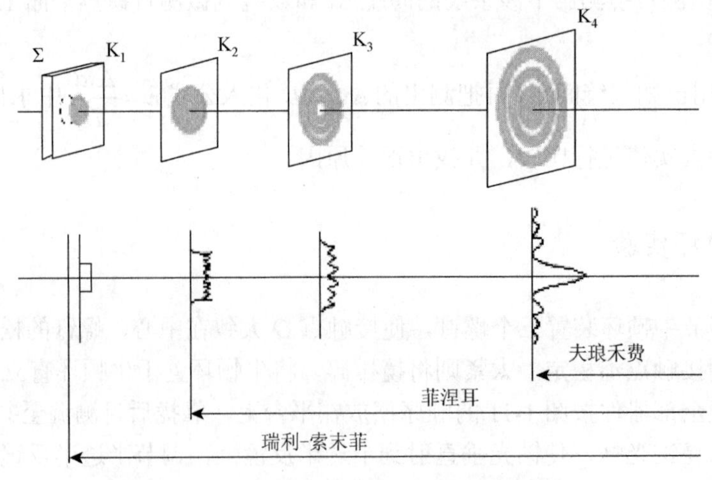


图 1-12　夫琅禾费衍射和菲涅耳衍射的划分

表示一个单色平面波垂直照射到圆孔 Σ 上（圆孔直径大于波长）的情形。若在离 Σ 很近的 $K_1$ 处观察透过的光，将看到边缘比较锐利的光斑，其形状、大小和圆孔基本相同，可看作是圆孔的投影。这时光的传播可看作是直线进行的。

若增大观察距离，例如，在 $K_2$ 处，将看到一个边缘模糊的略大的圆光斑，光斑内有一圈圈的亮暗环，这时光斑已不能看作圆孔的投影了。随着距离的增大，光斑范围将不断扩大，但光斑中圆环数目逐渐减少，如 $K_3$ 处的情况，而且环纹中心的明暗也表现为交替出现。当观察平面距离很远时，如在 $K_4$ 处，将看到一个较大的中间亮，边缘暗，且在边缘外有较弱的亮暗交替的光斑。此后观察距离再增大时，只是光斑扩大，但光斑形状不变。通常菲涅耳衍射指近场衍射，夫琅禾费衍射指远场衍射。下面根据瑞利-索末菲衍射公式来讨论远和近的范围是怎样划分的（图 1-13）。考虑无限大的不透明屏上的一个有限孔径 Σ 对单色光的衍射，设平面屏有直角坐标系（$x_1, y_1$），在平面观察区域有坐标系（$x, y$），两坐标系平行，相距 $z$。

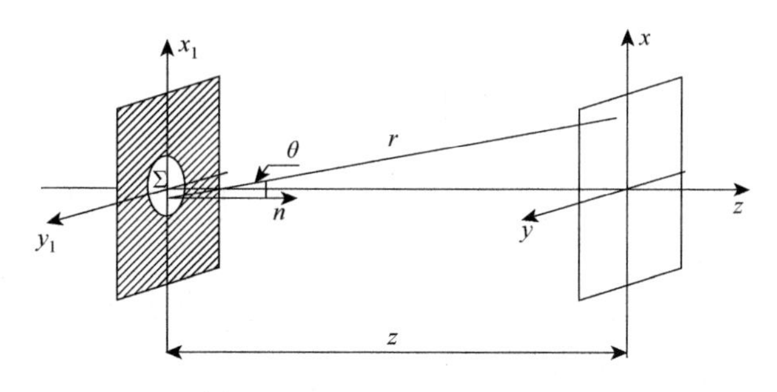


图 1-13　衍射孔径和观测平面

## （二）菲涅耳衍射

根据瑞利-索末菲衍射公式：

$$U(P)=\frac{1}{\mathrm{j}\lambda}\iint_{\Sigma}U_0(P_1)\frac{\mathrm{e}^{jkr}}{r}K(\theta)\mathrm{d}S \tag{1-13}$$

式中，$\Sigma$ 为光波的一个波面；$U(P_1)$ 为波面任一点 $P_1$ 的复振幅；$r$ 为从 $P$ 到 $P_0$ 距离；$\theta$ 为 $P_1P$ 和过 $P_1$ 点的元波面法线 $n$ 的夹角，这里用倾斜因子 $K(\theta)$ 表示子波源在 $P_1$ 对 $P$ 的作用与角度 $\theta$ 有关。

当光源足够远，观察屏和衍射屏的距离 $z$ 远远大于 $\Sigma$ 的线度和观察范围的线度，那么在 $z$ 轴附近

$$K(\theta)\approx 1 \tag{1-14}$$

令系统脉冲为

$$h(P,P_1)=\frac{1}{\mathrm{j}\lambda}K(\theta)\frac{\mathrm{e}^{\mathrm{j}kr}}{r} \tag{1-15}$$

则

$$\begin{aligned}h(x,y;x_1,y_2)&=\frac{\exp\left|\mathrm{j}k\sqrt{z^2+(x-x_1)^2+(y-y_1)^2}\right|}{\mathrm{j}\lambda\sqrt{z^2+(x-x_1)^2+(y-y_1)^2}}\\&=h(x-x_1;y,y_1)\end{aligned} \tag{1-16}$$

图 1-13 所示的坐标系下，式（1-16）可以写为

$$\begin{aligned}U(x,y)&=\frac{1}{\mathrm{j}\lambda}\iint_{\Sigma}U_0(x_1,y_1)\frac{\exp\left|\mathrm{j}k\sqrt{z^2+(x-x_1)^2+(y-y_1)^2}\right|}{\sqrt{z^2+(x-x_1)^2+(y-y_1)^2}}K(\theta)\mathrm{d}x_1\mathrm{d}y_1\\&\approx\frac{1}{\mathrm{j}\lambda}\iint_{\Sigma}U_0(x_1,y_1)\frac{\exp\left\{\mathrm{j}kz\left[1+\frac{(x-x_1)^2+(y-y_1)^2}{2z^2}\right]\right\}}{z\left[1+\frac{(x-x_1)^2+(y-y_1)^2}{2z^2}\right]}\mathrm{d}x_1\mathrm{d}y_1\\&\approx\frac{1}{\mathrm{j}z\lambda}\iint_{\Sigma}U_0(x_1,y_1)\exp\left\{\mathrm{j}kz\left[1+\frac{(x-x_1)^2+(y-y_1)^2}{2z^2}\right]\right\}\mathrm{d}x_1\mathrm{d}y_1\\&=\frac{1}{\mathrm{j}z\lambda}\exp(\mathrm{j}kz)\iint_{\Sigma}U_0(x_1,y_1)\exp\left\{\mathrm{j}kz\left[\frac{(x-x_1)^2+(y-y_1)^2}{2z^2}\right]\right\}\mathrm{d}x_1\mathrm{d}y_1\end{aligned} \tag{1-17}$$

这一近场近似称为菲涅耳衍射公式。使以上近似成立的观察区称菲涅耳衍射区，使菲涅耳衍射公式成立的条件是：$z$ 远远大于 $\frac{1}{2}\sqrt[3]{\frac{1}{\lambda}[(x-x_1)^2+(y-y_1)^2]_{\max}^2}$ 。

## （三）夫琅禾费衍射

菲涅耳衍射公式是

$$U(x,y)=\frac{1}{\mathrm{j}z\lambda}\exp(\mathrm{j}kz)\iint_{\Sigma}U_0(x_1,y_1)\exp\left\{\mathrm{j}kz\left[\frac{(x-x_1)^2+(y-y_1)^2}{2z^2}\right]\right\}\mathrm{d}x_1\mathrm{d}y_1$$

如果我们的观察区域远远大于衍射孔线线度，即 $x$ 远远大于 $x_{\max}$ ，$y$ 远远大于 $y_{\max}$ ，那么上式进一步近似为

$$\begin{aligned}U(x,y)&\approx\frac{1}{\mathrm{j}z\lambda}\exp(\mathrm{j}kz)\iint_{\Sigma}U(x_1,y_1)\exp\left[\mathrm{j}k\left(\frac{x^2+y^2-2xx_1-2yy_1}{2z}\right)\right]\mathrm{d}x_1\mathrm{d}y_1\\&=\frac{1}{\mathrm{j}z\lambda}\exp\left[\mathrm{j}k\left(z+\frac{x^2+y^2}{2z}\right)\right]\iint_{\Sigma}U_0(x_1,y_1)\exp\left[\mathrm{j}k\frac{-(xx_1+yy_1)}{z}\right]\mathrm{d}x_1\mathrm{d}y_1\end{aligned}$$

这样我们对于菲涅耳衍射公式的进一步近似称为远常近似，得到的衍射公式

称为夫琅禾费公式，这一积分公式使菲涅耳衍射公式在数学上又简单了一些。对应的衍射区域称为夫琅禾费衍射区。

容易看出，满足夫琅禾费衍射的条件是

$$k\frac{(x_1^2+y_1^2)_{\max}}{2z}=\frac{2\pi}{\lambda}\frac{(x_1^2+y_1^2)_{\max}}{2z}\ll 2\pi \tag{1-18}$$

即

$$z\gg\frac{(x_1^2+y_1^2)_{\max}}{2\lambda} \tag{1-19}$$

这是一个很强的条件，比如，当 $\lambda=600\ \text{nm}$，孔径直径为 2 mm 时，要观察夫琅禾费衍射，观察位置必须在远远大于 1666 mm 的地方。实际中，往往用 $k\frac{x_1^2+y_1^2}{2z}=\frac{2\pi}{\lambda}\frac{(x_1^2+y_1^2)_{\max}}{2z}=\frac{\pi}{10}$ 即 $z=10\frac{(x_1^2+y_1^2)_{\max}}{\lambda}$ 来确定出现夫琅禾费衍射的位置。在实际操作过程中一般采用正透镜把远处的像转移到正透镜的焦平面上。

## （四）几种典型的夫琅禾费衍射

在无限远处观察的衍射是严格的夫琅禾费衍射，用一正透镜在后焦面上观察的衍射就是这种情况。夫琅禾费衍射在分析光学仪器的极限分辨本领时有着重要的意义。夫琅禾费衍射计算较为简单，同时它与傅里叶变换有着直接的联系，为此有必要进行专门的讨论。

我们已经得到夫琅禾费衍射公式是

$$U(x,y)=\frac{1}{\mathrm{j}z\lambda}\exp\left[\mathrm{j}k\left(z+\frac{x^2+y^2}{2z}\right)\right]\iint_{\Sigma}U_0(x_1,y_1)\exp\left[\mathrm{j}k\frac{-(xx_1+yy_1)}{z}\right]\mathrm{d}x_1\mathrm{d}y_1$$

如果令 $f_x=\frac{x}{\lambda z}$， $f_y=\frac{y}{\lambda z}$，并根据傅里叶变换的定义，则

$$\begin{aligned}U(x,y)&=\frac{1}{\mathrm{j}z\lambda}\exp\left[\mathrm{j}k\left(z+\frac{x^2+y^2}{2z}\right)\right]\iint_{\Sigma}U_0(x_1,y_1)\exp\left[-2\mathrm{j}\pi\left(\frac{x}{\lambda z}x_1+\frac{y}{\lambda z}y_1\right)\right]\mathrm{d}x_1\mathrm{d}y_1\\&=\frac{1}{\mathrm{j}z\lambda}\exp\left[\mathrm{j}k\left(z+\frac{x^2+y^2}{2z}\right)\right]F[U_0(x_1,y_1)]\\&=\frac{1}{\mathrm{j}z\lambda}\exp\left[\mathrm{j}k\left(z+\frac{x^2+y^2}{2z}\right)\right]|G_0(f_x,f_y)|^2\end{aligned}$$

所以观察屏上的光强分布

$$\begin{aligned}I(x,y)&=|U(x,y)|^2\\&=\frac{1}{z^2\lambda^2}|G_0(f_x,f_y)|^2\end{aligned} \tag{1-20}$$

可以看出，观察屏上的衍射花样主要由 $F[U_0(x_1,y_1)]=G_0(f_x,f_y)$ 决定。

下面利用 $U(x,y)=\dfrac{1}{\mathrm{j}z\lambda}\exp\left[\mathrm{j}k\left(z+\dfrac{x^2+y^2}{2z}\right)\right]F[U_0(x_1,y_1)]$ 分析几种典型的夫琅禾费衍射。

1. 矩孔的夫琅禾费衍射

设矩孔的边长分别为 $L_x$、$L_y$，在单位振幅的平行光垂直照明的情况下，衍射屏后表面的复振幅与屏的透过率函数是相等的，即

$$U_0(x_1,y_1)=t(x,y)=\mathrm{rect}\left(\frac{x_1}{L_x}\right)\mathrm{rect}\left(\frac{y_1}{L_y}\right)$$

而

$$F\left[\mathrm{rect}\left(\frac{x_1}{L_x}\right)\mathrm{rect}\left(\frac{y_1}{L_y}\right)\right]=L_xL_y\sin c(L_xf_x)\sin c(L_yf_x)$$

$$=L_xL_y\sin c\left(L_x\frac{x}{\lambda z}\right)\sin c\left(L_y\frac{y}{\lambda z}\right)$$

$$U(x,y)=\frac{L_xL_y}{\mathrm{j}z\lambda}\exp\left[\mathrm{j}k\left(z+\frac{x^2+y^2}{2z}\right)\right]\sin c\left(L_x\frac{x}{\lambda z}\right)\sin c\left(L_y\frac{y}{\lambda z}\right)$$

$$I(x,y)=\left(\frac{L_xL_y}{\mathrm{j}z\lambda}\right)\sin c\left(L_x\frac{x}{\lambda z}\right)^2\sin c\left(L_y\frac{y}{\lambda z}\right)^2 \tag{1-21}$$

2. 圆孔的夫琅禾费衍射

对于圆孔，采用极坐标。单位振幅的平行光垂直照明的情况下

$$U_0(r_1)=t(r_1)=\mathrm{circ}\left(\frac{r_1}{l/2}\right)$$

观察屏处的复振幅分布

$$U(r)=\frac{1}{\mathrm{j}z\lambda}\exp\left[\mathrm{j}k\left(z+\frac{r^2}{2z}\right)\right]F[U_0(r_1)]=\frac{1}{\mathrm{j}z\lambda}\exp\left[\mathrm{j}k\left(z+\frac{r^2}{2z}\right)\right]F\left[\mathrm{circ}\left(\frac{r_1}{l/2}\right)\right]$$

$$=\frac{1}{\mathrm{j}z\lambda}\exp\left[\mathrm{j}k\left(z+\frac{r^2}{2z}\right)\right]\left(\frac{l}{2}\right)^2\frac{J_1(\pi l\rho)}{\dfrac{l}{2}\rho} \tag{1-22}$$

$$=\frac{kl^2}{8\mathrm{j}z}\exp\left[\mathrm{j}k\left(z+\frac{r^2}{2z}\right)\right]\left[2\frac{J_1\left(\dfrac{klr}{2z}\right)}{\dfrac{klr}{2z}}\right]$$

观察屏处的强度分布

$$I(r)=|U(r)|^2=\left(\frac{kl^2}{8\mathrm{j}z}\right)^2\left[2\frac{J_1\left(\frac{klr}{2z}\right)}{\frac{klr}{2z}}\right]^2 \tag{1-23}$$

由图 1-14 可以看出，中央有一强度远远高于其他条纹的亮斑（艾里斑），中央亮斑的半径 $r=1.22\frac{\lambda z}{l}=1.22\lambda\frac{1}{D}$，$D$ 是光学仪器的相对孔径，$D$ 越大，亮斑的半径越小，也就是由于衍射产生的像模糊程度越小，光学仪器的分辨本领越高。

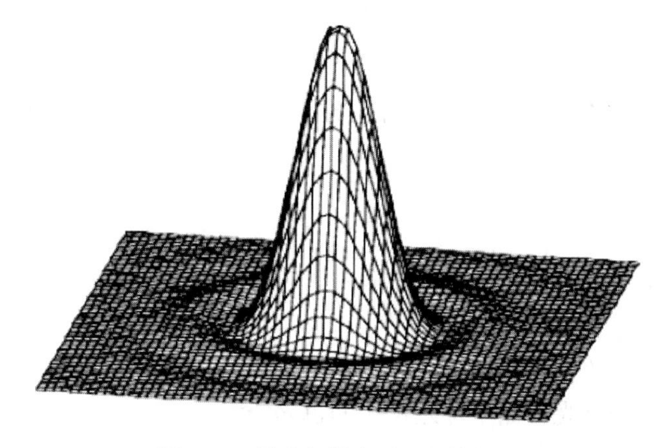

图 1-14　圆孔衍射光强分布模拟图

## 三、实验仪器

实验仪器包括空间光调制器、激光器、准直镜、激光管夹持器、导轨、滑块支杆套筒、偏振片、白板、相机。图 1-15 是本实验仪器图。

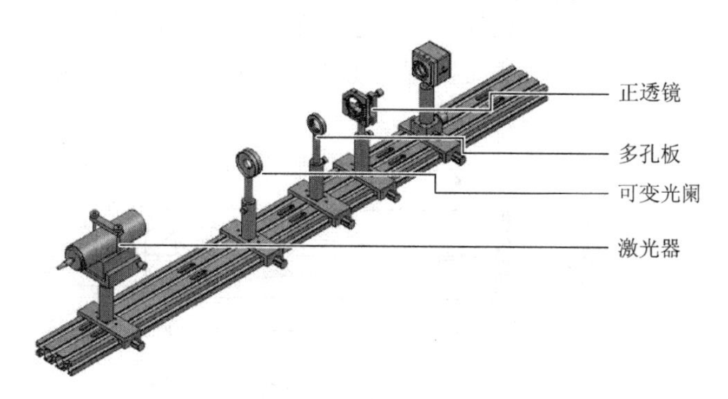


图 1-15　典型图像的傅里叶变换实验仪器图

## 四、实验步骤

（1）按照图 1-15 所示安装各光学器件。

（2）安装 30 mm 准直镜在激光管夹持器中，安装可变光阑调制与准直镜等高，打开激光器，把可变光阑放在准直镜的近处、远处让光束恰好通过可变光阑，光轴与导轨平行。

（3）依次加入多孔板、正透镜（$f$=150）调节高度使光轴通过各光学器件中心。

（4）在正透镜像方焦面上安置相机，打开相机采集软件，微调相机于透镜之间距离，调整相机频率、增益使相机采集清晰衍射图像。

# 1.6　平行光管的调节使用及位置色差的测量实验

## 一、实验目的

（1）了解平行光管的结构及工作原理；

（2）掌握平行光管的使用方法；

（3）了解色差的产生原理；

（4）学会用平行光管测量球差镜头的色差。

## 二、实验原理

根据几何光学原理，无限远处的物体经过透镜后将成像在焦平面上；反之，从透镜焦平面上发出的光线经透镜后将成为一束平行光。如果将一个物体放在透镜的焦平面上，那么它将成像在无限远处。

图 1-16 为平行光管的结构原理图。它由物镜及置于物镜焦平面上的分划板、光源及为使分划板被均匀照亮而设置的毛玻璃组成。由于分划板置于物镜的焦

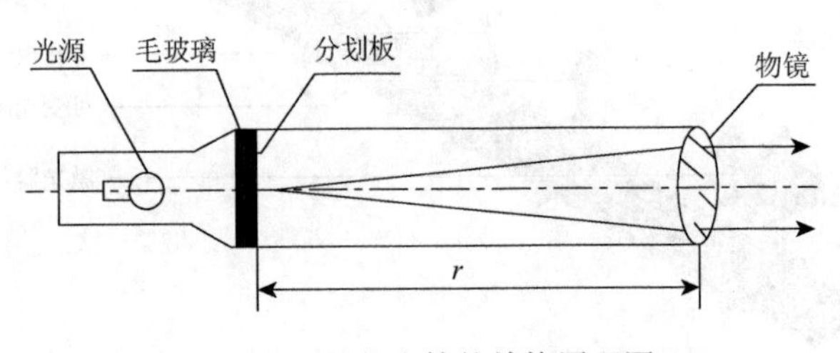


图 1-16　平行光管的结构原理图

平面上，当光源照亮分划板后，分划板上每一点发出的光经过透镜后，都成为一束平行光。又由于分划板上有根据需要而刻成的分划线或图案，这些刻线或图案将成像在无限远处。这对观察者来说，分划板又相当于一个无限远距离的目标。

根据平行光管要求的不同，分划板可刻有各种各样的图案。图 1-17 是几种常见的分划板图案形式。图 1-17（a）是刻有十字线的分划板，常用于仪器光轴的校正；图 1-17（b）是带角度分划的分划板，常用在角度测量上；图 1-17（c）是中心有一个小孔的分划板，又被称为星点板；图 1-17（d）是鉴别率板，它用于检验光学系统的成像质量，鉴别率板的图样有许多种，这只是其中的一种；图 1-17（e）是带有几组一定间隔线条的分划板，通常又称它为玻罗板，它用在测量透镜焦距的平行光管上。

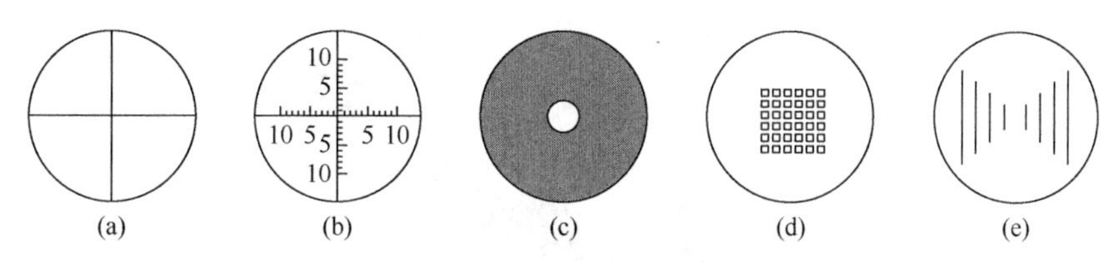


图 1-17　分划板的几种形式

光学材料对不同波长的色光有不同的折射率，因此同一孔径不同色光的光线经过光学系统后与光轴有不同的交点。不同孔径不同色光的光线与光轴的交点也不相同。在任何像面位置，物点的像是一个彩色的弥散斑，如图 1-18 所示。各种色光之间成像位置和成像大小的差异称为色差。

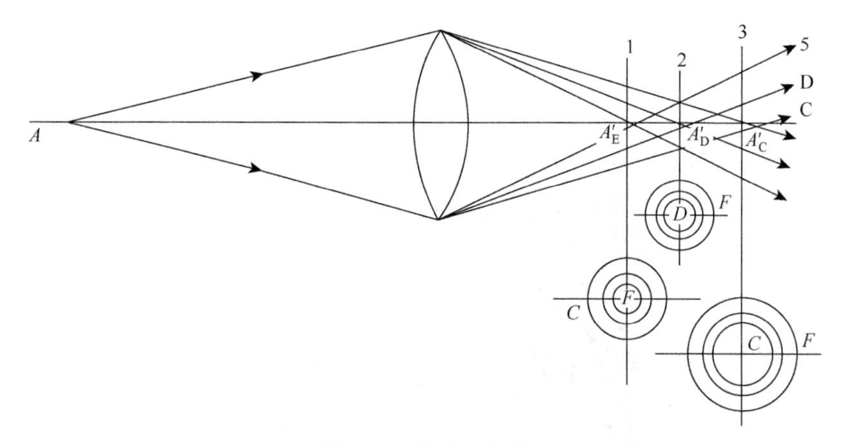


图 1-18　轴上点色差

轴上点两种色光成像位置的差异称为位置色差，也叫轴向色差。对目视光学

系统用 $\Delta L'_{FC}$ 表示，即系统对 $F$ 光（486 nm）和 $C$ 光（656 nm）的消色差：

$$\Delta L'_{FC} = L'_F - L'_C \tag{1-24}$$

对近轴区表示为

$$\Delta l'_{FC} = l'_F - l'_C \tag{1-25}$$

根据定义可知，位置色差在近轴区就已产生。为计算色差，只需对 $F$ 光和 $C$ 光进行近轴光路计算，即可求出系统的近轴色差和远轴色差。

## 三、实验仪器

实验仪器包括平行光管、球差镜头、CMOS 相机、计算机、机械调整架等，具体装配见图 1-19。

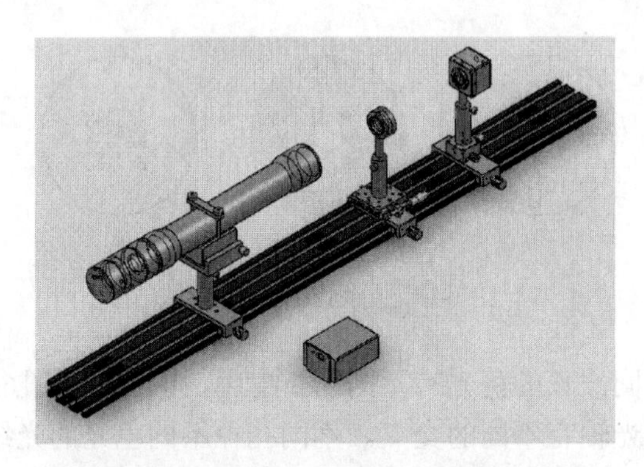

图 1-19　位置色差测量实验仪器装配图

注：在安装 CMOS 相机时，请根据螺纹螺距区分英制与公制螺纹孔，如需要使用英制 1/4-20 螺纹孔连接 CMOS 时，请使用英制-公制螺纹转接头，如图 1-20 所示。

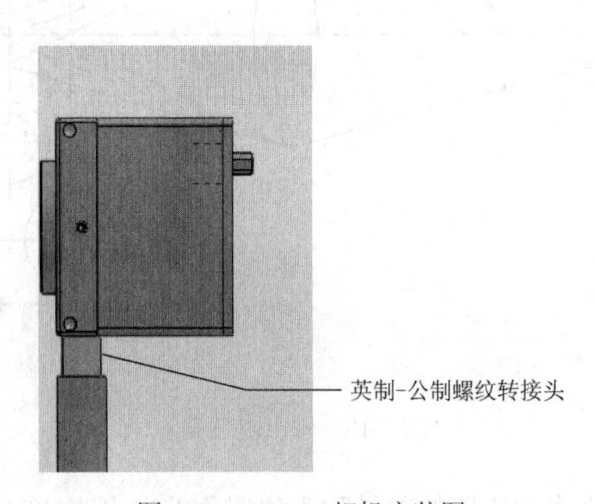


图 1-20　CMOS 相机安装图

## 四、实验步骤

（1）根据图 1-19 安装所有的器件。

（2）由于像差实验使用的星点像只有 15 μm，在较明亮的环境下难以通过肉眼观察到平行光管发光。如需检查平行光管光源是否连接正确，可直接目视平行光管出光口检查。

（3）平行光管发出的光较弱，实验时请关闭室内照明，并使用遮光窗帘。

（4）根据 CMOS 相机的使用说明书安装 CMOS 相机的驱动程序和采集程序。

（5）打开相机的采集程序，使用连续采集模式。此时如果显示图像亮度过高适当减小相机的增益值和快门速度。

（6）打开平行光管电源盒开关，将亮度可调旋钮调至最大。拨动平行光管后端 4 挡拨动开关（拨动开关控制顺序为：关—红—绿—蓝），打开红色照明。

（7）调整相机沿导轨方向移动，将 CMOS 相机靶面调整到与待测镜头后焦点重合位置。此时可以在电脑屏幕上观察到待测镜头焦点亮斑。

（8）调整平行光管照明亮度，使得显示亮斑亮度在饱和值以下。微调待测透镜下方的平移台，使得焦点亮斑（简称焦斑）最小且锐利。此时认为待测镜头后焦点与 CMOS 靶面重合。记录此时的平移台千分丝杆读数值。

（9）变换平行光管照明光源颜色。使用千分丝杆调整待测镜头与 CMOS 相机之间的距离至焦斑最小且锐利。分别记录此时的千分丝杆读数值。

（10）根据公式测量待测镜头的位置色差值。

## 五、数据处理

位置色差：$\Delta L'_{FC} = L'_F - L'_C$

$$\Delta L'_{FD} = L'_F - L'_D$$

$$\Delta L'_{DC} = L'_D - L'_C$$

数据表如表 1-1 所示。

**表 1-1　数据表**

| $L'_F$ | $L'_C$ | $L'_D$ | $\Delta L'_{FC}$ | $\Delta L'_{FD}$ | $\Delta L'_{DC}$ |
|---|---|---|---|---|---|
| | | | | | |

## 六、思考题

引起位置色差的根本原因是什么？

# 1.7 星点法观测光学系统单色像差实验

## 一、实验目的

（1）了解星点法的测量原理；
（2）用星点法观测各种像差。

## 二、实验原理

光学系统对相干照明物体或自发光物体成像时，可将物光强分布看成是无数个具有不同强度的独立发光点的集合。每一发光点经过光学系统后，由于衍射和像差及其他工艺疵病的影响，在像面处得到的星点像光强分布是一个弥散斑，即点扩散函数。在等晕区内，每个光斑都具有完全相似的分布规律，像面光强分布是所有星点像光强的叠加结果。因此，星点像光强分布规律决定了光学系统成像的清晰程度，也在一定程度上反映了光学系统对任意物分布的成像质量。上述的点基元观点是进行星点检验的基本依据。

星点法是通过考察一个点光源经光学系统后在像面及像面前后不同截面上所成衍射像（通常称为星点像）的形状及光强分布来定性评价光学系统成像质量好坏的一种方法。由光的衍射理论得知，一个光学系统对一个无限远的点光源成像，其实质就是光波在其光瞳面上衍射结果，焦面上衍射像的振幅分布就是光瞳面上振幅分布函数，亦称光瞳函数的傅里叶变换，光强分布则是振幅模的平方。对于一个理想的光学系统，光瞳函数是一个实函数，而且是一个常数，代表一个理想的平面波或球面波，因此星点像的光强分布仅取决于光瞳的形状。在圆形光瞳的情况下，理想光学系统焦面内星点像的光强分布就是圆函数的傅里叶变换的平方，即艾里斑光强分布：

$$\begin{cases} \dfrac{I(r)}{I_o} = \left[\dfrac{2J_1(\psi)}{\psi}\right]^2 \\ \psi = kr = \dfrac{\pi \cdot D}{\lambda \cdot f'}r = \dfrac{\pi}{\lambda \cdot F}r \end{cases} \tag{1-26}$$

式中，$I(r)/I_o$ 为相对强度（在星点衍射像的中间规定为 1.0）；$r$ 为在像平面上离开星点衍射像中心的径向距离；$J_1(\psi)$ 为一阶贝塞尔函数。

通常，光学系统在有限共轭距内也可能是无像差的，在此情况下 $k = (2\pi /$

$\lambda)\sin u'$，其中$u'$为成像光束的像方半孔径角。

无像差星点衍射像如图1-21所示。在焦点上，中心圆斑最亮，外面围绕着一系列亮度迅速减弱的同心圆环。衍射光斑的中央亮斑集中了全部能量的80%以上，其中第一亮环的最大强度不到中央亮斑最大强度的2%。在焦点前后对称的截面上，衍射图形完全相同。光学系统的像差或缺陷会引起光瞳函数的变化，从而使对应的星点像产生变形或改变其光能分布。待检系统的缺陷不同，星点像的变化情况也不同。故通过将实际星点衍射像与理想星点衍射像进行比较，可反映出待检系统的缺陷并由此评价像质。

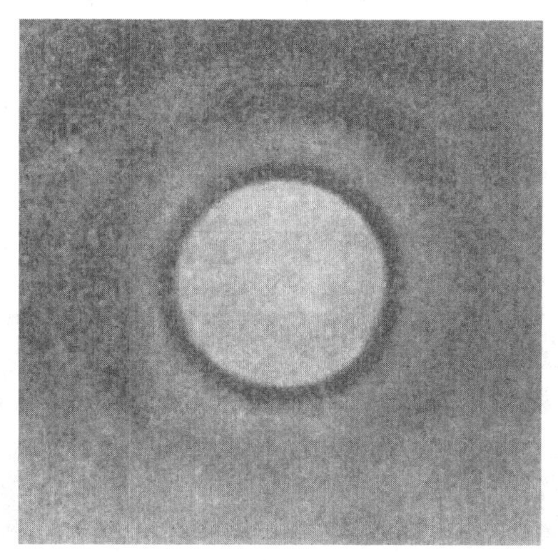

图1-21　无像差星点衍射像

## 三、实验仪器

实验仪器包括平行光管、球差镜头、慧差镜头、像散镜头、场曲镜头、CMOS相机、机械调整架等，具体实验仪器装配见图1-22。

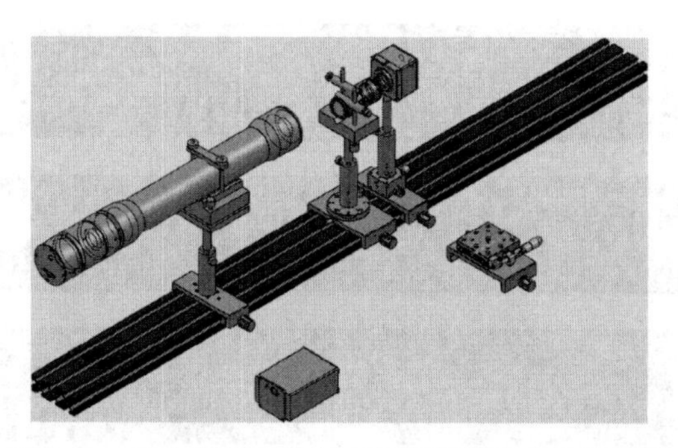

图1-22　轴上光线像差星点法观测实验仪器装配图

## 四、实验步骤

（1）根据图 1-22 安装所有的器件。

（2）将所有器件调整至同心等高。

（3）打开平行光管光源，调整至任意颜色。打开 CMOS 相机采集程序，使用连续采集模式。

（4）沿光轴方向调整 CMOS 相机位置，使得待测镜头焦斑像最小且锐利。

（5）松开转台锁紧旋钮，转动转台，观察各种单色像差现象。轴外像差效果图可参考图 1-23。

（6）当观察球差现象时，沿光轴方向移动 CMOS 相机，观察焦斑前后的光束分布。此时如需微调可将 Y 向一维滑块更换成 X 向平移台滑块。效果图可参考图 1-24。

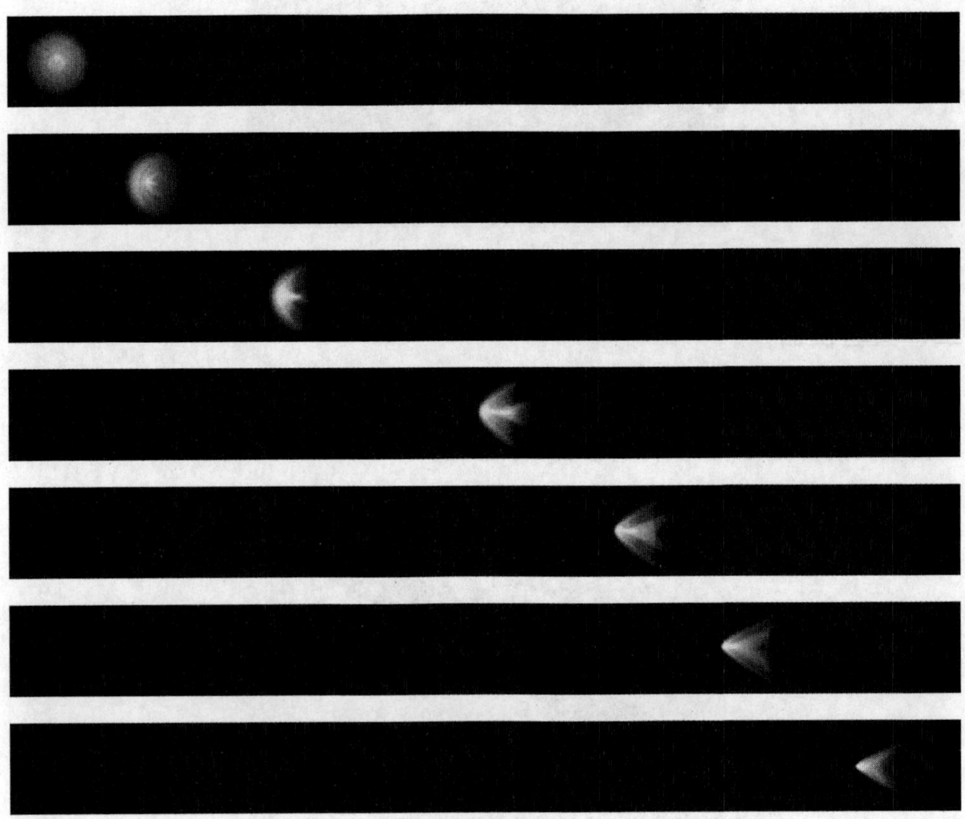

(a) 彗差效果示意图

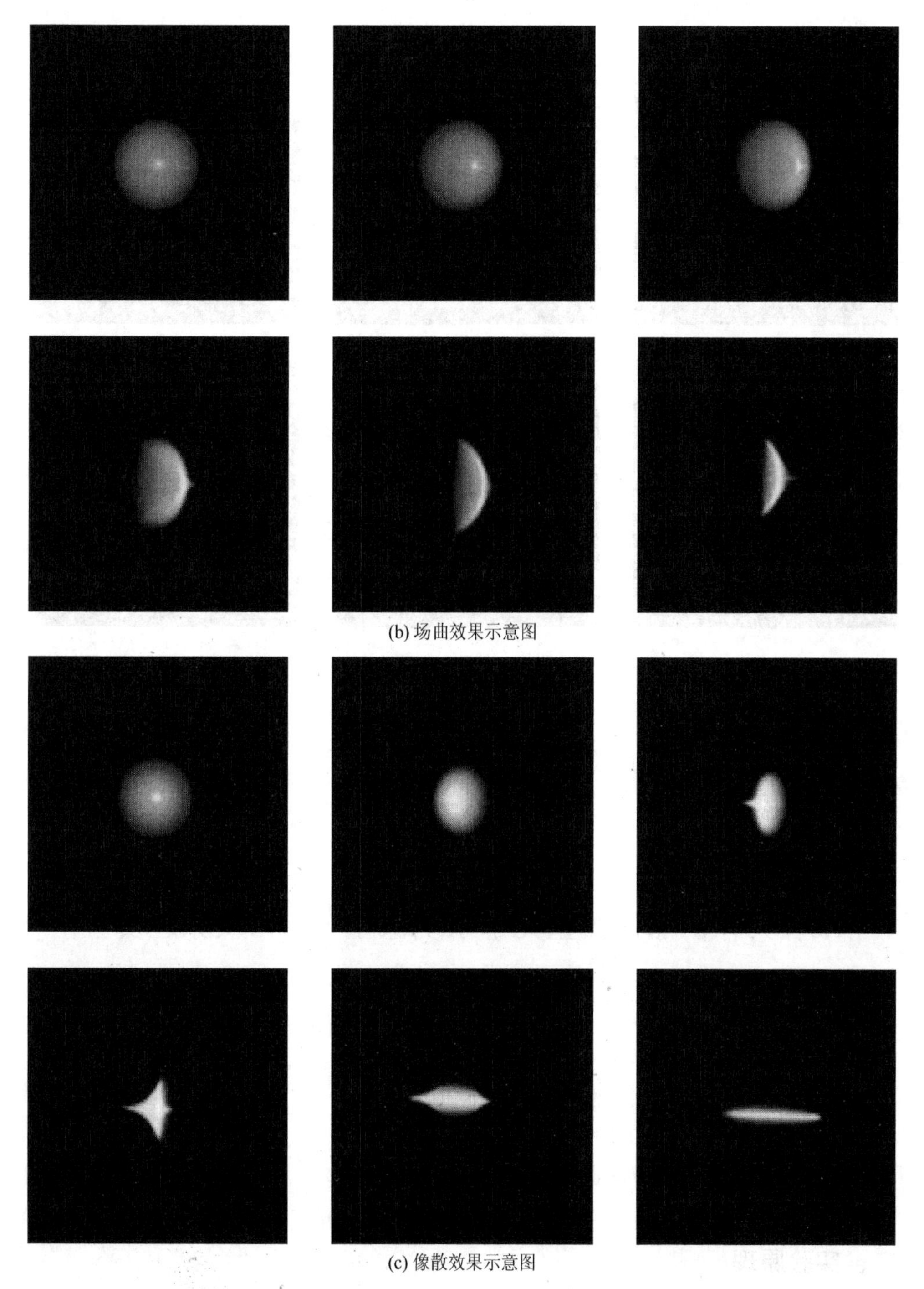

(b) 场曲效果示意图

(c) 像散效果示意图

图 1-23　轴外像差效果图

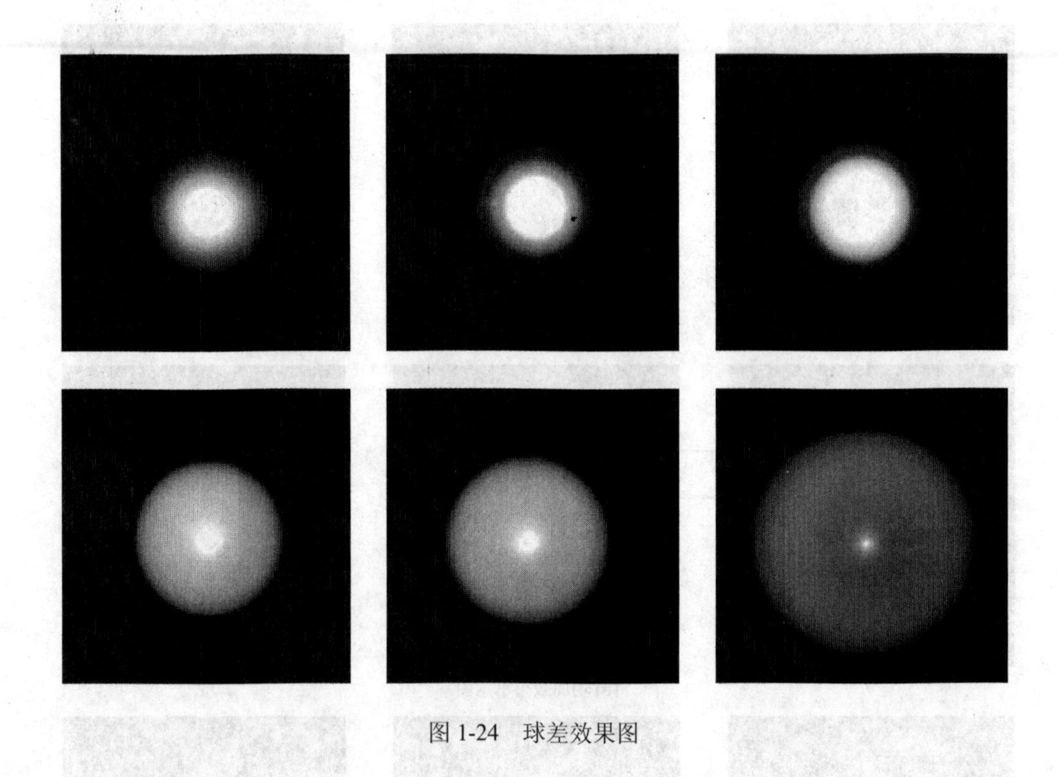

图 1-24　球差效果图

## 五、思考题

什么是星点法?

# 1.8　刀口阴影法测量光学系统像差与刀口仪原理实验

## 一、实验目的

（1）熟悉刀口阴影法检测几何像差原理;
（2）掌握球差的阴影图特征;
（3）利用图像处理方法测量轴向球差。

## 二、实验原理

对于理想成像系统，成像光束经过系统后的波面是理想球面（图 1-25），所有光线都会聚于球心 O。此时用不透明的锋利刀口以垂直于图面的方向切割该成像光束，当刀口正好位于光束会聚点 O 处（位置 $N_2$）时，原本均匀照亮的视场会变暗一些，但整个视场仍然是均匀的（阴影图 $M_2$）；如果刀口位于光束交点之前（位置 $N_1$），视场中与刀口相对系统轴线方向相同的一侧视场出现阴影，相反的方向仍为亮视场（阴影图 $M_1$）；当刀口位于光束交点之后（位置 $N_3$），则视场中与刀口相对系统轴线方向相反的一侧视场出现阴影，相同的方向仍为亮视场（阴影图 $M_3$）。

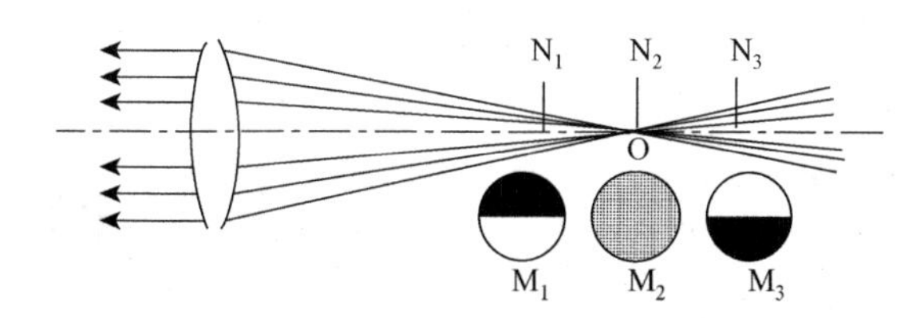


图 1-25　理想系统刀口阴影图

实际光学系统由于存在球差，成像光束经过系统后不再会聚于轴上同一点。此时，如果用刀口切割成像光束，根据系统球差的不同情况，视场中会出现不同的图案形状。图 1-26 所示是 4 种典型的球差及其相应的阴影图。图 1-26 中（a）和（b）分别为球差校正不足和球差校正过度的情况，相当于单片正透镜和单片负透镜球差情况。这两种情况在设计和加工质量良好的光学系统中一般极少见到，除非是有的镜片装反了，检验时把整个光学镜头装反，或者是系统中某个光学间隔严重超差所致；（c）和（d）为实际光学系统中常见的带球差情况。

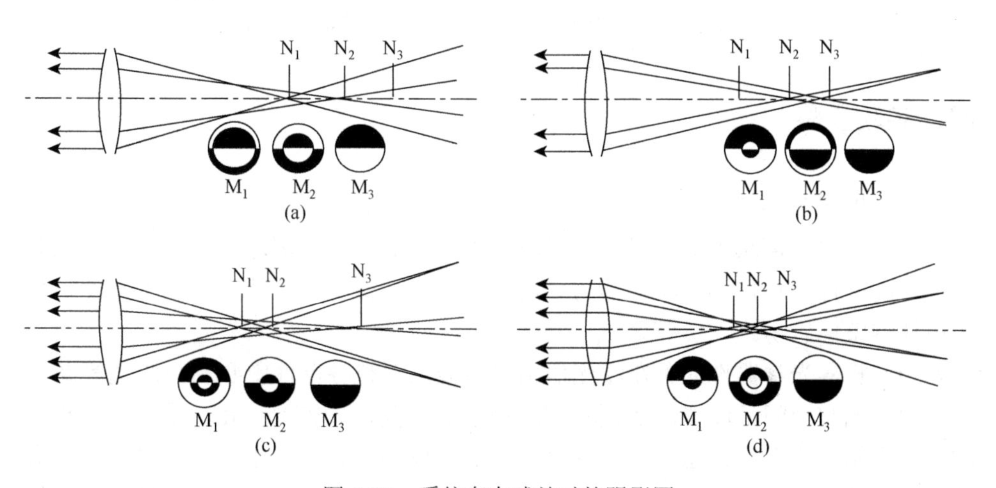


图 1-26　系统存在球差时的阴影图

利用刀口阴影法对系统轴向球差进行测量就是要判断与视场图案中亮暗环带分界（呈均匀分布的半暗圆环）位置相对应的刀口位置，一般系统球差的表示以近轴光束的焦点作为球差原点。

## 三、实验仪器

实验仪器包括平行光管、色光滤波片、球差镜头、简易刀口、CMOS 相机、计算机、机械调整架等，具体实验仪器装配见图 1-27。

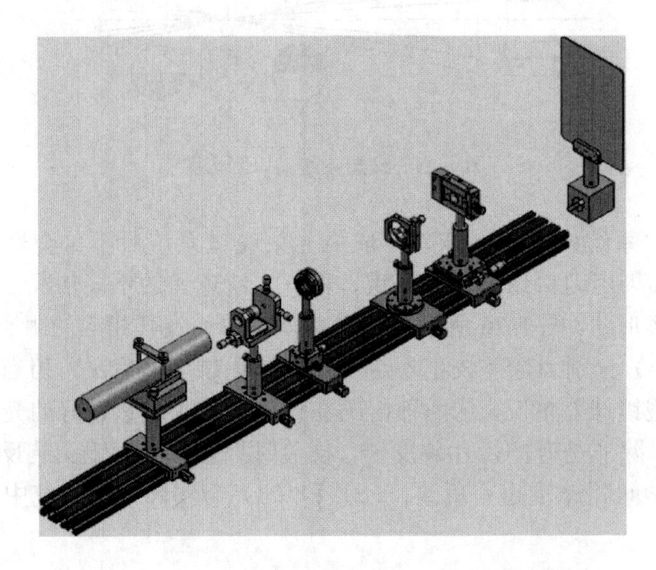

图 1-27 阴影法测量光学系统像差实验仪器装配图

## 四、实验步骤

（1）根据图 1-27 安装所有的器件。

（2）调整氦氖激光器输出光与导轨面平行且居中，使用球差镜头上的小孔光阑作为高度标志物再调整激光器与导轨的面平行。保持此小孔光阑高度不变，作为后续调整标志物。

（3）将各光学器件放置在激光器出光口处，调整各器件中心高与激光等高。

（4）调整空间滤波器。在调整空间滤波器之前，先去掉针孔，用球差镜头上的小孔光阑作为高度标志物，当物镜出射的光斑中心目视与小孔光阑对齐时，调节完毕。放入小孔光阑，推动物镜旋钮靠近小孔，推动过程中，不断调整小孔位置使得透射光斑最亮，光通过滤波器后检查射出的光点是最亮的，无衍射条纹，光斑变得均匀时，说明已经调好。

（5）使用球差镜头将激光光束准直，使用白屏观察光斑远近大小尺寸是否一致。光斑在远近处直径一致时，认为光束准直完成。如需精确调整可使用光学平晶进行微调。光学平晶来验证激光准直是指其前后表面反射光发生干涉，干涉条纹最稀疏，以及整个区域仅有一条干涉条纹，则说明激光束被准直。

（6）将待测透镜插入光路，在激光光束汇聚点处插入刀口仪。

（7）使用刀口仪下的平移台微调刀口仪沿光轴方向的位置，使得刀口仪、刀口片正好切割于光斑束腰处。

（8）调整刀口仪旋钮，切割光束束腰位置，使用白屏观察出射光斑情况，观测待测镜头像差。

## 五、思考题

刀口阴影法检测几何球差的原理是什么？

# 1.9　剪切干涉测量光学系统像差实验

## 一、实验目的

利用大球差镜头的剪切干涉条纹分布测算出该镜头的初级球差比例系数和光路的轴向离焦量。

## 二、实验原理

剪切干涉是利用待测波面自身干涉的一种干涉方法，它具有一般光学干涉测量方法的优点，即非接触性、灵敏度高和精度高，同时由于它无需参考光束，采用共光路系统，干涉条纹稳定，对环境要求低，仪器结构简单，造价低，在光学测量领域获得了广泛的应用。横向剪切干涉是其中一种重要的形式。由于剪切干涉在光路上的简单化，不用参考光束，干涉波面的解比较复杂，在数学处理上较烦琐，发展利用计算机的剪切干涉技术是当前光学测量技术发展的热点。

如图 1-28 所示，假设 $W$ 和 $W'$ 分别为原始波面和剪切波面，原始波面相对于平面波的波像差（光程差）为 $W(\xi,\eta)$，其中 $P(\xi,\eta)$ 为波面上的任意一点 $P$ 的坐标，当波面在 $\xi$ 方向上有一位移 $s$（剪切量为 $s$）时，在同一点 $P$ 上剪切波面上的

波像差为$W(\xi-s,\eta)$，所以原始波面与剪切波面在$P$点的光程差（波像差）为

$$\Delta W(\xi,\eta)=W(\xi,\eta)-W(\xi-s,\eta) \tag{1-27}$$

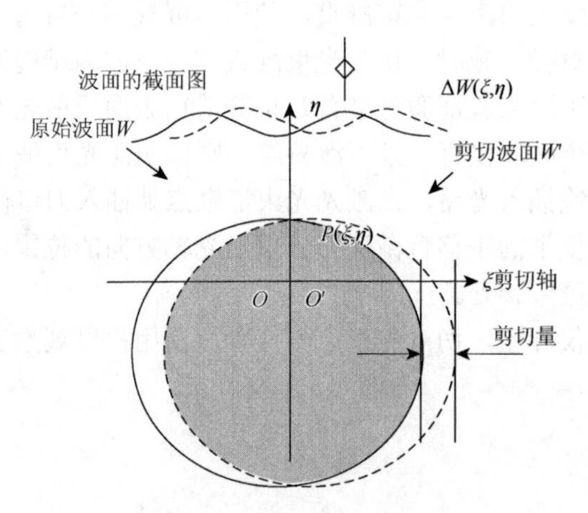


图 1-28　横向剪切的两个波面

由于两波面有光程差$\Delta W$，会形成干涉条纹，设在$P$点的干涉条纹的级次为$N$，光的波长为$\lambda$，则有

$$\Delta W=N\lambda \tag{1-28}$$

能产生横向剪切干涉的装置很多，最简单的是利用平行平板。图 1-29 为平行平板横向剪切干涉仪的原理图。由于平行平板有一定厚度并与入射光束有倾角，通过被检测透镜后的光波被玻璃平板前后表面反射后形成的两个波面发生横向剪切干涉，剪切量为$s$，$s=2dn\cos i'$，其中$d$为平行平板的厚度，$n$为平行平板的折射率，$i'$为光线在平行平板内的折射角。$s$一般为 1～3 mm。当使用光源为氦氖激光时，由于光源良好的时间和空间相干性，就可以看到很清晰的干涉条纹。条纹的形状反映波面的像差。

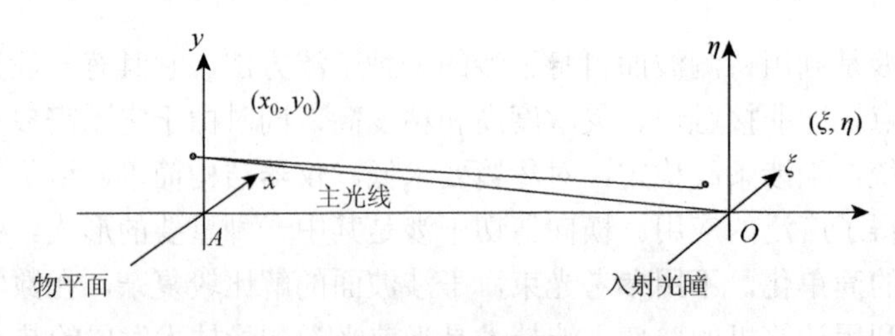


图 1-29　原理图

分析计算如下：

如图 1-29 所示为光学系统的物平面和入射光瞳平面，其坐标分别为$(x,y)$和

$(\xi,\eta)$，$AO$ 为光轴。对于旋转轴对称的透镜系统，只需要考虑物点在 $y$ 轴上的情形［物点的坐标为 $(0,y_0)$］。波面的光程 $W$ 只是 $\xi$ 、$\eta$ 和 $y_0$ 的函数，即

$$W(\xi,\eta,y_0)=E_1+E_3+\cdots \tag{1-29}$$

式中，$E_1$ 是近轴光线的光程

$$E_1=a_1(\xi^2+\eta^2)+a_2y_0\eta \tag{1-30}$$

式（1-30）中，$a_1=\Delta z/2f^2$；$a_2=1/f$；$y_0$ 是物点的垂轴离焦距离；$\Delta z$ 物点的轴向离焦距离。

$E_3$ 是赛德尔像差（初级波像差系数：$b_1$ 场曲，$b_2$ 畸变，$b_3$ 球差，$b_4$ 彗差，$b_5$ 像散）

$$E_3=b_1y_0^2(\xi^2+\eta^2)+b_2y_0^3\eta+b_3(\xi^2+\eta^2)^2+b_4y_0\eta(\xi^2+\eta^2)+b_5y_0^2\eta^2 \tag{1-31}$$

为了计算结果的表达方便起见将式（1-27）写成对称的形式，光瞳面 $(\xi,\eta)$ 上原始波面与剪切波面的剪切干涉的结果为

$$\Delta W(\xi,\eta,s)=W(\xi+s/2,\eta)-W(\xi-s/2,\eta) \tag{1-32}$$

将式（1-30）、式（1-31）代入式（1-32）就可得具体的表达式，下面只讨论透镜具有初级球差和轴向离焦的情况。

（1）扩束镜（短焦距透镜）焦点与被测准直透镜焦点 $F$ 不重合（物点与 $F$ 不重合），只有轴向离焦（$\Delta z$ 不为零，$y_0$=0）：

$$W(\xi,\eta)=a_1(\xi^2+\eta^2)+a_2y_0\eta \tag{1-33}$$

由于剪切方向在 $\xi$ 方向，所以

$$\Delta W(\xi,\eta,s)=2a_1\xi s \tag{1-34}$$

干涉条纹方程为

$\xi=\dfrac{m\lambda}{2a_1s}$（$m$=0, ±1, ±2, ⋯）（干涉条纹为平行于 $\eta$ 轴，间隔为 $\dfrac{\lambda}{2a_1s}$ 的直条纹，剪切条纹的零级条纹在 $\xi=0$ 处）。

（2）扩束镜焦点与被测准直透镜焦点 $F$ 不重合，只有轴向离焦（$\Delta z$ 不为零，$y_0$=0），透镜具有初级球差（$b_3$ 不为零），剪切方向在 $\xi$ 方向：

$$W(\xi,\eta)=a_1(\xi^2+\eta^2)+b_3(\xi^2+\eta^2)^2 \tag{1-35}$$

所以波像差方程为

$$\Delta W(\xi,\eta,s)=2\eta s(a_1+2b_3(\xi^2+\eta^2))+b_3\eta s^3 \tag{1-36}$$

此时亮条纹方程为

$$2\xi s(a_1+2b_3(\xi^2+\eta^2))+b_3\xi s^3=m\lambda\quad(m=0,\pm1,\pm2,\cdots) \tag{1-37}$$

（3）初级球差 $\delta L'$ 与孔径的关系式为

$$\delta L'=A\left(\frac{h}{f'}\right)^2 \tag{1-38}$$

其中，$h^2=\xi^2+\eta^2$；$\xi$ 和 $\eta$ 为孔径坐标；$f'$ 为透镜的焦距 $f$；$A$ 为初级几何球差比例系数。

对应的波像差为其积分，即

$$W=\frac{n'}{2}\int_0^h \delta L'\mathrm{d}\left(\frac{h}{f'}\right)^2 \tag{1-39}$$

将式（1-38）代入式（1-39）积分结果为

$$W(\delta L')=\frac{Ah^4}{4f'^4}=b_3(\xi^2+\eta^2)^2 \tag{1-40}$$

由于 $h^2=\xi^2+\eta^2$，由式（1-40）可以求出 $b_3$ 与 $\delta L'$、$A$ 的关系式为

$$b_3\frac{\delta L'}{4f'^2h^2}=\frac{A}{4f'^4} \tag{1-41}$$

因此，在式（1-38）中，令 $\Delta W=\frac{1}{2}m\lambda$ 就得到实验中的暗条纹方程，即

$$2\xi sa_1+4sb_3\xi^3+4sb_3\xi\eta^2+b_3\xi s^3=\frac{1}{2}m\lambda \tag{1-42}$$

利用最小二乘法拟合由实验图上暗条纹的分布解出 $a_1$ 和 $b_3$，由式（1-30）的说明和式（1-41）分别求出轴向离焦量 $\Delta z$ 和初级球差 $\delta L'$。

## 三、实验仪器

实验仪器包括氦氖内腔激光器、LED 可调电源、CMOS 相机、白屏、空间滤波器、显微物镜、平行校准器、球差镜头、CCTV 镜头、机械调整架等，具体实验仪器装配见图 1-30。

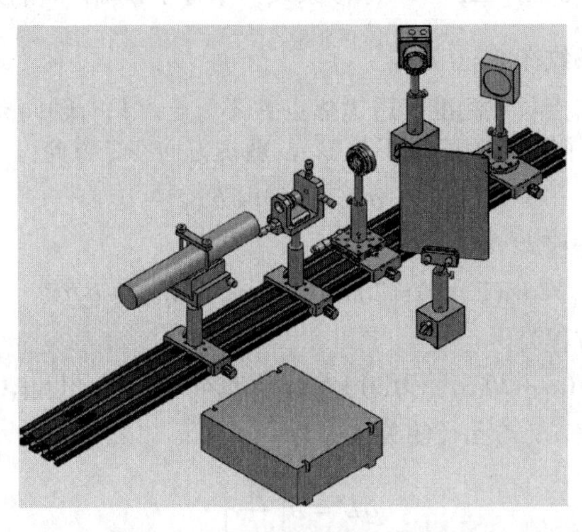

图 1-30　剪切干涉测量光学系统像差实验仪器装配图

## 四、实验步骤

（1）根据图 1-30 安装所有的器件。

（2）调整好氦氖激光同轴，各器件等高。

（3）调整好空间滤波器，对激光进行滤波扩束。

（4）使用球差镜头进行准直。使用光学平晶前后表面的反射光干涉图样判断激光是否准直。当光学平晶前后面干涉图条纹最稀疏时（整个干涉区域只包含一条干涉条纹），认为激光光束已经被准直。

（5）记录扩束镜下方轴向的平移丝杆读数为 $L_1$。使用白屏接收平行平晶反射像，打开 CMOS 相机软件，并选择采集图像（图 1-31）。

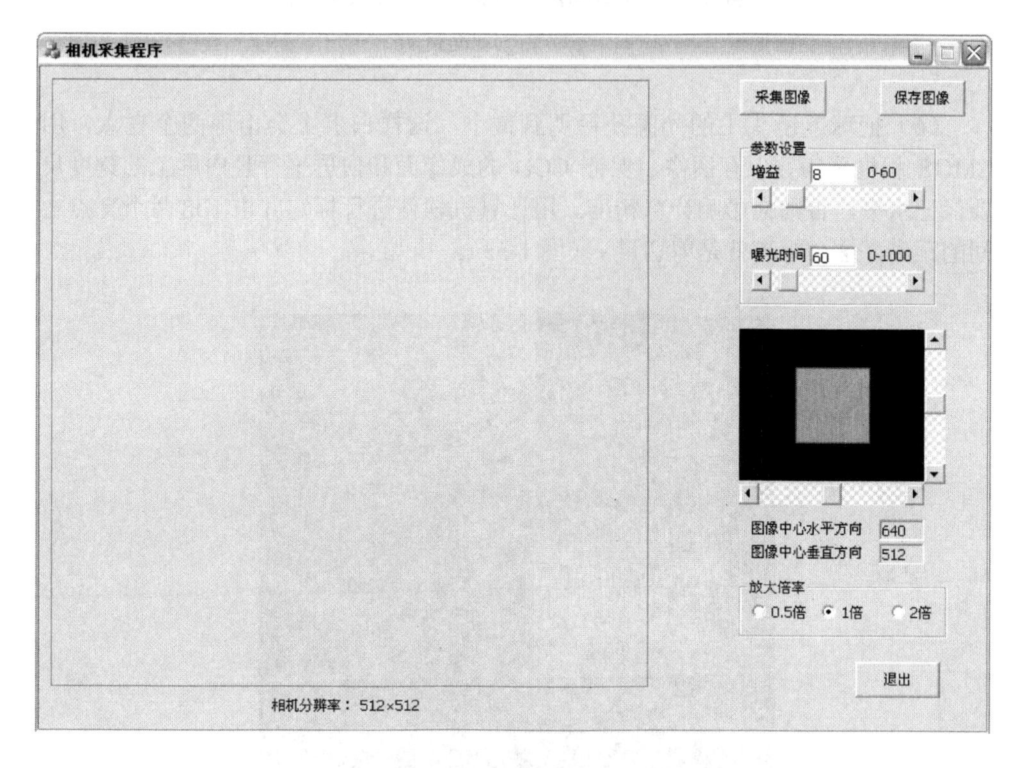


图 1-31 CMOS 相机软件主界面

拍摄此时在白屏上出现的图案，效果如图 1-32 所示：

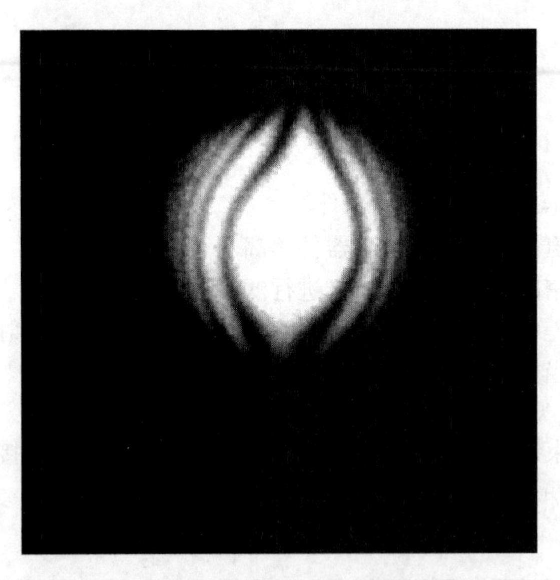

图 1-32　焦点处的图像

（6）把球差镜头上的光阑孔径调到最小，这样白屏上会出现两个亮点，用CMOS 相机采集并保存图像，保证 CCD 的成像面和白屏平行且白屏上的刻度尺要保证水平，否则会影响计算精度。用计算机软件进行标定并求出这两个亮点之间的距离，这个距离就是剪切量 $s$（图 1-33）。

图 1-33　剪切量计算图

（7）将光阑打开，调节待测镜头下方的平移台，让透镜产生轴向离焦，并记录此时千分丝杆读数 $L_2$。在调节千分丝杆时，注意要单方向旋转，否则会引入千分丝杆空回误差，轴向离焦 $\Delta z=L_2-L_1$。为了保证计算精度，这时白屏上出现的图案应保证图像中心条纹为亮条纹，且图中亮纹个数至少为 7 条，并保存此图像（图 1-34）。

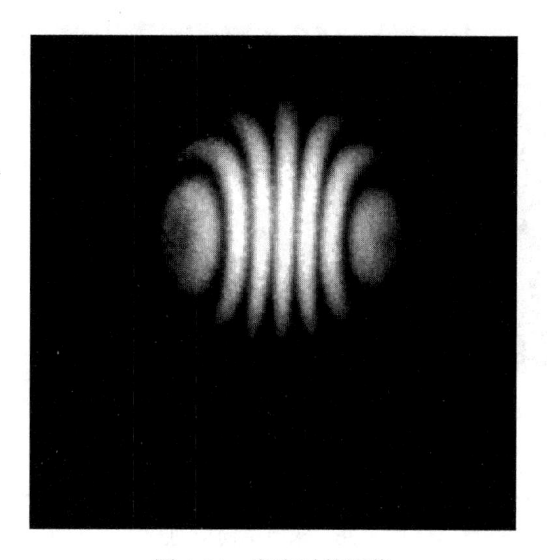

图 1-34　离焦时的图像

（8）运行剪切干涉计算软件（图 1-35）。

①求解横向剪切量。在“文件”的下拉菜单中点击“求解剪切量”（图 1-35），

图 1-35　剪切干涉实验主界面

点击“读图”，读入剪切量计算图（如果不是灰度图格式要首先将图转化成灰度格式）。点击“相机标定”（图 1-36），记录图中刻度尺上相距为 10 mm 的两个点的像素平面横坐标值：$x_1$ 和 $x_2$；接着点击“二值化”，此过程是对剪切量计算图二值化的过程（二值化的阈值一般为 0.55，用户可以自己改动，直到图像中出现两个完整的圆形白色光斑）；下一步点击“求解横向剪切量”，得到横向剪切量 $s$。

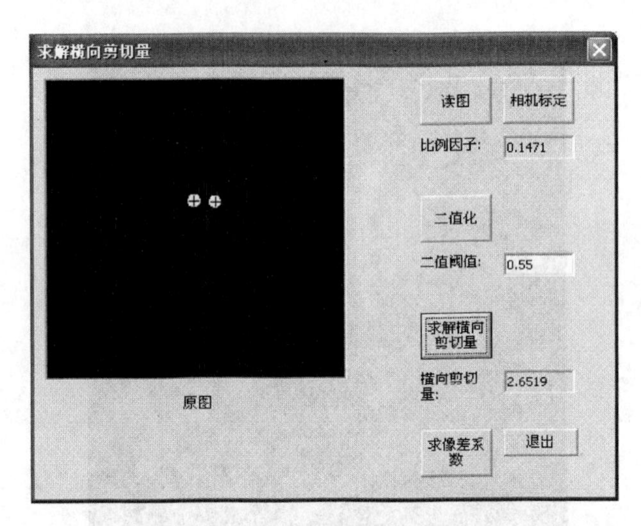


图 1-36　求解横向剪切量

②求解被测透镜的轴向离焦量和初级球差。点击“求解像差系数”，到求像差系数界面（图 1-37）。点击“读图”读入（如果不是灰度图格式要首先将图转化成

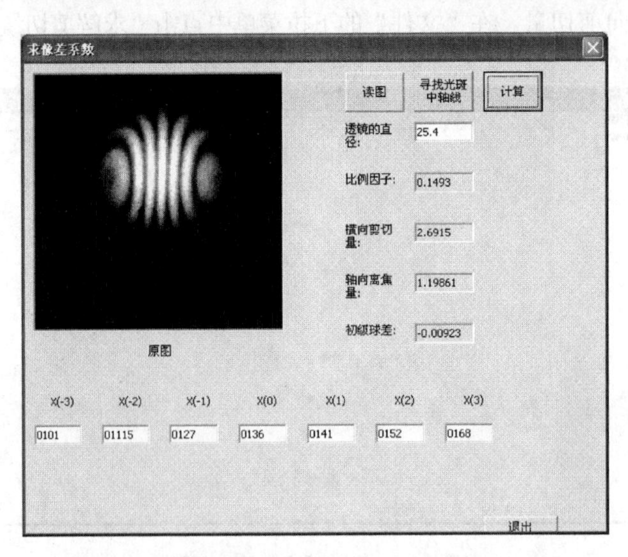


图 1-37　求解被测透镜的轴向离焦量和初级球差

灰度格式)；然后点击“找出光斑中轴线”，再点击离焦时的图像，中间亮条纹的像素平面的 $x$ 坐标记为 $x(0)$，并记录其左右各三个的波谷像素平面的 $x$ 坐标（暗条纹坐标)，从左至右它们依次为 $x(-3)$，$x(-2)$，$x(-1)$，$x(1)$，$x(2)$，$x(3)$（图 1-38)；最后点击“计算”，按要求依次输入各参量的值，即求得轴向离焦量 $\Delta z$ 和初级球差 $\delta L'$。

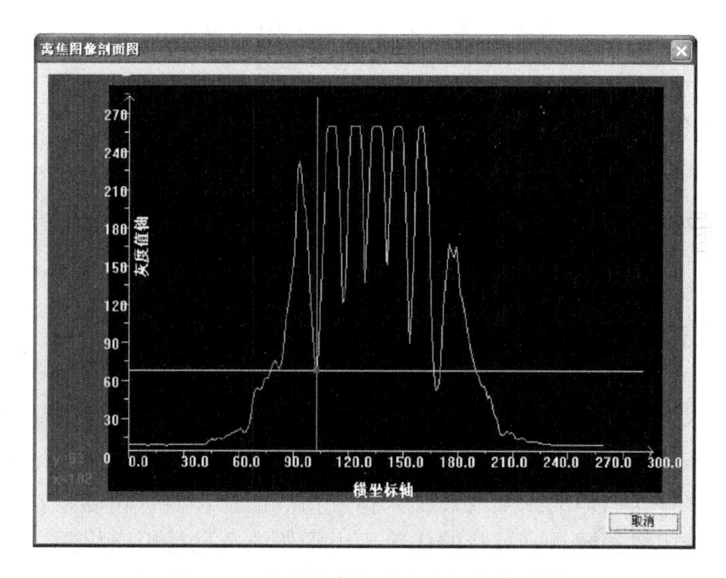


图 1-38　光斑像素与强度之间的关系图

将计算结果与测量的轴向离焦量及理论值初级球差比例系数比较。实验结束时要将调节短焦距透镜支架的微调旋钮旋转到零位，以避免内部的器件因长期受力而变形。

## 五、思考题

（1）要得到理想图形时，各光学元件必须严格同心，为什么？

（2）这个实验可以有哪些实际应用？

# 第2章 信息光学与激光技术实验

## 2.1 数字式全息图实验

### 一、实验目的

通过本实验掌握全息实验原理和方法；学习数字全息技术的波前记录和数值重现的方法。

### 二、实验原理

全息技术利用光的干涉原理，将物体发射的光波波前以干涉条纹的形式记录下来，达到冻结物光波相位信息的目的；利用光的衍射原理再现所记录物光波的波前，就能够得到物体的振幅（强度）和位相（位置、形状和色彩）信息，在光学检测和三维成像领域具有独特的优势。由于传统全息是用卤化银、重铬酸盐明胶（DCG）和光致抗蚀剂等材料记录全息图，记录过程烦琐（化学湿处理）且费时，限制了其在实际测量中的广泛应用。

数字全息技术是1967年由Goodman和Lawrence提出的，其基本原理是用光敏电子成像器件代替传统全息记录材料记录全息图，用计算机模拟再现取代光学衍射来实现所记录波前的数字再现，实现了全息记录、存储和再现全过程的数字化，给全息技术的发展和应用增加了新的内容和方法。目前常用的光敏电子成像器件主要有电荷耦合器件CCD、CMOS传感器和电荷注入器件CID三类。

#### （一）数字全息技术的波前记录和数值重现过程

1. 数字全息图的获取

将参考光和物光的干涉图样直接投射到光电探测器上，经图像采集卡获得物体的数字全息图，将其传输并存储在计算机内。

2. 数字全息图的数值重现

此部分完全在计算机上进行，需要模拟光学衍射的传播过程，一般需要数字图像处理和离散傅里叶变换的相关理论，这是数字全息技术的核心部分。

3. 重现图像的显示及分析

输出重现图像并给出相关的实验结果及分析。

与传统光学全息技术相比，数字全息技术的最大优点是：①由于用 CCD 等图像传感器件记录数字全息图的时间，比用传统全息记录材料记录全息图所需的曝光时间短得多，它能够用来记录运动物体的各个瞬间状态，不仅没有烦琐的化学湿处理过程，记录和再现过程也比传统光学全息技术方便快捷；②由于数字全息技术可以直接得到记录物体再现像的复振幅分布，而不是光强分布，被记录物体的表面亮度和轮廓分布都可通过复振幅得到，可方便地用于实现多种测量；③由于数字全息技术采用计算机数字再现，可以方便地对所记录的数字全息图进行图像处理，减少或消除在全息图记录过程中的像差、噪声、畸变及记录过程中 CCD 器件非线性等因素的影响，便于进行测量对象的定量测量和分析。

目前，数字全息技术已开始应用于材料形貌形变测量、振动分析、三维显微观测与物体识别、粒子场测量、生物医学细胞成像分析，以及 MEMS 器件的制造检测等各种领域。虽然国内外在数字全息技术方面已经开展了大量的研究工作，但对于这一全息学领域的最新发展成果的应用及其相关知识的传播和教学方面目前明显落后于科研，在全息学的实验教学上仍然以传统全息成像方法为主，很少涉及现代数字全息学知识，特别是缺少相关的数字全息实验教学仪器设备。对此，我们设计了可用于数字全息成像实验教学的广义数字全息实验教学系统，该系统不仅包含了数字全息图记录、图像处理、重构再现的算法及其学习操作软件系统，还涉及了空间光调制器在全息再现的应用和光信息安全方面的知识，不但可以演示数字全息记录与成像过程，而且可自主学习和研究不同实验参数设置下的数字全息成像特性。

## （二）数字全息记录和再现的基本理论

数字全息的记录原理和光学全息一样，只是在记录时用数字相机来代替全息干板，将全息图储存到计算机内，用计算机程序取代光学衍射来实现所记录物场的数值重现，整个过程不需要在暗室中进行显影、定影等物理化学过程，真正实现了全息图记录、存储、重现和处理全过程的数字化。

1. 数字全息的光路分析

由于数字全息是使用数字相机代替全息干板来记录全息图，想要获得高质量的数字全息图，并完好地重现出物光波，必须保证全息图表面上光波的空间频率与记录介质的空间频率之间的关系满足奈奎斯特取样定理，即记录介质的空间频率必须是全息图表面上光波的空间频率的两倍以上。但是，数字相机的分辨率（约100 线/mm）比全息干板等传统记录介质的分辨率（达 5000 线/mm）低得多，而且数字相机的靶面面积很小，因此数字全息的记录条件不容易满足，记录结构的考虑也有别于传统全息技术。目前数字全息技术仅限于记录和重现较小物体的低频信息，且对记录条件有其自身的要求，因此要想成功地记录数字全息图，就必须合理地设计实验光路。

设物光和参考光在全息图表面上的最大夹角为 $\theta_{max}$，则数字相机平面上形成的最小条纹间距 $\Delta e_{min}$ 为

$$\Delta e_{\min} = \frac{\lambda}{2\sin(\theta_{\max}/2)} \tag{2-1}$$

所以全息图表面上光波的最大空间频率为

$$f_{\max} = \frac{2\sin(\theta_{\max}/2)}{\lambda} \tag{2-2}$$

一个给定的数字相机像素大小为 $\Delta x$，根据采样定理，一个条纹周期 $\Delta e$ 要至少等于两个像素周期，即 $\Delta e \geqslant 2\Delta x$，记录的信息才不会失真。在数字全息的记录光路中，所允许的物光和参考光的夹角 $\theta$ 很小，因此 $\sin\theta \approx \tan\theta \approx \theta$，有

$$\theta \leqslant \frac{\lambda}{2\Delta x} \tag{2-3}$$

所以

$$\theta_{\max} = \frac{\lambda}{2\Delta x} \tag{2-4}$$

在数字全息图的记录光路中，参考光与物光的夹角范围受到数字相机分辨率的限制。由于现有的数字相机分辨率比较低，只有尽可能地减小参考光和物光之间的夹角，才能保证携带物体信息的物光中的振幅和相位信息被全息图完整地记录下来。数字相机像素的尺寸一般为 5～10 μm，故所能记录的最大物参角为 2°～4°。

只要满足抽样定理，参考光可以是任何形式的，可以使用准直光或发散光，可以水平入射到数字相机或以一定的角度入射。

与传统全息记录材料相比，一方面，由于记录数字全息的数字相机靶面尺寸小，仅适用于小物体的记录；另一方面，目前数字记录全息图的数字相机像素尺寸大，分辨率低，使记录的参物光夹角小，只能记录物体空间频谱中的低频部分，从而使重现像的分辨率低、像质较差。综上，在数字全息中要想获得较好的重现效果，需要综合考虑实验参数，合理地设计实验光路。

2. 数字全息记录和再现算法

图 2-1 给出了数字全息图记录和重现结构及坐标系示意图。物体位于 $xoy$ 平

面上与全息平面 $x_H o_H y_H$ 相距 $d$，即全息图的记录距离，物体的复振幅分布为 $u(x,y)$。数字相机位于 $x_H o_H y_H$ 面上，$i_H(x_H,y_H)$ 是物光和参考光在全息平面上的干涉光强分布。$x'o'y'$ 面是数值重现的成像平面，与全息平面相距 $d'$，也称为重现距离。$u(x',y')$ 是重现像的复振幅分布，因为它是一个二维复数矩阵，所以可以同时得到重现像的强度和相位分布。

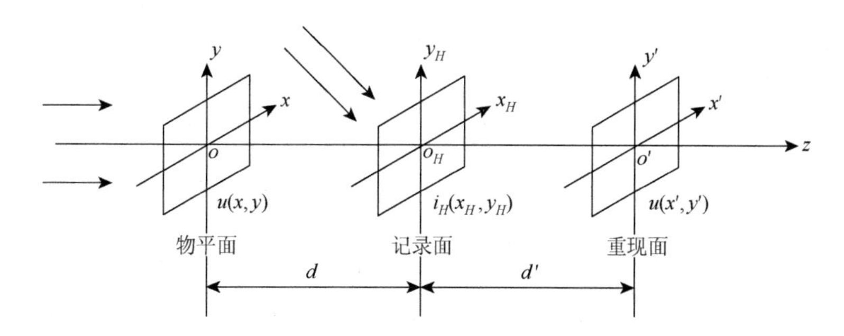


图 2-1　数字全息图记录和重现结构及坐标系示意图

对于图 2-1 的坐标关系，根据菲涅耳衍射公式可以得到物光波在全息平面上的衍射光场分布 $O(x_H,y_H)$ 为

$$O(x_H,y_H)=\frac{\mathrm{e}^{\mathrm{j}kd}}{\mathrm{j}\lambda d}\iint u(x,y)\exp\left\{\frac{\mathrm{j}k}{2d}[(x-x_H)^2+(y-y_H)^2]\right\}\mathrm{d}x\mathrm{d}y \tag{2-5}$$

其中，$\lambda$ 为波长；$k=2\pi/\lambda$ 为波数。

在全息平面上，设参考光波的分布为 $R(x_H,y_H)$，则全息平面的光强分布 $i_H(x_H,y_H)$ 为

$$i_H(x_H,y_H)=[O(x_H,y_H)+R(x_H,y_H)]\cdot[O(x_H,y_H)+R(x_H,y_H)]^* \tag{2-6}$$

其中上角标*代表复共轭。用于参考光波相同的重现光波 $R(x_H,y_H)$ 全息图时，全息图后的光场分布为 $i_H(x_H,y_H)\cdot R(x_H,y_H)$。

在满足菲涅耳衍射的条件下，重现距离为 $d'$ 时，成像平面上的光场分布 $u(x',y')$ 为

$$u(x',y')=\frac{\mathrm{e}^{\mathrm{j}kd'}}{\mathrm{j}\lambda d'}\iint i_H(x_H,y_H)R(x_H,y_H)\exp\left\{\frac{\mathrm{j}k}{2d'}[(x'-x_H)^2+(y'-y_H)^2]\right\}\mathrm{d}x_H\mathrm{d}y_H \tag{2-7}$$

将式（2-7）中二次相位因子 $(x'-x_H)^2+(y'-y_H)^2$ 展开，则式（2-7）可写为

$$u(x',y')=\frac{\mathrm{e}^{jkd'}}{\mathrm{j}\lambda d'}\exp\left[\frac{j\pi}{\lambda d'}(x'^2+y'^2)\right]\iint i_H(x_H,y_H)R(x_H,y_H)\exp\left[\frac{\mathrm{j}\pi}{\lambda d'}(x_H^2+y_H^2)\right]$$
$$\times\exp\left[-\mathrm{j}2\pi\frac{1}{\lambda d'}(x_H x'+y_H y')\right]dx_H dy_H \tag{2-8}$$

在数字全息中，为了获得清晰的重现像，$d'$ 必须等于 $d$（或者 $-d$），当 $d'=-d<0$ 时，原始像在焦，重现像的复振幅分布为

$$u(x',y')=-\frac{\mathrm{e}^{jkd}}{\mathrm{j}\lambda d}\exp\left[-\frac{\mathrm{j}\pi}{\lambda d}(x'^2+y'^2)\right]\times F^{-1}\left\{i_H(x_H,y_H)R(x_H,y_H)\exp\left[-\frac{\mathrm{j}\pi}{\lambda d}(x_H^2+y_H^2)\right]\right\} \tag{2-9}$$

同理，当 $d'=d>0$ 时，共轭像在焦，重现像的复振幅分布为

$$u(x',y')=\frac{\mathrm{e}^{jkd}}{\mathrm{j}\lambda d}\exp\left[\frac{\mathrm{j}\pi}{\lambda d}(x'^2+y'^2)\right]\times F^{-1}\left\{i_H(x_H,y_H)R(x_H,y_H)\exp\left[\frac{\mathrm{j}\pi}{\lambda d}(x_H^2+y_H^2)\right]\right\} \tag{2-10}$$

这样，利用傅里叶变换就可以求出重现像，这也是称之为傅里叶变换算法的原因。在式（2-9）和式（2-10）中，傅里叶变换的频率为

$$f_x=\frac{x'}{\lambda d}\quad f_y=\frac{y'}{\lambda d} \tag{2-11}$$

根据频域采样间隔和空域采样间隔之间的关系，可得

$$\Delta f_x=\frac{1}{M\Delta x_H}\quad \Delta f_y=\frac{1}{N\Delta y_H} \tag{2-12}$$

其中 $M$ 和 $N$ 分别为两个方向的采样点个数。所以，全息平面的像素大小和重现像面的像素大小之间的关系为

$$\Delta x'=\frac{\lambda d}{M\Delta x_H}\quad \Delta y'=\frac{\lambda d}{N\Delta y_H} \tag{2-13}$$

式(2-13)表明，重现像的像素大小和重现距离 $d$ 成正比，重现距离越大，$\Delta x'$ 和 $\Delta y'$ 就越大，分辨率就越低。在数值重现的整个计算过程中，数字图像的像素总数是保持不变的，因此，重现像的整体尺寸也与重现距离有关，随着重现距离的增大而增大。

如果利用数字图像处理方法对全息图 $i_H(x_H,y_H)$ 进行预处理，然后再进行重现，可以消除重现像中零级亮斑及共轭像（或原始像）离焦所带来的影响。

3. 数字全息再现像质量提高的方法

如果采用离轴方式记录全息图，只要在全息图的记录过程中满足再现像的分

离条件，在重现过程中就可以使再现像、共轭像和直透光分开。但是，数字全息在重现时，除实验需要的原始图像外，直透光和共轭像也同时在屏幕上以杂乱的散射光形式出现，而且扩展范围很宽，两者的存在对再现像的清晰度造成很大影响，特别是直透光，由于占据了大部分能量而在屏幕的当中形成一个亮斑，使再现像由于亮度相对较低，在屏幕上显示时因为太暗淡而使细节难以显示出来。如果能将直透光和共轭像去除，数字全息的再现像质量将会有大幅度的提高，应用范围也会相应扩大。

为了达到上述目的，目前主要有三类方法可供选择。第一类方法是基于实验方案，如利用相移技术消除直透光和共轭像。这种方法不但去除效果好，而且可以扩大再现的视场，但至少需要记录 4 幅全息图，实验装置也比较复杂，同时对环境的稳定性要求也比较高，更重要的是这种方法不能适用于对生物细胞等非静止的物体的记录，因而应用范围受限制，在这里不做详细的介绍。第二类方法是对数字全息图进行傅里叶变换和频谱滤波，将其中的直透光和共轭像的频谱滤掉。这种方法只需要记录一幅全息图，但是由于要进行一次傅里叶变换和反变换，不仅浪费时间，而且在运算过程中，有用信息也会丢失，会使再现结果产生较大的误差。第三类方法就是应用数字图像处理技术，直接在空域对全息图进行处理。这种方法不仅处理效果好，而且容易实现。下面对后两类方法做详细分析。

（1）频谱滤波法。

对于离轴数字全息图的频谱，如果载波的频率大于成像目标的最高频率的三倍，其零级亮斑、原始像和共轭像的频谱是彼此分开的，这也为应用频谱滤波法提供了可能性。

全息图的强度分布为

$$\begin{aligned} i_H(x,y) &= [R(x,y)+O(x,y)]\cdot[R(x,y)+O(x,y)]^* \\ &= |R(x,y)|^2+|O(x,y)|^2+R^*(x,y)O(x,y)+O^*(x,y)R(x,y) \end{aligned} \tag{2-14}$$

对式（2-14）的全息图光强分布 $I$ 作傅里叶变换可以得到

$$F(I)=A_0(f_x,f_y)+A_1(f_x,f_y-f_0)+A_2(f_x,f_y+f_0) \tag{2-15}$$

其中，$f_0$ 为参考光的频率；$A_0(f_x,f_y)=F[|R(x,y)|^2+|O(x,y)|^2]$；$A_1(f_x,f_y-f_0)=F[R^*(x,y)O(x,y)]$；$A_2(f_x,f_y+f_0)=F[O^*(x,y)R(x,y)]$。

如果物函数 $O(x,y)$ 是带限的，其最高空间频谱为 $f_{\max}$，带宽为 $2f_{\max}$，全息图的频谱如图 2-2 所示。其中，$2B$ 为物体的频率带宽，$A_0$ 为频谱平面坐标原点上的 $\delta$ 函数和物函数自相关频谱的和，其中心位于原点，但是其带宽扩展到 $4f_{\max}$，$A_1$ 和 $A_2$ 分别表示物光波的 ±1 级频谱，其中心分别位于 $\pm f_0$ 处，带宽为 $2f_{\max}$。图示可以看到，当满足条件 $f_0\geqslant 3f_{\max}$ 时，$A_0(f_x,f_y)$、$A_1(f_x,f_y-f_0)$ 和 $A_2(f_x,f_y+f_0)$ 三项在频谱面上是彼此分离的。将 $A_1(f_x,f_y-f_0)$ 取出，即物光波的频谱，再进行逆傅里叶变换，可以得到频谱滤波后的数字全息图，然后对其进行重现，就能获得无零级亮斑和共轭像的重现像。该方法充分利用了离轴全息图频谱分离这一特点，从而消除零级亮斑和共轭像所造成的干扰，具体的操作过程如图 2-3 所示。

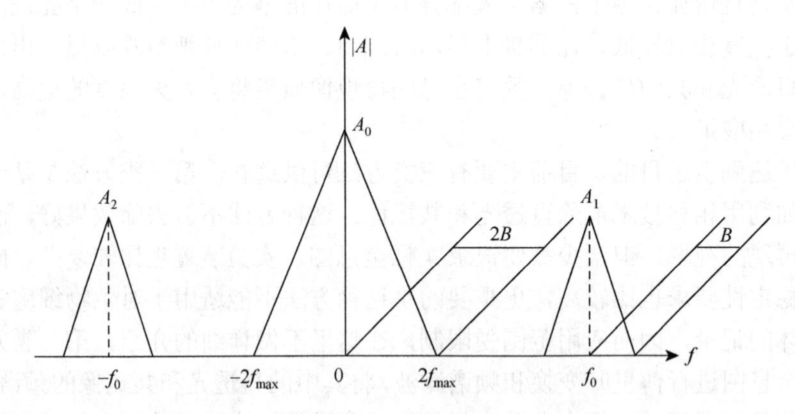


图 2-2　离轴数字全息图频谱示意图

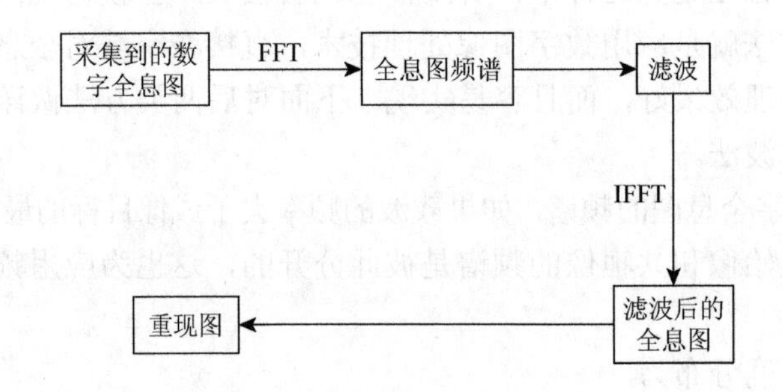


图 2-3　频谱滤波法操作流程图

在频谱滤波法中，滤波窗口的选择至关重要，选取的原则是：既要让物体的高频信息通过，又要最大限度地过滤噪声，尽量选取较窄的频谱宽度。实际上，物体的频谱一般主要集中于低频部分，而且在频谱的中心部分强度很大，集中了很大一部分能量，相对而言，其他的频谱部分集中的能量要小得多。在滤波窗口中，往往噪声也被选中作为物场的一部分得以重现，其结果会增加噪声对重现像的影响。一般情况下，对数字全息图的频谱做二维滤波处理，滤波窗口需要是封闭的二维图形，通常用矩形窗口就能得到较好的结果，当然，滤波窗口也可以是圆形或者椭圆形的，这需要根据物体频谱分布的实际情况来确定。

利用频谱滤波法，只选择原始像的频谱部分用于数值重现，可以削弱或消除零级亮斑、共轭像及噪声的影响，有效改善重现像的质量。

虽然频谱滤波法有其突出的优点，即只需要拍摄一幅全息图，不增加实验装置的复杂性，但是频谱滤波法需要预先设计滤波器，而且对不同的全息图，滤波器的参数也不一样。一般这种滤波器的参数需要对全息图有先验认识或先对全息图进行频谱分析才能确定，操作过程比较复杂，并且要对全息图进行多次变换操作，容易造成数值误差。

（2）数字相减法。

如果全息图频谱不满足频谱分离条件，那么上面的方法就无法得到不受干扰的再现像，在这种情况下可以采用全息数字相减法成功地将直透光消除掉，而且使 ±1 级衍射像保持不变，其基本过程如下：首先用数字相机记录全息图的光强分布 $i_H$，同时把离散化的数据输入计算机存储，然后保持光路不变，分别挡住参考光和物光，用同一个数字相机记录下它们各自的强度分布 $I_R$ 和 $I_O$，同时输入计算机存储，最后利用计算机程序对上述所采集的三组数据进行数字相减得到 $i'_H$，即

$$i'_H = i_H - I_O - I_R \tag{2-16}$$

其中，$I_O = |O(x,y)|^2$；$I_R = |R(x,y)|^2$。则

$$\begin{aligned} i'_H &= |R(x,y)|^2 + |O(x,y)|^2 + R^*(x,y)O(x,y) + O^*(x,y)R(x,y) - |O(x,y)|^2 - |R(x,y)|^2 \\ &= R^*(x,y)O(x,y) + O^*(x,y)R(x,y) \end{aligned} \tag{2-17}$$

因此用数字对全息图进行处理后的数据进行数字再现时，在显示屏上就可以得到 ±1 级衍射像，直透光将被消除。

数字相减法对参考光没有什么限制要求，无论是在球面参考光还是平面参考光的记录条件下都可以达到很好的效果。数字相减法最大的缺点就是需要分别采集和存储全息图、物光图和参考光图三幅强度图像，而且在采集此三幅图像的过程中，物光、参考光及记录光路都不能发生变化，这在快速变化物场的测盘中是相当困难的。

### （三）空间光调制器在光学再现上的应用

数字全息一开始的定义是指用电荷耦合成像器件代替普通照相干板来记录全息图，用数字计算方法再现；后来，数字全息的范围扩大到计算机制全息图、光电子再现全息图等，形成了更广义的数字全息。数字全息术从记录过程来看可以分为计算机制全息和像素全息两种；从再现过程分又可以分为计算机再现和光电子再现。几种方法互相交叉，目前数字全息的几种实现方式如图 2-4 所示。

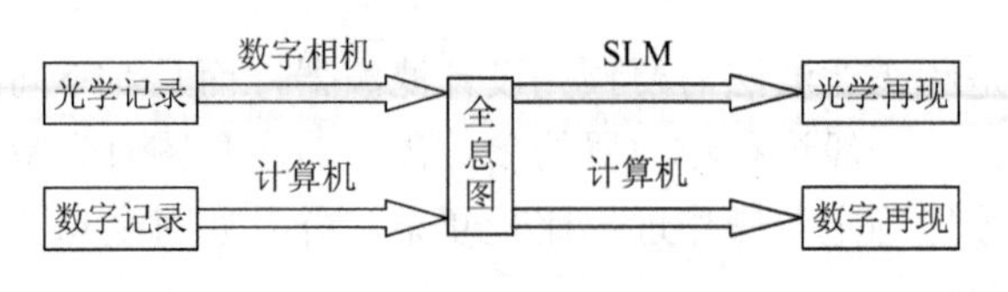


图 2-4　数字全息的实现方式

1. 空间光调制器的简介

上文中已经详细阐述了，数字全息在光学记录上与传统全息术在记录介质上的区别，此处重点介绍广义数字全息在光学再现方面的发展与革新。在全息技术发展的很长一段时间里，人们都是通过全息干板来记录全息干涉图样，需要经过曝光、显影、定影等化学处理，过程费时且复杂，最大的缺陷是干板的不可重复性，一块干板无法实现多幅图像的转换显示，即便是在计算机制全息图技术出现后的很长一段时间内，也需要用绘图仪或激光光束扫描记录装置等设备将计算结果制作成全息图进行再现，无法实时显示的缺陷仍然存在。这时候，空间光调制器出现在全息研究者的视线中。液晶空间光调制器是一种新兴的全息图的载体，和传统的全息记录介质相比，它具有计算机接口、操作方便、可实时显示等优点。由于自身的结构特点和制作工艺的限制，液晶空间光调制器在全息再现系统中的应用也具有传统介质所没有的缺点。

空间光调制器是一类能将信息加载于一维或二维的光学数据场上，以便有效地利用光的固有速度、并行性和互连能力的器件。这类器件可在随时间变化的电驱动信号或其他信号的控制下，改变空间上光分布的振幅或强度、相位、偏振态及波长，或者把非相干光转化成相干光。由于它的这种性质，可作为实时光学信息处理、光计算等系统中构造单元或关键的器件。空间光调制器是实时光学信息处理、自适应光学和光计算等现代光学领域的关键器件。空间光调制器一般按照读出光的读出方式不同，可以分为反射式和透射式；按照输入控制信号的方式不同又可分为光寻址（OA-SLM）和电寻址（EA-SLM）。最常见的空间光调制器是液晶空间光调制器，应用光-光直接转换，具有效率高、能耗低、速度快、质量好的特点。可广泛应用于光计算、模式识别、信息处理及显示等领域，具有广阔的应用前景。

定量分析液晶屏对光的调制特性，需要将调制过程用数学方法模拟，液晶盒里的扭曲向列液晶可沿光的透过方向分层，每一层可看作单轴晶体，它的光学轴与液晶分子的取向平行。由于分子的扭曲结构，分子在各层间按螺旋方式逐渐旋转，各层单轴晶体的光学轴沿光的传输方向也螺旋式旋转。如图 2-5 所示。

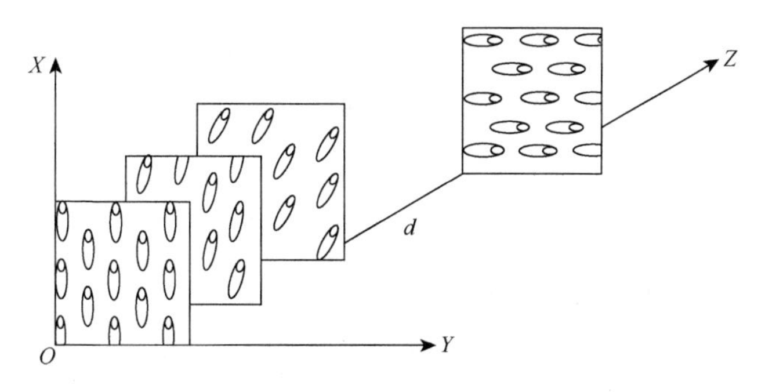


图 2-5　TNLC 分层模型

在空间光调制器液晶屏的使用中，光线依次通过起偏器 $P_1$、液晶分子及检偏器 $P_2$，如图 2-6 所示。光路中要求偏振片和液晶屏表面都在 $x$-$y$ 平面上，图中已经分别标出了液晶屏前后表面分子的取向，两者相差 90°。偏振片角度的定义是：逆着光的方向看，$\phi_1$ 为液晶屏前表面分子的方向顺时针到 $P_1$ 偏振方向的角度，$\phi_2$ 为液晶屏后表面分子的方向逆时针到 $P_2$ 偏振方向的角度。偏振光沿 $z$ 轴传输，各层分子可以看作具有相同性质的单轴晶体，它的 Jones 矩阵表达式与液晶分子的寻常折射率 $n_o$ 和非常折射率 $n_e$，以及液晶盒的厚度 $d$ 和扭曲角 $\alpha$ 有关。除此之外，Jones 矩阵还与两个偏振片的转角 $\phi_1$ 、$\phi_2$ 有关。因此光波强度和相位的信息可简单表示为 $T=T(\beta,\phi_1,\phi_2)$； $\delta=\delta(\beta,\phi_1,\phi_2)$，其中 $\beta=\pi d[n_e(\theta)-n_o]/\lambda$，又称为双折射，它其实为隐含电场的量，因为 $\beta$ 为非常折射率 $n_e$ 的函数，非常折射率 $n_e$ 随液晶分子的倾角 $\theta$ 改变，$\theta$ 又随外加电压的变化而变化。

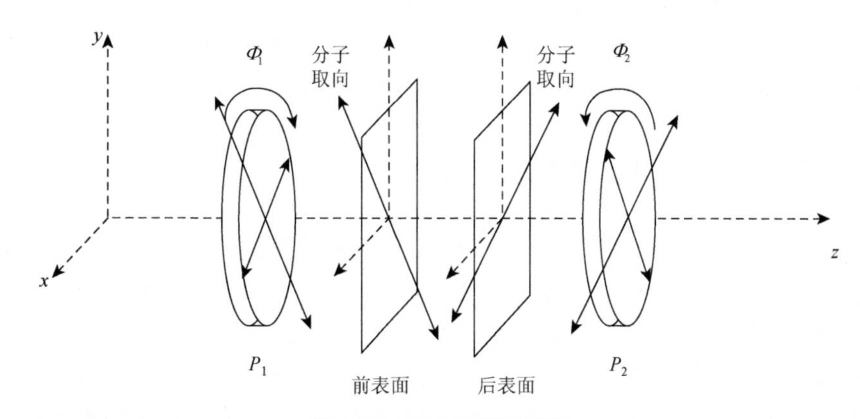


图 2-6　SLM 光路示意图

目前主流的液晶显示器组成比较复杂，它主要由荧光管、导光板、偏光板、滤光板、玻璃基板、配向膜、液晶材料及薄膜式晶体管等构成。作为空间光调制器来使用时，通常只保留液晶材料和偏振片。液晶被夹在两个偏振片之间，就能实现显示功能，光线入射面的称为起偏器，出射面的称为检偏器。实验时通常将这两个偏振片从液晶屏中分离出来，取而代之的是可旋转的偏振片，这样方便调节角度。

2. 振幅型空间光调制器作为再现干板的工作原理

在全息记录的过程中，当来自物体表面的散射光与参考光照射在全息记录板上时，参考光波与物光波进行叠加，叠加后形成的干涉条纹图记录在全息记录板上。由于记录板上记录的是曝光期间内再现波前的平均能量，也就是说记录板记录的只是再现波的光强。全息记录板的作用相当于一个线性变换器，它把曝光期间内的入射光强线性地变换为显影后负片的振幅透过率。全息像的再现，只要将上述全息记录板用原参考光束照明，就可得到物体的像。在再现的过程中，全息图将照射的光衍射成波前，这个衍射波就产生表征原始波前的所有光学现象。

振幅型空间光调制器是通过对入射线偏振光进行调制后改变其偏振态，利用入射和出射偏振片的不同获得不同强度的出射偏振光。通过设置振幅型空间光调制器不同像素位置的灰度值，可以改变对应位置出射光的光强。因此可以用振幅型空间光调制器来代替再现干板，将记录时的复振幅透过率关系写入空间光调制器的液晶，参考光被调制后，便可衍射生成被记录的物光信息。

利用空间光调制器来代替传统的全息干板，可以实现传统全息实验中无法实现的实时全息再现功能。但由于液晶空间光调制器的有限空间分辨率，全息记录的条件受限制，在利用空间光调制器实现全息再现的系统中，记录时参考光角度不能大于由基于 LCOS 液晶芯片的 SLM 分辨率决定的最大值，物体和全息面距离及物体尺寸都有相应较高的要求。同时考虑再现衍射像分离、提高系统分辨率等因素，上述参数的选取被限定在一定范围内，以保证获得较高质量的全息像。

## （四）数字全息在信息安全中的应用

基于光学理论与方法的数据加密和信息隐藏技术是近年来在国际上开始起步发展的新一代信息安全理论与技术。并行数据处理是光学系统固有的能力，如在光学系统中一幅二维图像中的每一个像素都可以同时地被传播和处理。当进行大量信息处理时，光学系统的并行处理能力很明显占有绝对的优势，并且，所处理的图像越复杂，信息量越大，这种优势就越明显。同时，光学加密装置比电子加密装置具有更多的自由度，信息可以被隐藏在多个自由度空间中。在完成数据加密或信息隐藏的过程中，可以通过计算光的干涉、衍射、滤波、成像和全息等过程，对涉及的波长、焦距、振幅、光强、相位、偏振态、空间频率及光学元件的参数等进行多维编码。与传统的基于数学的计算机密码学和信息安全技术相比，光学信息安全技术具有多维、大容量、高设计自由度、高鲁棒性、天然的并行性及难以破解等诸多优势。

密码技术是信息安全的核心。密码学是在编码和破译的斗争实践中逐步发展的，并随着先进科学技术的发展和应用，已成为一门综合性的尖端科学技术。它与数学、语言学、声学、电子学、信息论及计算机科学等有着广泛而密切的联系。随着计算机网络不断渗透各个领域，密码学的应用也随之扩大。密码学由密码编码学和密码分析学两个相互对立又相互促进的分支组成。密码编码技术的主要任务是寻求产生安全性高的有效密码算法，以满足对消息进行加密或认证的要求。密码分析技术的主要任务是破译密码或伪造认证信息，实现窃取机密信息或进行诈骗破坏活动的目的。这两个分支既相互对立又相互依存。正是由于这种对立统一的关系，才推动了密码学自身的发展。通常将待加密的消息称为明文，加密后的消息称为密文；加密就是从明文得到密文的过程；合法地由密文恢复出明文的过程称为解密；表示加密和解密过程的数学函数称为密码算法；实现这种变换过程需要输入的参数称为密钥；密钥可能的取值范围称为密钥空间。密码算法、明文、密文和密钥组成密码系统。

由于数字全息的灵活性，我们将其应用于数字图像加密领域。依据上文中提到的数字全息的记录和再现的原理，将明文作为物光信息，全息记录图即为密文，根据光学衍射传播原理，可以知道，加密和解密的算法即为菲涅耳衍射算法，在整个全息系统中的波长、再现距离都可以作为密钥。这样便构成了一个完整的信息安全密码系统。在加密时，可以利用计算全息，在计算机中通过菲涅耳变化计算生成含有明文信息的物光的衍射全息图。然后在解密时，将衍射全息图写入空间光调制器中，用特定的波长按照特定的光路，才能在唯一的衍射距离得到明文信息。

本实验中所展现的数字全息在信息安全中的应用，只是一个非常简单的举例，主要是帮助学生理解数字全息和信息安全的一些基本概念。在实际科研工作中，国内外相关学者有着很多非常不错的工作成果。从 1995 年 P. Refregier 和 B. Javidi 等提出了双随机相位编码方法开始掀起了光学加密领域的研究热潮。研究人员随后提出了一些在双随机相位编码基础上进行改进的新方法，如纯相位加密、基于分数傅里叶变化的加密方法、基于菲涅耳变换的加密方法、基于联合变换相关器的加密系统、利用离轴数字全息的加密系统和利用相移干涉技术的数字全息加密系统等。

当前，在计算机和网络迅猛发展的情况下，信息的存储、传输和处理的要求与日俱增，对信息安全问题的研究十分有意义。光学信息处理有着得天独厚的优势：处理速度快、信息容量大、能够实现快速卷积、密钥空间大和具有并行处理能力等。光学信息处理在加密与信息隐藏中的研究必然有很大的潜力。

## 三、实验仪器

He-Ne 激光器、可调光阑、CMOS 数字相机、空间光调制器、分光光楔、空间滤波器、可调衰减片、反射镜、计算机等。

## 四、实验步骤

1. 数字记录，数字再现

本实验实现了将计算全息与数字全息相结合，利用计算机模拟全息图的记录过程产生理想物体的离轴菲涅耳数字全息图，并由所生成的全息图重现出物体的像，实现数字全息图记录和重现整个过程的计算机模拟。具体的操作流程如图 2-7 所示。

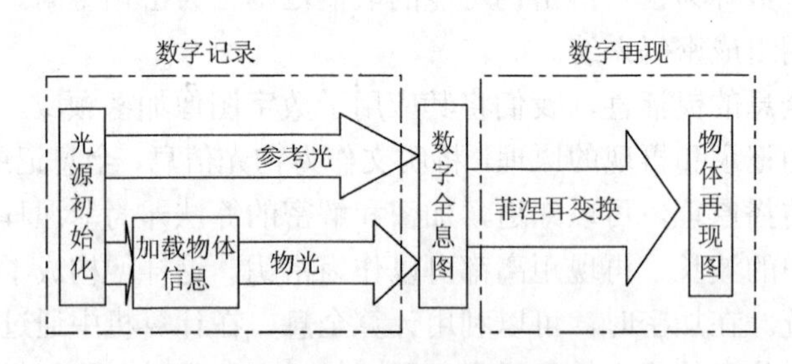


图 2-7　数字全息记录和重现流程图

（1）点击“读图”加载物体信息，物体图片像素的尺寸不要超过 1024×1024。

（2）设置记录时的虚拟光路的参数、衍射距离及参考光夹角。点击生成全息图，观察数字全息图。

（3）设置数字再现时的再现距离，点击“仿真再现”。查看对比再现图是否和原图一致，有何区别。

（4）重复以上步骤，但是修改各个参数，观察每个参数对再现效果的影响，通过这个实验可对接下来的其他分实验有一定指导作用。

数字相机像素的尺寸一般在 5～10 μm 范围内，故所能记录的最大物参角在 2°～4°范围内。本实验所采用的 CMOS 像素尺寸为 5.2 μm，所以为了和真实的物理过程对应起来，在模拟的过程中最大物参角为 3.4°。

在模拟再现的过程中利用数字相减法，并和之前不做任何处理的模拟结果进行对比，可以得知，数字相减法能有效地消除重现像中的零级亮斑，改善重现像的质量。

从实验结果可以得知，利用傅里叶变换算法对数字全息图进行重现时，如果重现距离和记录距离不相等，则看不清再现像；当重现距离和记录距离相等时，重现像的显示大小与记录距离之间的关系为：重现距离越大，重现像的像素尺寸就越大，相应的所显示出来的重现像就越小。

2. 光学记录，数字再现

本实验用 CMOS 数字相机代替传统全息中的干板作为记录介质，再现在计算机中进行。实验光路图如图 2-8 所示。

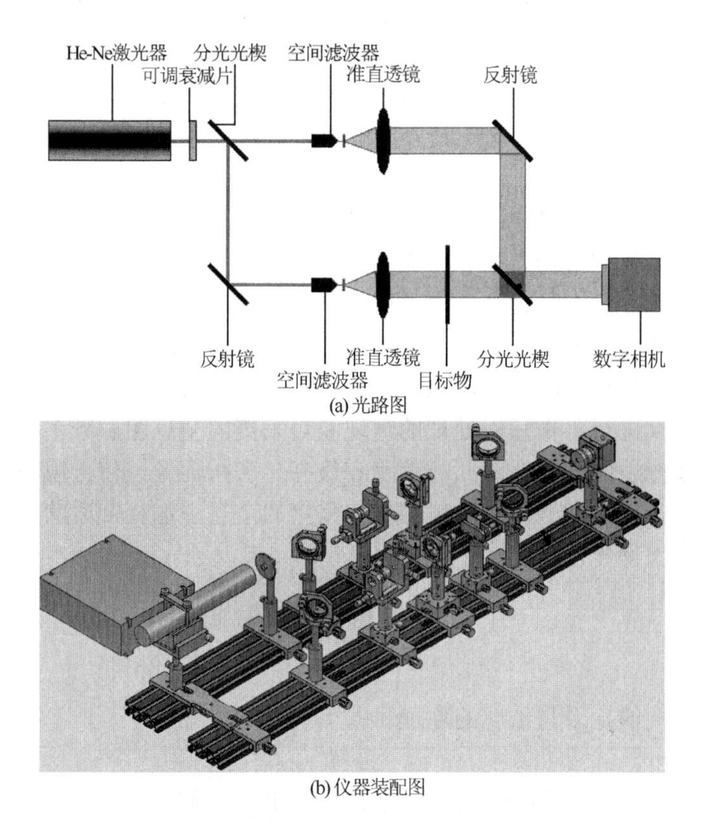


(a) 光路图

(b) 仪器装配图

图 2-8　透射物体的数字全息记录光路图和仪器装配图

（1）按照实验光路图从激光器开始逐个摆放各个实验器件，确保光路水平，光学器件同轴。目标物和 CMOS 数字相机先不加入光路中。

（2）光路调节。在光路搭建完成后，调节两路光，使其合成一束同轴光，能够出现同心圆环干涉条纹。此时可认为光路初步调节基本完成。

（3）旋转激光器出口的可调衰减片，将整个系统中的光强调到最弱，然后将数字相机加入系统中，实时记录干涉条纹图案。然后调整可调衰减片使相机采集干涉条纹，光强合适，不能曝光过度。

（4）调节分光光楔处的调整架，让两束光有轻微的夹角，能够产生离轴全息，方便后期再现。图像上显示为较为密集的竖条纹。

（5）将目标物加入光路中，调节第二个可调衰减片，使参考光光强适当，使得物光和参考光光强相差不大。

（6）采集全息图案，用软件中“频域分析”来观测频域中的±1 级是否和 0 级分开。如果未分开，需继续调整参考光和物光的夹角，直到±1 级和 0 级充分分开。

（7）在软件“频谱分析”界面中，点击频谱图+1 级的峰值位置，获取坐标，将 $x$ 轴坐标填入右边“峰值点”输入框，输入合适的滤波窗口大小值。测量目标物和数字相机之间的距离，输入到“再现距离”处，点击“数字再现”，便可得到数字再现的全息图。

实验中有以下注意事项：

用可调衰减片调节物光与参考光的光强比，增强干涉条纹的对比度；物光和参考光的角度要控制在最大夹角内（通过采集图像的干涉条纹间距来调整物参光的夹角）以保证物光和参考光的干涉场在被数字相机记录时，满足奈奎斯特取样定理，否则在进行重现时，重现像将会失真甚至导致实验失败；在通过软件重现的过程中，分别进行不做任何处理的重现和对采集的全息图做频率滤波之后再重现，发现频率滤波的方法能够同时消除零级亮斑和共轭像，使再现像的质量得到明显的改善；在做频率滤波的时候要根据采集的全息图选择合适的滤波窗口，以便准确的选取出物光信息。

### 五、思考题

简述全息图的记录与重现的原理。

## 2.2　半导体泵浦固体激光器的搭建、调试及参数测量实验

### 一、实验目的

（1）了解半导体泵浦固体激光器的基本结构；

（2）掌握半导体泵浦固体激光器的工作原理；

（3）学习半导体泵浦固体激光器的搭建和调试方法；

（4）掌握半导体泵浦固体激光器静态特性的测试方法。

## 二、实验原理

半导体泵浦固体激光器（diode-pumped solid-state laser，DPL），是以激光二极管（LD）或其阵列作为泵浦源的固体激光器，具有体积小、重量轻、效率高、性能稳定、可靠性好、寿命长及光束质量高等优点，在光通信、激光雷达、激光医学及激光加工等方面有巨大应用前景，是目前固体激光器的主要前进方向。

### 1. 耦合方式

典型的 LD 线阵慢轴平面内的发散角约为 10°，快轴平面内的发散角约为 40°，其输出光束为像散椭圆高斯光束。由于单个 LD 功率较小，目前多采用 LD 阵列。功率较大的 LD 阵列为多个线阵构成的矩形面阵。因此在采用 LD 泵浦固体激光器时，需要设计适当的耦合系统，来整形、聚焦 LD 光束，使进入到激光晶体内光束截面半径小于基模高斯光束束腰半径且发散度小。泵浦耦合方式主要有纵向泵浦和横向泵浦两种，其中纵向泵浦方式具有体积小、效率高、结构简单及空间模式匹配好等优点，特别适用于中小功率固体激光器。横向泵浦方式主要应用于大功率激光器。本实验采用纵向泵浦方式。常见的纵向泵浦耦合有以下几种。如图 2-9 所示。

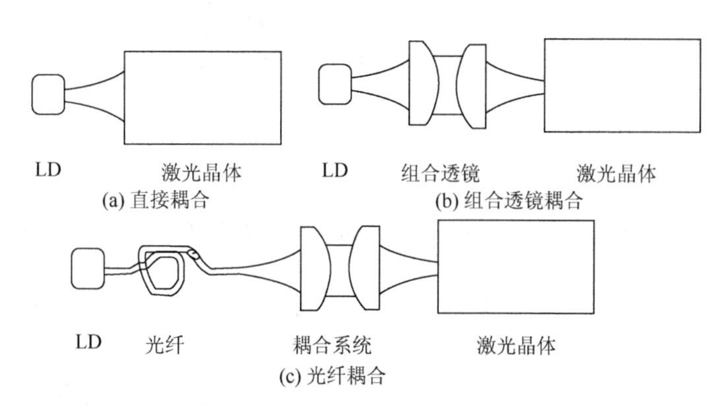


图 2-9　半导体激光泵浦的固体激光器常用耦合方式

直接耦合：即不采用耦合系统，将 LD 的发光面紧贴增益介质，使泵浦光束在尚未发散开之前便被增益介质吸收。直接耦合方式省去了准直、整形及聚焦系统，使整个装置结构紧凑，稳定性强。但是在实际应用中难以实现，并且容易损伤 LD。

组合透镜系统耦合：可以根据实际情况选取透镜、柱透镜等搭配进行准值和聚焦，它们容易调整，适合较小的 LD 阵列。

光纤耦合：指用带尾纤输出的 LD 进行泵浦耦合。优点是结构灵活，这也是目前被普遍采用的一种耦合方式。当然，将 LD 阵列光束耦合到光纤内仍然是一个很有挑战性的问题。

本实验采用光纤耦合方法，采用组合透镜对光纤输出光束进行整形变换。

2. 激光晶体

激光晶体是 DPL 激光器的核心器件。为了获得理想的激光输出，根据运转方式选择合适的激光晶体是十分重要的。目前，以钕离子（$Nd^{3+}$）作为激活粒子的钕激光器是使用最广泛的固体激光器。其中，以 Nd : YAG 和 Nd : YVO4 最为常见。$Nd^{3+}$离子部分取代 Y3Al5O12 晶体中 $Y^{3+}$离子的掺钕钇铝石榴石（Nd : YAG），具有量子效率高、受激辐射截面大、光学质量好、1064 nm 光波吸收少、容易生长、热导率高和热冲击性好等特性，成为目前应用最广泛的 LD 泵浦的激光晶体，占固体激光材料 90%以上。Nd : YAG 晶体的吸收光谱如图 2-10 所示。

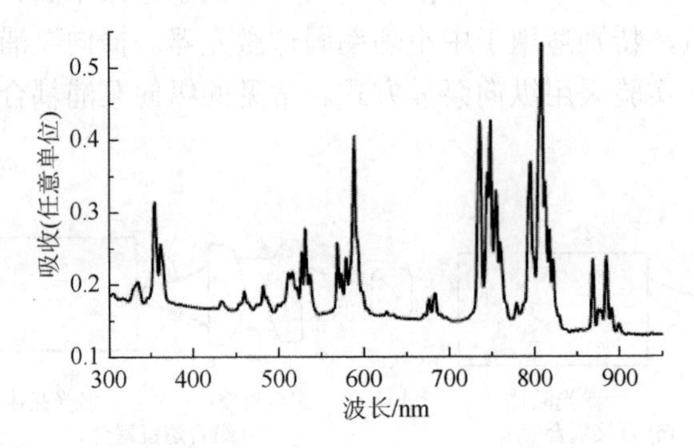


图 2-10　Nd : YAG 晶体中 $Nd^{3+}$离子的室温吸收光谱

从 Nd : YAG 的吸收光谱图可以看出，其在 808 nm 处有一强吸收峰。因此可以采用波长与之匹配的 LD 作为泵浦源，就可获得高的输出功率和泵浦效率。众所周知，半导体材料性能受温度影响较大，温度变化时，LD 的输出激光波长会产生漂移，造成激光输出功率下降。因此，为了获得稳定的波长，需采用具备精确控温的 LD 电源。

掺钕钒酸钇（Nd : YVO4）晶体也是一种性能优良的激光晶体，适于制造 LD 泵浦的中低功率的激光器。与 Nd : YAG 相比 Nd : YVO4 对泵浦光具有更高的吸收系数和更大的受激发射截面。由于 LD 是带状发射光谱，而稀土离子的 f-f 跃迁是线状光谱，所以激光晶体的吸收带宽非常重要。Nd : YVO4 的吸收带宽可达 Nd : YAG 的 2～6 倍，具有比 Nd : YAG 高 5 倍的吸收效率。Nd : YVO4 在 1064 nm

和 1342 nm 处具有较大的受激发射截面。在 a 轴方向 Nd : YVO4 在 1064 nm 处波的受激发射截面约为 Nd : YAG 的 4 倍，而在 1342 nm 处的受激发射截面可达 Nd : YAG 在 1342 nm 处的 18 倍，故 Nd : YVO4 在 1342 nm 处激光的连续输出效率要大大超过 Nd : YAG。

Nd : YVO4 的另一重要特点是它属单轴晶系，仅发射线性偏振光，因此可以避免在倍频转换时产生双折射干扰，而 Nd : YAG 是高对称性的立方晶体，无此特性。Nd : YVO4 的缺点是它的荧光寿命仅为 Nd : YAG 的 40%且它的热性能不及 YAG。

在实际的激光器设计中，除了吸收波长和出射波长外，选择激光晶体时还需要考虑掺杂浓度、热导率、发射截面和吸收截面等多种因素。

3. 纵向泵浦固体激光器的模式匹配技术

本实验采用平凹腔。图 2-11 是典型的平凹腔型结构图。激光晶体的一面镀泵浦光增透和输出激光全反膜，泵浦光从晶体镀膜一侧进入。输出镜为镀特定透过率薄膜的凹面镜。这种平凹腔结构简单，容易形成稳定的输出模，同时具有高的光转换效率，是一种常见的谐振腔。但在设计时必须考虑模式匹配问题。如图 2-11 所示，平凹腔中的 $g$ 参数表示为

$$g_1 = 1 - \frac{L}{R_1} = 1, g_2 = 1 - \frac{L}{R_2},$$

式中，$L$=80 mm 为腔长；$R_1=\infty$；$R_2$=200 mm 为输出镜曲率半径。由腔的稳定性条件，$0 < g_1 g_2 < 1$ 可知，当 $L < R_2$ 时腔稳定。可算出光束束腰位置在晶体的输入平面上，该处的束腰尺寸为

$$\omega_0 = \sqrt{\frac{L(R_2 - L)^{\frac{1}{2}} \lambda}{\pi}}$$

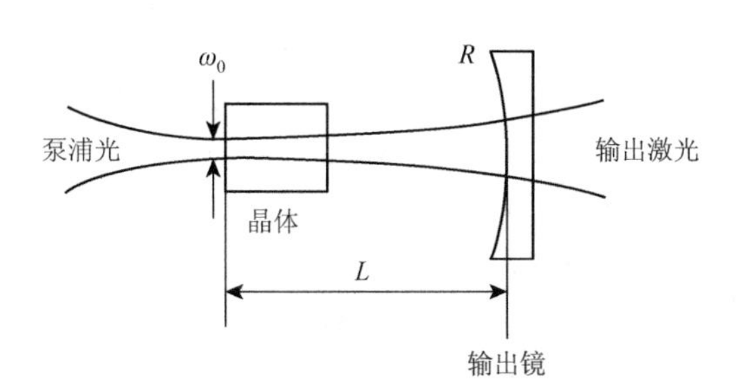


图 2-11　纵向泵浦的平凹腔

泵浦光在激光晶体输入面上的光斑半径应该≤$\omega_0$，这样可使泵浦光与基模振

荡模式匹配，易获得基模输出。

## 三、实验仪器

半导体泵浦固体激光器示意图如图 2-12 所示，它由激光晶体、泵浦源和谐振腔三部分构成。具体的器件如表 2-1 所列。

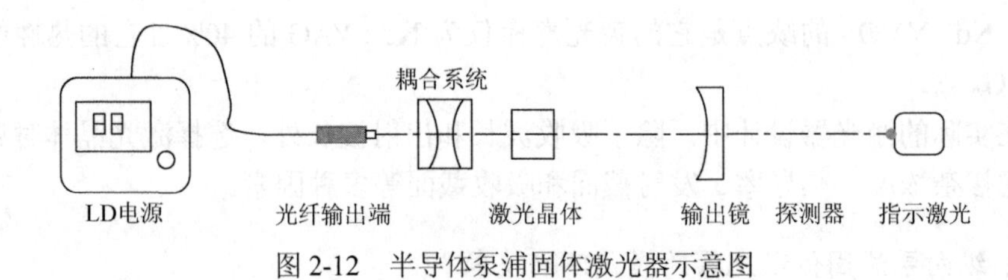


图 2-12　半导体泵浦固体激光器示意图

**表 2-1　实验所用器件**

| 器件 | 规格 | 数量 |
|---|---|---|
| LD 及电源系统 | 808 nm，最大工作电流 2.5 A | 1 |
| 耦合镜 | 1∶1 | 1 |
| Nd : YAG | Nd : YAG 晶体及卡具，$\Phi$3 mm×5 mm | 1 |
| Nd : YVO4 | 钒酸钇晶体及卡具，3 mm×3 mm×5 mm | 1 |
| 红外显示卡 | 激发波段 800～1400 nm，30 mm×50 mm | 1 |
| 激光功率计 | 三波长，532/808/1064 nm | 1 |
| 导轨 | 90 mm×30 mm×600 mm | 1 |
| 滑块 | 120 mm×40 mm | 10 |
| 支杆 | L76 mm，双头阳螺纹 | 2 |
| 四维调整镜架 | 装 $\Phi$25.4 mm 镜片 | 6 |
| 五维调整镜架 | 装 $\Phi$25.4 mm 镜片 | 1 |
| 二维调整镜架 | 装 $\Phi$20 mm 镜片 | 3 |
| 短波通输出镜 | $R$=99.5%@1064 HT@532 nm | 1 |
| 输出镜 | $\Phi$20 mm，1064 nm，$T$=3% | 1 |
| 输出镜 | $\Phi$20 mm，1064 nm，$T$=8% | 1 |
| 半导体激光器 | 650 nm，2 mW，激光头 $\Phi$9×23 mm | 1 |
| 激光护目镜 | 1064 nm 和 532 nm | 1 |
| 支杆夹 | 360° | 1 |
| 磁力表座 | 61 mm×51 mm×55 mm，吸力 45 kg | 1 |
| 法兰转接底座 | 内径 8 mm，厚度 2 mm，FC/PC 法兰安装 | 1 |

## 四、实验步骤

1. 半导体激光器泵浦源阈值及 *I-P* 特性测量实验

（1）打开 LD 激光器（泵浦源）上的电源开关，打开工作开关。通过红外显示卡观察 LD 出射的光斑。用功率计测量 LD 的激光功率。

（2）将电流值调到最小，缓慢调节电流旋钮，并观察激光功率计示数，当功率计示数有变化时，记录此时的电流值，此值即为 LD 激光器的工作电流阈值。

（3）继续微调 LD 的工作电流，从 0～2.0 A 每隔 0.2 A 测量一组固体激光器系统输出功率。绘制 LD 激光器的 *I-P* 曲线图。

（4）关闭泵浦源。

2. 搭建激光器

（1）指示光的准直。将指示激光安装在导轨左端，将其调整成光束水平出射。方法如下。

①调整 Nd : YAG 晶体四维架的水平和竖直旋钮，使晶体大概处于中心位置（旋钮居中即可）。

②在指示激光右侧处放上 Nd : YAG 晶体（应尽量靠左，刚好能从左侧看到晶体），调节指示激光四维架的水平和竖直旋钮，使指示激光直射晶体中心。

③然后，在导轨右侧放上晶体，调节指示激光四维架的俯仰和偏摆旋钮，使指示激光直射晶体中心。

④取下 Nd : YAG 晶体。

（2）泵浦光的准直（此步骤需在较暗的环境下进行）。

①将泵浦源安装在导轨最右端。

②调节泵浦源四维架的水平和竖直旋钮，使指示激光直射泵浦源的光纤头中心（粗调）。

③在导轨中部处插入小孔，使指示光穿过小孔。

④微调泵浦源四维架的水平和竖直旋钮，使反射光斑以小孔为中心（精调）。

⑤调节泵浦源四维架的俯仰和偏摆旋钮，注意观察反射光斑，可以看到一组同心圆。使同心圆打在小孔中心。

⑥取下小孔。

⑦功率计响应较慢，微调激光器旋钮后，观察功率计读数 3 s 再继续微调激光器旋钮。

（3）耦合系统的准直。

①先在泵浦源后约 80 mm 处放上耦合镜，调节耦合镜四维架的水平和竖直旋

钮，使指示激光经过耦合镜后，直射泵浦源的光纤头中心。

②将耦合镜贴近泵浦源，距离越近越好。调节耦合镜四维架的俯仰和偏摆旋钮，使反射光回到指示激光的出光口。

（4）插入 Nd : YAG 晶体。在耦合镜后面放上晶体，调节激光晶体四维架的俯仰和偏摆旋钮，使反射光回到指示激光的出光口。注：不要弄错晶体方向。

（5）安装输出镜。在激光晶体后面 80 mm 处放上 $T$=3%的输出镜。调节输出镜二维架的俯仰和偏摆旋钮，使反射光回到指示激光的出光口。

（6）调整出光。先遮住指示激光，打开泵浦源电源，将电流调节到 1.5～1.7 A，使用红外显示卡在输出镜后观察。不固定输出镜，微微晃动输出镜，观察红外显示卡有无光斑，若无光斑，略微改变俯仰角度，继续晃动输出腔镜，直至有光斑出现。固定输出镜，微调俯仰和偏摆旋钮，使出光为一个亮点，即为 $TEM_{00}$ 模。

注 1：泵浦激光器长时间工作在最大电流时，将影响 808 nm 泵浦激光器的寿命。激光器调试时电流不应超过 2.0 A。

注 2：要不停晃动红外显示卡，让激光打在不同位置上，否则红外显示卡不发光。

（7）使用功率计检测激光功率。让激光打入功率计探头，微调激光晶体的位置（轴向），找出功率输出最大的位置，然后固定。从右到左微调泵浦源、耦合镜、激光晶体、输出镜的各个旋钮，使激光功率达到最大。注：功率计响应较慢，微调激光器旋钮后，观察功率计读数 3 s 再继续微调激光器旋钮。

### 3. 最佳输出透过率选取实验

分别更换透过率 $T\approx1\%$的“短波通”输出腔镜和 $T$=8%的输出镜，观察当电流为 1.7 A 时不同透过率透镜的输出功率，选取输出功率最大的透镜完成以下实验。记录最佳的输出镜。

注：输出镜表面均镀膜，镀膜方向朝向半导体激光器泵源方向。

### 4. 半导体泵浦固体激光器功-功转换效率测量实验

将 LD 电流调到最小，然后从小到大渐渐增大 LD 电流，从激光阈值电流（刚好有激光输出时的电流）开始到 2.0 A，每隔 0.2 A 测量一组固体激光器系统输出功率。

更换 Nd : YAG 晶体为 Nd : YVO4 晶体，重新调整光路，用上述方法测量输出功率。

结合泵浦激光的 $I$-$P$ 曲线，绘制出两种晶体的激光输出功率-泵浦功率曲线，并计算功-功转换效率，比较结果并分析原因。

## 五、实验总结与思考

（1）激光振荡的条件是什么？为什么？
（2）谐振腔的作用是什么？
（3）激光器的损耗有哪些？

## 六、注意事项

（1）操作者须佩戴护目镜。
（2）激光器开机（包括泵浦源）前需把镜面反射物体移出输出端。
（3）不得用手直接触摸任何光学器件的透光面，应拿捏侧面。
（4）准直好光路后需用遮挡物遮住指示 LD，避免 LD 被输出的红外激光打坏。
（5）光学调整架为较软的铝质材料，不得用蛮力拧螺丝，以免滑丝。请对准之后再拧。
（6）先粗调再微调。微调螺丝行程有限，不要拧死。

# 2.3　半导体泵浦固体激光器的调 Q、倍频实验

## 一、实验目的

（1）了解半导体泵浦固体激光器工作原理；
（2）掌握半导体泵浦固体激光器的实验系统搭建和调试方法；
（3）掌握半导体泵浦固体激光器的调 Q、倍频实验技巧。

## 二、实验原理

连续或普通脉冲激光功率或峰值功率低。调 Q 技术可以压缩脉冲宽度，提高峰值功率几个数量级。激光倍频可以改变光波的谐振频率，是最早发现的非线性光学现象。激光倍频是将激光波长向短波方向变化的主要方法，有重要的实际应用价值。

### 1. 半导体激光泵浦固体激光器的被动调 Q 技术

常用的调 Q 方法有电光调 Q、声光调 Q 和饱和吸收调 Q。前两种方法中，谐

振腔的损耗由外部控制，称为主动调Q。饱和吸收调Q中，谐振腔的损耗由腔内的光强来决定，称为被动调Q。本实验采用的是$Cr^{4+}$：YAG饱和吸收晶体调Q。它结构简单，使用方便，无电磁干扰，可获得峰值功率大、脉宽小的巨脉冲。当然，其输出没有主动调Q稳定。饱和吸收材料在光强较大时出现吸收饱和，即不再吸收，其透过率增加，而在光强较低时，透过率较低。被动调Q的工作原理是当$Cr^{4+}$：YAG被放置在激光谐振腔内时，它的透过率会随着腔内的光强而改变。在激光振荡的初始阶段，$Cr^{4+}$：YAG的透过率较低，随着增益介质中的反转粒子数不断增加，当谐振腔增益等于谐振腔损耗时，反转粒子数达到最大值，此时可饱和吸收体的透过率仍为初始值。随着腔内光子数不断增加，可饱和吸收体的透过率也逐渐变大，并最终达到饱和。此时，$Cr^{4+}$：YAG的透过率瞬间增大，光子数密度迅速增加，激光振荡形成。腔内光子数密度达到最大值时，激光为最大输出，此后，由于反转粒子的减少，光子数密度也开始降低，可饱和吸收体$Cr^{4+}$：YAG的透过率也开始降低。当光子数密度降到初始值时，$Cr^{4+}$：YAG的透过率也恢复到初始值，调Q脉冲结束。

### 2. 半导体激光泵浦固体激光器的倍频技术

电磁波与电介质相互作用时，电介质会出现极化现象。在强度较低时，电介质的极化率与场强近似为线性关系。但是当光强度较大时，电场平方项已经不能被忽略，就会出现二次非线性效应。倍频现象就是二次非线性效应的一种情况。本实验中的倍频就是通过倍频晶体实现对Nd : YAG和Nd : YVO4输出的1064 nm红外激光倍频成532 nm绿光。

常用的倍频晶体有KTP、KDP、LBO、BBO和LN等。其中，KTP晶体在1064 nm光附近有高的有效非线性系数，导热性良好，非常适合用于YAG激光的倍频。

倍频技术通常有腔内倍频和腔外倍频两种。腔内倍频是指将倍频晶体放置在激光谐振腔之内，由于腔内具有较高的功率密度，较适合于连续运转的固体激光器；腔外倍频方式指将倍频晶体放置在激光谐振腔之外的倍频技术，较适合于脉冲运转的固体激光器。

### 3. 角度相位匹配

由于材料色散，基频光与倍频光速度不同，基频光能量不能有效地转化到倍频光。要想有效地倍频，必须满足相位匹配条件。相位匹配条件的物理实质就是使基频光在晶体中沿途各点激发的倍频光传播到出射面时，都具有相同的相位，这样可使相互干涉增强，从而达到好的倍频效果。常用的相位匹配方法有两种，角度匹配和温度匹配。角度匹配效率高，是产生倍频光的最常用、最主要的方法。本实验采用角度匹配。

将基频光以特定的角度和偏振态入射到倍频晶体，利用倍频晶体本身所具有的双折射效应抵消色散效应，达到相位匹配的要求。

KTP 晶体属于负双轴晶体，其最佳相位匹配角为 $\theta$=90°，$\phi$=23.3°，对应的有效非线性系数 deff=7.36×$10^{-12}$ V/m。LD 泵浦的 Nd : YVO4 晶体与 LBO、BBO 及 KTP 等高非线性系数的晶体配合使用，能够达到较好的倍频转换效率，可以制成输出近红外、绿色、蓝色到紫外等类型的全固态激光器。

## 三、实验仪器

半导体泵浦固体激光器的调 Q 和倍频示意图分别如图 2-13 和图 2-14 所示。具体的器件如表 2-2 所列。

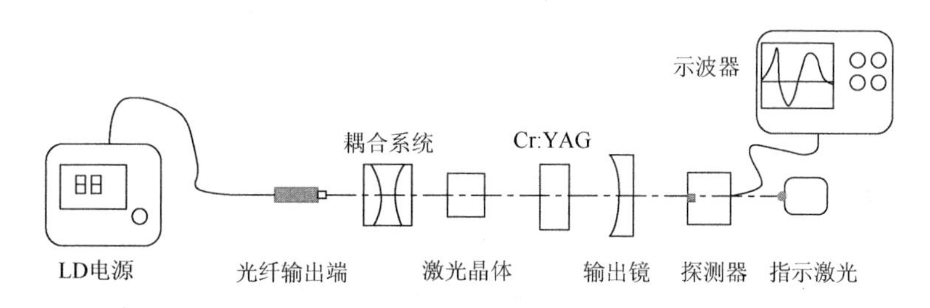


图 2-13　调 Q 实验示意图

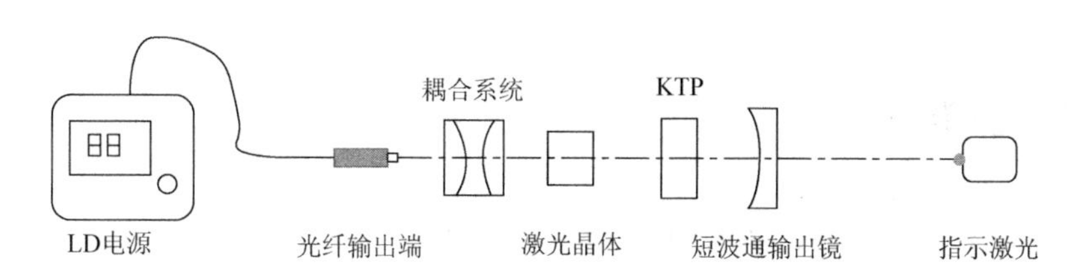


图 2-14　倍频实验示意图

**表 2-2　实验所用器件**

| 器件 | 规格 | 数量 |
|---|---|---|
| LD 及电源系统 | 808 nm，最大工作电流 2.5 A | 1 |
| 耦合镜 | 1∶1 | 1 |
| Nd : YAG | Nd : YAG 晶体及卡具，$\Phi$3 mm×5 mm | 1 |

续表

| 器件 | 规格 | 数量 |
|---|---|---|
| Nd : YVO4 | 钒酸钇晶体及卡具，3 mm×3 mm×5 mm | 1 |
| 红外显示卡 | 激发波段 800～1400 nm，30 mm×50 mm | 1 |
| 激光功率计 | 三波长，532/808/1064 nm | 1 |
| 导轨 | 90 mm×30 mm×600 mm | 1 |
| 滑块 | 120 mm×40 mm | 10 |
| 支杆 | L76 mm，双头阳螺纹 | 2 |
| 四维调整镜架 | 装 $\Phi$25.4 mm 镜片 | 6 |
| 五维调整镜架 | 装 $\Phi$25.4 mm 镜片 | 1 |
| 二维调整镜架 | 装 $\Phi$20 mm 镜片 | 3 |
| 短波通输出镜 | $R$=99.5%@1064 HT@532 nm | 1 |
| 输出镜 | $\Phi$20 mm，1064 nm，$T$=3% | 1 |
| 输出镜 | $\Phi$20 mm，1064 nm，$T$=8% | 1 |
| 半导体激光器 | 650 nm，2 mW，激光头 $\Phi$9 mm×23 mm | 1 |
| 调 Q 晶体 | $Cr^{4+}$：YAG | 1 |
| 倍频晶体 | KPT，3 mm×3 mm×5 mm | 1 |
| 快速探测器 | 5 ns | 1 |
| 激光护目镜 | 1064 nm 和 532 nm | 1 |
| 支杆夹 | 360° | 1 |
| 磁力表座 | 61 mm×51 mm×55 mm，吸力 45 kg | 1 |
| 法兰转接底座 | 内径 8 mm，厚度 2 mm，FC/PC 法兰安装 | 1 |

## 四、实验步骤

1. 可饱和吸收晶体被动调 Q 实验

（1）首先搭建红外激光。选用 $T$=3%输出腔镜，按照实验 2.1 的方法调整光路，使激光输出功率得到最大值。

（2）调小泵浦源电流，使 1064 nm 激光关闭。在输出镜后放置 $Cr^{4+}$：YAG 晶体，调节晶体四维架的水平和竖直旋钮，使指示激光直射晶体中心。

（3）然后将 $Cr^{4+}$：YAG 晶体放在输出镜与激光晶体之间，微调 $Cr^{4+}$：YAG 晶体的俯仰和偏摆旋钮，使反射光回到指示激光的出光口。然后遮蔽指示激光，调整泵浦源电流到 1.6～1.7 A，使激光出光。注意：调 Q 晶体没有正反方向。

### 2. 调 Q 脉冲脉宽和重复频率测量实验

（1）降低泵浦源电流到零，然后从小到大缓慢增加，利用激光功率计测量电流分别为 1.7 A、2.0 A、2.3 A 时输出脉冲的平均功率，记录数据。

（2）放置快速探测器在输出镜后端，让激光进入探测器小孔，打开探测器开关，连接示波器，用示波器检测调 Q 脉冲。

（3）调整激光泵浦电流从调 Q 出光阈值至 2.0 A，分别测量不同泵浦功率下调 Q 脉冲的重复频率和脉宽。记录数据并分析泵浦功率与调 Q 脉冲重复频率与脉宽的关系。注意：实验 2.1 已经测得泵浦电流与泵浦源功率的关系。

### 3. 激光倍频实验

（1）将输出镜换为短波通输出镜，调出功率最大的 1064 nm 激光。

（2）调小泵浦源电流，使 1064 nm 激光关闭。在输出镜后面放置 KTP 晶体，调节晶体四维架的水平和竖直旋钮，使指示激光直射晶体中心。

（3）在激光晶体与输出镜之间放上 KTP 倍频晶体，倍频晶体尽量靠近激光晶体，微调 KTP 晶体的俯仰和偏摆旋钮，使反射光回到指示激光的出光口。然后遮蔽指示激光，调整泵浦源电流到 1.6～1.7 A，在输出镜后端观察倍频的 532 nm 绿色激光。注意：KTP 晶体没有正反方向。

（4）用功率计接收激光，微调各个调整架的旋钮，使输出绿光功率最大。

### 4. 激光倍频相位匹配角选择实验

（1）将 Nd : YAG 晶体换成 Nd : YVO4 晶体。重新调整光路，使其输出绿光。

（2）旋转 Nd : YVO4 晶体五维架上的角度转盘，观察倍频激光的明暗变化，得出最佳的匹配角度。用功率计测量不同角度下的输出功率。

## 五、思考题

（1）什么是谐振腔的品质因数 Q？调 Q 的原理是什么？你知道几种调 Q 开关？

（2）倍频过程中为什么要相位匹配？相位匹配的方法有哪些？

（3）你知道哪些倍频晶体？

## 六、注意事项

（1）操作者须佩戴护目镜。

（2）激光器开机（包括泵浦源）前需把镜面反射物体移出输出端。

（3）不得用手直接触摸任何光学器件的透光面，应拿捏侧面。

（4）准直好光路后需用遮挡物遮住指示 LD，避免 LD 被输出的红外激光打坏。

（5）光学调整架为较软的铝质材料，不得用蛮力拧螺丝，以免滑丝。请对准之后再拧。

（6）先粗调再微调。微调螺丝行程有限，不要拧死。

# 2.4　实时联合傅里叶相关识别实验

## 一、实验目的

（1）理解联合傅里叶变换在光学上的实现及有关效应；

（2）体会光学信息图像识别的优越性；

（3）了解电寻址液晶空间光调制器的原理、光学特性和操作方法。

## 二、实验原理

联合傅里叶变换相关器（joint-Fourier transform correlator，JTC）简称联合变换相关器，操作过程分成两步。

第一步，用平方记录介质（或器件）记录联合变换的功率谱，如图 2-15 所示。在图 2-15（a）中 L 是傅里叶变换透镜，焦距为 $f$。待识别图像（如待识别目标、现场指纹）的透过率函数为 $f(x,y)$，置于输入平面（透镜前焦面）$xy$ 的一侧，其中心位于（$-a,0$）；参考图像（如参考目标、档案指纹）的透过率函数为 $g(x,y)$，置于输入平面的另一侧，其中心位于（$a,0$）。用准直的激光束照射 $f(x,y)$ 和 $g(x,y)$，并通过透镜进行傅里叶变换。在频谱面（透镜的后焦面）$uv$ 上的复振幅分布为

$$
\begin{aligned}
S(u,v) &= \iint_{-\infty}^{\infty} [f(x+a,y)+g(x-a,y)]\exp\left[-\mathrm{i}\frac{2\pi}{\lambda f}(xu+yv)\right]\mathrm{d}x\mathrm{d}y \\
&= \exp\left[\mathrm{i}\frac{2\pi}{\lambda f}au\right]F(u,v)+\exp\left[-\mathrm{i}\frac{2\pi}{\lambda f}au\right]G(u,v)
\end{aligned}
\tag{2-18}
$$

式中 $F$、$G$ 分别是 $f$，$g$ 的傅里叶变换。如果用平方律记录介质或用平方律探测器来记录谱面上的图形，得到

$$
\begin{aligned}
|S(u,v)|^2 &= |F(u,v)|^2 + \exp\left[\mathrm{i}\frac{4\pi}{\lambda f}au\right]\cdot F(u,v)G^*(u,v) \\
&\quad + \exp\left[-\mathrm{i}\frac{4\pi}{\lambda f}au\right]\cdot F^*(u,v)G(u,v) + |G(u,v)|^2
\end{aligned} \tag{2-19}
$$

式（2-19）中的$|S(u, v)|^2$即为联合变换的功率谱。当$f$=$g$（两个图形完全相同）时，上式化作

$$
|S(u,v)|^2 = 2|F(u,v)|^2\left(1+\cos\left[\frac{4\pi}{\lambda f}au\right]\right) \tag{2-20}
$$

从式（2-20）中可以发现，两个完全相同图形的功率谱呈现杨氏条纹的特征。

第二步，联合变换功率谱的相关读出，参见图 2-15（b）。用傅里叶变换透镜对联合变换功率谱进行傅里叶逆变换，在输出平面（傅里叶透镜的后焦面）$\zeta\eta$ 上得到

$$
\begin{aligned}
o(\xi,\eta) &= \int_{-\infty}^{\infty}\int_{-\infty}^{\infty}|S(\xi,\eta)|^2\exp\left[-\mathrm{i}\frac{2\pi}{\lambda f}(\xi u+\eta v)\right]\mathrm{d}u\mathrm{d}v \\
&= o_1(\xi,\eta)+o_2(\xi,\eta)+o_3(\xi,\eta)+o_4(\xi,\eta)
\end{aligned} \tag{2-21}
$$

其中，

$$
\left.
\begin{aligned}
o_1(\xi,\eta) &= \int_{-\infty}^{\infty}\int_{-\infty}^{\infty} f(\alpha,\beta)f^*(\alpha-\xi,\beta-\eta)\mathrm{d}\alpha\mathrm{d}\beta \\
o_2(\xi,\eta) &= \int_{-\infty}^{\infty}\int_{-\infty}^{\infty} f(\alpha,\beta)g^*[\alpha-(\xi+2a),\beta-\eta]\mathrm{d}\alpha\mathrm{d}\beta \\
o_3(\xi,\eta) &= \int_{-\infty}^{\infty}\int_{-\infty}^{\infty} g(\alpha,\beta)f^*[\alpha-(\xi-2a),\beta-\eta]\mathrm{d}\alpha\mathrm{d}\beta \\
o_4(\xi,\eta) &= \int_{-\infty}^{\infty}\int_{-\infty}^{\infty} g(\alpha,\beta)g^*(\alpha-\xi,\beta-\eta)\mathrm{d}\alpha\mathrm{d}\beta
\end{aligned}
\right\}
$$

式中 $o_1$ 和 $o_4$ 分别是 $f$ 和 $g$ 的自相关，重叠在输出平面中心附近，形成 0 级项，它们不是信号。而 $o_2$ 和 $o_3$ 为两个互相关项，即 1 级项，是相关输出，在输出平面上沿 $\zeta$ 轴分别平移$-2a$ 和 $2a$，因而与 0 级项分离。

如果 $f$ 和 $g$ 完全相同，相关输出呈现明显的亮斑（相关峰）。从物理光学的观点来看，如果 $f$ 和 $g$ 完全相同，联合变换的功率谱为杨氏条纹，其傅里叶变换必然出现一对分离的 1 级亮斑并位于中心的 0 级亮斑的两侧；如果 $f$ 和 $g$ 部分相同（如现场指纹和档案指纹），则相关峰较暗淡，弥散较大；如果 $f$ 和 $g$ 不同，相关输出不呈现“峰”的结构。所以，相关峰及其锐度是 $f$ 和 $g$ 是否相关，以及相关程度的评价指标，可以通过观察相关峰及其锐度判断两个图形或者图像是否相同或者相似。

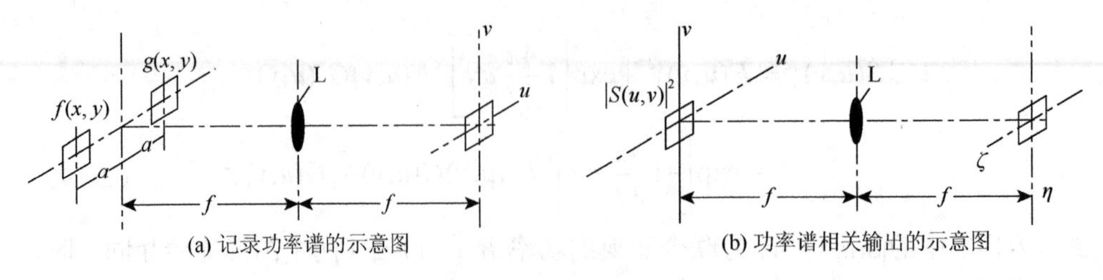


图 2-15　功率谱示意图

## 三、实验仪器

（1）He-Ne 激光器；

（2）空间光调制器和控制软件；

（3）光学透镜、光学物镜（构成望远镜系统）；

（4）傅里叶变换透镜；

（5）偏振片；

（6）CCD 与图像采集系统，显示器。

## 四、实验步骤与数据表格

（1）调整 He-Ne 激光器支架的高度和垂直旋钮，使得激光束尽量平行于实验平台并具有合适的高度。

（2）调整物镜和透镜，使它们构成望远镜系统，对激光束进行扩束和准直（平行光）。

（3）在光路中放置两块偏振片，两块偏振片有一定的距离间隔。靠近光源的一块偏振片起到起偏的作用(起偏镜)，远离光源的一块偏振片起到检偏的作用(检偏镜)。调整两块偏振片使得两块偏振片的偏振化方向相互垂直，即没有激光透过第二块偏振片。

（4）在两块偏振片的中间放置空间光调制器，空间光调制器的透射窗口和入射光束基本垂直。设置空间光调制器的控制软件，设置目标字符和待识别字符的位置和大小。此时，空间光调制器的输出是目标字符和待识别字符的图像。在第二块偏振片的输出侧能观测到透射光，用白屏接收，可以观察到目标字符和待识别字符。

（5）在检偏镜的后方放置傅里叶变换透镜，傅里叶变换透镜距离检偏镜的距离为焦距 $f$；在傅里叶透镜的后方放置 CCD，它们的间距也为焦距 $f$。示意图如图 2-15（a）所示。整个实验光路的实物图如图 2-16 所示。此时，CCD 接收的就是目标字符和待识别字符的联合变换功率谱。如果两个字符完全相同，能够在

CCD的输出显示器上实时观测杨氏干涉条纹，使用CCD记录功率谱图像并把两个完全相同字符的功率谱图像放入表2-2。

图2-16　实验光路的实验仪器图

（6）设置空间光调制器的控制软件（点击“采集按钮（F9）”和“全屏（Zoom）”），采集功率谱图像作为输出。此时，空间光调制器的输出是功率谱图像。功率谱图像经过傅里叶透镜后，CCD接收的就变为功率谱的相关输出（相关谱）。如果两个字符完全相同，能够在CCD的输出显示器上观测到0级亮斑和两侧的1级相关峰，使用CCD记录相关谱图像并把两个完全相同字符的相关谱图像放入表2-3。

（7）设置空间光调制器的控制软件，把目标字符和待识别字符改为完全不同的两个字符，重复步骤（5）～（6），把两个完全不同字符的功率谱和相关谱图像放入表2-4。

**表2-3　两个完全相同字符的数据表**

| 两个完全相同的字符图像 | | |
|---|---|---|
| 字符符号 | | |
| 功率谱图像 | | 相关谱图像 |
| | | |

**表 2-4　两个完全不同字符的数据表**

| 两个完全不同的字符图像 | |
|---|---|
| 字符符号 | |
| 功率谱图像 | 相关谱图像 |
| | |

## 五、实验总结与思考

实验过程中，注意调整物镜和透镜构成望远镜系统，使得激光束是平行光输出；起偏镜和检偏镜的偏振化方向一定要正交；当目标字符和待识别字符完全相同时，要想在相关谱中观测到明显的相关峰，需要调整字符的位置（间隔）和大小。

## 六、思考题

（1）实验中，针孔滤波器作用和原理分别是什么？

（2）讨论影响准确识别的主要因素。

（3）若要使输出平面上各项分离，输入平面上的函数 $f$ 和 $g$ 的中心距离 $2a$ 应满足什么要求？（设目标物和识别物宽度均为 $W$）

（4）液晶显示器两侧的偏振片起何作用？它们的偏振方向有何关系？

# 2.5　光学图像微分处理实验

## 一、实验目的

领会空间滤波的意义，能够搭建相干光学处理中常用的4F系统，加深对光学信息处理实质的理解；掌握用复合光栅对光学图像进行微分处理的原理和方法，通过实验观测对图像微分后突出其边缘轮廓的效果。

## 二、实验原理

光学微分不仅是一种重要的光学-数学运算，在光学图像处理中也是一种突出信息的重要方法。在图像识别技术中，突出图像的边缘是一种重要的识别方法。人的视觉对于图像的边缘轮廓比较敏感，因此对于一张比较模糊的图像，由于突出了其边缘轮廓而变得易于辨认。可以用空间滤波的方法突出图像的边缘轮廓，去掉图像中的低频成分而突出图像的高频成分，从而使其轮廓突出。本实验利用光学相关方法作空间的微分处理从而描出图像的边缘，具体的做法是用复合光栅作为空间滤波器实现图像的微分处理。

复合光栅是用全息方法在同一干板上拍摄到的两个栅线平行但空间频率稍有差别的光栅，采用二次曝光法来制作。第一次曝光拍摄空间频率为 $v$ 的光栅，然后保持光栅栅线方向，仅改变光栅的空间频率，在同一张全息干板上进行第二次曝光，拍摄空间频率为 $v_0$ 的光栅。如果两个光栅的栅线方向严格平行，则复合光栅将出现莫尔条纹，其空间频率 $v_1$ 是 $v$ 和 $v_0$ 的差频，即：$v_1=\Delta v=|v-v_0|$。

例如，若 $v$=100 线/mm，$v_0$=102 线/mm 或 98 线/mm，则莫尔条纹的空间频率 $v_1=|v-v_0|$=2 线/mm。

全息复合光栅法这种方法的基本原理是先使待处理图像生成两个相互有点错位的像，然后通过改变两个图像的相位让其重叠部分相减而留下由于错位形成的边沿部分，从而实现图像边缘增强的效果，从数学角度来说，就是用差分代替了微分。

利用复合光栅进行图像微分的光学系统是典型的 4F 系统，示意图如图 2-17 所示。一束平行光照射透明物体 $g$（待处理的图像），物体置于傅氏透镜 $L_1$ 的前焦面 $P_1$ 处，在 $L_1$ 的后焦面上得到物函数 $g(x_0, y_0)$的频谱 $G(f_\xi, f_\eta)$，此频谱面又位于傅氏透镜 $L_2$ 的前焦面上，在 $L_2$ 的后焦面上得到频谱函数的傅里叶变换。物函数经过两次傅里叶变换又得到了原函数，只是变成了倒像。在图 2-17 中，$P_3$ 平面采用的坐标与 $P_1$ 平面坐标的方向相反，因而可以消除由于两次傅里叶变换引入的负号。

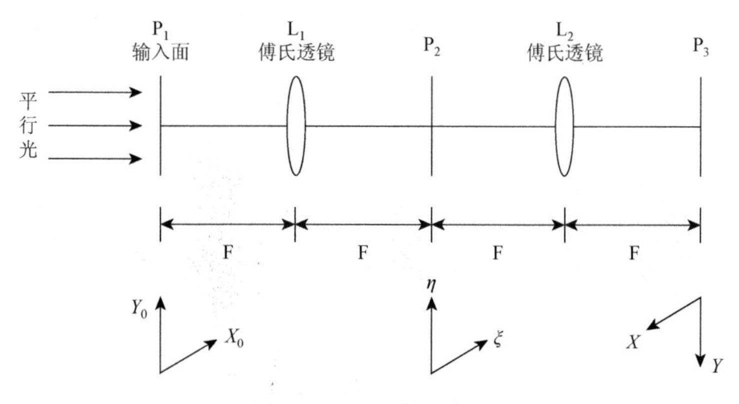


图 2-17　4F 系统示意图

把复合光栅放置在 $P_2$ 平面上，其振幅透射率已知为

$$\begin{aligned} t(\xi) &= A - B[\cos 2\pi\nu\xi + \cos 2\pi(\nu+\Delta\nu)\xi] \\ &= A - \frac{B}{2}\{\exp(\mathrm{i}2\pi\nu\xi) + \exp(-\mathrm{i}2\pi\nu\xi) \\ &\quad + \exp[\mathrm{i}2\pi(\nu+\Delta\nu)\xi] + \exp[-\mathrm{i}2\pi(\nu+\Delta\nu)\xi]\} \end{aligned} \tag{2-22}$$

透过复合光栅以后，在 $P_2$ 平面之后的复振幅分布为

$$U_2(\xi,\eta) = U_1(\xi,\eta)t(\xi) \tag{2-23}$$

透镜 $L_2$ 对 $U_2$ 又进行傅里叶变换，在 $P_3$ 平面上得到的复振幅分布为

$$U_3(x,y) = F\{U_2(\xi,\eta)\} = F\left\{G\left(\frac{\xi}{\lambda F},\frac{\eta}{\lambda F}\right)\cdot t(\xi)\right\} = F\left\{G\left(\frac{\xi}{\lambda F},\frac{\eta}{\lambda F}\right)\right\} * F\{t(\xi)\} \tag{2-24}$$

符号*表示卷积，利用傅里叶变换的基本关系式进行一系列运算，我们有

$$\begin{aligned} U_3(x,y) \propto & Ag(x,y) - B\{g(x-\nu\lambda F,y) + g(x+\nu\lambda F,y)\} \\ & -B\{g[x-(\nu+\Delta\nu)\lambda F,y] + g[x+(\nu+\Delta\nu)\lambda F,y]\} \end{aligned} \tag{2-25}$$

把 $U_3$ 和一维正弦光栅的透射光波的复振幅分布

$$U(x,y) = A - \beta\cos 2\pi\nu x = A - \frac{\beta}{2}\exp(\mathrm{i}2\pi\nu x) - \frac{\beta}{2}\exp(-\mathrm{i}2\pi\nu x) \tag{2-26}$$

相比较，显然可知：$P_3$ 平面上物频谱受到了两个一维正弦光栅的调制，即其复振幅分布相当于由两个一维正弦光栅产生。

当其受到第一次记录的光栅调制后，在输出面 $P_3$ 上至少可得到三个清晰的衍射像，其中零级衍射像位于 $xy$ 平面的原点，即 $x$=0 处，正、负一级衍射像则沿 $x$ 轴对称分布于 $y$ 轴两侧，距离原点的距离为 $x=\nu\lambda f$ 和 $x=-\nu\lambda f$。同样，受第二次记录的光栅调制后，在输出面上将得到另一组衍射像，其中零级衍射像仍位于坐标原点并与前一个零级像重合，正、负一级衍射像也沿 $x$ 轴对称分布于原点两侧，但与原点的距离为 $x'=\pm\nu_0\lambda f$。由于$|\nu-\nu_0|$很小，故 $x$ 与 $x'$的差 $\Delta x=\pm\Delta\nu\lambda f$ 也很小，从而使两个对应的一级衍射像几乎重叠，沿 $x$ 方向只错开了很小的距离 $\Delta x$，如图 2-18 所示。

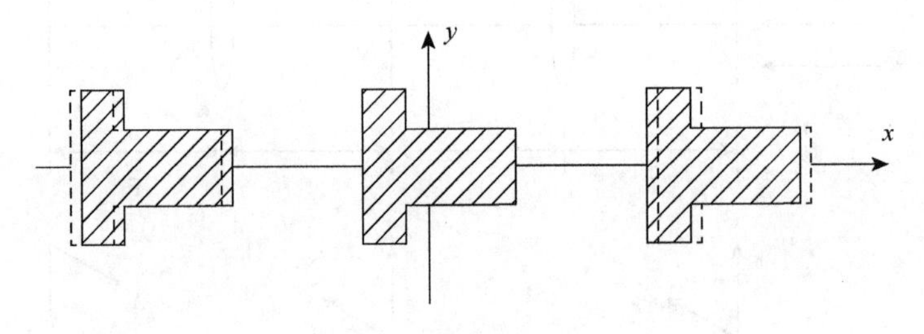


图 2-18　衍射像示意图

由于比起图形本身的尺寸要小很多（图 2-18），当复合光栅微微平移一适当的距离 $\Delta l$ 时，由此引起两个一级衍射像的相移量分别为

$$\Delta\varphi_1 = 2\pi\nu\Delta l\ ,\ \Delta\varphi_2 = 2\pi\nu'\Delta l \tag{2-27}$$

导致两者之间有一附加相位差：

$$\Delta\varphi = \Delta\varphi_2 - \Delta\varphi_1 = 2\pi\Delta\nu\Delta l \tag{2-28}$$

令 $\Delta\varphi=\pi$ 得 $\Delta l=1/(2\Delta\nu)$。这时两个一级衍射像正好相差 π 位相，相干叠加时两者的重叠部分（图 2-25 中的阴影部分）相消，只剩下错开的图像边缘部分，从而实现了边缘增强。转换成强度分布时形成亮线，构成了光学微分图形，如图 2-19 所示。

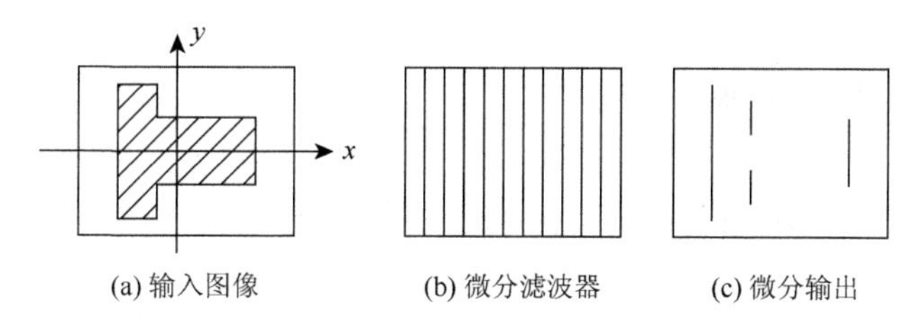

(a) 输入图像　(b) 微分滤波器　(c) 微分输出

图 2-19　沿 $x$ 方向光学微分处理过程示意图

## 三、实验仪器

（1）He-Ne 激光器；
（2）复合光栅；
（3）光学透镜、光学物镜（构成望远镜系统）；
（4）CCD 及图像采集软件；
（5）傅里叶变换透镜。

## 四、仪器示意图与实物图（图 2-20）

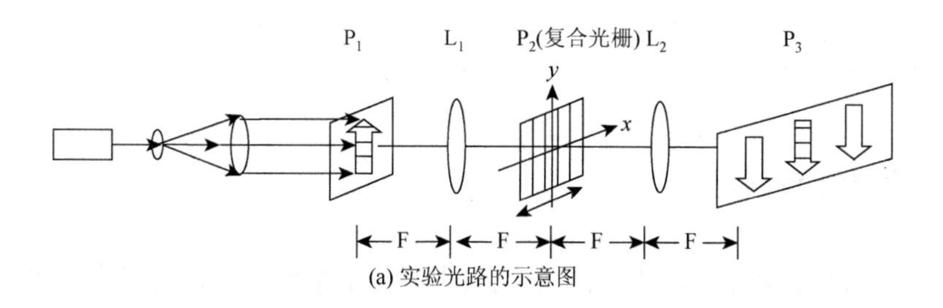

(a) 实验光路的示意图

(b) 实验光路的实物图

图 2-20　光学图像微分处理实验仪器图

## 五、实验步骤与数据表格

（1）搭光路，利用物镜和透镜构成望远镜系统产生平行光，对激光束进行扩束和准直（平行光）。

（2）在平行光束前面先放上透镜 $L_1$ 及屏 $P_2$，移动 $P_2$ 的位置使平行光束经过 $L_1$ 聚焦在 $P_2$ 面上，则 $P_2$ 位于 $L_1$ 的后焦面上，这就是频谱面。固定 $L_1$ 及 $P_2$ 的磁性底座。

（3）在 $L_1$ 左边距离为 $F_1$ 的 $P_1$ 面处放上要处理的透明图像，拿走屏 $P_2$，放上透镜 $L_2$ 及屏 $P_3$，其中 $L_2$ 距离 $P_2$ 面的距离为 $F_2$。移动 $P_3$ 使在屏上看到物的等大、倒立、清晰的像。

（4）调节时可在透明图片前放上毛玻璃，使得成像的景深较短，便于确定清晰成像的位置。$L_2$ 及 $P_3$ 的位置确定之后，固定 $L_2$ 及 $P_3$ 的磁性底座，撤去毛玻璃。

（5）在 $P_2$ 面上放上复合光栅，用一维千分尺水平可调底座沿垂直于光轴的水平方向平移复合光栅（图 2-20（a）中的 $x$ 方向），记下移动千分尺前的读数并填入表 2-5。用 CCD 拍下此时一级衍射像的图像并放入表 2-5。从屏 $P_3$ 上观察图像的变化，找到最好的微分图像，然后固定住复合光栅底座。记下此时千分尺的读数并填入表 2-5，在表 2-5 中计算平移的偏移量。用 CCD 拍下最好的微分图像并放入表 2-5。

## 六、实验总结与思考

实验过程中，注意调整物镜和透镜构成望远镜系统，使得激光束是平行光输出；4$F$ 系统的搭建，一定要注意调整好 4 个 $F$ 的距离；微分效果是针对正负一级衍射像，所以 CCD 收集的正负一级衍射像。

**表 2-5　实验数据与图像**

| 平移光栅前千分尺读数 | | 平移光栅后千分尺读数 | | 偏移量（$\Delta l$） | |
|---|---|---|---|---|---|
| 激光波长 | | | 傅里叶透镜焦距 | | |
| 平移光栅前 1 级衍射像 | | | | | |
| | | | | | |
| 平移光栅后（微分）1 级衍射像 | | | | | |
| | | | | | |

## 七、思考题

（1）本实验得到的是一维微分像，如何得到二维微分像？

（2）复合光栅不是正弦光栅时，经光学滤波后的±1 级，±2 级像有何不同？

（3）何谓复合光栅？复合光栅产生的莫尔条纹的间距如何确定？复合光栅的莫尔条纹有何特征？

# 第 3 章　光学器件设计与仿真实验

## 3.1　像差的演示和模拟仿真实验

### 一、实验目的

（1）了解几何像差产生的条件及其规律；

（2）观察各种像差的仿真效果图及精确大小（数值和单位）。

### 二、实验原理

光学系统所成实际像与理想像的差异称为像差，只有在近轴条件下以单色光所成之像才是完善的（视场趋近于 0，孔径趋近于 0）。但实际的光学系统均需对有一定大小的物体以一定的宽光束进行成像，故此时的像已不具备理想成像的条件及特性，即像并不完善。可见，像差是由球面本身的特性所决定的，即使透镜的折射率非常均匀，球面加工的非常完美，像差仍会存在。

理想光学系统具有“点点对应，线线对应，面面对应”的共轭关系。即同一物点发出的所有光线通过系统以后，应该聚焦在理想像面上的同一点且高度同理想像高度一致。而实际光学系统成像不可能完全符合理想，物点光线通过光学系统后在像空间形成具有复杂几何结构的像散光束，该像散光束的位置和结构通常用几何像差来描述。几何像差主要有 7 种：球差、彗差、像散、场曲、畸变、位置色差及倍率色差。前 5 种为单色像差，后 2 种为复色像差，本书只介绍单色像差。

#### （一）球差

轴上点发出的同心光束经光学系统后，不再是同心光束，不同入射高度的光线交光轴于不同位置，相对近轴像点（理想像点）有不同程度的偏离，这种偏离称为轴向球差，简称球差（$\delta L'$）。如图 3-1 所示。单凸透镜具有负球差，单凹透镜具有正球差，且永远存在。因此单一透镜不可能校正球差，只有组合透镜才能校正球差。

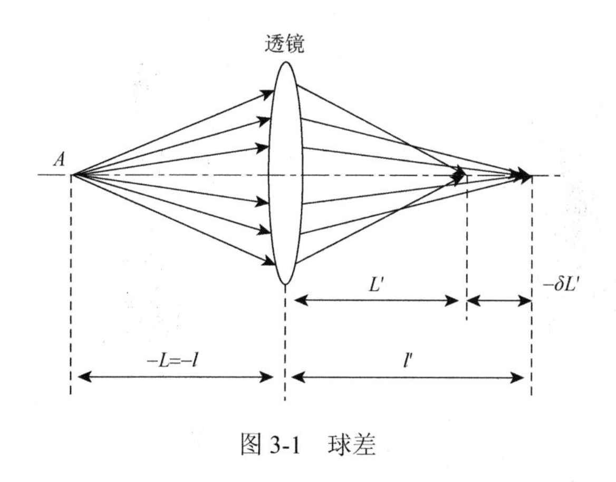


图3-1　球差

## （二）彗差

彗差是轴外像差之一，它体现的是轴外物点发出的宽光束经系统成像后的失对称情况。慧差既与孔径相关又与视场相关。若系统存在较大彗差，则将导致轴外像点成为彗星状的弥散斑，影响轴外像点的清晰程度。如图3-2所示。

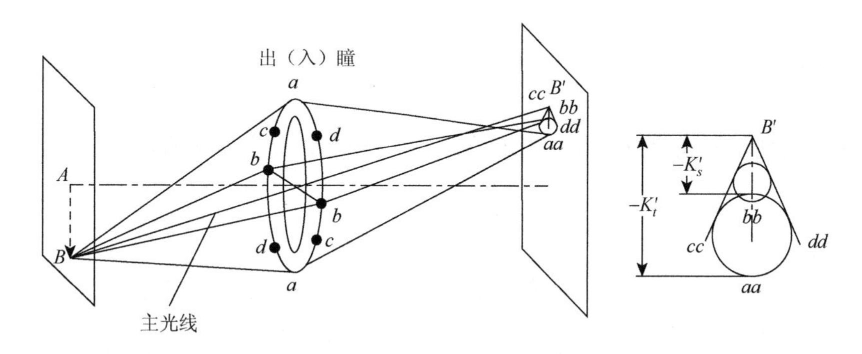


图3-2　彗差

## （三）像散

像散用偏离光轴较大的物点发出的邻近主光线的细光束经光学系统后，其子午焦线与弧矢焦线间的轴向距离表示为

$$x'_{ts} = x'_t - x'_s \tag{3-1}$$

式中，$x'_t$，$x'_s$ 分别表示子午焦线至理想像面的距离及弧矢焦线，得到不同形状的物体到理想像面的距离，如图3-3所示。

当系统存在像散时，不同的像面位置会得到不同形状的物点像。若光学系统对直线成像，由于像散的存在，其成像质量与直线的方向有关。例如，若直线在子午面内其子午像是弥散的，而弧矢像是清晰的；若直线在弧矢面内，其弧矢像是弥散的而子午像是清晰的；若直线既不在于午面内也不在弧矢面内，则其子午像和弧矢像均不清晰，故而影响轴外像点的成像清晰度。

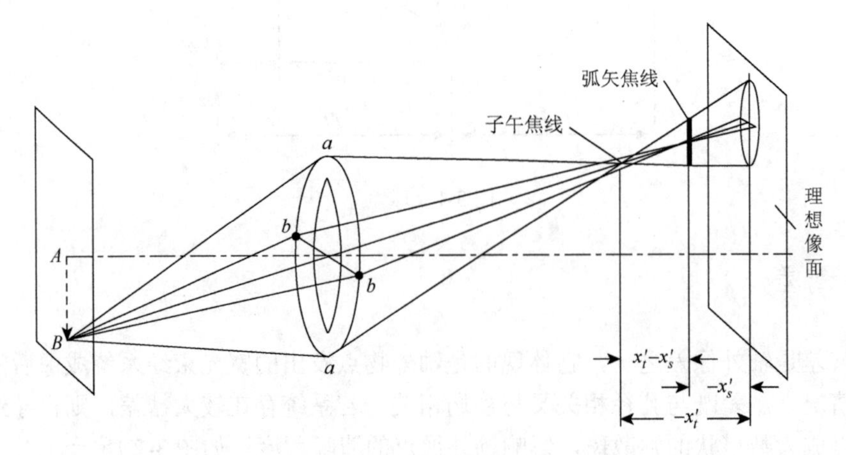


图 3-3　像散

## （四）场曲

使垂直光轴的物平面成曲面像的像差称为场曲，如图 3-4 所示。

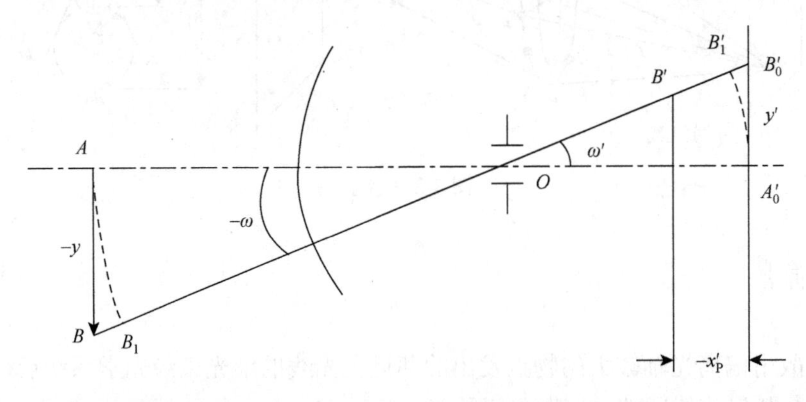


图 3-4　场曲

子午细光束的交点沿光轴方向到高斯像面的距离称为细光束的子午场曲；弧矢细光束的交点沿光轴方向到高斯像面的距离称为细光束的弧矢场曲。而且即使像散消失了（子午像面与弧矢像面相重合），场曲也依旧存在（像面是弯曲的）。

场曲是视场的函数，随着视场的变化而变化。当系统存在较大场曲时，就不能使一个较大平面同时成清晰像，若对边缘调焦清晰了，则中心就模糊，反之亦然。

### （五）畸变

畸变描述的是主光线像差，不同视场的主光线通过光学系统后与高斯像面的交点高度并不等于理想像高，其差别就是系统的畸变，如图 3-5 所示。

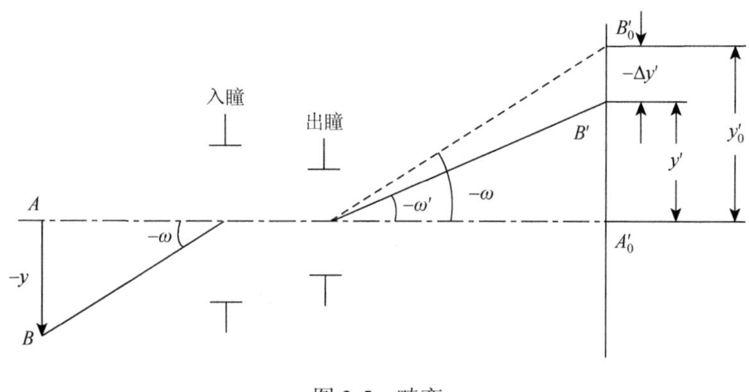


图 3-5　畸变

由畸变的定义可知，畸变是垂轴像差，只改变轴外物点在理想像面的成像位置，使像的形状产生失真，但不影响像的清晰度。

## 三、实验仪器

计算机主机及显示器一套，像差模拟软件 ZEMAX。

## 四、实验步骤

应用像差模拟软件在计算机上观测球差、彗差、像散的光场分布图及二维效果图，以便学生更加深刻地理解各种单色像差的概念及对光学系统的影响。

（1）建立好透镜结构数据；

（2）在设定项里设定口径、玻璃材料、视场及波长；

（3）获得点列图等图示；

（4）获得各种数据。

## 五、实验数据和记录

（1）获得点列图和球差；
（2）慧差和正弦差的图示和数据；
（3）场曲和畸变的图示和大小；
（4）透镜系统的三维结构图和工程图；
（5）复色相差的图示和数据。

## 六、思考题

（1）几何光学像差有哪些类型？它们是如何形成的？
（2）各种像差对光学系统成像有哪些影响？

# 3.2　连续空间频率传递函数的测量实验

## 一、实验目的

（1）了解衍射受限的基本概念；
（2）了解线扩散函数在光学传递函数中的基本原理和应用；
（3）了解快速傅里叶变换在计算测量时的应用和对光学镜头的影响，以及其参数对传递函数的影响；
（4）了解传递函数像质评价的基本原理。

## 二、实验原理

光学传递函数（optical transfer function，OTF）表征光学系统对不同空间频率的目标的传递性能，广泛用于对系统成像质量的评价。

### (一) 光学传递函数的基本理论

傅里叶光学证明了光学成像过程可以近似作为线性空间中的不变系统来处理，从而可以在频域中讨论光学系统的响应特性。任何二维物体 $\psi_o(x, y)$都可以分

解成一系列 $x$ 方向和 $y$ 方向的不同空间频率（$\nu_x, \nu_y$）简谐函数（物理上表示为正弦光栅）的线性叠加：

$$\psi_o(x,y)=\int_{-\infty}^{\infty}\int_{-\infty}^{\infty}\Psi_o(\nu_x,\nu_y)\exp[\mathrm{i}2\pi(\nu_x x+\nu_y y)]\mathrm{d}\nu_x\mathrm{d}\nu_y \qquad (3\text{-}2)$$

式中，$\Psi_o(\nu_x, \nu_y)$为 $\psi_o(x, y)$的傅里叶谱，它正是物体所包含的空间频率（$\nu_x, \nu_y$）的成分含量，其中低频成分表示缓慢变化的背景和大的物体轮廓，高频成分则表示物体的细节。

当该物体经过光学系统后，各个不同频率的正弦信号发生两个变化：首先是调制度（或反差度）下降，其次是相位发生变化。这一综合过程可表示为

$$\Psi_i(\nu_x,\nu_y)=H(\nu_x,\nu_y)\times\Psi_o(\nu_x,\nu_y) \qquad (3\text{-}3)$$

式中，$\Psi_i(\nu_x, \nu_y)$ 表示像的傅里叶谱；$H(\nu_x, \nu_y)$称为光学传递函数，是一个复函数，它的模为调制度传递函数（modulation transfer function，MTF），相位部分则为相位传递函数（phase transfer function，PTF）。显然，当 $H=1$ 时，表示像和物完全一致，即成像过程完全保真，像包含了物的全部信息，没有失真，光学系统成理想像。

由于光波在光学系统孔径光栏上的衍射及像差（包括设计中的余留像差及加工、装调的误差），信息在传递过程中不可避免要出现失真。总的来讲，空间频率越高，传递性能越差。

对像的傅里叶谱 $\Psi_i(\nu_x, \nu_y)$再作一次逆变换，就得到像的光强分布：

$$\psi_i(\xi,\eta)=\int_{-\infty}^{\infty}\int_{-\infty}^{\infty}\Psi_i(\nu_x,\nu_y)\exp[\mathrm{i}2\pi(\nu_x\xi+\nu_y\eta)]\mathrm{d}\nu_x\mathrm{d}\nu_y \qquad (3\text{-}4)$$

## （二）传递函数测量的基本理论

### 1. 衍射受限的含义

衍射受限是假设在理想光学系统里，根据物理光学的理论，光作为一种电磁波，由于电磁波通过光学系统中限制光束口径的孔径光阑时发生衍射，在像面上实际得到的是一个具有一定面积的光斑而不能是一理想像点。所以即使是理想光学系统中，其光学传递函数超过一定空间频率以后也等于零。该空间频率称为系统的截止频率，公式如下：

$$\nu_i=\frac{2n'\sin U'}{\lambda} \qquad (3\text{-}5)$$

式中，$n'$为像方折射率；$U'$为像方孔径角；$\lambda$为光线波长。

综上所述，物面上超过截止频率的空间频率是不能被光学系统传递到像面上的。光学系统可以视为一个只能通过较低空间频率的低通滤波器。因此可以通过对低于截止频率的频谱进行分析来对像质进行评价。把理想光学系统所能达到的传递函数曲线称为该系统传递函数的衍射受限曲线。

实际光学系统存在各种像差，因此其传递函数值在各个频率上均比衍射受限频谱曲线所对应的值低。

2. 传递函数连续测量的原理

当目标物为一狭缝时，设狭缝的方向为$y$轴，可以认为在$x$轴上它是一个非周期的函数（图 3-6）。它可以分解成无限多个频率间隔的振幅频谱函数。由于它们是空间频率的连续函数，对它的传递函数的研究可以得到所测光学系统在一段连续的空间频率上的传递函数分布。其中目标中的几何线（宽度为无限细的线）成像后均被模糊了，即几何线被展宽了。它的波面称为线扩散函数。设光学系统的线扩散函数（line spreading function，LSF）为$L(x)$，狭缝函数（从狭缝输出的光强分布的几何像）为$\eta(x)$。根据傅里叶光学的原理，在像面上的光强分布为

$$L'(x)=L(x)\cdot\eta(x) \tag{3-6}$$

如果使用面阵探测器，则沿$y$方向的积分给出$L'(x)$。式（3-6）表明测出的一维光强分布函数为线扩散函数与狭缝函数的卷积。对式（3-6）进行傅里叶变换，得到

$$M'(\nu)=FT\{L'(x)\}=FT\{L(x)\}\times FT\{\eta(x)\}=M(\nu)\times\eta(\nu) \tag{3-7}$$

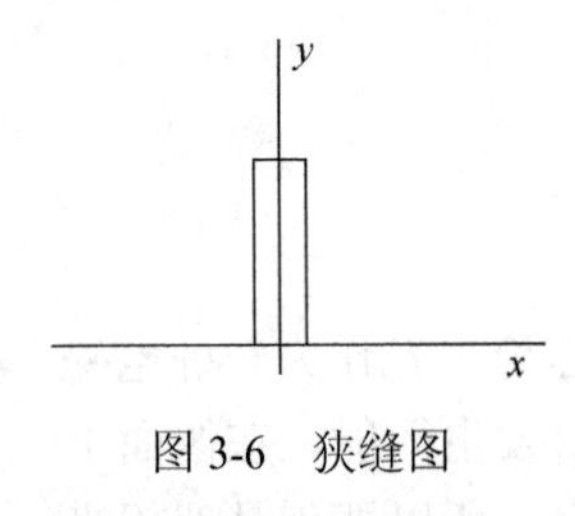

图 3-6　狭缝图

式中，$FT$为博里叶变换；$M(\nu)$为线扩散函数；$L(x)$的傅里叶变换，即一维光学传递函数；$\eta(\nu)$为狭缝函数的傅里叶变换。式（3-7）表明，$L'(x)$的傅里叶变换为光学传递函数与狭缝函数的几何像的傅里叶变换的乘积。如果已知 $\eta(x)$，通过对式（3-7）的修正即可得到光学传递函数。

当狭缝足够细，例如，当其比光学系统的线扩散函数的特征宽度小一个数量级以上时，$\eta(x)\approx\delta(x)$，就有

$$\begin{cases}L'(x)\approx L(x)\\ M'(\nu)\approx M(\nu)=FT\{L'(x)\}\end{cases} \tag{3-8}$$

对 $L'(x)$直接进行快速傅里叶变换处理就得到一维光学传递函数。

评价光学系统成像质量（像质评价）时通常要对一对正交方向的传递函数进行测量。

## 三、实验仪器

LED光源、光束准直透镜、待测透镜、纤维物镜、CCD、计算机。

## 四、实验光路图（图3-7）

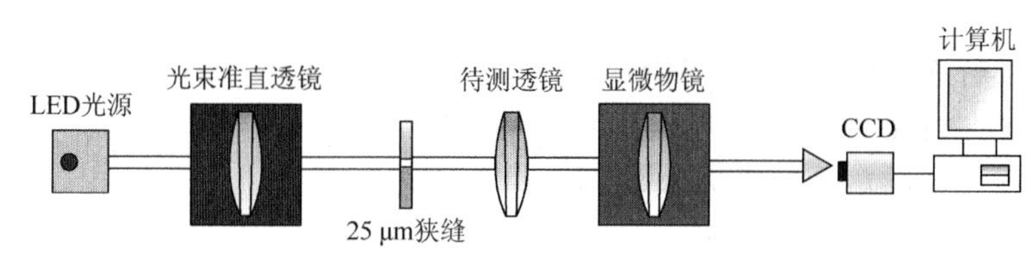


图3-7　实验光路图

## 五、实验步骤

（1）按图3-8所示将LED光源与光束准直镜连接好，调整准直镜的输出光斑基本准直，再调整其出光方向与光学导轨平行，并定义其为系统光轴。

（2）将显微物镜、显微物镜连接筒、CCD相连接，并固定在导轨上，调整它们与光源的高度一致。

（3）将25 μm的狭缝固定在导轨上，调整狭缝的位置，使其位于光束准直镜的正前方。

（4）系统的标定。将标定用双胶合镜放置在待测物镜的位置，调整物像距，使狭缝按照标示的比例清晰成像在CCD上。标定时狭缝竖直（子午方向），将狭缝的图像存在计算机里，并在计算机里进行标定运算。在标定过程中，按照软件的引导输入CCD灰阶响应值和标定传递函数值。

（5）标定完成后，将测量用双胶合镜放在光路中，调整其高度与光源和CCD同轴，并调整其物像距，使光阑清晰成像在CCD上，保存图像并利用软件进行传递函数测量，分别测量子午方向及弧矢方向。

## 六、数据处理

测试和获得光学传递函数并分析频率特性及积分面积。

## 七、思考题

（1）光学镜头的基本参数对传递函数有何影响？

（2）传递函数的特性如何反映成像质量？

# 3.3　数字式光学传递函数的测量和像质评价实验

## 一、实验目的

（1）了解光学镜头传递函数测量的基本原理；

（2）掌握传递函数测量和成像品质评价的近似法；

（3）学习抽样、平均和统汁算法。

## 二、实验原理

和实验 3.2 中的原理一样。对像的傅里叶谱 $\Psi_i(\nu_x, \nu_y)$再作一次逆变换，就得到像的复振幅分布，则

$$\psi_i(\xi,\eta) = \int_{-\infty}^{\infty}\int_{-\infty}^{\infty} \Psi_i(\nu_x,\nu_y)\exp[\mathrm{i}2\pi(\nu_x\xi+\nu_y\eta)]\mathrm{d}\nu_x\mathrm{d}\nu_y \tag{3-9}$$

调制度 $m$ 定义为

$$m = \frac{A_{\max} - A_{\min}}{A_{\max} + A_{\min}} \tag{3-10}$$

式中，$A_{\max}$ 和 $A_{\min}$ 分别表示光强的极大值和极小值。光学系统的调制传递函数可表示为给定空间频率下像和物的调制度之比，即

$$\mathrm{MTF}(\nu_x,\nu_y) = \frac{m_i(\nu_x,\nu_y)}{m_o(\nu_x,\nu_y)} \tag{3-11}$$

除零频以外，MTF 的值永远小于 1。MTF$(\nu_x, \nu_y)$表示在传递过程中调制度的变化，一般说 MTF 越高，系统的像越清晰。平时所说的光学传递函数往往是指调制度传递函数 MTF。

为了提高效率，通常采用如下近似处理：

（1）使用某几个甚至某一个空间频率地下的 MTF 来评价像质；

（2）由于正弦光摄较难制作，常常用矩形光栅作为目标物。

本实验用 CCD 对矩形光栅的像进行抽样处理，测定像的归一化的调制度，并观察离焦对 MTF 的影响。该装置实际上是数字式 MTF 仪的模型。

一个给定空间频率下的满幅调制（调制度 $m$=1）的矩形光栅目标物如图 3-8 所示。如果光学系统生成完善像，则抽样的结果只有 0 和 1 两个数据，像仍为矩形光栅。在软件中对像进行抽样统计，其直方图为一对 δ 函数，位于 0 和 1。见图 3-9 和图 3-10。

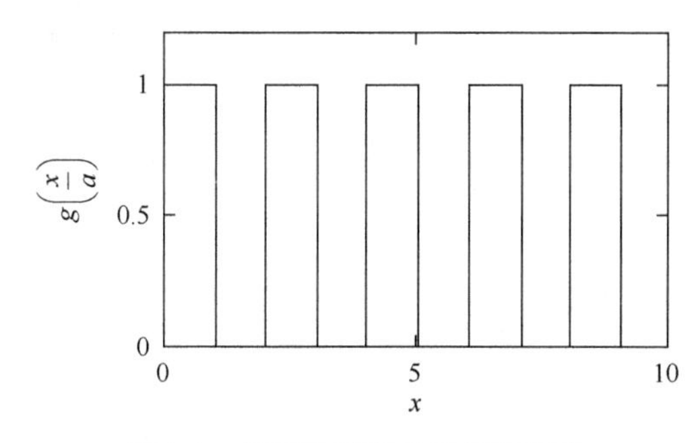


图 3-8　调制的矩形光栅目标函数

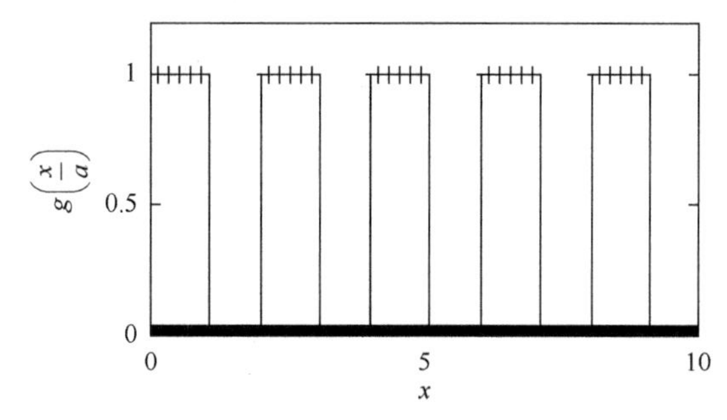


图 3-9　对矩形光栅的完整像进行抽样

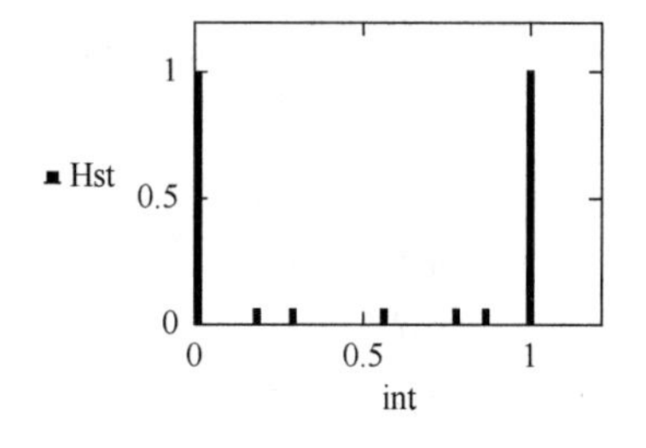


图 3-10　直方图统计

如上所述，由于衍射及光学系统像差的共同效应，实际光学系统的像不再是矩形光栅，如图 3-11 所示，波形的最大值 $A_{max}$ 和最小值 $A_{min}$ 的差代表像的调制度。对图 3-11 所示图形实施抽样处理，其直方图见图 3-12。找出直方图的高端极大值 $m_H$ 和低端极大值 $m_L$，它们的差 $m_H-m_L$，近似表示在该空间频率下的调制传递函数 MTF 的值。为了比较全面地评价像质，不但要测量出高、中、低不同频率下的 MTF 值，从而大体给出 MTF 曲线，还应测定不同视场下的 MTF 曲线。

## 三、实验器材

LED 光源、待测透镜、二维物镜、CCD、计算机。

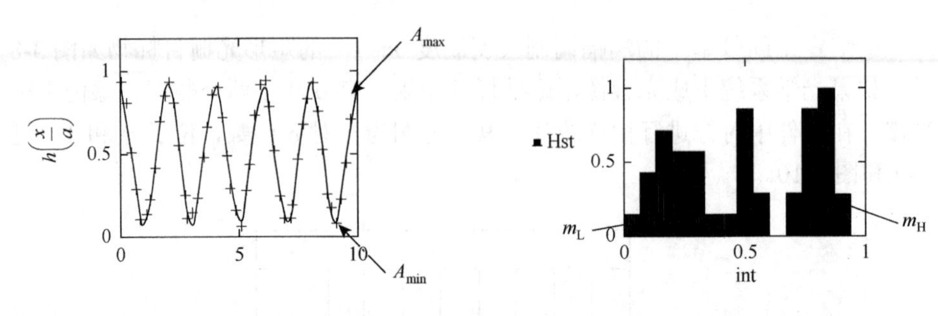


图 3-11　对矩形光栅的不完善像进行抽样　　　　图 3-12　直方统计图

## 四、实验光路图（图 3-13）

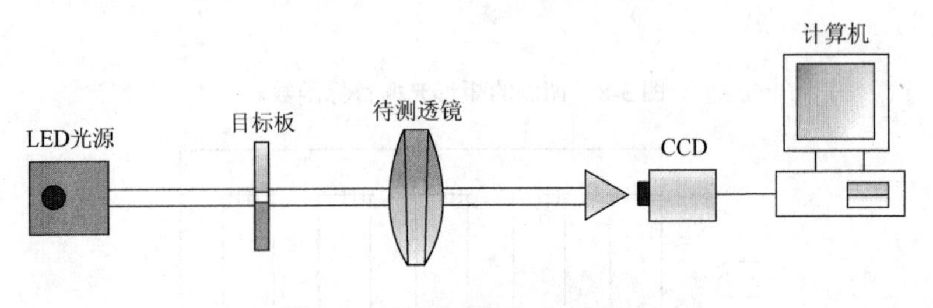


图 3-13　传递函数实验光路图

## 五、实验步骤

（1）安装图像卡、软件锁及软件（详见软件安装说明）。

（2）参照光路示意图 3-13，将各部分光学和机械调整部件安装好，固定到导轨上，CCD 与图像采集卡相连。

（3）调节各光学元件的中心高度，使之同轴。波形发生器（目标板）可使用不同空间频率的条纹单元，每个单元由水平条纹、竖直条纹、全黑（不透光）及全白（全透光）4 个部分组成，选择想要测量的空间频率的条纹单元，移动波形发生器使该单元至光路中心。

（4）根据透镜成像原理，把波形发生器放在物平面，用 CCD 在成像系统（或透镜）的像平面接收。打开大恒图像采集软件，在屏幕中得到相对清晰的放大的像（一个条纹单元完整充满软件显示窗口）。

（5）点击软件窗口左侧的“局部存储”按钮，此时整个图像静止，屏幕上会出现一个红色方框。将该方框拖（按住鼠标左键）至水平条纹部分，双击方框内部分，给所采集图像的数据文件起名并存至 Mcad 文件夹中，文件后缀为.prn 不变，如此依次将竖直条纹部分、全白部分、全黑部分采集后保存至 Mcad 文件夹中。局部存储的红色方框应保证跨三条以上的明暗条纹。

（6）运行 Mcad 文件夹中的 MTF-new. MCD 文件（该文件是基于 Mathcad 2001 编写的，所以电脑系统中必须预先安装好 Mathcad 2001 或更高版本）。将先前保存在 Mcad 文件夹中的水平、竖直、全白和全黑的 4 个文件名分别粘贴在 MTF-new. MCD 文件相应位置的引号内，该程序将会自动处理，并在最后给出水平方向和竖直方向的处理过程和最后的 MTF 值。

### 六、实验数据和记录

在软件环境下获得数字化的 MTF 曲线，以及光栅的各种像质特性和统计图。

## 3.4　ZEMAX 中单凸透镜设计和像差、像质仿真分析实验

### 一、实验目的

（1）学习如何使用 ZEMAX 软件；
（2）学习如何输入波长和镜头数据；
（3）学习如何查看系统性能，如光线像差、OPD、点列图和 MTF 等；
（4）学习如何定义厚度计算及变量；
（5）学习如何进行优化。

### 二、实验仪器

计算机、ZEMAX 光学设计软件。

### 三、实验步骤

（1）设计一个孔径为 F#8 的单镜头，物在光轴上，其焦距为 100 mm，波长为可见光，用 BK7 玻璃为材料。

（2）首先运行 ZEMAX，将出现 ZEMAX 的主界面，然后点击“lens data editor”（LDE）。LDE 就是工作环境，参数表中可以输入镜头所选用的玻璃种类、表面曲率（radius）、厚度（thickness）、大小（半径）及位置等（图 3-14）信息。

镜头数据编辑（汉化者: enger Huang）

编辑(Edit)(E)　求解(Solves)(S)　选项(Options)(O)　帮助(H)

| Surf:Type | | Radius | Thickness | Glass | Semi-Diameter | Conic | Par 0( |
|---|---|---|---|---|---|---|---|
| OBJ | Standard | Infinity | Infinity | | Infinity | 0.000000 | |
| STO | Standard | 100.000000 | 5.000000 | BK7 | 6.105290 | 0.000000 | |
| 2 | Standard | -100.000000 | 95.918036 | | 6.115685 | 0.000000 | |
| IMA | Standard | Infinity | - | | 3.548688 | 0.000000 | |

图 3-14　数据镜头编辑

（3）输入波长，在主菜单的“system”下，点击“wavelengths”，弹出波长数据对话框“wavelength data”，键入波长，在第一行输入 0.486，它是以 microns 为单位，此为氢原子的 F-line 光谱。在第二、三行分别键入 0.587 及 0.656，然后在“primary wavelength”上点在 0.587 的位置，“primary wavelength”主要是用来计算光学系统在近轴光学（paraxial optics，即 first-order optics）下的几个主要参数，如 focal length、magnification 及 pupil sizes 等（图 3-15）。

Wavelength Data

| 使用 | 波长(μm) | 权重 | 使用 | 波长(μm) | 权重 |
|---|---|---|---|---|---|
| ☑ 1 | 0.48613270 | 1 | ☐ 13 | 0.55000000 | 1 |
| ☑ 2 | 0.58756180 | 1 | ☐ 14 | 0.55000000 | 1 |
| ☑ 3 | 0.65627250 | 1 | ☐ 15 | 0.55000000 | 1 |
| ☐ 4 | 0.55000000 | 1 | ☐ 16 | 0.55000000 | 1 |
| ☐ 5 | 0.55000000 | 1 | ☐ 17 | 0.55000000 | 1 |
| ☐ 6 | 0.55000000 | 1 | ☐ 18 | 0.55000000 | 1 |
| ☐ 7 | 0.55000000 | 1 | ☐ 19 | 0.55000000 | 1 |
| ☐ 8 | 0.55000000 | 1 | ☐ 20 | 0.55000000 | 1 |
| ☐ 9 | 0.55000000 | 1 | ☐ 21 | 0.55000000 | 1 |
| ☐ 10 | 0.55000000 | 1 | ☐ 22 | 0.55000000 | 1 |
| ☐ 11 | 0.55000000 | 1 | ☐ 23 | 0.55000000 | 1 |
| ☐ 12 | 0.55000000 | 1 | ☐ 24 | 0.55000000 | 1 |

选择 ->　F, d, C (Visible)　主要: 2

确定(O)　放弃(C)　排序(S)

帮助(H)　保存　加载

图 3-15　波长设置

（4）确定透镜的孔径大小（图 3-16）。既然指定要 F/4 的透镜，F/#是什么呢？F/#就是指光由无限远入射所形成的 effective focal length F 跟 paraxial entrance pupil 的直径的比值。

（5）回到 LDE，可以看到三个不同的面（surface），依序为 OBJ、孔径光阑（aperture stop，STO）及成像平面（imagine plane，IMA）。OBJ 就是发光物，即

光源。STO 不一定就是光照过来所遇到的第一个透镜，在设计一组光学系统时，STO 可选在任一透镜上，通常第一面镜就是 STO，若不是，则可在 STO 这一栏上按鼠标，可前后加入需要的镜片，于是 STO 就不是落在第一个透镜上了。回到 singlet，我们需要 4 个面，于是点击 IMA 栏，选取 insert，就在 STO 后面再插入一个镜片，编号为 2，通常 OBJ 为 0，STO 为 1，而 IMA 为 3（图 3-17）。

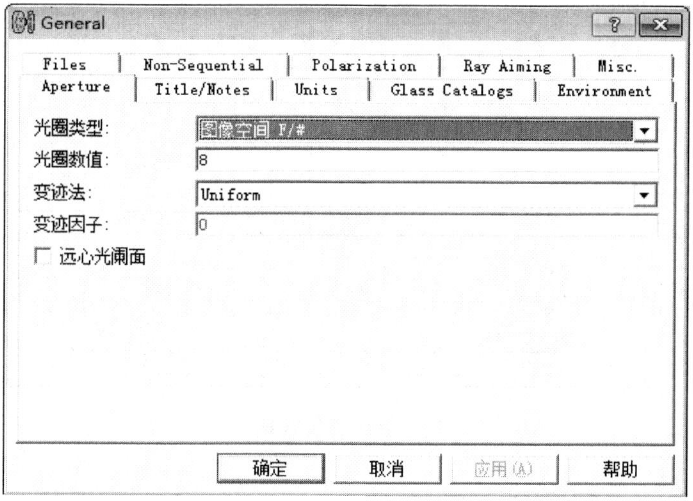

图 3-16　通用设置（孔径设置）

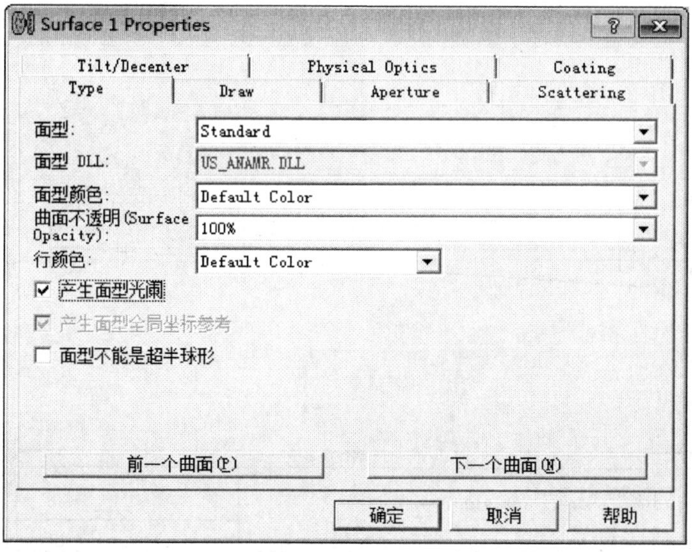

图 3-17　光阑的设置

（6）输入镜片的材质为 BK7。在 STO 列中的“glass”栏上，直接键入 BK7 即可。

（7）设置光学系统的视场（图 3-18）。本光学系统为简单光学系统，选择视场角的标定为角度；Y-视场的大小为 0°和 2°。

Field Data

◉ 角度（度）　　○ 图像近轴高度
○ 物面高度　　○ 真实图像高度

| 使用 | X-视场 | Y-视场 | 权重 | VDX | VDY | VCX | VCY | VAN |
|---|---|---|---|---|---|---|---|---|
| ☑ 1 | 0 | 0 | 1.0000 | 0.00000 | 0.00000 | 0.00000 | 0.00000 | 0.00000 |
| ☑ 2 | 0 | 2 | 1.0000 | 0.00000 | 0.00000 | 0.00000 | 0.00000 | 0.00000 |
| ☐ 3 | 0 | 10 | 1.0000 | 0.00000 | 0.00000 | 0.00000 | 0.00000 | 0.00000 |
| ☐ 4 | 0 | 0 | 1.0000 | 0.00000 | 0.00000 | 0.00000 | 0.00000 | 0.00000 |
| ☐ 5 | 0 | 0 | 1.0000 | 0.00000 | 0.00000 | 0.00000 | 0.00000 | 0.00000 |
| ☐ 6 | 0 | 0 | 1.0000 | 0.00000 | 0.00000 | 0.00000 | 0.00000 | 0.00000 |
| ☐ 7 | 0 | 0 | 1.0000 | 0.00000 | 0.00000 | 0.00000 | 0.00000 | 0.00000 |
| ☐ 8 | 0 | 0 | 1.0000 | 0.00000 | 0.00000 | 0.00000 | 0.00000 | 0.00000 |
| ☐ 9 | 0 | 0 | 1.0000 | 0.00000 | 0.00000 | 0.00000 | 0.00000 | 0.00000 |
| ☐ 10 | 0 | 0 | 1.0000 | 0.00000 | 0.00000 | 0.00000 | 0.00000 | 0.00000 |
| ☐ 11 | 0 | 0 | 1.0000 | 0.00000 | 0.00000 | 0.00000 | 0.00000 | 0.00000 |
| ☐ 12 | 0 | 0 | 1.0000 | 0.00000 | 0.00000 | 0.00000 | 0.00000 | 0.00000 |

确定(O)　放弃(C)　排序(S)　帮助
设置(Set)Vig(V)　清除(Clr)Vig　保存　加载

图 3-18　设置视场

（8）查看光学系统的 2D 图（图 3-19）。

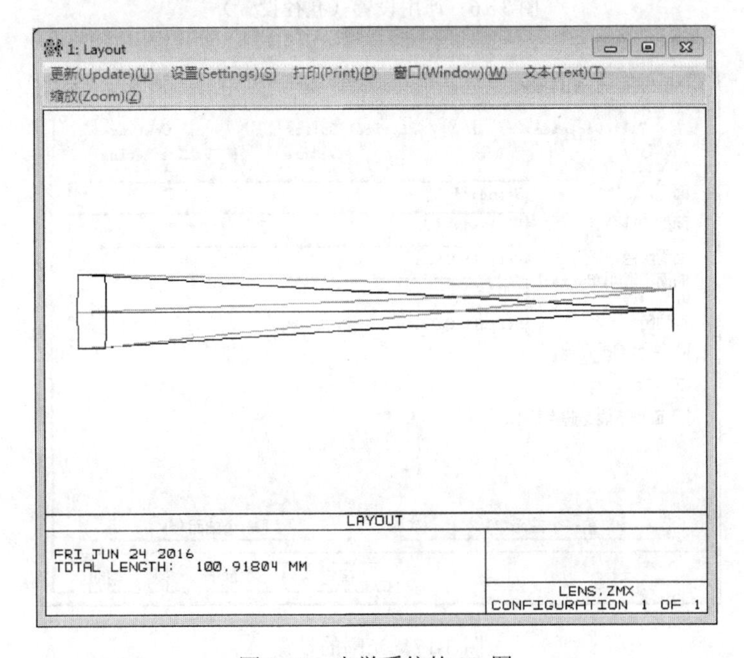


图 3-19　光学系统的 2D 图

（9）衡量光学系统成像质量的评价手段，包括点列图（SPT 图，图 3-20）、调制传递函数图（MTF 图，图 3-21）、场曲失真图（图 3-22）、光线像差图（Ray Fan 图，图 3-23）。SPT 图中表征的是光线追击在像面的成像状态，均方根半径（RMS Radius）和几何半径（GEO Radius）为衡量标准。MTF 图表征的是在横坐标 lp/mm 条件下的对比度，包络面积越大说明光学系统的光学分辨率越清晰。场曲失真图（图 3-22）表征的是光学系统的场曲和畸变变化，物镜在可见光条件下一般要求在±2%以内即可。

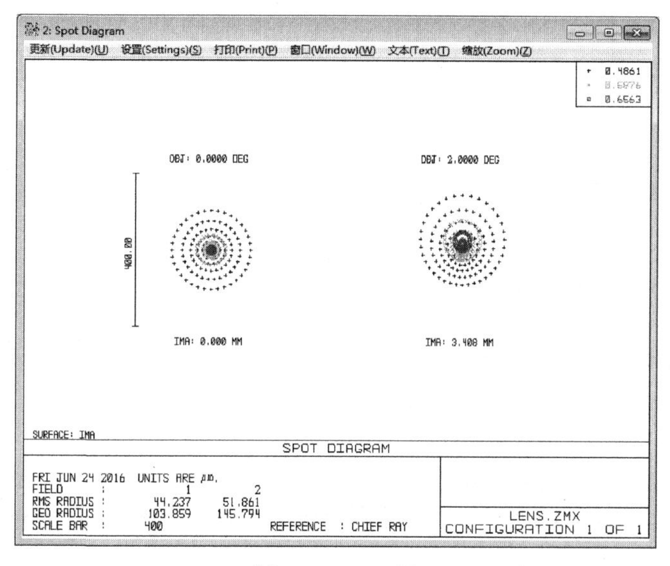


图 3-20　SPT 图

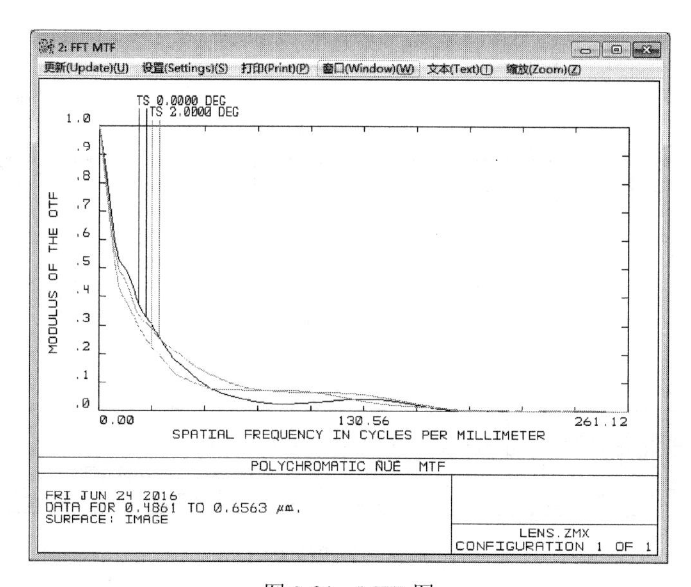


图 3-21　MTF 图

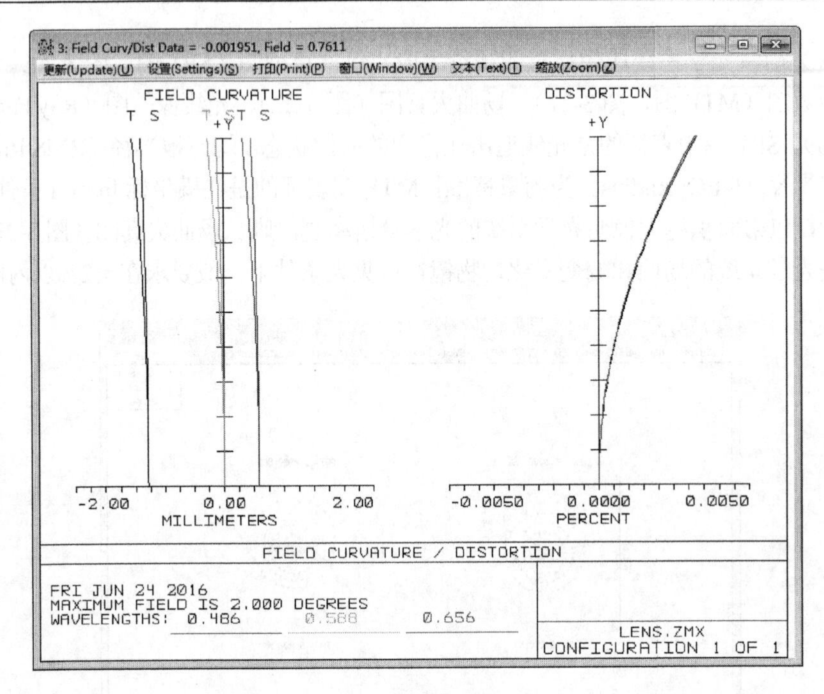


图 3-22　场曲失真图

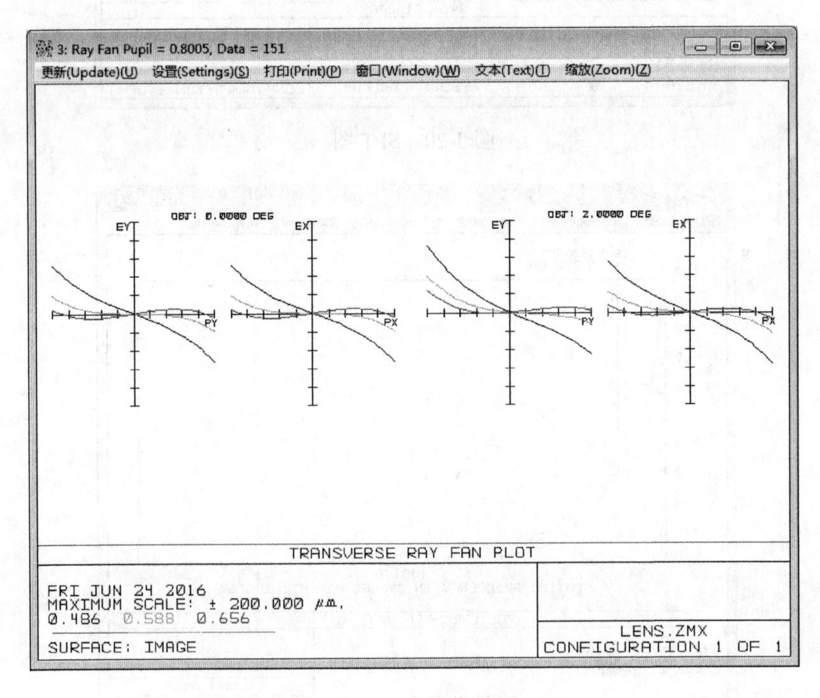


图 3-23　光线像差图

（10）我们再来定义一个优化函数（Merit function）。优化函数是把理想的光学要求规格定为一个目标值（如此例中焦距为100 mm），然后ZEMAX会连续调整输入求解（solves）中的各种变量，把计算得的值与制定的标准相减就是优化函数值，所以优化函数值愈小愈好，选择最小值时即完成变量设定，理想的优化函数值为0。如何设置优化函数，ZEMAX已经default一个内建的优化函数，它的功能是把RMS wavefront error减至最低，所以先在“editors”中选“Merit function”，进入其中的“Tools”，按“Default Merit Function”键，再按“OK”，即我们选用默认优化函数，另外，还要设定有效焦距EFFL和总长TOTR，在默认评价函数列表中增加这些要求，并在LDE中设置变量（图3-24～图3-27）。

默认优化函数
优化函数和参考
PTV　Spot X + Y　Centroid
瞳孔整合方法
高斯求积　矩形的排列
环带(Rings): 20　网格: 4 x 4
臂(Arms): 12　被任意面拦住的光线不画
边缘厚度
玻璃 最小: 0　最大: 1000　边线: 0
空气: 最小: 0　最大: 1000　边线: 0
采取轴的对称　开始在: 1
忽略横向互补颜色　相对 X 权重: 1.0000
全部权重: 1.0000
确定(O)　放弃(C)　保存(S)　加载(L)　复位(R)　帮助(H)

图3-24　设置默认优化函数

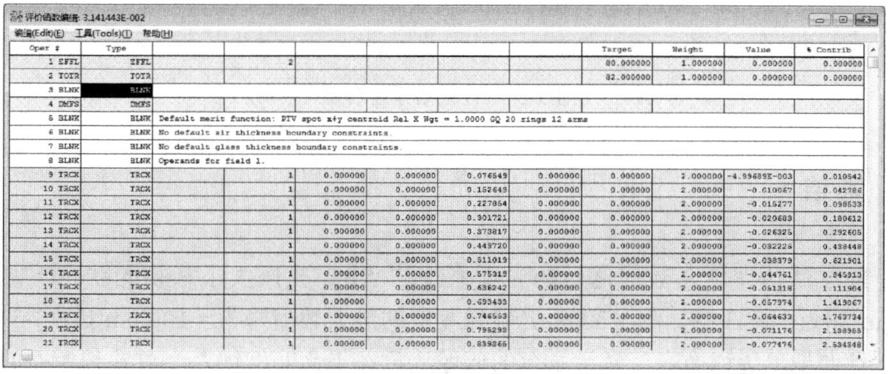

评价函数编辑: 3.141443E-002
编辑(Edit)(E)　工具(Tools)(T)　帮助(H)

| Oper # | Type | | | | | | | Target | Weight | Value | % Contrib |
|---|---|---|---|---|---|---|---|---|---|---|---|
| 1 EFFL | EFFL | | 2 | | | | | 80.000000 | 1.000000 | 0.000000 | 0.000000 |
| 2 TOTR | TOTR | | | | | | | 82.000000 | 1.000000 | 0.000000 | 0.000000 |
| 3 BLNK | BLNK | | | | | | | | | | |
| 4 DMFS | DMFS | | | | | | | | | | |
| 5 BLNK | BLNK | Default merit function: PTV spot x+y centroid Rel X Wgt = 1.0000 GQ 20 rings 12 arms | | | | | | | | | |
| 6 BLNK | BLNK | No default air thickness boundary constraints. | | | | | | | | | |
| 7 BLNK | BLNK | No default glass thickness boundary constraints. | | | | | | | | | |
| 8 BLNK | BLNK | Operands for field 1. | | | | | | | | | |
| 9 TRCX | TRCX | | 1 | 0.000000 | 0.000000 | 0.076549 | 0.000000 | 0.000000 | 2.000000 | -4.99689E-003 | 0.010542 |
| 10 TRCX | TRCX | | 1 | 0.000000 | 0.000000 | 0.152649 | 0.000000 | 0.000000 | 2.000000 | -0.010067 | 0.042786 |
| 11 TRCX | TRCX | | 1 | 0.000000 | 0.000000 | 0.227854 | 0.000000 | 0.000000 | 2.000000 | -0.015277 | 0.098533 |
| 12 TRCX | TRCX | | 1 | 0.000000 | 0.000000 | 0.301721 | 0.000000 | 0.000000 | 2.000000 | -0.020683 | 0.180612 |
| 13 TRCX | TRCX | | 1 | 0.000000 | 0.000000 | 0.373817 | 0.000000 | 0.000000 | 2.000000 | -0.026325 | 0.292605 |
| 14 TRCX | TRCX | | 1 | 0.000000 | 0.000000 | 0.443720 | 0.000000 | 0.000000 | 2.000000 | -0.032226 | 0.438448 |
| 15 TRCX | TRCX | | 1 | 0.000000 | 0.000000 | 0.511019 | 0.000000 | 0.000000 | 2.000000 | -0.038379 | 0.621901 |
| 16 TRCX | TRCX | | 1 | 0.000000 | 0.000000 | 0.575315 | 0.000000 | 0.000000 | 2.000000 | -0.044761 | 0.845913 |
| 17 TRCX | TRCX | | 1 | 0.000000 | 0.000000 | 0.636242 | 0.000000 | 0.000000 | 2.000000 | -0.051318 | 1.111904 |
| 18 TRCX | TRCX | | 1 | 0.000000 | 0.000000 | 0.693433 | 0.000000 | 0.000000 | 2.000000 | -0.057974 | 1.419067 |
| 19 TRCX | TRCX | | 1 | 0.000000 | 0.000000 | 0.746553 | 0.000000 | 0.000000 | 2.000000 | -0.064633 | 1.763734 |
| 20 TRCX | TRCX | | 1 | 0.000000 | 0.000000 | 0.795293 | 0.000000 | 0.000000 | 2.000000 | -0.071176 | 2.138965 |
| 21 TRCX | TRCX | | 1 | 0.000000 | 0.000000 | 0.839365 | 0.000000 | 0.000000 | 2.000000 | -0.077476 | 2.534348 |

图3-25　增加默认优化函数

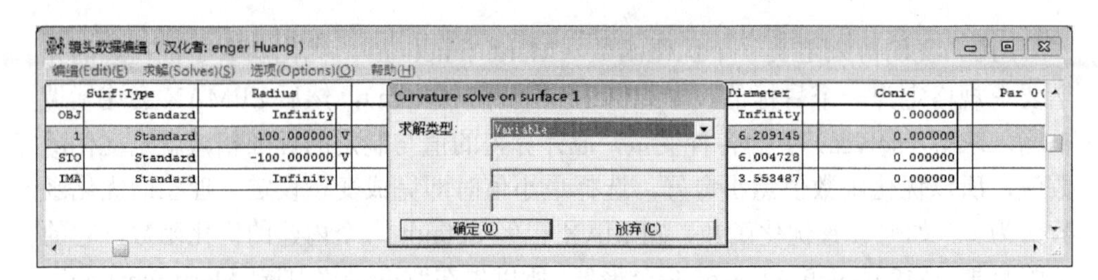


图 3-26　设置变量

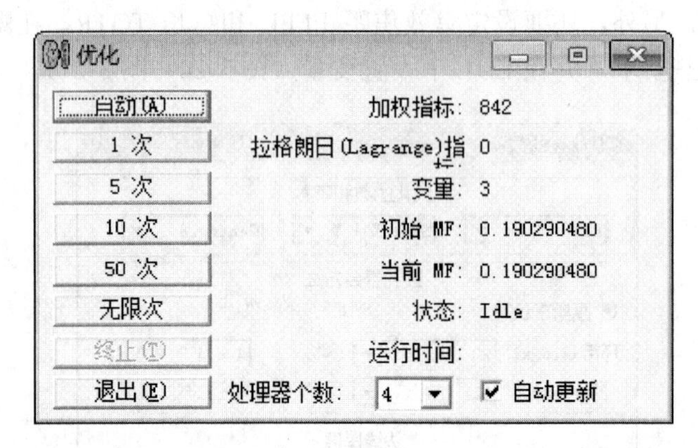


图 3-27　进行优化

（11）优化后系统的各种评价图样（图 3-28）。

镜头数据编辑（汉化者: enger Huang）

编辑(Edit)(E)　求解(Solves)(S)　选项(Options)(O)　帮助(H)

| | Surf:Type | Radius | | Thickness | | Glass | | Semi-Diameter | | Conic | | Par 0( |
|---|---|---|---|---|---|---|---|---|---|---|---|---|
| OBJ | Standard | Infinity | | Infinity | | | | Infinity | | 0.000000 | | |
| 1 | Standard | 49.374187 | V | 5.000000 | | BK7 | | 6.354510 | | 0.000000 | | |
| STO | Standard | 1069.819843 | V | 95.918036 | | | | 6.053087 | | 0.000000 | | |
| IMA | Standard | Infinity | | - | | | | 3.532513 | | 0.000000 | | |

图 3-28　优化后系统参数

## 四、总结

经过默认评价函数优化后的光学系统的 SPT 光斑大小从初始状态下降至 30 μm 附近（图 3-29，图 3-30）；光线像差图的最大数值降为±100 μm（图 3-31）。对于球面型单透镜而言，光学系统的成像质量并不会非常优秀，对各种像差的校正有限，因此需要引入双胶合透镜。

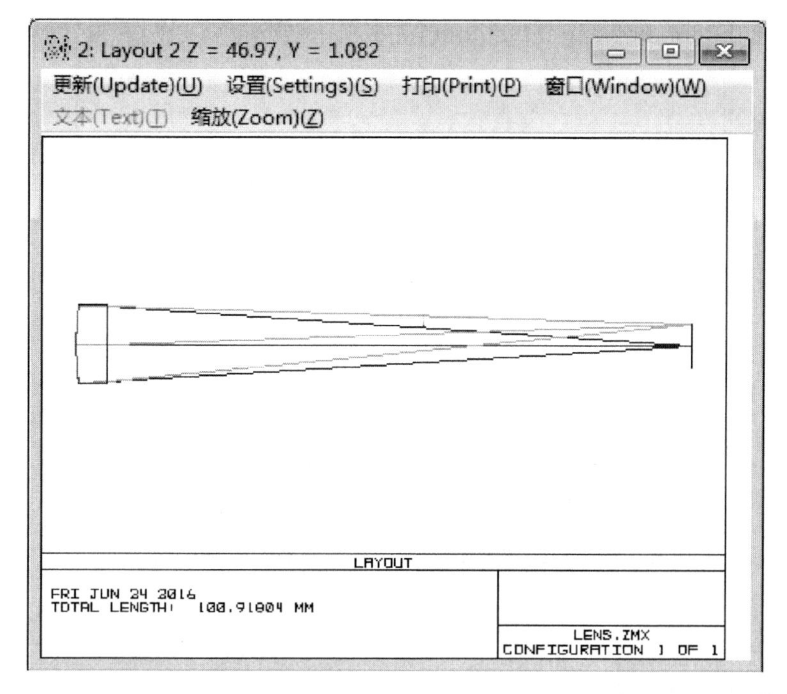


图 3-29　优化后的光学系统 2D 图

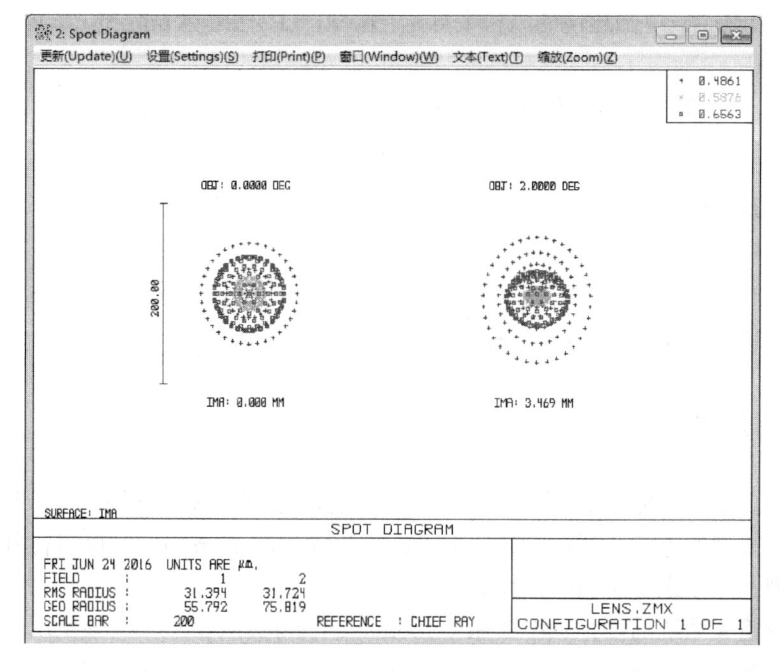


图 3-30　优化后的 SPT 图

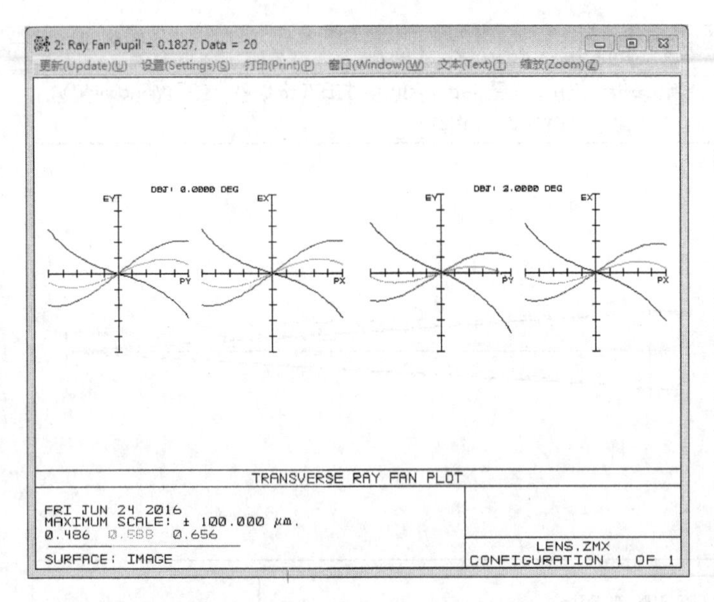


图 3-31　优化后的光线像差图

## 五、数据处理和结果

输出和保存：单凸透镜的结构数据，工程图，点列图，球差数据，畸变和 MTF。

# 3.5　双胶合镜头设计和优化实验

## 一、实验目的

（1）学习直观、系统的 3D 设计图；

（2）学习操作和定义边界厚度计算、视场角及场曲曲线。

## 二、实验原理

一个双镜片由两片玻璃组成，通常黏在一起，因此它们有相同的曲度（图 3-32）。利用不同玻璃的色散性质，初级色差（the chromatic aberration）可以得到很好的校正，剩余色差来源于高阶色差。

检查镜头系统的焦距频率关系（chromatic focal shift plot），应该呈现出抛物线形状的曲线而非一条直线（图 3-33），显然是来自高阶项（至少为二阶）影响的结果（当然其中差异的程度跟一阶比起来必然小很多，应该下降一个数量级）。

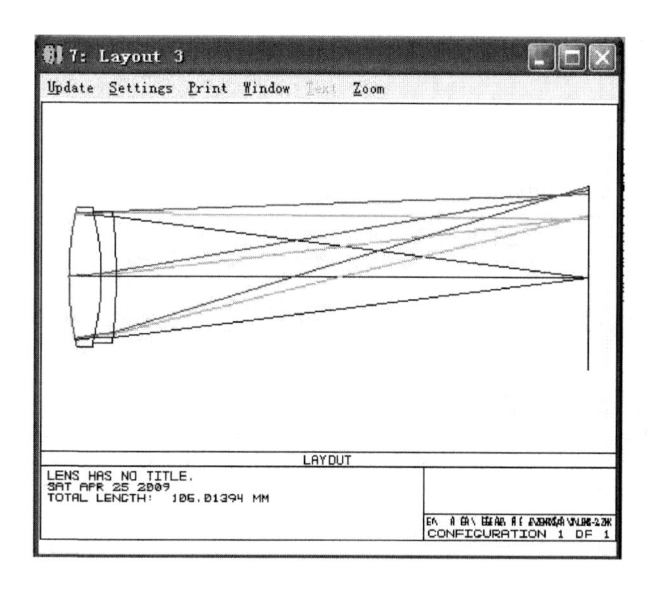


图 3-32　镜头设计图

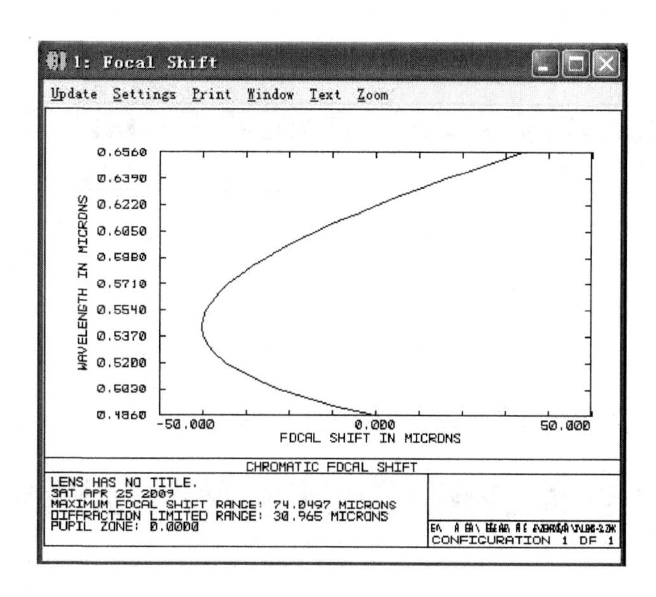


图 3-33　镜头初始焦距的色偏移

## 三、实验仪器

计算机，ZEMAX 光学设计软件。

## 四、实验步骤

（1）双胶合透镜材质选用 BK7 和 SF1 的玻璃，波长和孔径如同实验 3.3 中所设。因为是双胶合（doublet），只要在实验 3.4 中的 LDE 上再加入一面镜片即可。可以调出实验 3.3 中的镜头数据编辑器（LDE）（图 3-34）。

Lens Data Editor

Edit Solves Options Help

| Surf:Type | | Comment | Radius | | Thickness | | Glass | | Semi-Diameter |
|---|---|---|---|---|---|---|---|---|---|
| OBJ | Standard | | Infinity | | Infinity | | | | 0.000000 |
| STO | Standard | | 62.824875 | V | 4.000000 | | BK7 | | 12.500000 |
| 2 | Standard | | -308.475529 | V | 98.009258 | | | | 12.328574 |
| IMA | Standard | | Infinity | | | | | | 0.191427 |

图 3-34　镜头面型数据 1

（2）在 STO 后再插入一个镜片，标示为 2，或者在 STO 前再插入一面镜片标示为 1，然后在该镜片上的 surface type 上点击鼠标左键，选择 Make Surface Stop，则此地一面镜就变成 STO 的位置（图 3-35）。

Lens Data Editor

Edit Solves Options Help

| Surf:Type | | Comment | Radius | | Thickness | | Glass | | Semi-Diameter |
|---|---|---|---|---|---|---|---|---|---|
| OBJ | Standard | | Infinity | | Infinity | | | | 0.000000 |
| STO | Standard | | 62.824875 | V | 4.000000 | | BK7 | | 12.500000 |
| 2 | Standard | | -308.475529 | | 0.000000 | | | | 12.328574 |
| 3 | Standard | | -308.475529 | V | 98.009258 | | | | 12.328574 |
| IMA | Standard | | Infinity | | | | | | 0.191427 |

图 3-35　镜头面型数据 2

在第一、第二面镜片上的 Glass 项中键入 BK7，即 SF1（图 3-36）。

Lens Data Editor

Edit Solves Options Help

| Surf:Type | | Comment | Radius | | Thickness | | Glass | | Semi-Diameter |
|---|---|---|---|---|---|---|---|---|---|
| OBJ | Standard | | Infinity | | Infinity | | | | 0.000000 |
| STO | Standard | | 62.824875 | V | 4.000000 | | BK7 | | 12.500000 |
| 2 | Standard | | -308.475529 | | 0.000000 | | SF1 | | 12.328574 |
| 3 | Standard | | -308.475529 | V | 98.009258 | | | | 12.328574 |
| IMA | Standard | | Infinity | | | | | | 0.191427 |

图 3-36　镜头面型数据 3

因为在 BK7 和 SF1 之间并没有空隙，所以此 doublet 为相黏的二镜片，如果有空隙则需 5 面镜因为在 BK7 和 SF1 间需插入另一镜片，其 glasstype 为 air。

（3）现在把 STO 后面二面镜的 Thickness 都 fixed 为 3，仅第三面镜的 Thickness 为 100 且设为 variable（图 3-37）。

Lens Data Editor

Edit Solves Options Help

| Surf:Type | | Comment | Radius | | Thickness | | Glass | | Semi-Diameter |
|---|---|---|---|---|---|---|---|---|---|
| OBJ | Standard | | Infinity | | Infinity | | | | 0.000000 |
| STO | Standard | | 62.824875 | V | 3.000000 | | BK7 | | 12.500000 |
| 2 | Standard | | -308.475529 | V | 3.000000 | | SF1 | | 12.397404 |
| 3 | Standard | | -308.475529 | V | 100.000000 | V | | | 12.228758 |
| IMA | Standard | | Infinity | | | | | | 0.513572 |

图 3-37　镜头面型数据 4

（4）设置 Merit function，注意此时 EFFL 需设在第三面镜上（图 3-38）。

Merit Function Editor: 8.945888E+000

Edit Tools Help

| Oper # | Type | | | | | | Target |
|---|---|---|---|---|---|---|---|
| 1 (DMFS) | DMFS | | | | | | |
| 2 (BLNK) | BLNK | | | | | | |
| 3 (EFFL) | EFFL | | 1 | | | | 100.000000 |
| 4 (BLNK) | BLNK | Default merit function: RMS wavefront centroid GQ 3 rings 6 arms | | | | | |
| 5 (BLNK) | BLNK | No default air thickness boundary constraints. | | | | | |

图 3-38　镜头面型数据 5

因为第三面镜是光线在成像前穿过的最后一面镜，又因为 EFFL 是以光学系统上的最后一块镜片上的主面（principle plane）的位置起算。其他的 Merit function 设定不变。

（5）现在执行 Optimization（图 3-39）。

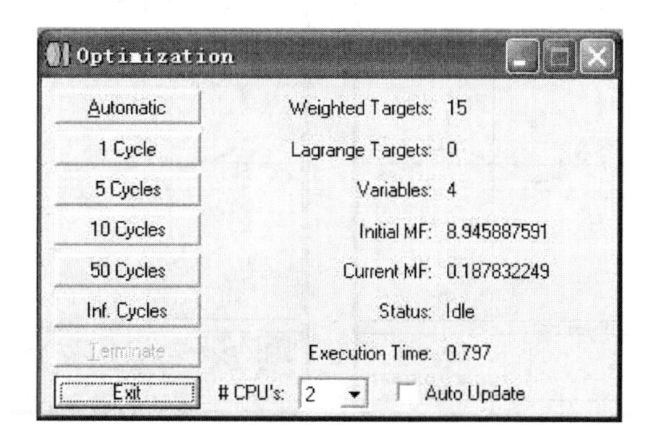


图 3-39　优化界面和状态

（6）在 Optimization 结束后，可以调出焦点色漂移（chromatic focal shift），检查一级色差已经被优化，而二级色差为主要的贡献。所以图形呈现出来的是一个抛物线 parabolic curve，而且现在 shift 的大小为 74 μm（图 3-40）。

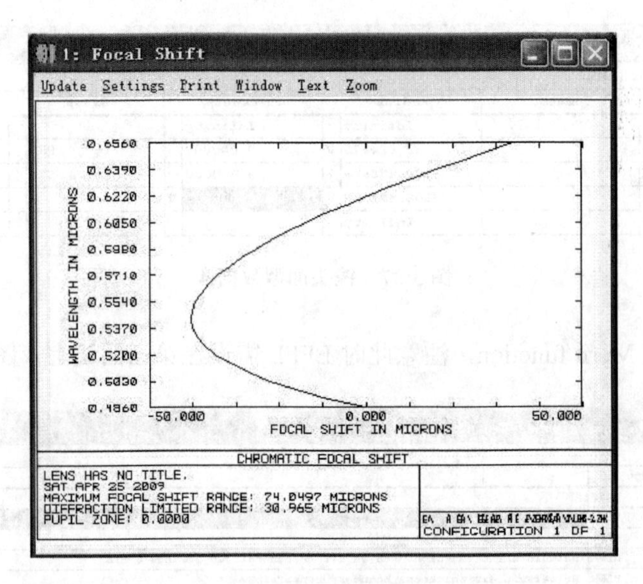


图 3-40　焦点色漂移

（7）其他性质和效果，有主光线像差（Ray aberration），此时最大横轴像差已由实验 2.5 中的 200 μm 降至 20 μm（图 3-41）。图中显示所有波长的像差曲线在原点的斜率相近，即每个 wavelength 的相对失焦很小。再者，此斜率不为 0。如

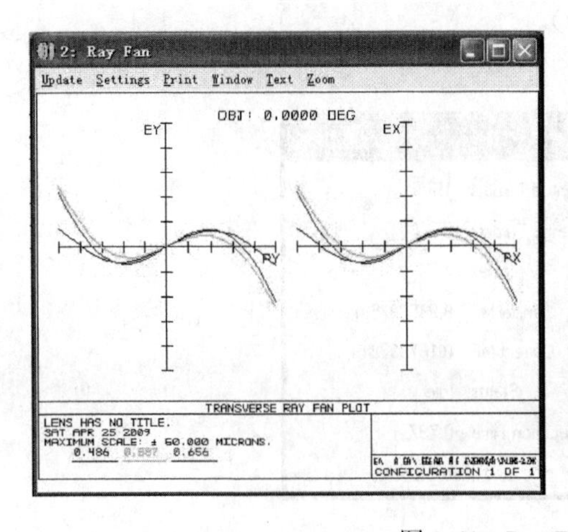


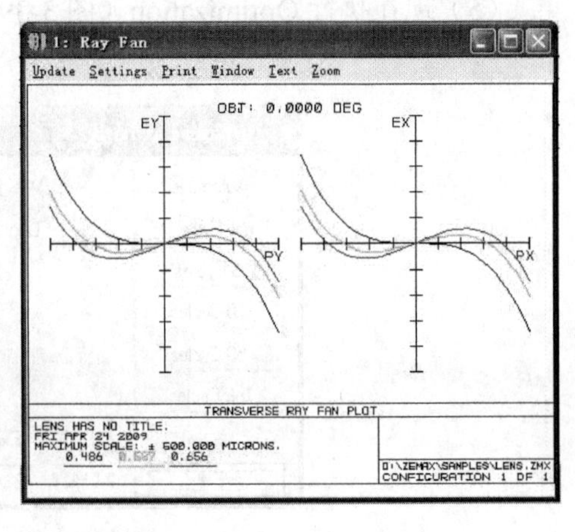


图 3-41　Ray Fan 主光线像差

果斜率为 0，则在光瞳坐标上，原点附近作一些变动则并不产生 aberration。代表 defocus 并不严重，而像差产生的主要因素为球差。

（8）相对于单透镜实验（实验 3.4），比较坐标及通过原点的斜率，现在球差已不严重（因为 aberration scale 已降很多），允许出现 defocus，而出现在 ray fan curve 的 S 形状，是典型的失焦平衡。现在已确定得到较好的 performance，但实际的光学系统是什么样子呢？

（9）选择 Analysis—layout—2D layout（图 3-42）。

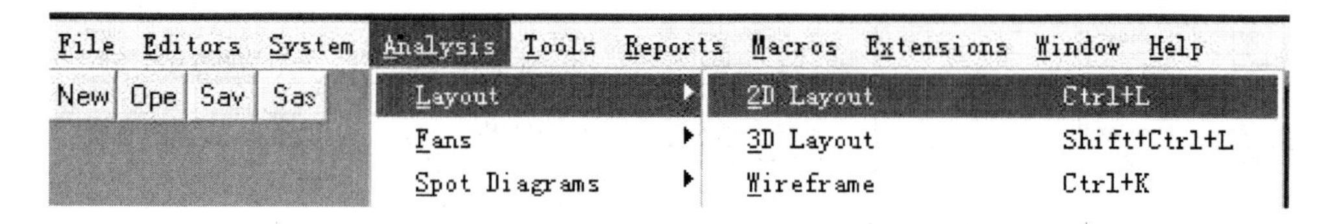


图 3-42　选择 2D layout

除了光学系统的架设，分别观察通过入瞳的三条（top，center，bottom）光线的追迹结果（Zemax default 的结果，图 3-43）。

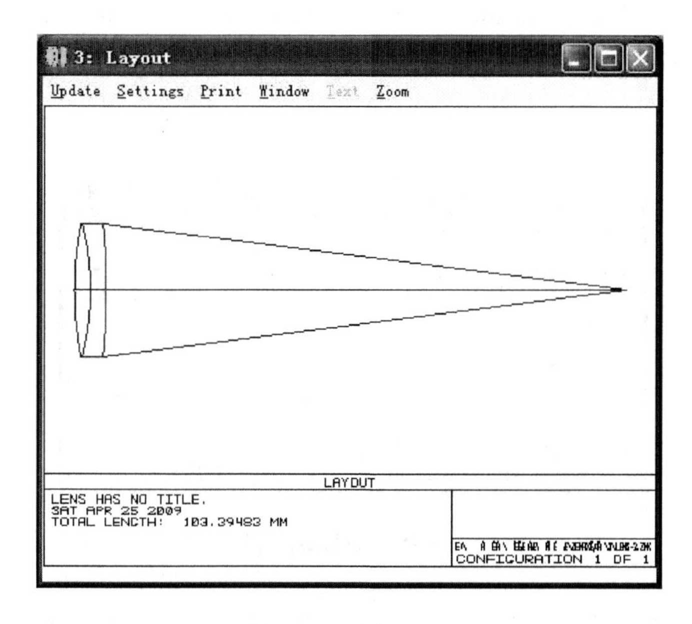


图 3-43　系统 layout

值得注意的是，光阑 STO 的初始厚度（thickness）为 3，考虑在曲线不匹配的时候，会造成面型大小不一致，所以在设计时，应该使 lens 的 aperture 比 diameter 小，如此可预留些边缘空间来打磨或架镜。

（10）基于上述理由，可以更改镜头的 diameter 和 STO 的 Thickness。先在 STO 的 diameter 上键入 14 来盖过 12.5，此时会有一个“U”字出现代表 user define（图 3-44）。

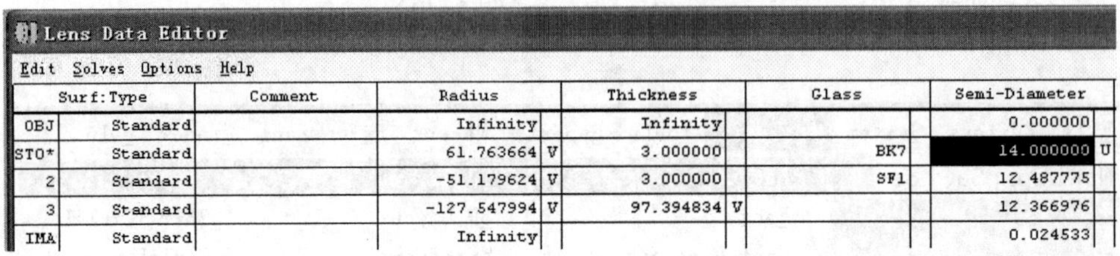

Lens Data Editor

Edit Solves Options Help

| Surf:Type | | Comment | Radius | | Thickness | | Glass | | Semi-Diameter | |
|---|---|---|---|---|---|---|---|---|---|---|
| OBJ | Standard | | Infinity | | Infinity | | | | 0.000000 | |
| STO* | Standard | | 61.763664 | V | 3.000000 | | BK7 | | 14.000000 | U |
| 2 | Standard | | -51.179624 | V | 3.000000 | | SF1 | | 12.487775 | |
| 3 | Standard | | -127.547994 | V | 97.394834 | V | | | 12.366976 | |
| IMA | Standard | | Infinity | | | | | | 0.024533 | |

图 3-44　镜头系统面型

（11）此时想固定镜头的边缘厚度（edge thickness）为 3 mm，但改变了镜头的尺寸，就会导致失焦（defocus）又现，需要再一次执行 optimization。

在 STO 的 thickness 上按一下，选择 Edge Thickness 项目，则会出现“Thickness”及“Radial Height”两项，设 Thickness 为 3 及 radial height 为 0（若 radial height 为 0，则 Zemax 就使定 user define 的 semi-thickness），点击“OK”跳出（图 3-45）。

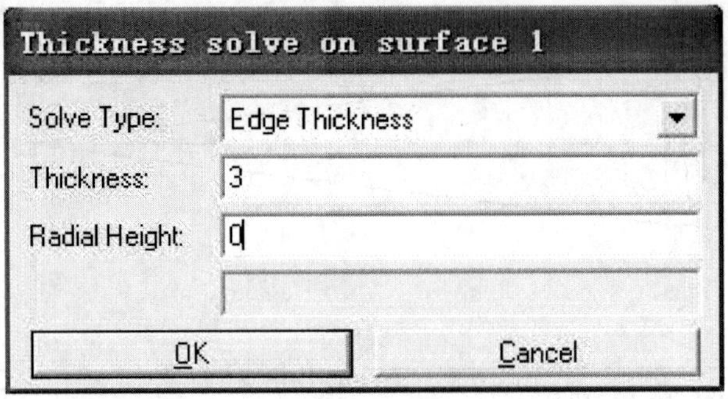

Thickness solve on surface 1

Solve Type: Edge Thickness

Thickness: 3

Radial Height: 0

OK　　Cancel

图 3-45　thickness 设定

你会发现 STO 的 Thickness 已改变，且会出现一个“E”字，表示在该项的解类型为以边缘光线进行设置（图 3-46）。

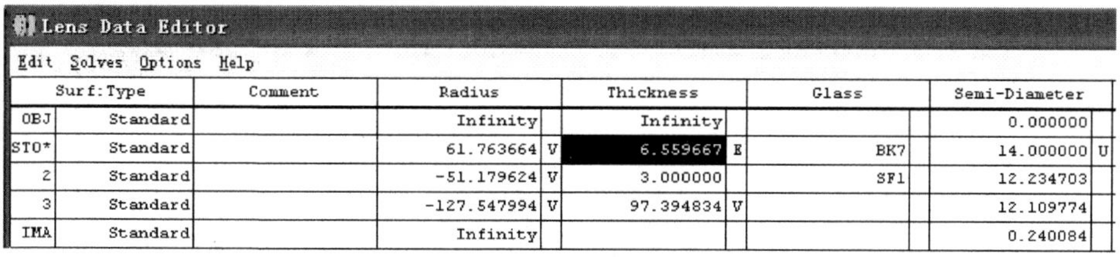

| Surf:Type | | Comment | Radius | | Thickness | | Glass | | Semi-Diameter | |
|---|---|---|---|---|---|---|---|---|---|---|
| OBJ | Standard | | Infinity | | Infinity | | | | 0.000000 | |
| STO* | Standard | | 61.763664 | V | 6.559667 | E | BK7 | | 14.000000 | U |
| 2 | Standard | | -51.179624 | V | 3.000000 | | SF1 | | 12.234703 | |
| 3 | Standard | | -127.547994 | V | 97.394834 | V | | | 12.109774 | |
| IMA | Standard | | Infinity | | | | | | 0.240084 | |

图 3-46　镜头系统面型

edge thickness 的改变会引起 focal length 的变化，为了维持原有的 EFFL，再执行 optimization 一次，结果还要通过离轴 off-axis 光线性能，因此需要观察 3 个视场的综合情况，从 system 的 Fields 中的 Field Data 选用三个 field（图 3-47，图 3-48）。

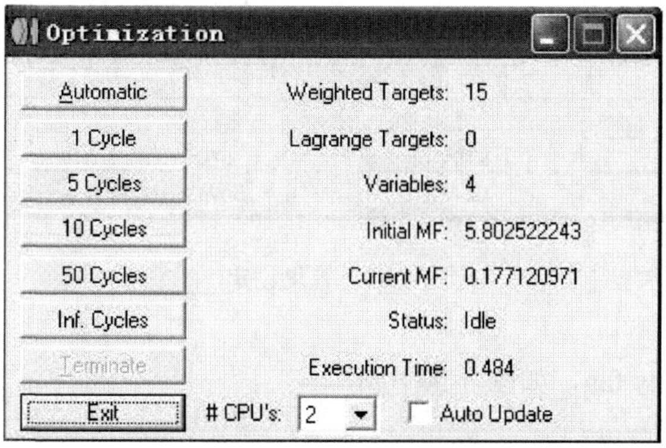

图 3-47　优化界面

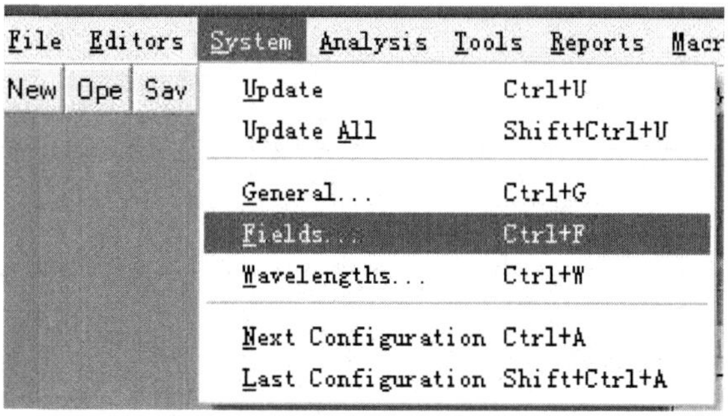

图 3-48　系统工具栏

（12）在第 2 列及第 3 列中的“Use”项中各按一下，在第 2 列的 y field 行中键入 7（即 7 degree），在第 3 列中键入 10，第一列则让它为 0，即继续 on-axis。设所有的 x field 皆为 0，对一个 rotational 对称的系统而言，它们的数值很小，点击“OK”跳出（图 3-49）。

**Field Data**

(•) Angle (Deg)　　( ) Paraxial Image Height

( ) Object Height　　( ) Real Image Height

| Use | | X-Field | Y-Field | Weight | VDX | VDY | VCX | VCY | VAN |
|---|---|---|---|---|---|---|---|---|---|
| ☑ | 1 | 0 | 0 | 1.0000 | 0.00000 | 0.00000 | 0.00000 | 0.00000 | 0.00000 |
| ☑ | 2 | 0 | 7 | 1.0000 | 0.00000 | 0.00000 | 0.00000 | 0.00000 | 0.00000 |
| ☑ | 3 | 0 | 10 | 1.0000 | 0.00000 | 0.00000 | 0.00000 | 0.00000 | 0.00000 |
| ☐ | 4 | 0 | 0 | 0.0000 | 0.00000 | 0.00000 | 0.00000 | 0.00000 | 0.00000 |
| ☐ | 5 | 0 | 0 | 0.0000 | 0.00000 | 0.00000 | 0.00000 | 0.00000 | 0.00000 |
| ☐ | 6 | 0 | 0 | 0.0000 | 0.00000 | 0.00000 | 0.00000 | 0.00000 | 0.00000 |
| ☐ | 7 | 0 | 0 | 0.0000 | 0.00000 | 0.00000 | 0.00000 | 0.00000 | 0.00000 |
| ☐ | 8 | 0 | 0 | 0.0000 | 0.00000 | 0.00000 | 0.00000 | 0.00000 | 0.00000 |
| ☐ | 9 | 0 | 0 | 0.0000 | 0.00000 | 0.00000 | 0.00000 | 0.00000 | 0.00000 |
| ☐ | 10 | 0 | 0 | 0.0000 | 0.00000 | 0.00000 | 0.00000 | 0.00000 | 0.00000 |
| ☐ | 11 | 0 | 0 | 0.0000 | 0.00000 | 0.00000 | 0.00000 | 0.00000 | 0.00000 |
| ☐ | 12 | 0 | 0 | 0.0000 | 0.00000 | 0.00000 | 0.00000 | 0.00000 | 0.00000 |

OK　Cancel　Sort　Help

Set Vig　Clr Vig　Save　Load

图 3-49　视场设定

现在 update ray fan，如图 3-50 所示。

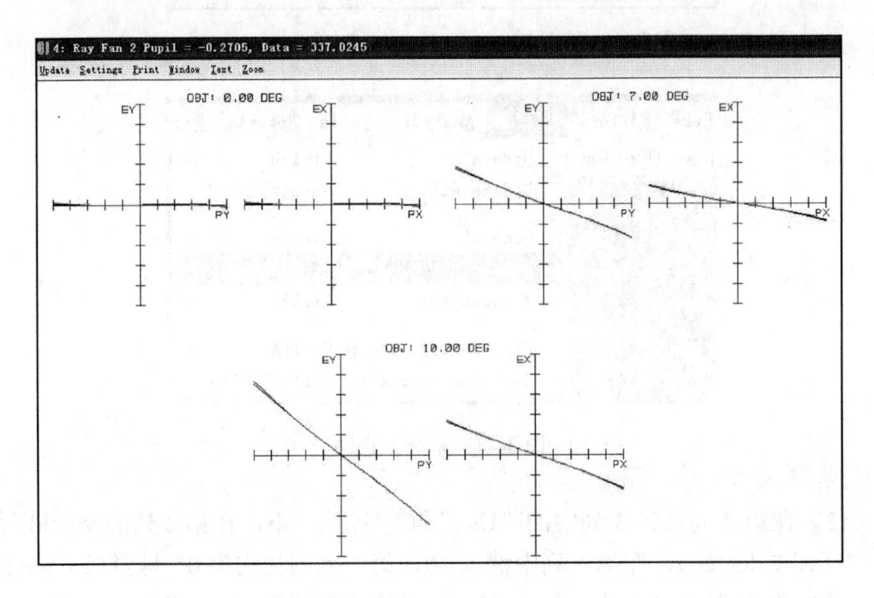


图 3-50　主光线像差

图中 Y 代表子午方向（tangential），X 为弧矢方向（sagittal）（图 3-51）。



图 3-51　光线扇图设置

结果显示 off-axis 的 performance 很差，这些 aberration 可以用 field curvature plot 来估计。

在 Analysis 中，选中 Miscellaneous 中的 Field Curv/Dist（图 3-52）。

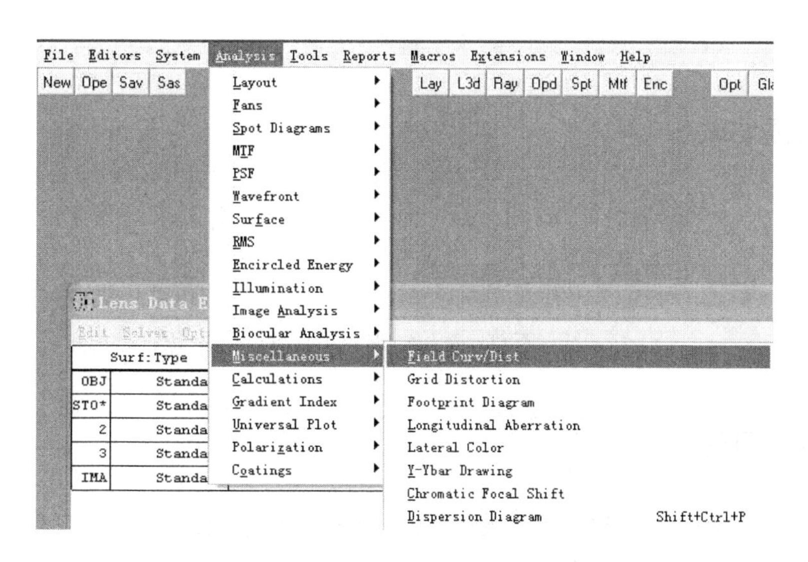


图 3-52　场曲显示项

图 3-53 中左图表示近轴焦距失焦（shift in paraxial focus）为 field angle 的函数，右图为 real ray 的 distortion，以 paraxial ray 为参考 ray。

在场曲曲线图（field curvature plot）的信息也可从 ray fans 中得知，为 field curvature plot 是正比于在 ray fan plot 中通过原点的斜率。

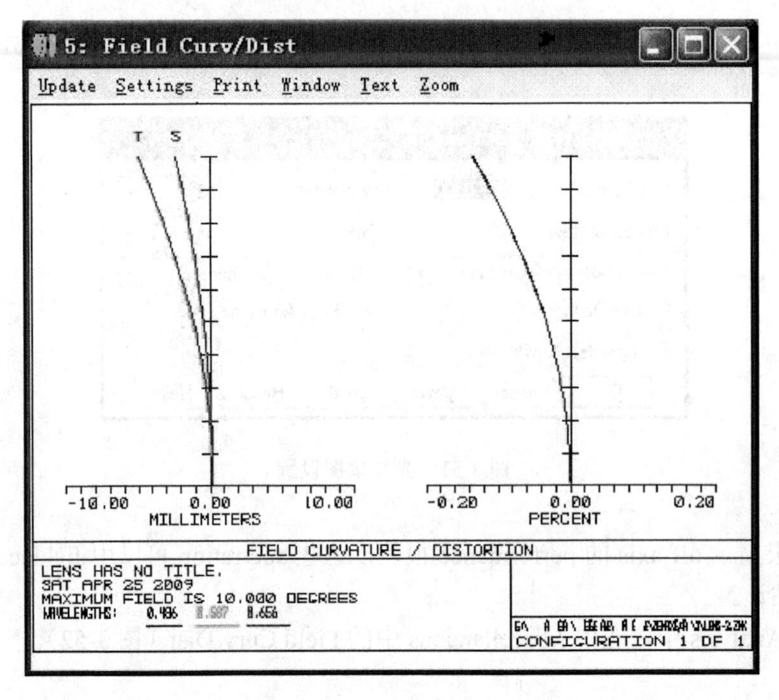


图 3-53　场曲畸变图

## 五、数据处理

（1）系统的原始结构、参数、图示和像质结果（各种图示、曲线）；

（2）优化后的结果（比较）。

# 3.6　牛顿望远镜设计和优化实验

## 一、实验目的

（1）学习使用反射镜（平面反射镜，mirrors）构建光路；

（2）学习设定非球面系数（conic constants）；

（3）运用坐标断点（coordinate breaks）改变光路方向；

## 二、实验原理

牛顿望远镜是最简单的可以实现所有轴上像差（on-axis aberrations）均可校

正的光学系统。牛顿望远镜是利用一个抛物面镜（parabolic mirror）来完成校正初级和高级球差（spherical aberration），因为是共轴系统，所以只需要考虑球差而不需要考虑其他像差。

## 三、实验仪器

计算机，ZEMAX 光学设计软件。

## 四、实验内容

设计一个焦距为 1000 mm，F#5 的牛顿望远镜，光路图见图 3-54。需要一个具有焦距为 2000 mm 的凹面镜，以及 200 mm 的通光孔径（aperture）。

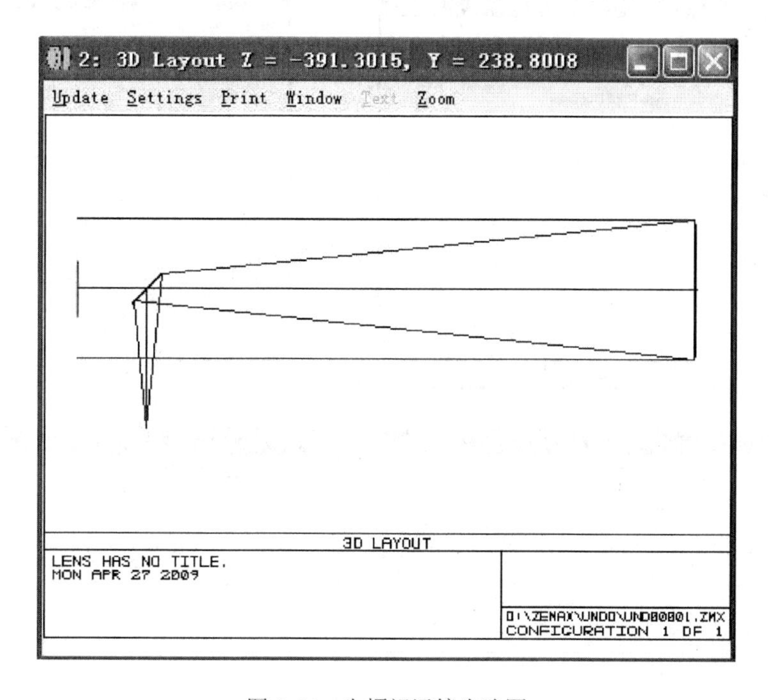


图 3-54　牛顿望远镜光路图

## 五、实验步骤

（1）在 surface 1（即 STO）上的“curvature”项中键入–2000，负号表示凹面

（concave），即曲面对发光源而言是内弯的。在“Thickness”项中键入–1000，负号表示光线没有透过反射镜而是反射回来，在“Glass”项中键入 MIRROR（图 3-55）。

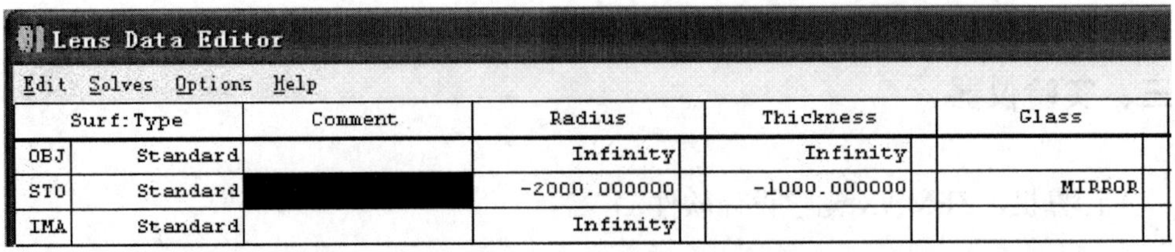

Lens Data Editor

Edit　Solves　Options　Help

| Surf:Type | | Comment | Radius | Thickness | Glass |
|---|---|---|---|---|---|
| OBJ | Standard | | Infinity | Infinity | |
| STO | Standard | | -2000.000000 | -1000.000000 | MIRROR |
| IMA | Standard | | Infinity | | |

图 3-55　镜头数据

（2）最后在 System 的“General”项的“aperture”中键入 200。“Wavelength”选用 0.550 μm；“field angel”则为 0（图 3-56）。

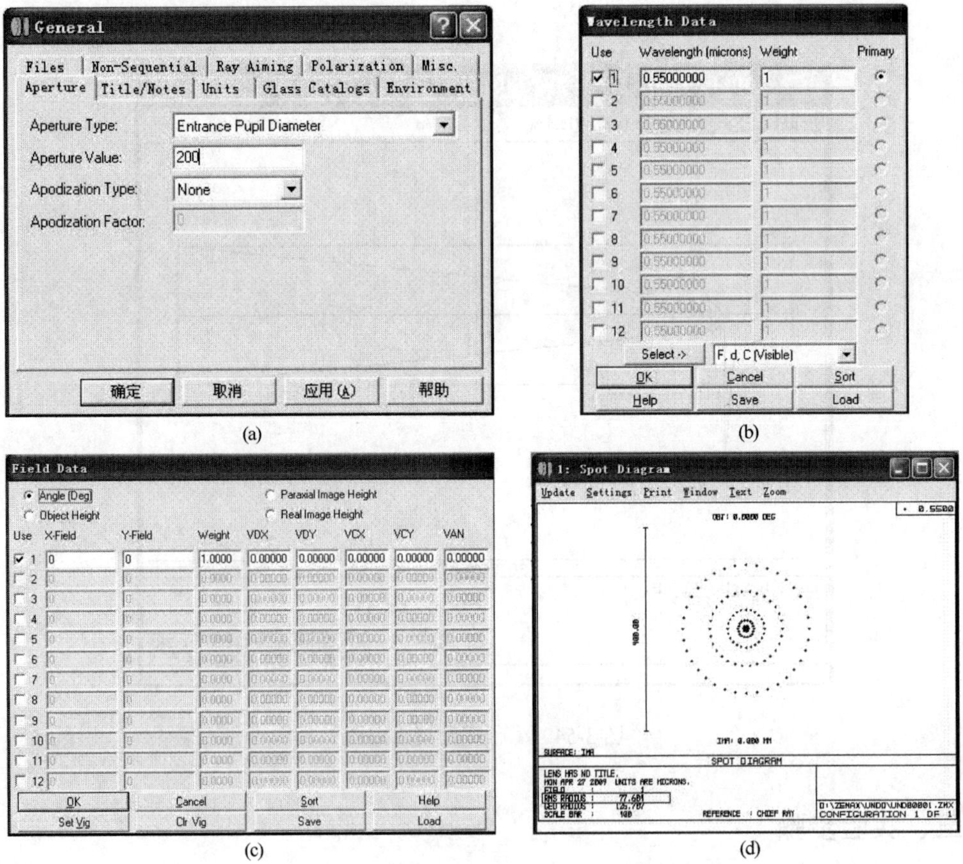

General

Files | Non-Sequential | Ray Aiming | Polarization | Misc.
Aperture | Title/Notes | Units | Glass Catalogs | Environment

Aperture Type: Entrance Pupil Diameter
Aperture Value: 200
Apodization Type: None
Apodization Factor: 0

确定　取消　应用(A)　帮助

(a)

Wavelength Data

| Use | Wavelength (microns) | Weight | Primary |
|---|---|---|---|
| ☑ 1 | 0.55000000 | 1 | ◉ |
| ☐ 2 | 0.55000000 | 1 | ○ |
| ☐ 3 | 0.55000000 | 1 | ○ |
| ☐ 4 | 0.55000000 | 1 | ○ |
| ☐ 5 | 0.55000000 | 1 | ○ |
| ☐ 6 | 0.55000000 | 1 | ○ |
| ☐ 7 | 0.55000000 | 1 | ○ |
| ☐ 8 | 0.55000000 | 1 | ○ |
| ☐ 9 | 0.55000000 | 1 | ○ |
| ☐ 10 | 0.55000000 | 1 | ○ |
| ☐ 11 | 0.55000000 | 1 | ○ |
| ☐ 12 | 0.55000000 | 1 | ○ |

Select -> F, d, C (Visible)

OK　Cancel　Sort
Help　Save　Load

(b)

Field Data

◉ Angle (Deg)　○ Paraxial Image Height
○ Object Height　○ Real Image Height

| Use | X-Field | Y-Field | Weight | VDX | VDY | VCX | VCY | VAN |
|---|---|---|---|---|---|---|---|---|
| ☑ 1 | 0 | 0 | 1.0000 | 0.00000 | 0.00000 | 0.00000 | 0.00000 | 0.00000 |
| ☐ 2 | 0 | 0 | 1.0000 | 0.00000 | 0.00000 | 0.00000 | 0.00000 | 0.00000 |
| ☐ 3 | 0 | 0 | 1.0000 | 0.00000 | 0.00000 | 0.00000 | 0.00000 | 0.00000 |
| ☐ 4 | 0 | 0 | 1.0000 | 0.00000 | 0.00000 | 0.00000 | 0.00000 | 0.00000 |
| ☐ 5 | 0 | 0 | 1.0000 | 0.00000 | 0.00000 | 0.00000 | 0.00000 | 0.00000 |
| ☐ 6 | 0 | 0 | 1.0000 | 0.00000 | 0.00000 | 0.00000 | 0.00000 | 0.00000 |
| ☐ 7 | 0 | 0 | 1.0000 | 0.00000 | 0.00000 | 0.00000 | 0.00000 | 0.00000 |
| ☐ 8 | 0 | 0 | 1.0000 | 0.00000 | 0.00000 | 0.00000 | 0.00000 | 0.00000 |
| ☐ 9 | 0 | 0 | 1.0000 | 0.00000 | 0.00000 | 0.00000 | 0.00000 | 0.00000 |
| ☐ 10 | 0 | 0 | 1.0000 | 0.00000 | 0.00000 | 0.00000 | 0.00000 | 0.00000 |
| ☐ 11 | 0 | 0 | 1.0000 | 0.00000 | 0.00000 | 0.00000 | 0.00000 | 0.00000 |
| ☐ 12 | 0 | 0 | 1.0000 | 0.00000 | 0.00000 | 0.00000 | 0.00000 | 0.00000 |

OK　Cancel　Sort　Help
Set Vig　Clr Vig　Save　Load

(c)

1: Spot Diagram

Update　Settings　Print　Window　Text　Zoom

OBJ: 0.0000 DEG

0.5500

400.00

IMA: 0.000 MM

SURFACE: IMA

SPOT DIAGRAM

LENS HAS NO TITLE.
MON APR 27 2009　UNITS ARE MICRONS.
FIELD　1
RMS RADIUS :　77.601
GEO RADIUS :　125.707
SCALE BAR :　400　REFERENCE : CHIEF RAY

D:\ZEMAX\UNDO\UNDO0001.ZMX
CONFIGURATION 1 OF 1

(d)

图 3-56　光瞳、波长和视场参数设置

（3）点列图 Spot Diagram 上可看出 RMS 半径为 77.6 μm，更直观地评价像质（image quality）的方法就是在 Spot Diagram 的顶端上再 superimpose 一个艾里斑。从 Spot Diagram 的菜单栏选择 Setting，在 Show Scale 上选“Airy Disk”。结果如图 3-57 所示，和选“scale bar”的结果是一样的。图 3-57 中所列的 RMS spot size 选“Airy Disk”为 77.6 μm。

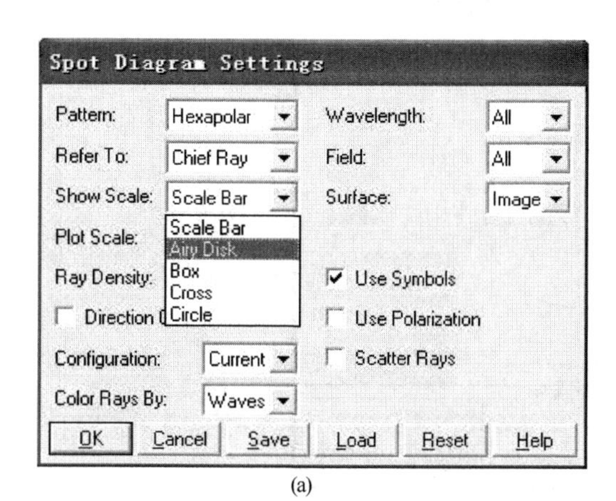


(a)

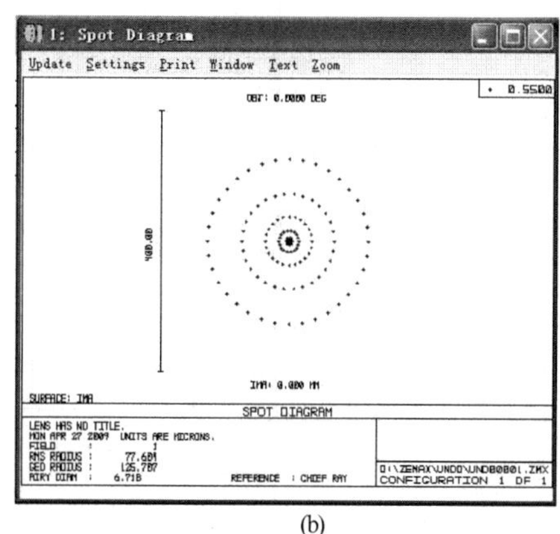


(b)

图 3-57　点列图

（4）先前设定的 curvature 的值为−2000 只是定义一个球面，若要定义一个抛物面镜，则需在 STO 的 Conic 项中键入−1。接下来 Update spot diagram，会看到“Airy ring”为一个黑圈，光线聚集在圈内中心上，RMS 值为 0（图 3-58）。但成像位置不好，所谓的不好是指因为它位于入射光的路径上，若要观察这个像，观看位置刚好挡住入射光。

改善的方法是在反射镜的后面再放一个折镜，即 fold mirror（后面是相对于成像点而言）。这个 fold mirror 相对于光轴的倾斜角度为 45°，把像往下提离光轴。因为进来的光束宽 200 mm，所以成像平面至少在离光轴 100 mm 的下方，如此“看”像的时候才不会挡住入射光。本实验用 200 mm，fold mirror 离先前的反射镜面为 800 mm，200+800=1000 为原先在 STO 上的 Thickness，即成像“距离”不变。

（5）操作如下，先把 STO 的 Thickness 改为−800，见图 3-59（a）。然后在成像面（imagine plane）前插入一个虚拟面（dummy surface），为何要插入虚拟面呢？虚拟面的目的只是把反射镜（fold mirror）的位置标示出来，本身并不具真实的光学镜片意义，也不参与光学系统的任何“反应”。如何插入虚拟面呢？先在成像面前面插入一个 surface，Thickness 为−200，见图 3-59（b）。

Lens Data Editor

Edit Solves Options Help

| Surf:Type | | Comment | Radius | Thickness | | Glass | | Semi-Diameter | Conic |
|---|---|---|---|---|---|---|---|---|---|
| OBJ | Standard | | Infinity | Infinity | | | | 0.000000 | 0.000000 |
| STO | Standard | | -2000.000000 | -1000.000000 | | MIRROR | | 100.000000 | -1.000000 |
| IMA | Standard | | Infinity | | | | | 1.421085E-014 | 0.000000 |

(a)

1: Spot Diagram

Update Settings Print Window Text Zoom

+ 0.5500

OBJ: 0.0000 DEG

10.00

IMA: 0.000 MM

SURFACE: IMA

SPOT DIAGRAM

LENS HAS NO TITLE.
MON APR 27 2009 UNITS ARE MICRONS.
FIELD : 1
RMS RADIUS : 0.000
GEO RADIUS : 0.000
AIRY DIAM : 6.727
REFERENCE : CHIEF RAY

D:\ZEMAX\UNDO\UND0001.ZMX
CONFIGURATION 1 OF 1

(b)

图 3-58　镜头数据和锥形设置点列图

Lens Data Editor

Edit Solves Options Help

| Surf:Type | | Comment | Radius | Thickness | | Glass | | Semi-Diameter | Conic |
|---|---|---|---|---|---|---|---|---|---|
| OBJ | Standard | | Infinity | Infinity | | | | 0.000000 | 0.000000 |
| STO | Standard | | -2000.000000 | -800.000000 | | MIRROR | | 100.000000 | -1.000000 |
| IMA | Standard | | Infinity | | | | | 20.050125 | 0.000000 |

(a)

Lens Data Editor

Edit Solves Options Help

| Surf:Type | | Comment | Radius | Thickness | Glass | Semi-Diameter |
|---|---|---|---|---|---|---|
| OBJ | Standard | | Infinity | Infinity | | 0.000000 |
| STO | Standard | | -2000.000000 | -800.000000 | MIRROR | 100.000000 |
| 2 | Standard | | Infinity | -200.000000 | | 20.050125 |
| IMA | Standard | | Infinity | | | 1.065814E-014 |

(b)

图 3-59　折返镜数据

这个 surface 很快会被转变成反射镜，但是不能在 surface type 处使它变为反射镜，而应该是选 Tools 中的 Add Fold Mirror。并在其“fold surface”处选“2”定义 surface 2 为反射镜；完成后将看到如图 3-60（c）所示。

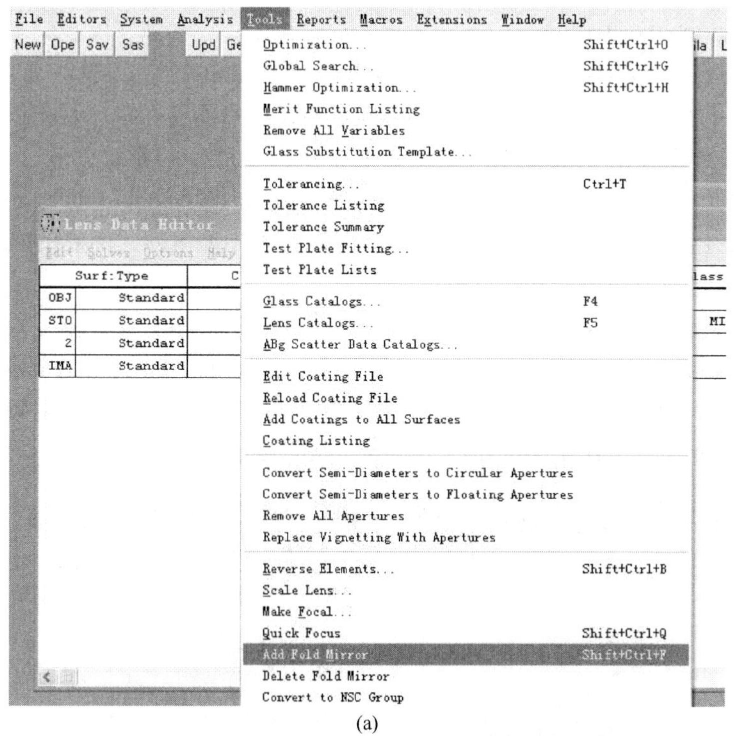


(a)



(b)

Lens Data Editor

Edit Solves Options Help

| | Surf:Type | Comment | Radius | Thickness | Glass | Semi-Diameter | Conic |
|---|---|---|---|---|---|---|---|
| OBJ | Standard | | Infinity | Infinity | | 0.000000 | 0.000000 |
| STO | Standard | | -2000.000000 | -800.000000 | MIRROR | 100.000000 | -1.000000 |
| 2 | Coord Break | | | 0.000000 | - | 0.000000 | |
| 3 | Standard | | Infinity | 0.000000 | MIRROR | 31.514508 | 0.000000 |
| 4 | Coord Break | | | 200.000000 | - | 0.000000 | |
| IMA | Standard | | Infinity | | | 1.776357E-014 | 0.000000 |

(c)

图 3-60　折返镜设置

图 3-60 中 surface type 处在 surface 2 及 4 中皆为 Coordinate Break，这是为什么？

Coordinate break surface 是在目前的系统内定义的一个新坐标系统，它总是用 dummy surface 的观念作 ray tracing 的目的。在描述此新坐标系统中，通常选用 6 个不同的参数，即 x-decenter、y-dencenter、tiltx、tilty、tiltz 及 flag 来指示 tilting

或 decentration 的 order。

需要注意的是，Coordinate Break 总是相对于“current”和“global”的 coordinate system，即只是在一个系统内部，若要改变某样对象的位置或方向，即利用 Coordinate Break 来作此对象的区域调整，而不需要重新改变所有的系统部分。Coordinate Break 就像是一个平面指向调整后的局部系统的方位。然而 coordinate break surface 绝不会显示出来。它的 Glass 项中显示为“-”代表不能键入，而它的 surface type 形式一定和它前一面镜的 glass type 一致。

（6）现在来看 layout，不能选择 2D（2D 只能观察 rotational symmetric systems），要选择 3D 观察（图 3-61）。调出 layout 后，按↑↓或 page down 或 page up 可以观察三维效果，这个设计尚可再做改善，首先入射光打到反射镜背后的部分可以 vignetted，这在实际的系统中是一个很重要的思量。

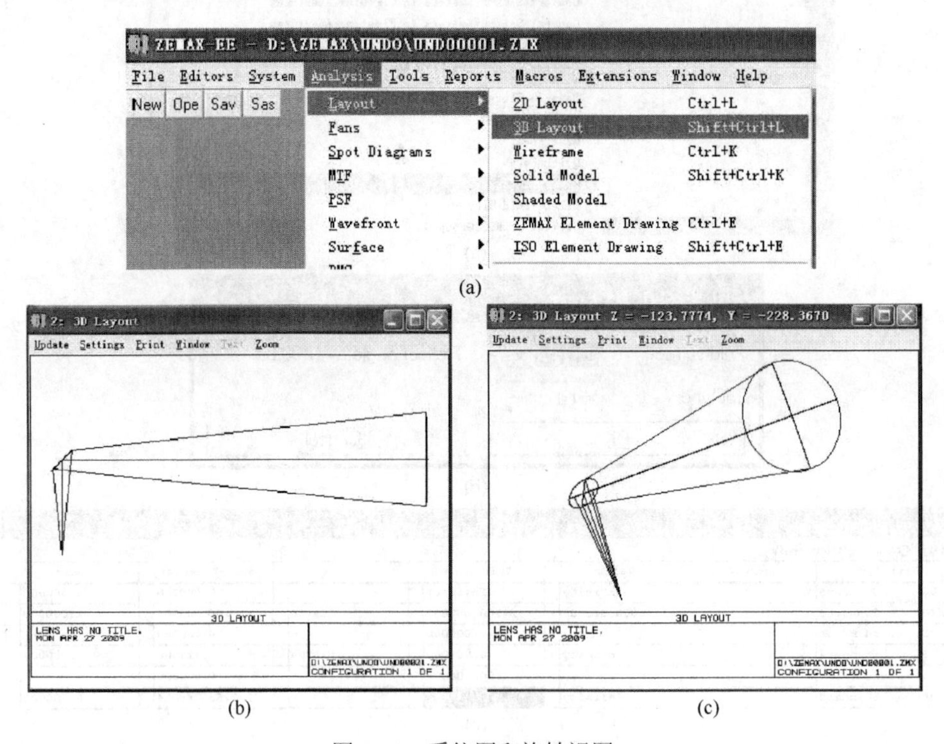


图 3-61　系统图和旋转视图

（7）在 STO 的前面插入一个 surface，令这个 surface 的 Thickness 为 900，在 surface type 中的孔径类型（aperture type）还为圆形掩板“circular obscuration”，在 Max Radius 键入 40，因为 fold mirror 的 semi-diameter 为 31，如此才能遮蔽。经过更新视图（Update 3D layout），如看不到图 3-62，则在 3D layout 的 setting 项中将 first surface 和 last surface 分别为设置为 1 和 6 即可（图 3-63）。

Lens Data Editor

Edit Solves Options Help

| Surf:Type | | Comment | Radius | Thickness | Glass | Semi-Diameter | Conic |
|---|---|---|---|---|---|---|---|
| OBJ | Standard | | Infinity | Infinity | | 0.000000 | 0.000000 |
| 1 | Standard | | Infinity | 900.000000 | | 100.000000 | 0.000000 |
| STO | Standard | | -2000.000000 | -800.000000 | MIRROR | 100.000000 | -1.000000 |
| 3 | Coord Break | | | 0.000000 | - | 0.000000 | |
| 4 | Standard | | Infinity | 0.000000 | MIRROR | 31.514508 | 0.000000 |
| 5 | Coord Break | | | 200.000000 | - | 0.000000 | |
| IMA | Standard | | Infinity | | | 1.776357E-014 | 0.000000 |

(a)

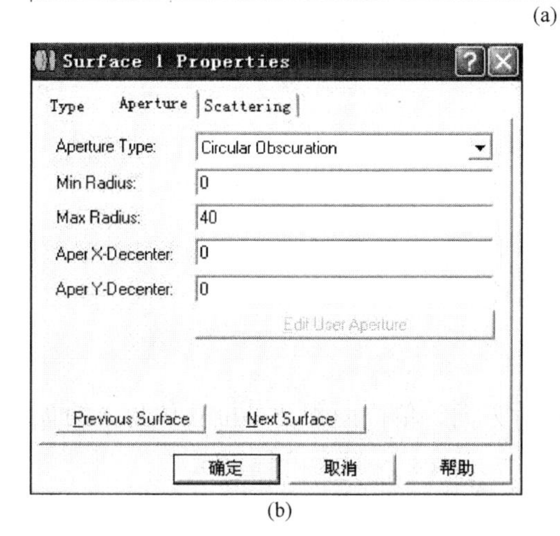


(b)

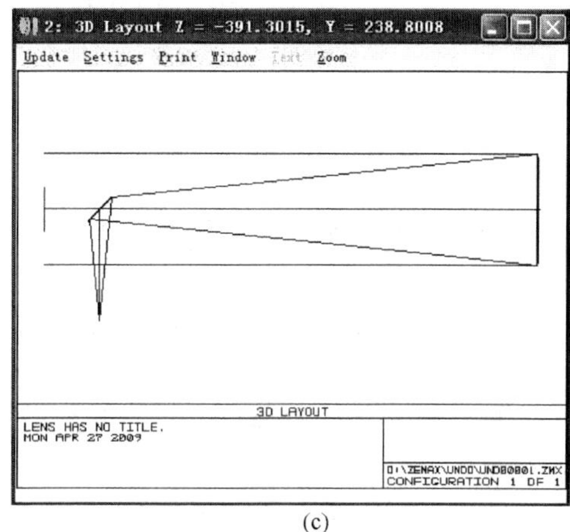


(c)

图 3-62　系统和光路

3D Layout Diagram Settings

| | | | |
|---|---|---|---|
| First Surface: | 1 | Wavelength: | 1 |
| Last Surface: | 6 | Field: | All |
| Number of Rays: | 3 | Scale Factor: | 0.000000 |
| Ray Pattern: | XY Fan | ☐ Delete Vignetted | |
| ☐ Hide Lens Faces | | Rotation X: | 0.000000 |
| ☐ Hide Lens Edges | | Rotation Y: | 0.000000 |
| ☐ Hide X Bars | | Rotation Z: | 0.000000 |
| Color Rays By: | Fields | ☐ Suppress Frame | |
| Configuration: | Current | Offset X: | 0.000000 |
| ☐ Fletch Rays | | Offset Y: | 0.000000 |
| ☐ Split NSC Rays | | Offset Z: | 0.000000 |
| ☐ Scatter NSC Rays | | ☑ Square Edges | |

OK　Cancel　Save　Load　Reset　Help

图 3-63　3D layout 的 setting 项设置

## 六、实验总结和分析

整理优化前后的图形，写分析和汇总报告。

# 第4章　光电器件与视觉检测技术实验

## 4.1　光源辐射度与光照度测量实验

### 一、实验目的

（1）了解辐射度和光照度的异同；

（2）学会光源光照度的测试方法。

### 二、实验原理

辐射度，又称为辐亮度，指的是沿辐射方向、单位面积及单位立体角上的辐射通量。

光照度，即通常所说的勒克司度（1ux），表示被摄主体表面单位面积上受到的光通量。1 勒克司相当于 1 流明/平方米，即被摄主体每平方米的面积上，受距离 1 米、发光强度为 1 烛光的光源，垂直照射的光通量。光照度是衡量拍摄环境的一个重要指标。

随着被摄主体与光源距离的增加，照度呈线性变化：

$$E = I / R^2 \tag{4-1}$$

式中，$E$ 为照度；$I$ 为光强；$R$ 为距离。

### 三、实验仪器与装配图

实验仪器包括高亮白光 LED 光源、卤素灯白光光源、导轨、照度计、功率计等，仪器装配图见图 4-1 和图 4-2。

图 4-1　卤素灯白光光源照度测量

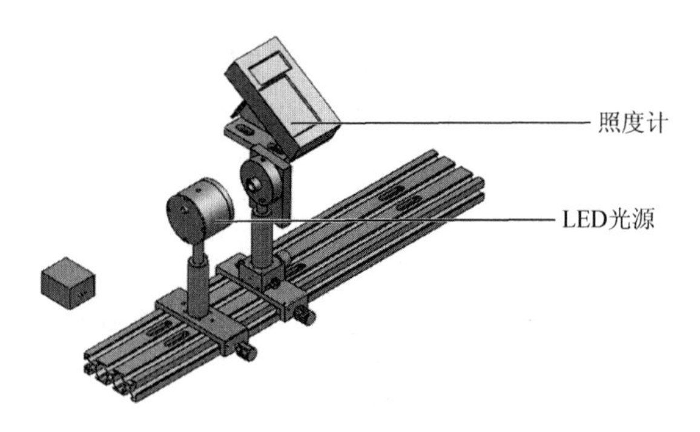


图 4-2　LED 光源照度测量

## 四、实验步骤

（1）按照实验装配图安装各器件。
（2）调整照度计位置，使照度计、功率计、光源处于同一水平线上。
（3）打开光源，读出光源功率计的数值。
（4）读出照度计读数并记录。
（5）每隔 1 cm 记录一次照度计和功率计的读数。绘制照度-功率曲线。
（6）将卤素灯白光光源换成高亮 LED 光源，重复步骤（2）～（5）。

# 4.2　色度学测量实验

## 一、实验目的

（1）掌握 LED 的光电特性，了解 LED 发光原理；
（2）理解三刺激值和色品图的意义及计算方式；
（3）掌握色温的定义及计算；
（4）学习半值角的测量方式；
（5）了解 LED 的光谱学特性及其测试方法；
（6）了解 LED 测量的几何条件。

## 二、实验原理

### （一）LED 原理

LED 是一种固态半导体器件，它可以直接把电能转化为光能。LED 的“心脏”

是一个半导体的晶片，晶片的一端附着在一个支架上，是负极；另一端是连接电源的正极，整个晶片被环氧树脂封装起来，如图 4-3 所示。

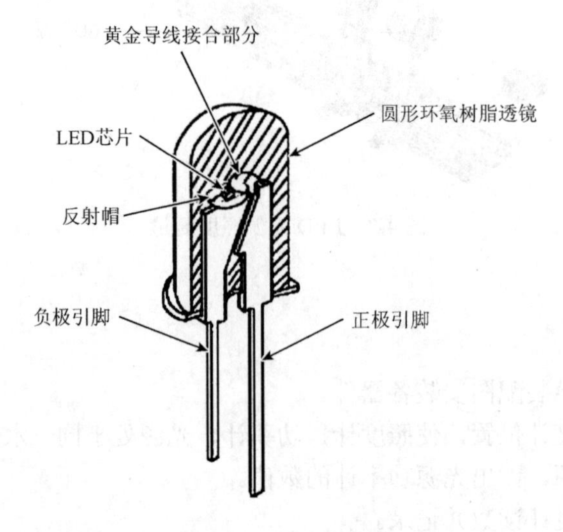


图 4-3　LED 结构图

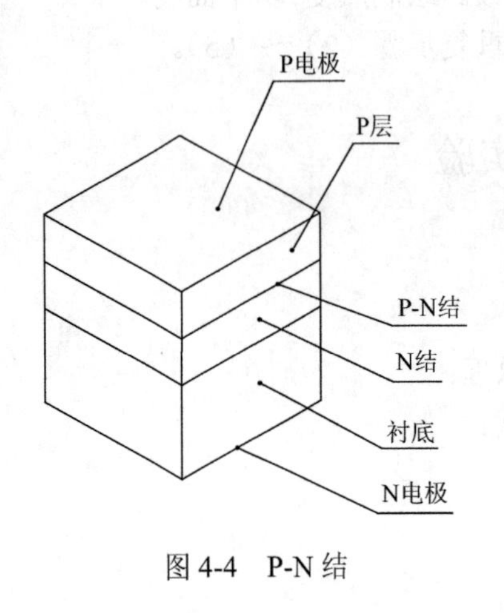


图 4-4　P-N 结

半导体晶片由两部分组成，一部分是 P 型半导体，在它里面空穴占主导地位；另一端是 N 型半导体，在这边电子占主导地位。当这两种半导体连接起来的时候，它们之间就形成一个“PN 结”，如图 4-4 所示。当电流通过导线作用于这个晶片的时候，电子就被推向 P 区，在 P 区里电子跟空穴复合，然后就会以光子的形式发出能量，从而把电能直接转换为光能，这就是 LED 发光的原理。在 PN 结上加反向电压，则不会发光。这种利用注入式电致发光的原理制作的二极管叫发光二极管，简称 LED。

LED 发光的波长，是由形成 P-N 结材料决定的。当它处于正向工作状态（两端加上正向电压），电流从 LED 阳极流向阴极时，半导体晶体就发出从紫色到红色不同颜色的光线，光的强弱与电流有关。电子和空穴之间的能量（带隙）越大，产生的光子的能量就越高。光子的能量反过来与光的颜色对应，可见光的频谱范围内，紫色光光子携带的能量最多，红色光携带的能量最少。由于不同的材料具有不同的带隙，从而能够发出不同颜色的光。

## (二) LED 电学性能

### 1. 伏安曲线

LED 是一个由半导体无机材料构成的单极性 PN 结二极管，它是半导体 PN 结二极管中的一种，其电压-电流之间的关系称为伏安特性。由图 4-5 可知，LED 电特性参数包括正向电流、正向电压、反向电流和反向电压，LED 必须在合适的电流电压驱动下才能正常工作。通过 LED 电特性的测试可以获得 LED 的最大允许正向电压、正向电流及反向电压、反向电流，此外也可以测定 LED 的最佳工作电功率。

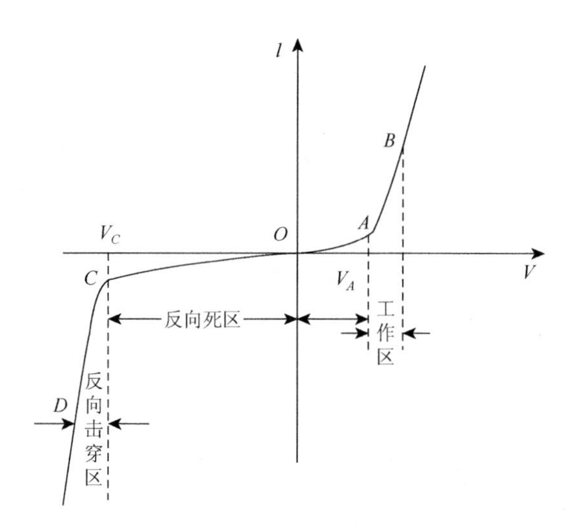


图 4-5　LED 工作的电压-电流特性图

### 2. 反向击穿电压

反向击穿电压是二极管反向击穿时的电压值。击穿时反向电流剧增，二极管的单向导电性被破坏，甚至过热而被烧坏。反向击穿后的 LED 已不能再正常工作。

最大工作电流：在低工作电流下，发光二极管发光效率随电流的增大明显提高，但电流增大到一定量时，发光效率不再提高；相反，发光效率会随工作电流的增大而下降。

### 3. LED 单向导通性

LED 只能往一个方向导通（通电），叫作正向偏置（正向偏压），当电流流过时，电子与空穴在其内复合而发出单色光，这叫电致发光效应。光线的波长、颜色跟其所采用的半导体材料种类与掺入的元素杂质有关。LED 具有效率高、寿命长、不易破损、开关速度快及高可靠性等传统光源不及的优点。

## （三）LED 光学特性

### 1. 空间强度分布

LED 在空间各方向上的发光强度都不一样，可以用数据或图形把 LED 发光强度在空间的分布状况记录下来。通常用纵坐标来表示 LED 的光强分布，以坐标原点为中心，把各方向上的发光强度用矢量标注出来，连接矢量的端点，即形成光强分布曲线，也叫配光曲线。空间强度分布一般用 $I(\theta, \varphi)$表示。$\theta$ 和 $\varphi$ 的定义如图 4-6 所示。

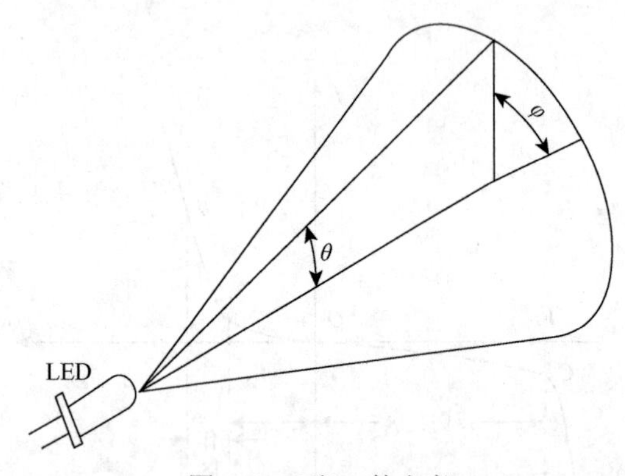


图 4-6　$\theta$ 和 $\varphi$ 的定义

LED 的光强空间分布一般用图 4-7 的坐标系来表示，曲线表示光强随角度 $\theta$ 的变化而变化，并且光强需要归一化处理。对于理想的 LED 来说，在 $\theta$=0°时的光强有最大值，并且光强随着 $\theta$ 的增大而减小。

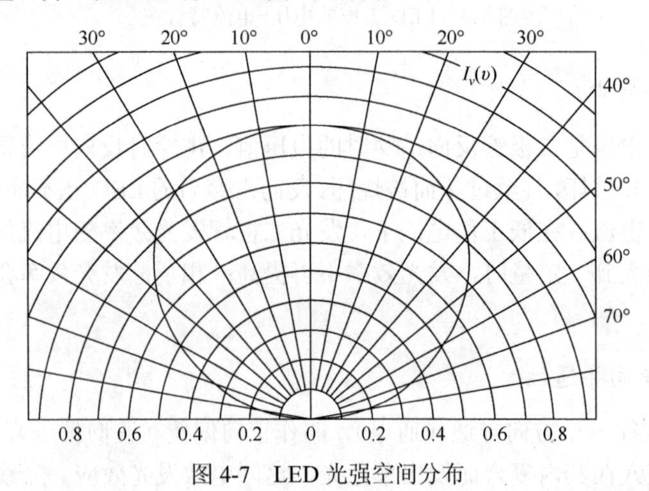


图 4-7　LED 光强空间分布

因为生产误差的存在，LED 的光轴和机械轴可能并不在同一个方向上，如图 4-8 所示。

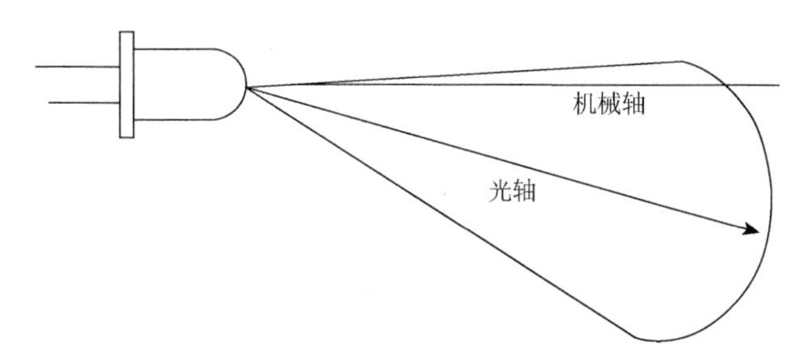


图 4-8　LED 几何轴与光学轴

因为两个轴不重合，会造成 LED 的空间和能量并不是均匀分布的，如图 4-9 所示。

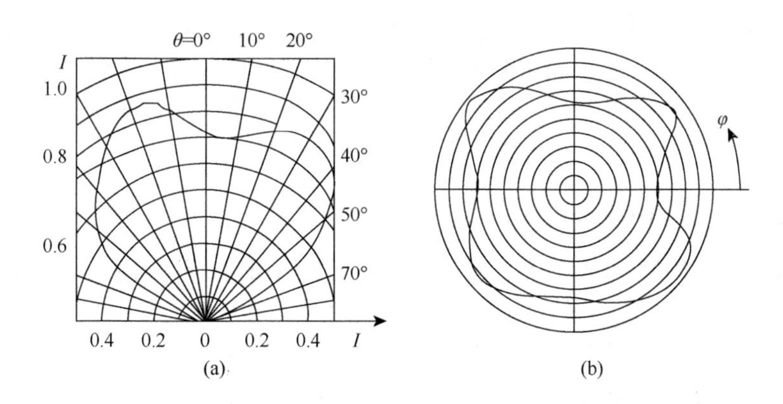


图 4-9　非均匀 LED 光强空间分布 $I(\theta)$和空间能量分布 $I(\varphi)$

2. 半强度角与发散角

设光轴方向的光强为 $I$，则光强为 $I/2$ 的方向与光轴的夹角称为半强度角。半强度角的 2 倍称为发散角（或称半功率角），如图 4-10 所示。

## （四）LED 色度学

研究光源或经光源照射后物体透射光、反射光颜色的学科称为色度学。这是一门有着广泛应用的学科，目的是对人眼能观察到的颜色进行定量的测量。色度学本身涉及物理、生理及心理等领域的知识，是一门交叉性很强的边缘学科。现

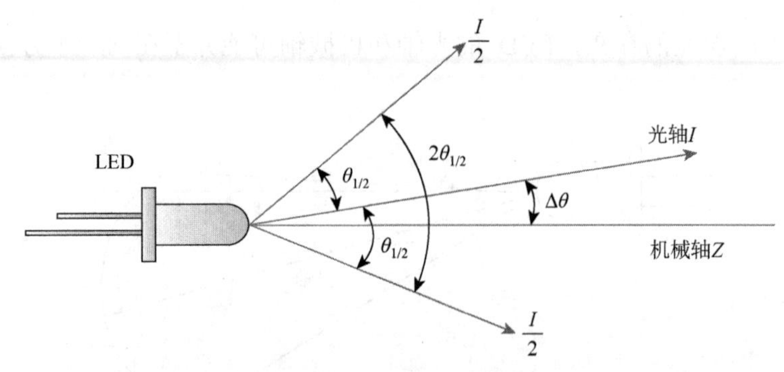


图 4-10　半强度角与发散角

代色度学采用国际照明委员会（CIE）所规定的一套颜色测量原理、数据和计算方法，称为 CIE 标准色度学系统。

为了定量地描述颜色，国际照明委员会先后制定了一系列定量描述颜色的色度空间，如 CIE RGB、CIE XYZ、CIE LAB 及 CIE LUV 等色空间，并确定了 CIE1931XYZ 颜色空间与其他颜色空间的转换关系。由于 CIE1931XYZ 色度系统中的 CIE1931 色品图和 CIE1931 标准观察者光谱三刺激值是色度学在实际应用中的常用工具，几乎一切色度学的计算和延伸都是由此出发的，同时也是实现颜色管理的基础，这里对 CIE1931XYZ 系统做一个简要说明。

1. 三刺激值（tristimulus values）

在介绍 CIE1931XYZ 系统之前，先介绍 CIE RGB 系统。光谱三刺激值是 317 位正常视觉者，用 CIE 规定的红、绿、蓝三原色光，对等能光谱色从 380～780 nm 所进行的专门性颜色混合匹配实验得到的。实验时，在给定的三色系统中，与所考虑的刺激达到色匹配所需要的三参比色刺激量称为三刺激值，在 CIE 标准色度系统中，用符号 $X$，$Y$，$Z$ 表示三刺激值。色匹配函数如图 4-11 所示。

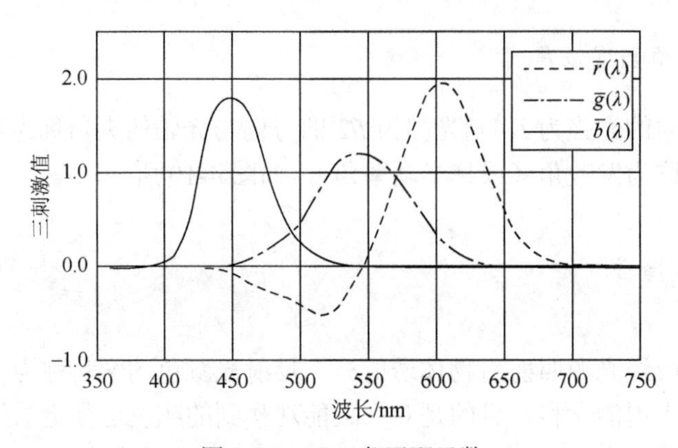


图 4-11　RGB 色匹配函数

CIE1931XYZ 系统，就是在 RGB 系统的基础上，用数学方法，选用三个理想的原色 XYZ 来代替实际的三原色 RGB，从而将 CIE-RGB 系统中的光谱三刺激值和色度坐标均变为正值。该系统是与设备无关的色度系统，常用于色度系统转换。XYZ 的色匹配函数如图 4-12 所示。

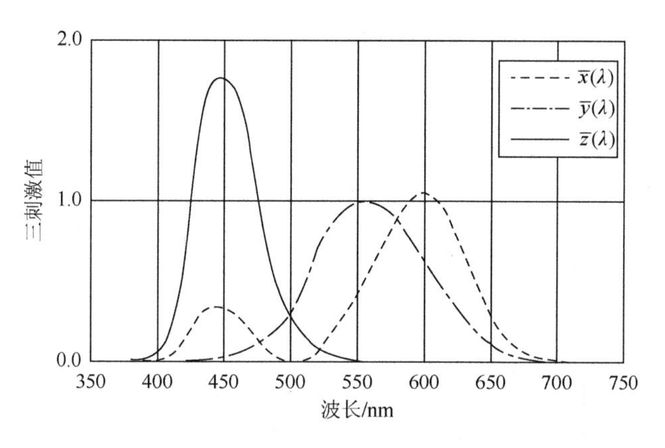


图 4-12　XYZ 色匹配函数

有了色匹配函数，任何的光谱功率分布都可以用 $X$、$Y$ 和 $Z$ 这三个值来表示。

$$X = k\int_{\lambda}\phi(\lambda)\bar{x}(\lambda)\mathrm{d}\lambda \tag{4-2}$$

$$Y = k\int_{\lambda}\phi(\lambda)\bar{y}(\lambda)\mathrm{d}\lambda \tag{4-3}$$

$$Z = k\int_{\lambda}\phi(\lambda)\bar{z}(\lambda)\mathrm{d}\lambda \tag{4-4}$$

$\phi(\lambda)$表示某待测光源的相对光谱功率分布，三个积分值 $X$、$Y$ 和 $Z$ 就是三刺激值。其中，如果测量目标是光源，常数 $k$=6831 m/W，此时，如果$\phi(\lambda)$为光谱辐射照度的值，则 $Y$ 为光照度，如果$\phi(\lambda)$为光谱辐射亮度，则 $Y$ 为光亮度。

2. 色品图（chromaticity diagram）

若令

$$X = \frac{X}{X+Y+Z} \tag{4-5}$$

$$Y = \frac{Y}{X+Y+Z} \tag{4-6}$$

$$Z = \frac{Z}{X+Y+Z} \tag{4-7}$$

则易见，$X+Y+Z=1$，只用 $X$ 和 $Y$ 就能确定一个颜色了。那么，就可以用平面直角坐标上的一个点来确定一个颜色。如图 4-13 所示，就是 CIE1931 色品图，马蹄形的包线就是光谱色，即单一波长的光所体现的颜色。一般的颜色并不是简单的光谱色，而往往是由多种光谱色组成。由光谱的三刺激值、色品坐标和色品图就可以计算和表征任何一种颜色，一般由 $Y$、$x$、$y$ 这三个参数来表征，其中 $x$、$y$ 表示颜色，$Y$ 表示亮度。

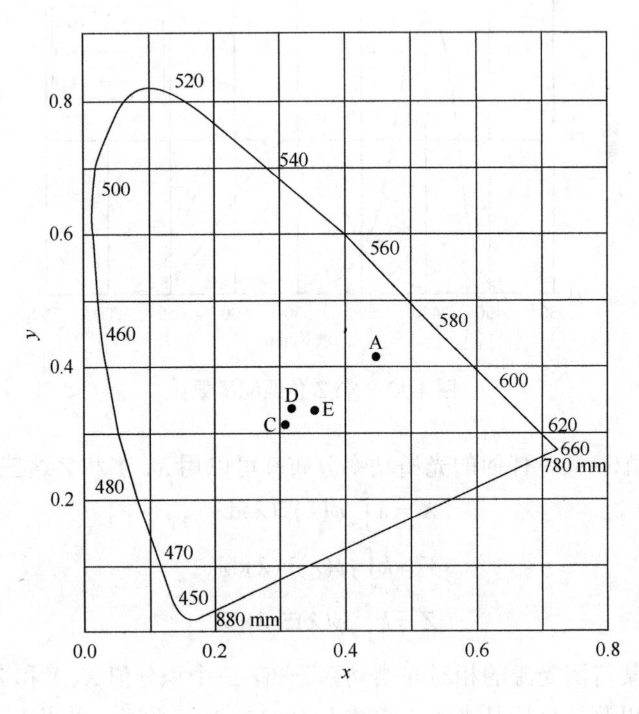


图 4-13　色品图

3. 主波长和色纯度（dominant wave and purity）

除了用（$x, y, Y$）来表示一个颜色，CIE 还推荐用主波长和色纯度来表示颜色的色度参数，即采用对特定的非彩色刺激的色品点 W（称为参照白点，指在通常的观察条件下感觉为无色的颜色刺激）的距离和方向来表示颜色。

如图 4-14 所示，一种颜色 $F_1$ 的主波长是指某一种光谱色的波长，用符号 $\lambda_d$ 表示。如果将这种光谱色按照一定的比例与选定的参照白光 W 相加混合，便能匹配出该颜色 $F_1$。但是，如果某个颜色 $F_2$ 处于色品图中连接白点和光谱轨迹两个端点所形成的三角形内（AABC 区域），则它没有主波长而只有补色波长，用符号 $\lambda_c$ 表示。如果将这种光谱色按照一定的比例与颜色 $F_2$ 相加混合，便能匹配出所选定的参照白光 W。

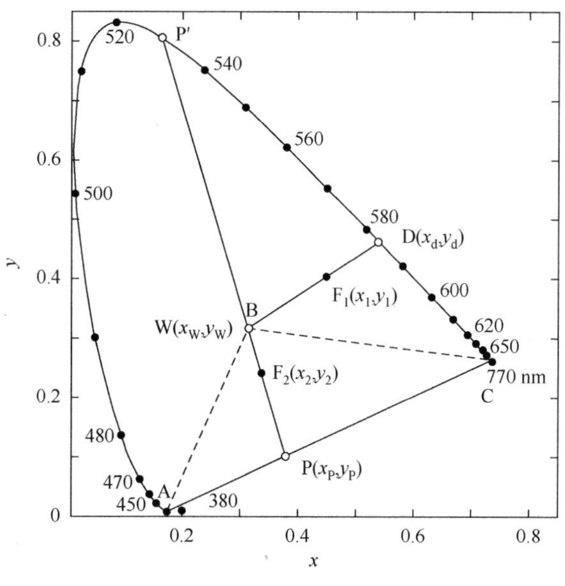


图 4-14　主波长和色纯度

主波长和补色波长可用作图法来求得。对于 $F_1$，由白点 W 向颜色 $F_1$ 引直线，并延长至与光谱轨迹相交于 D 点，则交点 D 的光谱色波长即为所求颜色的主波长 $\lambda_d$。按照图中的实际数据，颜色 $F_1$ 的主波长为 $d$=583 nm。对于 $F_2$，由于该颜色处于紫色区域内，故应求其补色波长。同样，在色品图上，由 $F_2$ 向白点 W 引直线，并延长至与光谱轨迹相交，该点 P 的光谱色波长就是所求颜色的补色波长 $\lambda_c$，如图 4-14 中所示颜色 $F_2$ 的补色波长为 $\lambda_c$=530 nm。

一般将非彩色刺激和光谱色刺激通过相加混合而与某颜色刺激进行匹配时的混合比例称为该颜色刺激的纯度。换言之，色纯度是指样品的颜色与所对应主波长光谱色的接近程度。

纯度可表示为 CIE-xy 色品图上两个线段的长度之比，并记作 $P_e$，$P_e$ 为白点 W 到颜色 $F_1$ 的距离 $WF_1$ 与白点 W 到主波长点 D 的距离之比 $WD$，即

$$P_e = \frac{WF_1}{WD} \tag{4-8}$$

由此可以计算出颜色 $F_1$ 的纯度 $P_e$ 约为 60%。

计算光源的主波长和纯度时，通常用等能白点作为参照白点；对于非自发光体则可以采用 CIE 标准照明体如 A、B、C 和 D65 等作为参照白点。选用不同的参照白点将会计算出不同的主波长和纯度。

4. 色温（CCT）

如果一个光源发射光的颜色与某一温度下的黑体发射光的颜色相同，那么，

此时黑体的绝对温度值就称为该光源的颜色温度（简称色温）。当光源发射光的颜色和黑体不相同时，常用相关色温来描述光源的颜色。相关色温的定义是在某一确定的均匀色度图中，如果一个光源与某一温度下的黑体具有最接近相同的光色，此时黑体的绝对温度值就称为光源的相关色温。

色温代表着光源的颜色特性和光谱特性，与光源的内在特性有着密切的关系。如果两种光源的光谱功率分布相同，其色温必然是相同的。对于光谱功率分布近似于黑体的光源，即灰体光源来说，其光谱功率分布与色温之间有可逆关系；对于气体放电灯来说，两者的关系就不可逆，也就是说，若两个光源具有相同的光谱功率分布，其色温必然相同，但反过来说，具有相同色温的两个光源并不一定具有相同的光谱功率分布。

当黑体的温度从较低的值逐渐升温至无穷大，那么在 CIE-xy 色品图中，代表黑体颜色的坐标点将会形成一段连续的曲线，称为黑体色轨迹。如图 4-15 所示，马蹄形内部的实线就是黑体色轨迹。

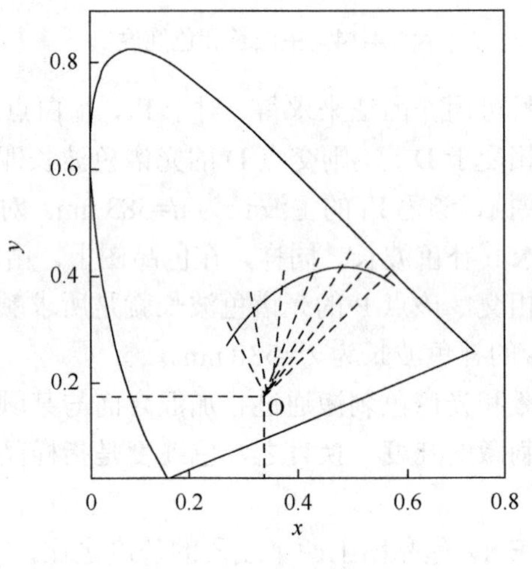


图 4-15　黑体色轨迹

色温的计算方法有多种，以下给出一种简便而准确的计算方法。如图 4-15 所示，假如把 $x$，$y$ 色度图上的各等色温线往下延伸，就会发现位于 4000～10000 K 范围内的等色温线会聚在一点上。会聚点以 O 表示，其色坐标为 $x_0$=0.329，$y_0$=0.187。色温在 4000 K 以下时，会聚点稍有偏离，但是对于一般照明光源的色温范围 2500～8000 K 来讲，此会聚点的平均色坐标是充分可靠的。

若已知光源的色品坐标为 C($x$, $y$)，则可知 O 点和 C 点连线的斜率，色温 $T$ 可由斜率的倒数 $A$ 求得

$$T = 699A^4 - 799A^3 + 3660A^2 - 7047A + 5652 \tag{4-9}$$

其中，$A=\dfrac{x-x_o}{y-y_o}$。

5. 显色指数（CRI）

通常把照明光源对物体色外貌所产生的影响称为显色，将光源固有的显色特性称为显色性。光源的显色性影响着人眼所观察的物体颜色，显色性好的光源照明下物体颜色的失真就小。

CIE 光源显色性评价方法把在待测光源下物体色外貌和在参照照明体下物体色外貌的一致程度进行定量化，并称之为显色指数。

在了解显色指数之前，需要先掌握色差的概念。色差，从字面上理解，就是颜色的差别。对于两个颜色之间的差别的视觉判断主要有两种直观的评价，即可感知性和可接受性。可感知性是指观察者能够看到颜色的差别或者能够判断两个颜色样品之间色差的大小的视觉属性，可接受性则表示观察者是否认为可以接受被观察颜色差别的视觉判断，色差用 $\Delta E$ 表示。

CIE 推出了 14 种试验色，这 14 种试验色在参照照明体和待测光源的照明下对应的色差为 $\Delta E_i$（$i$ 为试验色的序号，$i$=1,2,3,…,14），由此可计算出光源的各种试验色的特殊显示指数 $R_i$。

$$R_i = 100 - 4.6\Delta E_i \tag{4-10}$$

光源的显色指数越高，其显色性就越好。如果 $R_i$=100，表示该试验色样品在待测光源与参照照明体照明下的色品坐标一致。

由 1～8 号试验色求得的 8 个特殊显色指数取平均值称为一般显色指数，记作 $R_a$。

通常按一般显色指数可将光源的显色性分为优、一般和劣三个质量等级，作为对光源显色性的定性评价（表 4-1）。如白炽灯、卤钨灯等光源的显色指数较高，接近 100，常用于彩色电影和彩色印刷等色重现要求高的场合；荧光灯的显色指数为 60～80，可用于一般的照明；高压汞灯、高压钠灯等的显色指数较低，通常低于 50，故不宜用于辨色等色觉工作。

**表 4-1　显色指数的质量分类**

| $R_a$ | 质量分类 |
|---|---|
| 100～75 | 优 |
| 75～50 | 一般 |
| 50 以下 | 劣 |

对于 LED 的色度学测量，单色 LED 一般只测量三刺激值、色品坐标、主波长和纯度，白光 LED 一般只测量三刺激值、色品坐标、色温和显色指数。

6. *颜色相加*

将不同的颜色混合在一起形成另外一种颜色的过程称为混色。彩色印刷、彩色摄影、彩色电视等领域的颜色再现都是基于三原色原理的混色过程。根据颜色相加混合的现象，格拉斯曼于 1854 年总结出几条基本定律（Grassmann′sad- ditivity law），为颜色的测量和匹配奠定了理论基础。

当两种已知亮度值和色品坐标的颜色相加混合后，其混合色的亮度和色品坐标可以根据格拉斯曼颜色混合定律来求得。假设两种参与混合的颜色其三刺激值分别为 $X_1$、$Y_1$、$Z_1$ 和 $X_2$、$Y_2$、$Z_2$，那么混合颜色的三刺激值 $X$、$Y$ 和 $Z$ 为

$$\begin{cases} X = X_1 + X_2 \\ Y = Y_1 + Y_2 \\ Z = Z_1 + Z_2 \end{cases} \tag{4-11}$$

颜色的相加公式可以推广至多于两种颜色的混合，只要求出各成分颜色的三刺激值之和，便能获得混合色的三刺激值。在计算出混合色的三刺激值后，便可求得其色品坐标。本实验中，用三种颜色光进行混合，公式如下：

$$\begin{cases} X = X_1 + X_2 + X_3 \\ Y = Y_1 + Y_2 + Y_3 \\ Z = Z_1 + Z_2 + Z_3 \end{cases} \tag{4-12}$$

对点光源在给定方向的立体角元 dΩ 内发射的光通量 $d\Phi_V$，与该方向立体角元 dΩ 之比，定义为点光源在该方向的发光强度，用 $I_V$ 表示。

$$I_V = \frac{d\Phi_V}{d\Omega} \tag{4-13}$$

式中，Ω 为立体角，其单位是球面度（steradian），符号是 sr，规定在半径 $r$ 的球面上面积为 2 $r$ 的面元对球心的张角为 1 sr。发光强度的单位是坎德拉（candela），符号为 cd。

虽然公式定义比较简单，但实际测量中，要复杂得多。发光强度的概念要求辐射源是一个点辐射源，或者它的尺寸和光探测器的面积与离光探测器的距离相比是足够小的，在这种情形下，光探测器表面的光照度遵循距离平方反比定理，即 $E=I/d^2$。这里 $I$ 是辐射源的强度，$d$ 是辐射源中心到探测器中心的距离，把这种情况称为远场条件。然而在许多应用中，测量 LED 时所用的距离相对较短，光源的尺寸太大，或者探测器表面构成的角度太大，这就是近场条件，LED 并不能看作一个点光源。

以前的测量其实并不是定义中的发光强度 $I_V$，而是多个发光面元在探测器上综合影响的结果。这对测量结果影响非常大，因此，必须定义一种新的标准测量方法，以适应测量各种各样的 LED。

CIE 推出了一种专门针对 LED 的测量方法，即测量 LED 的平均发光强度(averaged LED intensity)。推出的测量方法，即 LED 测量的几何条件分为两种：CIE 标准条件 A 和 CIE 标准条件 B。LED 的平均发光强度分别用 $I_{LED.A}$ 和 $I_{LED.B}$ 来表示。

两个标准条件都规定了接收端必须是一个面积为 100 mm$^2$ 的圆。以 LED 的顶端和接收器的接收面为起始点，对于条件 A，LED 离接收器的距离为 316 mm；条件 B 为 100 mm。在条件 A 的情况下，LED 发射到接收器的空间角为 0.001 sr；在条件 B 的情况下，空间角为 0.01 sr。如图 4-16 所示。

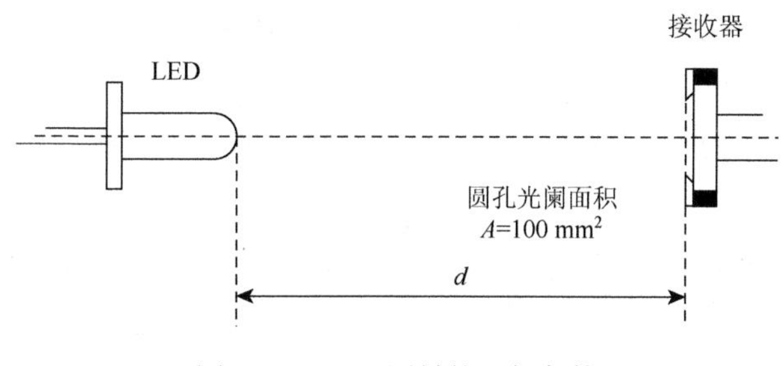


图 4-16　LED 测量的几何条件

如果接收的信号已经转化为光照度，那么，LED 的平均发光强度可用以下公式求得

$$I_{\mathrm{LED}} = E \cdot d^2 \tag{4-14}$$

式中，$E$ 为光照度。

实际应用中，用得较多的是条件 B，它适用于大多数低亮度的 LED 光源，高亮度且发射角很小的 LED 光源可以使用条件 A。

## 三、实验仪器

LED、直流稳压电源、积分球、光纤、光谱仪、光照度计等。

## 四、实验步骤

### （一）发散角测量及空间分布测量

（1）根据图 4-17 搭建光路，将 LED、照度计固定好，并处于一条水平线上，两者之间距离为 4 个孔距间隔。

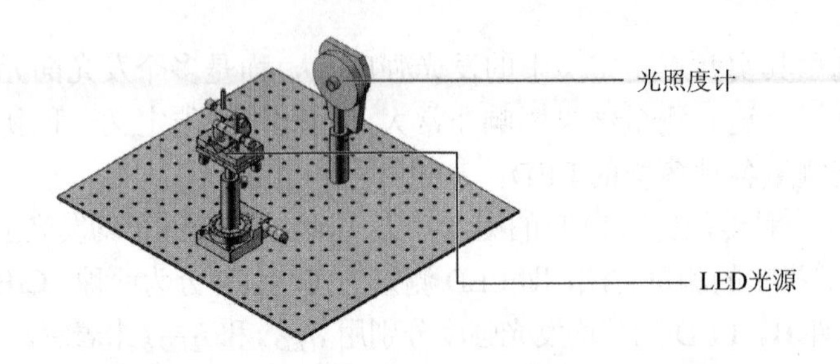


图 4-17　LED 发散角测量

（2）旋转 LED，使得照度计读数最大，把发散角设置为 0°，且与照度计在同一水平线上。

（3）顺时针（角度为正）旋转度盘，每次旋转 4°，并记录一次强度值，填入表 4-2 中。

（4）重新旋转 LED 至照度计最大值处，按照前三个步骤执行。

表 4-2　强度和角度变化

| 角度（正） | 4 | 8 | 12 | 16 | 20 | 24 | 28 | 32 | 36 | 40 | 44 |
|---|---|---|---|---|---|---|---|---|---|---|---|
| 强度 | | | | | | | | | | | |
| 角度（负） | 4 | 8 | 12 | 16 | 20 | 24 | 28 | 32 | 36 | 40 | 44 |
| 强度 | | | | | | | | | | | |

（5）根据测量数据，计算 LED 的半强度角和发散角，并绘制 LED 的光强空间分布图。

（6）换上不同颜色的 LED，重复以上实验。

## （二）光度学测量

（1）根据图 4-18 搭建光路，把 LED 塞入积分球内，将光纤的一端与积分球连接，另一端连接在光谱仪上，光谱仪与计算机用 USB 接口相连，通过计算机上的“SpectraSuite”软件来实现 LED 光度学的测量。调节积分时间和 LED 亮度，确保光谱不饱和。点击“文件”→点击“新建”→点击“新建绝对辐射测量”→点击“当前扫描”→点击“从文件获得绝对补偿”→选择补偿文件→点击“正在使用积分球”→熄灭光源，点击“保存暗光谱”→点击“Finish”，再开启光源，即可出现图 4-19 所示的光谱图。

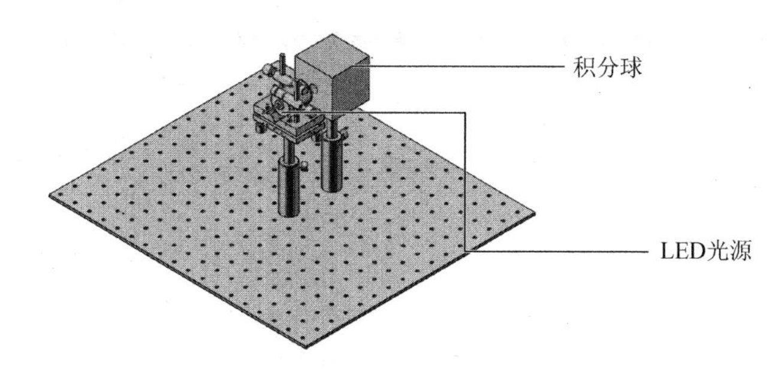


图 4-18　光度学测量光路图

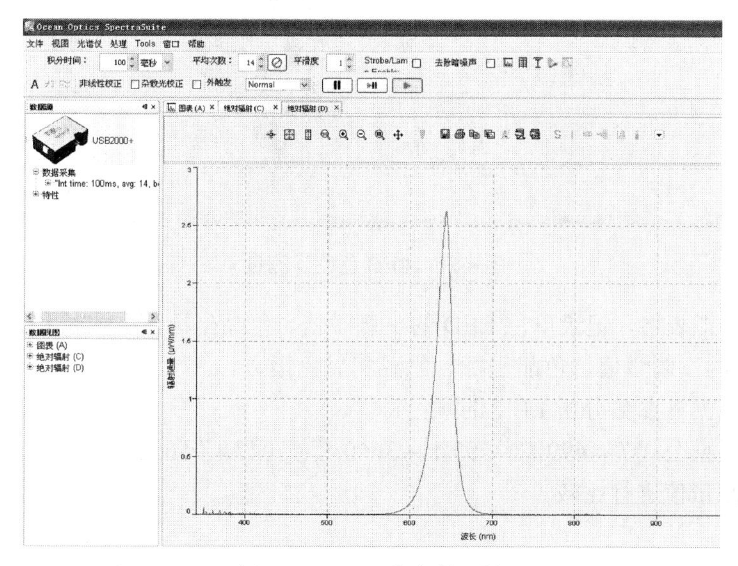


图 4-19　LED 光度学测量

（2）点击“保存光谱”→光谱选择“预处理光谱”→文件类型选择“Tab Delimited”→点击“保存”。

（3）用光谱计算器软件计算 LED 的光通量。

（4）换上不同颜色的 LED，重复以上实验。

## （三）色度学测量

实验光路与光度学测量实验一样，调节积分时间和 LED 亮度，确保光谱不饱和。点击“文件”→点击“新建”→点击“颜色测量”→点击“新建绝对辐射颜色测量”→点击“当前扫描”→点击“从文件获得绝对补偿”→选择补偿文件→点击“正在使用积分球”→熄灭光源，点击“保存暗光谱”→模式选择“辐射”→Observer 选择“2-degree”→Illuminant 选择“E”，再开启光源，即可出现图 4-20 所示的光谱图。

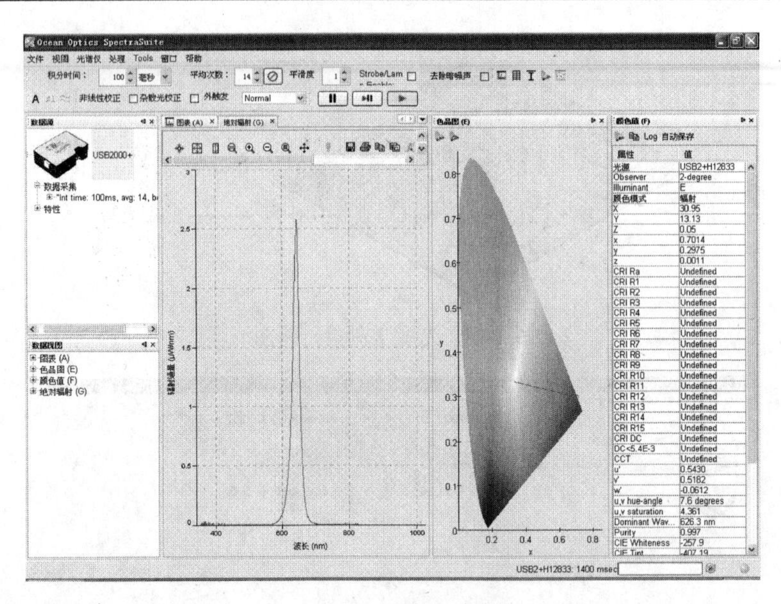


图 4-20　LED 色度学测量

（1）自拟表格，记录单色 LED 的三刺激值、色品坐标、主波长和纯度；记录白光 LED 的三刺激值、色品坐标、色温和显色指数。

（2）根据各参数分析 LED 的颜色特性。

（3）根据公式 $T = 699A^4 - 799A^3 + 3660A^2 - 7047A + 5652$ 计算白光 LED 的色温，并与测量值进行比较。

## （四）颜色相加（LED 光源配色实验）

（1）如图 4-21 所示搭建光路。

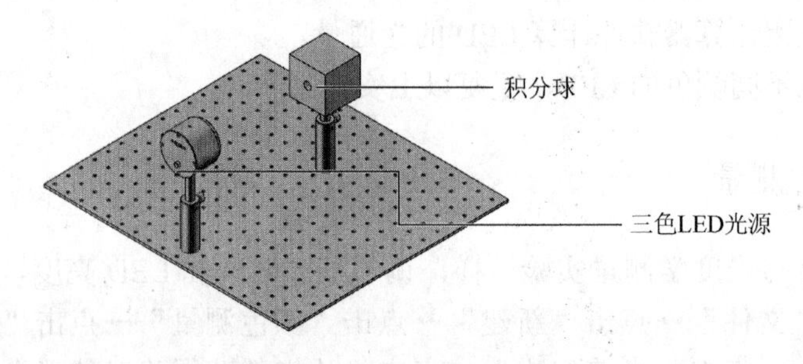


图 4-21　LED 配色实验

（2）用三个直流电源分别控制三色 LED 的三种颜色的灯。用白屏接收 LED 发出的光，通过调节三种颜色 LED 的光强，观察混合颜色的变化。最终配出中心为白光的颜色，如图 4-22 所示。

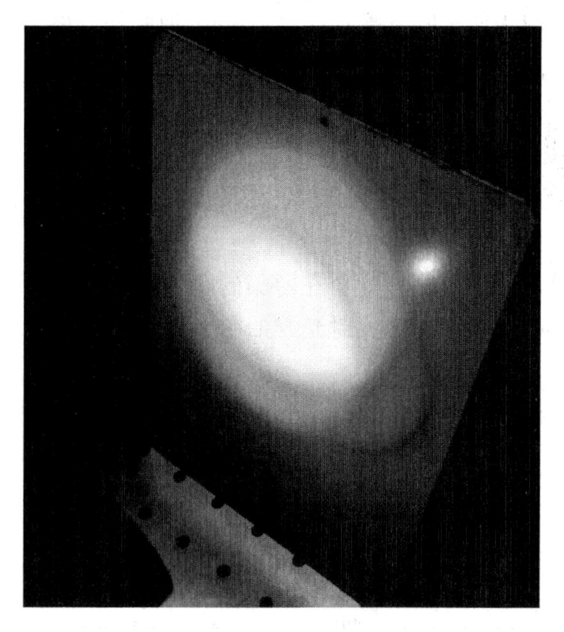

图 4-22　观察配色

（3）将配出的白光照进积分球内，新建颜色测量（过程与色度学测量一致），观察其色品坐标（$x$，$y$，$z$）是否与 E 光的色品坐标（0.33，0.33，0.34）一样。若有区别，调整 LED 的强度，使混合光的色品坐标与 E 光相同。

（4）任意改变 LED 的强度，观察色品图上坐标的变化和色度学参数的变化规律。熄灭一种颜色的 LED 光源，任意改变其他两种颜色 LED 的强度，观察色品图上坐标变化规律。

（5）配出任意一种混合光，记录其三刺激值。然后熄灭其中两个 LED，单独记录每种颜色 LED 的三刺激值，根据公式 $\begin{cases} X = X_1 + X_2 + X_3 \\ Y = Y_1 + Y_2 + Y_3 \\ Z = Z_1 + Z_2 + Z_3 \end{cases}$ 计算出混合光的三刺激值，再与记录的值作对比。

# 4.3　薄膜厚度测量实验

## 一、实验目的

（1）学习并了解白光干涉测定薄膜厚度的基本原理；

（2）练习使用拟合算法测量单层 $MgF_2$ 增透膜和镀膜硅片的膜厚；

（3）练习使用快速傅里叶变换算法测量 PET 薄膜的厚度。

## 二、实验原理

### （一）白光干涉测定薄膜厚度的基本原理

当光入射到单层薄膜上时，光会在薄膜的两个表面上发生多次反射，这些反射光相干叠加在一起，构成总的反射光。如图 4-23 所示。

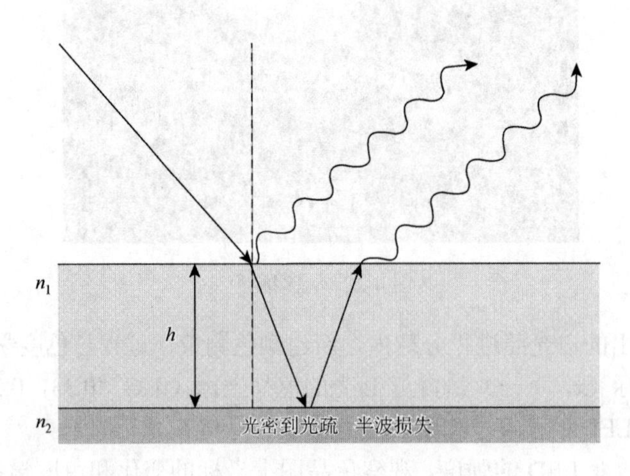


图 4-23　光在薄膜前后表面的反射示意图

不同波长的光的总的反射效果与薄膜介质的厚度、折射率、消光系数，以及其薄膜上下表面材料的折射率、消光系数有关。当已知薄膜介质及其上下面表面材料的折射率和消光系数，就可以通过数学计算反演出薄膜的厚度。

使用白光干涉法测量薄膜厚度的主流反演算法有两种，分别是拟合算法（光谱最小二乘法）和快速傅里叶变换（FFT）算法。

拟合算法通过不断对比实测反射光谱与使用物理模型计算得到的理想反射光谱，寻找其中最接近于实测光谱的理想反射光谱。拟合算法的思想是光谱分析中的标准方法，不仅用于薄膜厚度反演中，还被广泛用于成分和浓度测量等多种光谱分析中。

快速傅里叶变换算法一般用于比较厚的膜厚反演（大于 2 μm）。对于频谱分析来说，快速傅里叶变换比离散傅里叶变换的运算速度快，当需要分析信号的频谱特征时，使用快速傅里叶变换有速度上的优势。

## （二）拟合算法测量薄膜厚度

一束光从空气垂直入射到透明薄膜表面，根据菲涅耳反射定律，其振幅反射系数（反射波幅度与入射波振幅之比）为

$$A_1 = \frac{n_0 - n_1}{n_0 + n_1} \tag{4-15}$$

式中，$n_0$为空气的折射率；$n_1$为薄膜的折射率。

振幅的透射系数为

$$T = \frac{2n_0}{n_0 + n_1} \tag{4-16}$$

透射光在薄膜与基底界面再次发生反射，振幅反射率为

$$A_1 = \frac{n_1 - n_2}{n_1 + n_2} \tag{4-17}$$

式中，$n_2$为基底的折射率。

反射光在两界面间多次发生反射。所有反射光总振幅相对于入射光的反射系数为

$$A = \frac{A_1 + A_2 \mathrm{e}^{-\mathrm{i}\beta}}{1 + A_1 A_2 \mathrm{e}^{-\mathrm{i}\beta}} \tag{4-18}$$

式中，$\beta=2\pi n_1 h/\lambda$, $h$ 是薄膜的厚度。

光强反射系数是

$$R = |A|^2 \tag{4-19}$$

## （三）FFT 算法测量薄膜厚度

对于$A_1$，$A_2$均远小于 1 的情况，式（4-19）中的分母对结果的影响小，而分子对于结果的影响大，如果只考虑分子，则

$$A_R \approx A_1 + A_2 \mathrm{e}^{-\mathrm{i}k(2h)} \tag{4-20}$$

总光强$I_R$为

$$\begin{aligned} I_R &= A_R^* A_R \\ &= (A_1 + A_2\,\mathrm{e}^{-\mathrm{i}k(2h)}) \cdot (A_1 + A_2 \mathrm{e}^{-\mathrm{i}k(2h)}) \\ &= A_1^* A_1 + A_2^* A_2 + A_1^* A_2 \mathrm{e}^{-\mathrm{i}k(2h)} + A_2^* A_1 \mathrm{e}^{-\mathrm{i}k(2h)} \\ &= |A_1|^2 + |A_2|^2 + 2|A_1 A_2| \cos(2hk + \phi) \end{aligned} \tag{4-21}$$

其中，

$$e^{i\phi} = \frac{A_1^* A_2}{|A_1 A_2|} \tag{4-22}$$

$$k = \frac{2\pi}{\lambda} = \frac{2\pi n}{\lambda_0} \tag{4-23}$$

式中，$h$ 是薄膜厚度；$n$ 是薄膜的折射率；$\lambda_0$ 是光在真空中的波长。

对于一般的透明薄膜来说，折射率随波长缓慢变化，因此，$A_1$、$A_2$ 均随波长缓慢变化，式中随 $k$ 变化的项是最后一项，即 $I_R$ 随 $k$ 变化的频率与 $h$ 有关。所以，通过对 $I_R$ 随 $k$ 变化的曲线做傅里叶变换，就可以反演出 $h$，即薄膜厚度。

## （四）使用光纤光谱仪测量薄膜厚度的实验装置

本实验采用的实验装置如图 4-24 所示，反射式光纤探头呈 Y 形，探测端的光纤束由 7 根光纤组成，其中，周围的 6 芯光纤与卤钨灯光源连接，用作照明，将光照射在待测物（或参考物）上，其反射光通过中间位置的单芯光纤收集，并与光纤光谱仪连接用作探测，7 根光纤的芯径均为 200 μm。

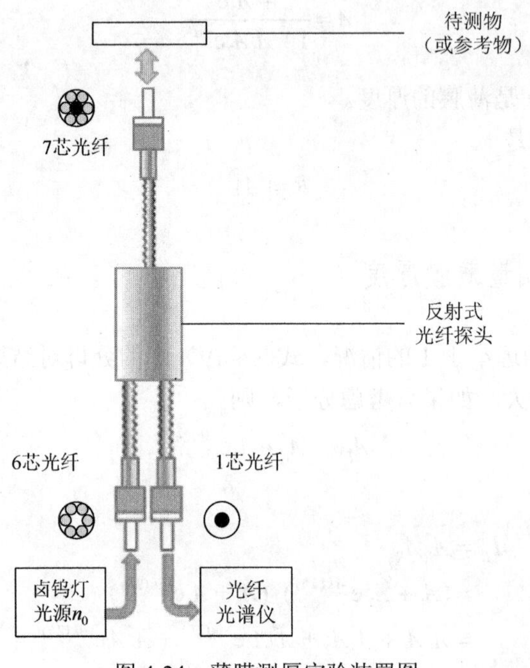


图 4-24　薄膜测厚实验装置图

## （五）测量方法

本实验提供的薄膜测厚教学软件，共有 8 个模块，分别是“调整采集参数”“采集数据”“计算反射光谱”“设置算法”“拟合-预处理”“拟合-最小二乘法”“FFT-预处理”和“FFT-谱”。其中前 3 个模块：“调整采集参数”“采集数据”及“计算反射光谱”是通用的，在第 4 个“设置算法”模块中，需要根据所测量的薄膜厚度选择使用拟合算法或快速傅里叶变换算法，若选择拟合算法，则在“拟合-预处理”和“拟合-最小二乘法”这两个模块里进行膜厚的计算，若选择快速傅里叶变换算法，则在“FFT-预处理”和“FFT-谱”这两个模块里进行膜厚的计算。

软件框架图如图 4-25 所示，以下对各模块的功能进行介绍。

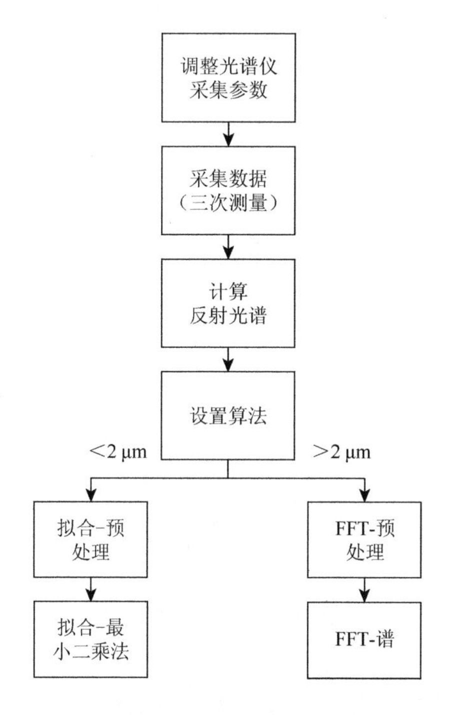


图 4-25　薄膜测厚软件框架图

### 1. 调整采集参数

光谱仪的采集参数有两个，分别是积分时间和平均次数。其中，积分时间类似于照相机中的快门时间。光谱仪的传感器会把积分时间之内的光做累加(积分)，输出累加值至后续的模数转换器。如果在某个像素上，积分后的信号强度超过量程，继续增大光强则不能增加输出的数字量，此时，认为在这个像素上的信号饱和了，因为像素和波长是一一对应的，也认为光谱仪在这个像素所对应的波长上饱和了。图 4-26 所示的光谱在约 540～640 nm 饱和了。

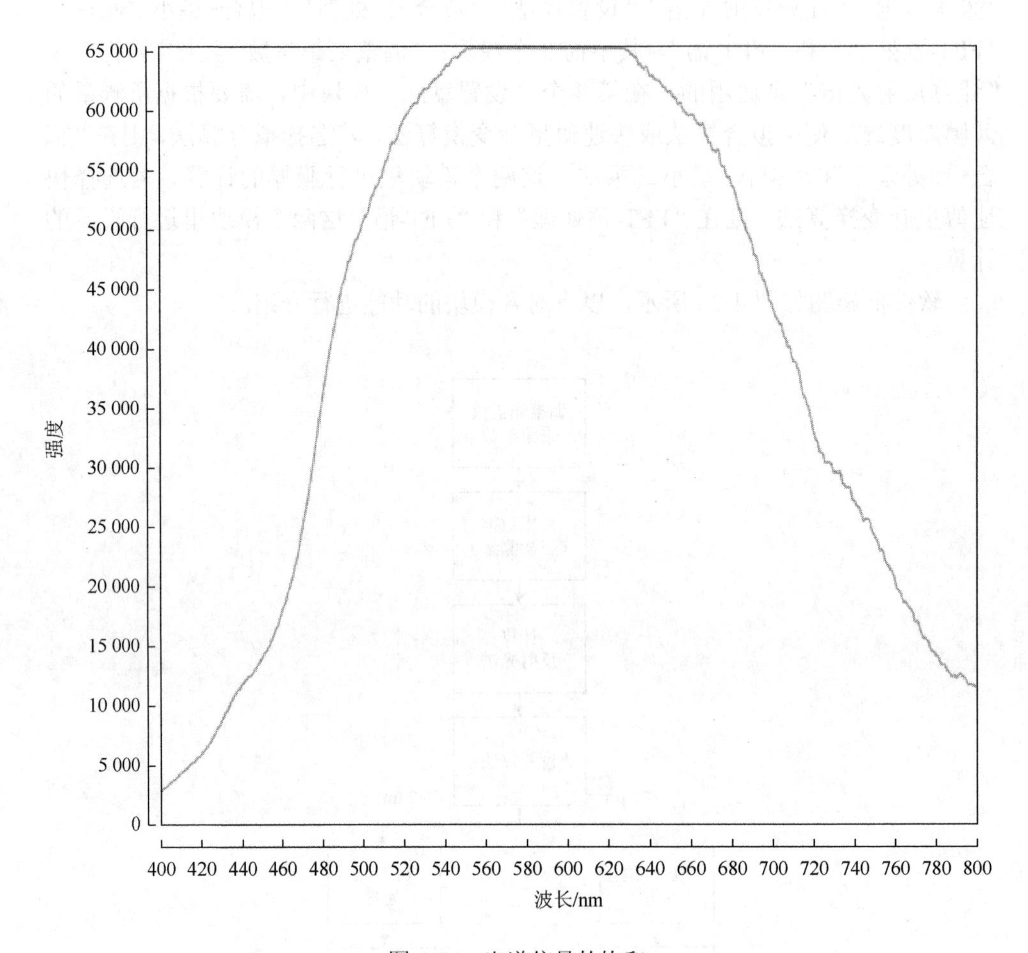


图 4-26　光谱信号的饱和

饱和的数据不能反映真实的光谱。通过减小积分时间，可以避免饱和现象，但是过小的信号强度会导致测量的随机误差变大。因此，调整积分时间，既不能使信号过强，也不能使信号过弱，一般以原始光谱曲线的峰值在 40 000 左右为宜。

此外，光谱仪内部会对采集的原始光谱信号做平均运算，输出平均以后的光谱数据。如果设置平均次数为 10，则光谱仪内部会进行 10 次扫描，并对这 10 次扫描的数据求平均。和其他通常的平均操作一样，求平均值会减小随机误差，然而，过大的平均次数会导致总的测量时间变长。

2. 采集数据

为了测量薄膜的厚度，需要知道薄膜的反射光谱。反射光谱是通过三次测量得到的。这三次测量分别是：

（1）光照射到参考样品上的反射光（参考光谱）；

（2）没有样品时，光谱仪接收到的杂散光（背景光谱）；

（3）放置样品后，光谱仪接收到的反射光（样品光谱）。

三次测量的光谱图如图 4-27 所示：

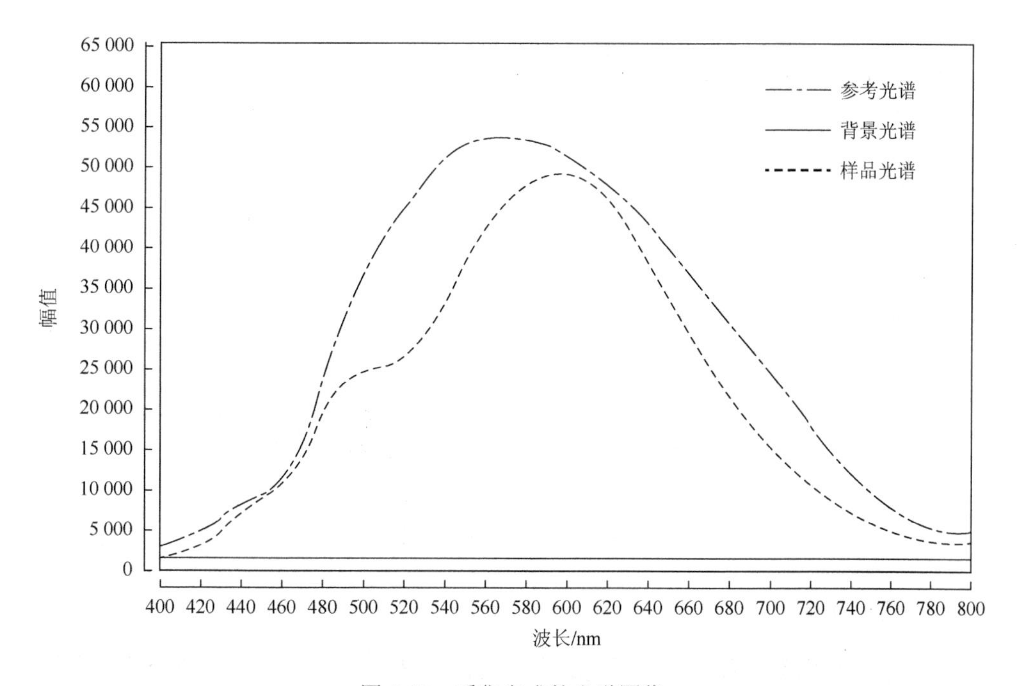


图 4-27 采集完成的光谱图像

3. 计算反射光谱

通过对比参考光谱、背景光谱和样品光谱，可以计算出薄膜样品相对于参考样品的反射光谱亮度比：

$$R(\lambda)=\frac{L_{ref}(\lambda)-L_{dark}(\lambda)}{L_{sample}(\lambda)-L_{dark}(\lambda)} \tag{4-24}$$

式中，$R$ 是亮度比；$L_{ref}$ 是参考光的信号强度；$L_{dark}$ 是背景光的信号强度；$L_{sample}$ 是样品光的信号强度，计算得到的典型反射光谱如图 4-28 所示。

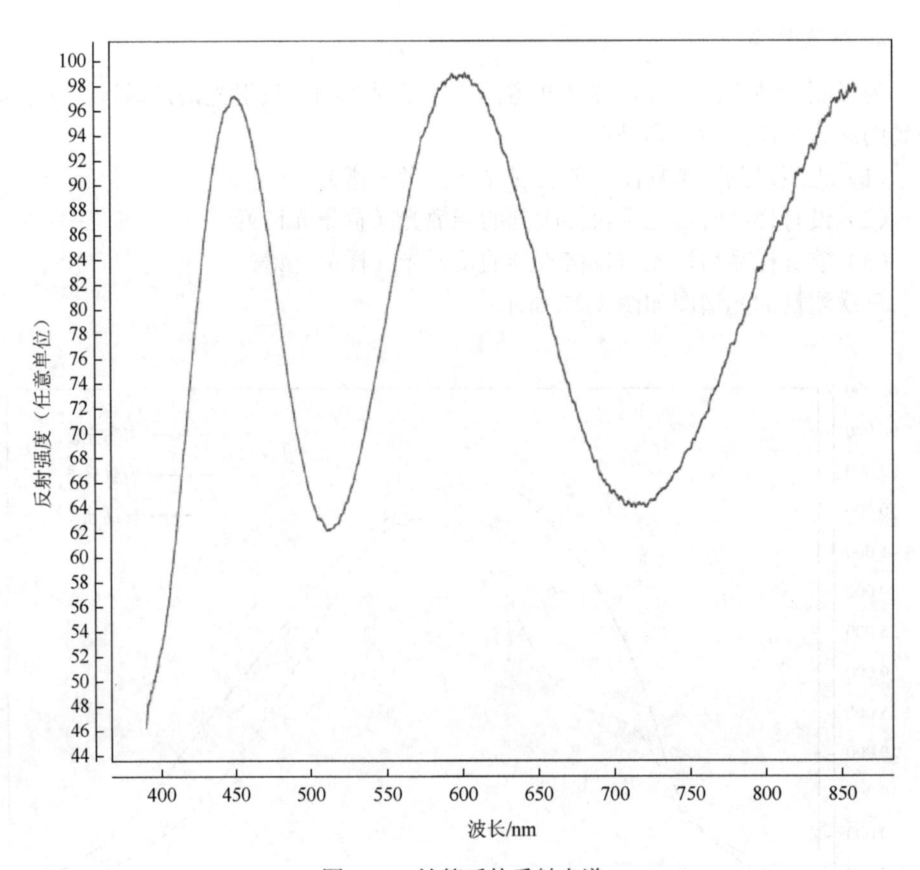


图 4-28　计算后的反射光谱

4. 设置算法

使用白光干涉法测量薄膜厚度的主流反演算法有两种，分别是拟合算法和快速傅里叶变换算法。一般情况下，厚度小于 2 μm 的薄膜选择拟合算法，大于 2 μm 的薄膜选择快速傅里叶变换算法。

因为光源在各个波段的亮度不同，光谱仪在各个波段的响应也不一致，所以，反射光谱会在一些波段噪声较低，一些波段噪声较高，为了减小系统误差的影响，取得更精确的计算结果，需要选择噪声较小（毛刺较少）的波段作为计算波段。

算法的搜索范围可以通过设置待测薄膜的“最小厚度”和“最大厚度”来指定，如果薄膜真实的厚度在所设定的范围以外，则会导致反演的厚度错误，然而设置过大的厚度范围会增长软件计算时间。同时，为了反演厚度，还需要知道基底材料和薄膜材料的折射率和消光系数，因此设置参数时还需要选择基底和薄膜所对应的材料。本实验提供了配套测试样品的材料数据，如果用户需要测量其他薄膜样品，也可自行扩展数据文件。

5. 拟合-预处理和 FFT-预处理

因为样品的不完美，实验环境、设备和测试方法的限制，实验测量的数据会受各种各样的干扰。为了能从光谱数据中排除干扰，方便进一步的运算，需要使用扣除基线、比例缩放和差分（求导数）等方法对光谱数据进行预处理。在本实验中，拟合算法使用了扣除基线和比例缩放的预处理方法，快速傅里叶变换算法使用了差分的预处理方法，预处理后的结果分别如图 4-29 和图 4-30 所示。

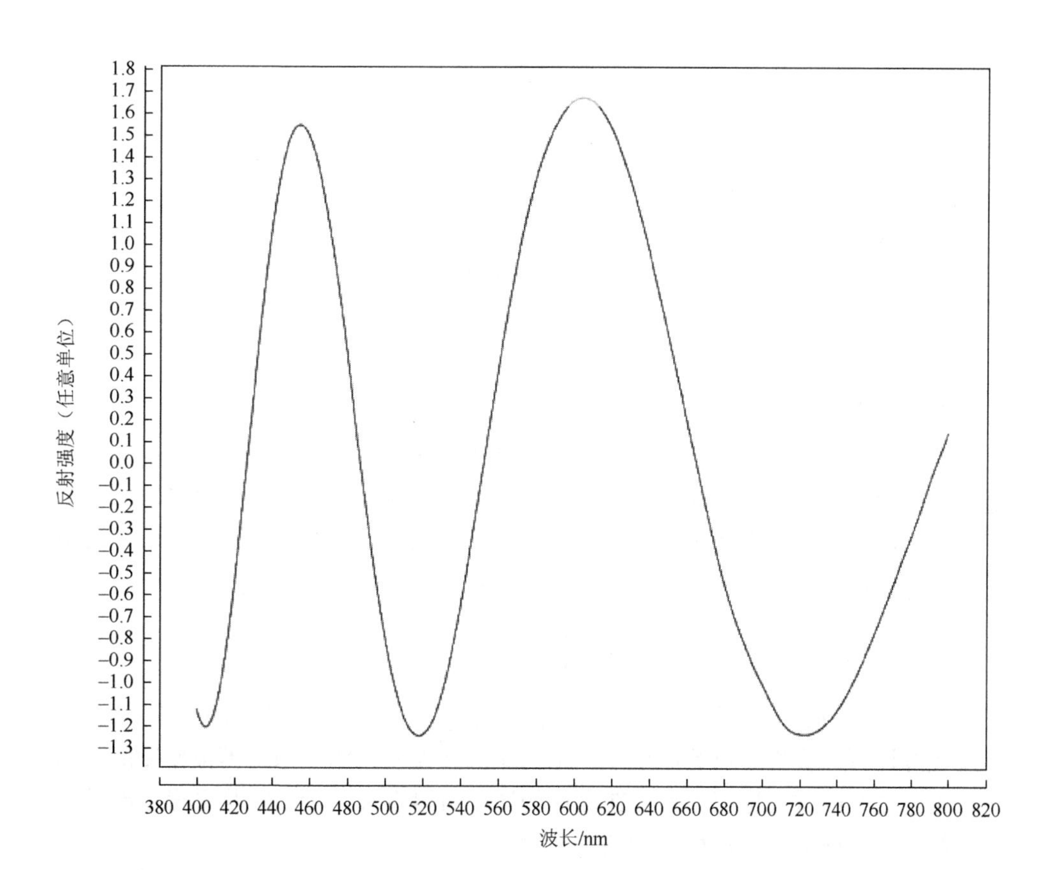


图 4-29　拟合-预处理后的光谱图像

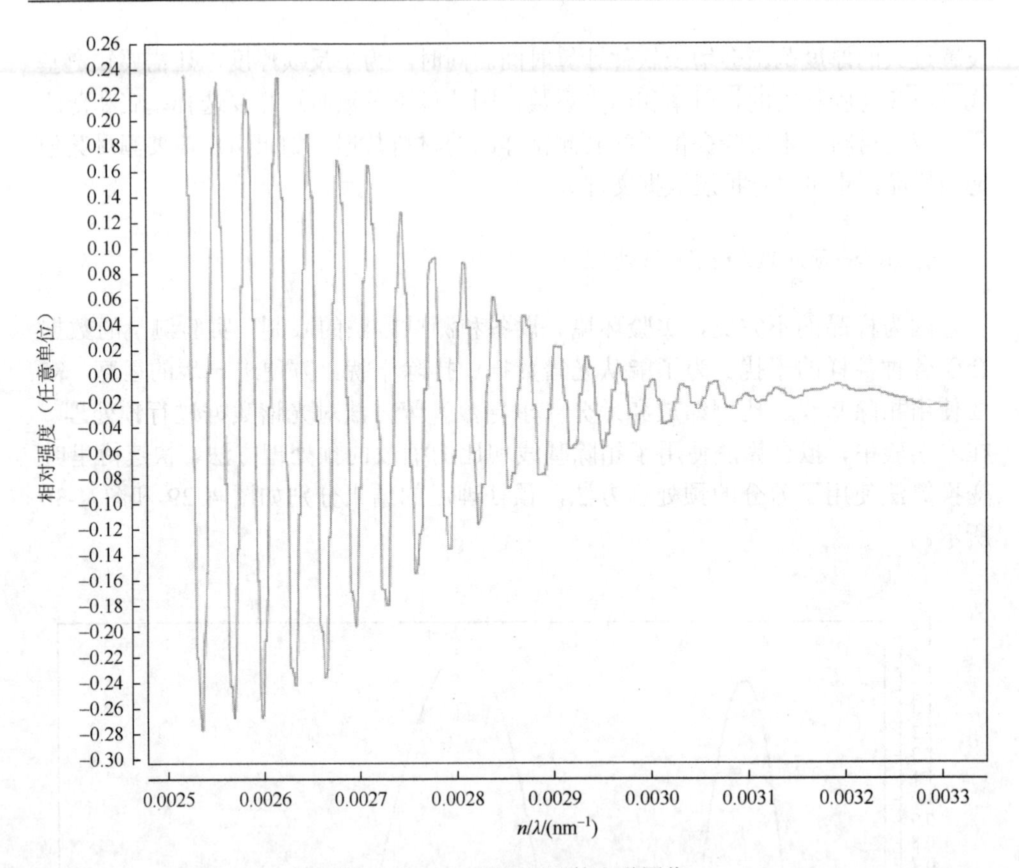


图 4-30　FFT-预处理后的光谱图像

## 6. 拟合-最小二乘法

通过对比实测光谱和标准光谱，然后寻找最靠近实测光谱的理论光谱图，是拟合算法的核心。通过在软件中计算一系列厚度的光谱的理论值，然后对比计算所得的光谱与实际测量的光谱之间的差异，差异越小说明曲线越接近。本实验中使用欧几里得距离来衡量两条曲线之间的差异：

$$D_{\mathrm{Euclid}}=\sqrt{\sum[A_{\exp,i}-A_{\mathrm{the},i}]^2} \tag{4-25}$$

式中，$A_{\exp,i}$为在第 $i$ 个波长处的实测数据值；$A_{\mathrm{the},i}$为在第 $i$ 个波长处的理论数据值。

经过运算，我们可以绘制出欧几里得距离（误差）随一系列模拟厚度的管沟的理论值之间的欧几里得距离。在这样的图中可以直观地看出欧几里得距离极小值（$T_m$）处对应的薄膜厚度，如图 4-31 所示。

拟合之后，在“拟合-预处理”模块中会叠加显示 $T_m$ 值所对应的反射光谱的理论值。如图 4-32 所示。

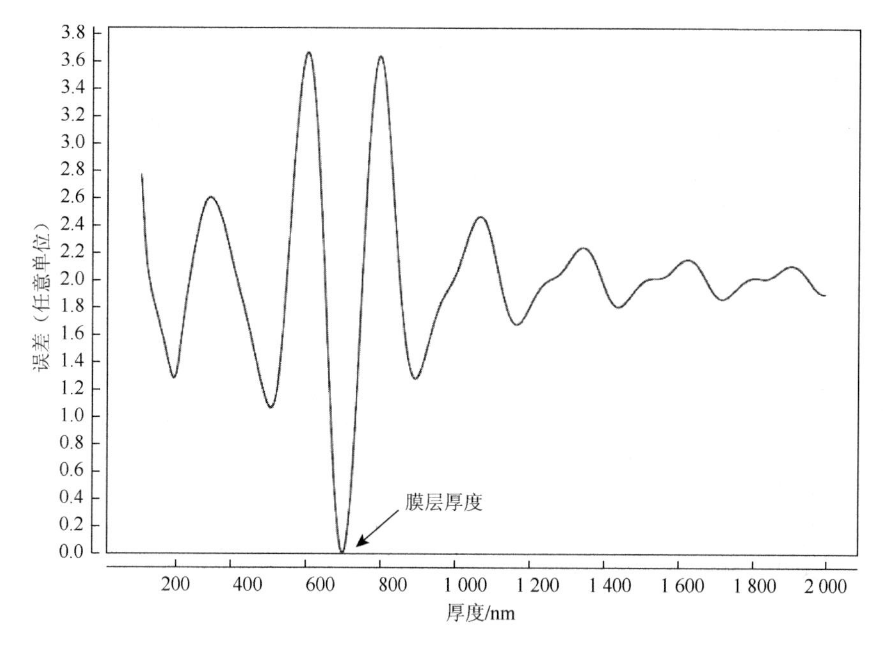


图 4-31　拟合后的光谱图像

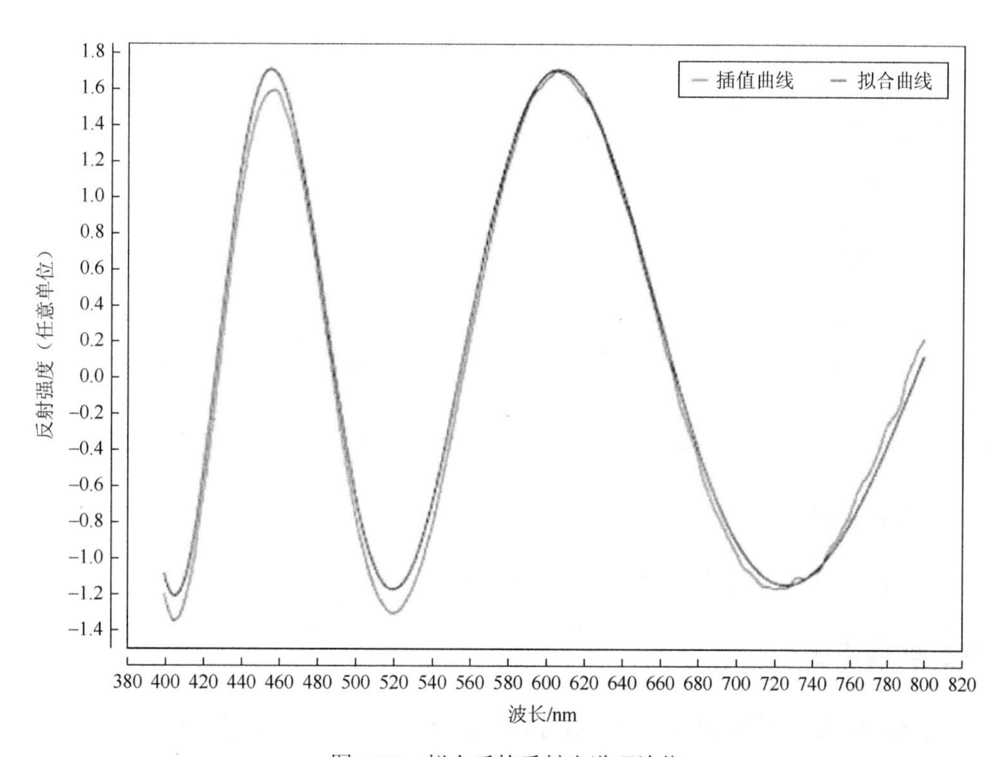


图 4-32　拟合后的反射光谱理论值

7. FFT-谱

FFT 算法中的总光强 $I_R$ 的最后一项随 $k$ 值周期性变化，而不是与 $\lambda_0$ 呈周期性变化，所以要先把光谱曲线的横坐标改为 $k$。在实际运算中，用 $n/\lambda_0$ 作为横轴，重新绘制反射光谱曲线。因为需要用的信号，也就是总光强 $I_R$ 是一个不随波长变化或者缓慢变化的周期性信号。在对光谱信号的预处理中，有时会对原始信号取导数（对于离散信号是取差分），得到差分信号以突出变化量。

这样就利用了周期性信号的导数仍然是周期性且频率不变的特性，最终得到了差分谱，经过傅里叶变换以后，可以得到如图 4-33 所示的频谱。因为原信号与 $k$ 值有周期性的变化关系，在频谱中的对应频率（对应于薄膜厚度）会出现峰。

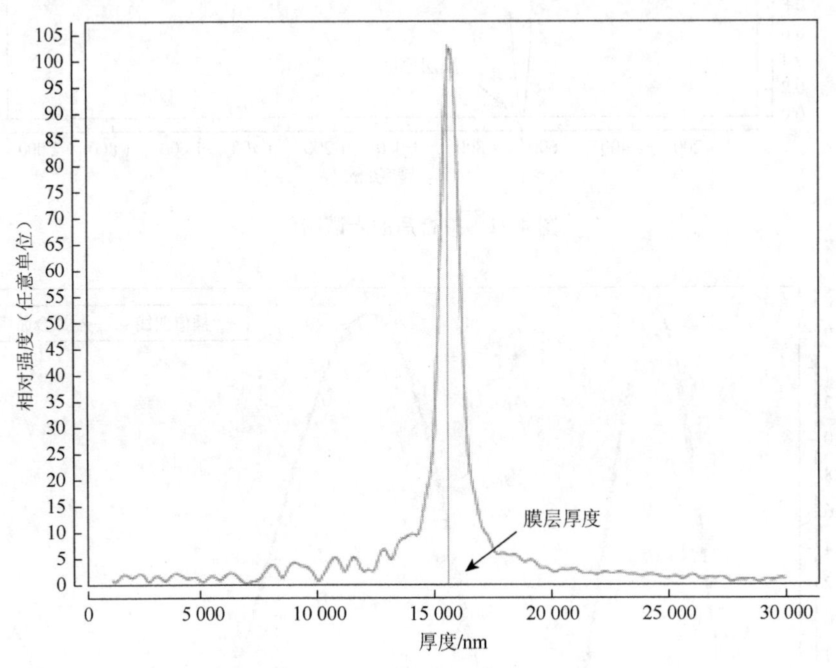


图 4-33　傅里叶变换后的光谱图像

## 三、实验仪器

光纤光谱仪、卤素灯光源、反射式光纤探头、薄膜样品。

## 四、实验步骤

### (一) 使用拟合算法测量单层 $MgF_2$ 增透膜和镀膜硅片的膜厚

(1) 搭建如图 4-34 所示的光路，将反射式光纤探头标注为“探测端”的尾纤用 SMA 法兰盘安装在下方的镜座上，上方镜座用于放置待测物或参考物，上方镜座与下方镜座之间的距离为 20 mm 左右，并尽量保证垂直对应。

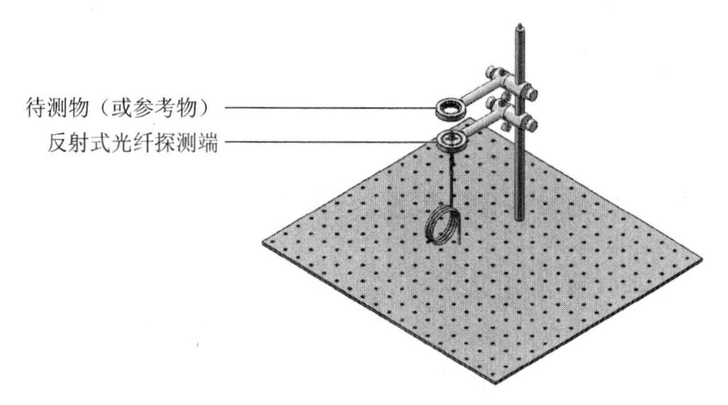


图 4-34　薄膜测厚光路图

（2）将反射式光纤探头标注为“光源端”的尾纤与卤素灯光源相连，标注为“采集端”的尾纤与光纤光谱仪相连，光纤光谱仪通过 USB 线与电脑相连，打开卤素灯光源，预热一段时间。

（3）插入软件后，打开“薄膜测量教学软件”。

（4）进入“调整采集参数”界面，分别在上方镜座上放置参考物和待测物。测量单层 $MgF_2$ 增透膜的厚度时，参考物为 K9 窗口基底，待测物为 K9 镀膜窗口，镀膜面在镜片侧面有箭头指向，测量时镀膜面朝向探测端；测量镀膜硅片时，放置参考物时将硅片未镀膜面朝向探测端，放置待测物时将硅片镀膜面朝向探测端。在软件中设置合适的积分时间和平均次数，单击扫描，观察扫描后得到的光谱曲线，确保无论是参考物还是待测物的光谱曲线都不达到饱和状态，一般情况下，设定平均次数为 100 次。

（5）进入“采集数据”界面。分别采集参考光谱（未镀膜的参考物）、背景光谱（不放物品，采集环境光）和样品光谱（镀膜的待测物）的光谱图像。测量过程中，如果出现了饱和现象，需要返回上一步重新设置光谱仪的采集参数，再进行数据采集。

（6）进入“计算反射光谱”界面，单击“计算反射光谱”。完成计算反射光谱后，可以保存采集的反射光谱数据，也可在此步骤中直接打开之前保存的反射光谱进行后续计算。

（7）进入“设置算法软件”界面。待测薄膜厚度在 2 μm 以下，因此选用拟合算法，通过观察反射光谱，选择噪声较小的波段范围参与运算，如 400～800 nm，输入待测薄膜的厚度范围，需保证待测膜的厚度包含在所选范围以内，在本实验中设定为 100～2000 nm 即可，选择对应的基底材料和薄膜材料（测量单层 $MgF_2$ 增透膜的厚度时，基底材料选择“K9”，薄膜材料选择“$MgF_2$”；测量镀膜硅片时，基底材料选择“Si”，薄膜材料选择“$SiO_2$”），然后单击“确定”。

（8）进入“拟合-预处理”界面，先后单击“扣除平均值”和“振幅归一化”，软件会显示其计算结果。

（9）进入“拟合-最小二乘法”界面，单击“拟合”，即可计算出待测薄膜的厚度。

## （二）使用 FFT 算法测量 PET 薄膜的厚度

（1）保持如图 4-34 所示光路。

（2）进入“采集数据”界面，分别采集参考光谱（K9 窗口基底）、背景光谱（不放物品，采集环境光）及样品光谱（用 K9 窗口基底压住 PET 薄膜）的光谱图像。测量过程中，如果出现了饱和现象，需要返回“调整采集参数”界面重新设置光谱仪的采集参数，再进行数据采集。

（3）进入“计算反射光谱”界面，单击“计算反射光谱”。由于 PET 薄膜不会像光学玻璃那样厚度和折射率都很均匀，所以其反射谱里会出现类似光拍的现象，如图 4-35 所示。

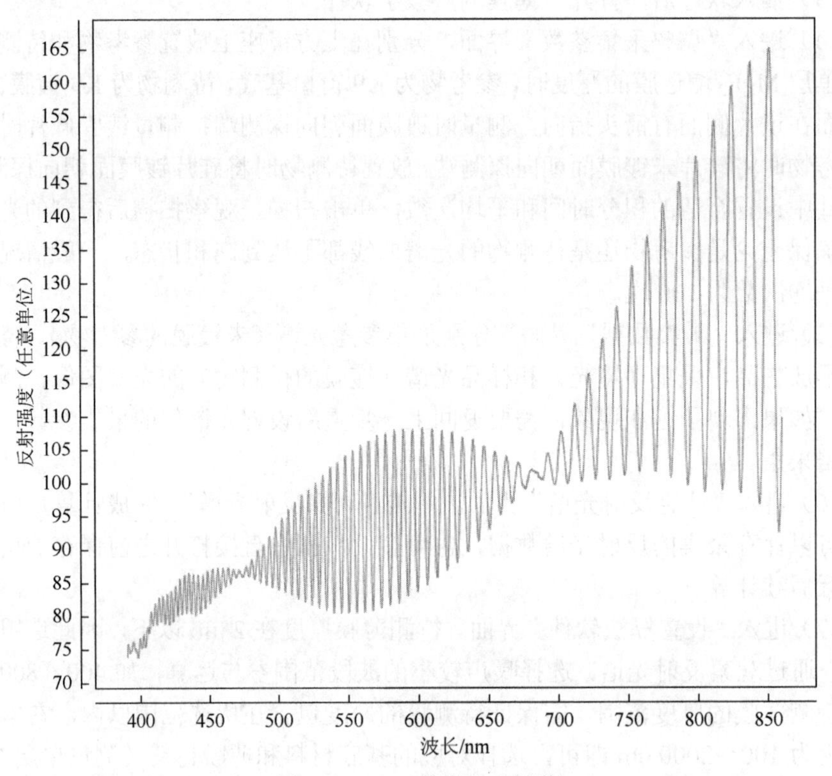


图 4-35　PET 薄膜的反射谱

（4）进入“设置算法软件”界面。待测薄膜厚度在 2 μm 以上，因此选中 FFT 算法，选择 750～850 nm 波段参与运算，输入待测薄膜的厚度范围，设定为 2000～40000 nm 即可，选择对应的基底材料“K9”和薄膜材料“PET”，然后单击“确定”。

（5）进入“FFT-预处理”界面，先后单击“坐标变换”和“计算差分谱”，软件会显示其计算结果。

（6）进入“FFT-谱”界面，单击“傅里叶变换”，即可计算出待测薄膜的厚度。

（7）可以再返回“设置算法软件”界面，试着选择不同的波段范围参与运算，并对运算的结果进行分析。

## 五、实验总结与思考

（1）写出实验总结报告，注意白光干涉测定薄膜厚度的基本原理；

（2）说明测试过程容易产生的测试实验误差。

## 六、注意事项

（1）避免过度弯折光纤跳线；

（2）避免直视光源；

（3）卤素灯预热 30 min 后输出光更稳定；

（4）不可用手接触待测物，尤其是光学玻璃和硅片的表面，拿取测试样品最好带指套操作，样品表面清洁可使用醇醚混合液。

# 4.4　光电探测器响应时间的测试实验

## 一、实验目的

（1）了解光电探测器的响应度不仅与信号光的波长有关，而且与信号光的调制频率有关；

（2）掌握发光二极管的电流调制法；

（3）熟悉测量探测器响应时间的方法。

## 二、实验原理

通常，光电探测器输出的电压信号在时间上都要落后于作用在其上的光信号，即光电探测器的输出相对于输入的光信号要发生沿时间轴的扩展。扩展的程序可由响应时间来描述。光电探测器的这种响应落后于作用信号的特性称为惰性。由于惰性的存在，会使先后作用的信号在输出端相互交叠，从而降低了信号的调制度。如果探测器观测的是随时间快速变化的物理量，那么由于惰性的影响会造成输出严重畸变。因此，深入了解探测器的时间响应特性是十分必要的。

表示时间响应特性的方法主要有两种，一种是脉冲响应特性法，另一种是幅频特性法。

1. 脉冲响应

响应落后于作用信号的现象称为弛豫。对于信号开始作用时的弛豫称为上升弛豫或起始弛豫，信号停止作用时的弛豫称为衰减弛豫。弛豫时间的具体定义如下。

如用阶跃信号作用于器件，则起始弛豫定义为探测器的响应从零上升为稳定值的 63%（1–1/e）时所需的时间。衰减弛豫定义为信号撤去后，探测器的响应下降到稳定值的 1/e（即 37%）所需的时间。这类探测器有光电池、光敏电阻及热电探测器等。另一种定义弛豫时间的方法是起始弛豫为响应值从稳态值的10%上升至 90%所用的时间；衰减弛豫为响应从稳态值的 90%下降至 10%所用的时间。这种定义多用于响应速度很快的器件如光电二极管、雪崩光电二极管和光电倍增管等。

若光电探测器在单位阶跃信号作用下的起始阶跃响应函数为$[1-\exp(-t/\tau_1)]$，衰减响应函数为 $\exp(-t/\tau_1)$，则根据第一种定义，起始弛豫时间为 $\tau_1$，衰减弛豫则间为 $\tau_2$。

此外如果测出了光电探测器的单位冲激响应函数，则可直接用其半值宽度来表示时间特性。为了得到具有单位冲激函数形式的信号光源，即 δ 函数光源，可以采用脉冲式发光二极管、锁模激光器及火花源等光源来近似。在通常的测试中，更方便的是采用具有单位阶跃函数形式亮度分布的光源。从而得到单位阶跃响应函数，进而确定响应时间。

2. 幅频特性

由于光电探测器惰性的存在，使得其响应度不仅与入射辐射的波长有关，而且还是入射辐射调制频率的函数。这种函数关系还与入射光强信号的波形有关。通常定义光电探测器对正弦光信号的响应幅值同调制频率间的关系为它的幅频特性。许多光电探测器的幅频特性具有以下形式：

$$A(\omega)=1/(1+\omega^2\tau^2)^{1/2} \tag{4-26}$$

式中，$A(\omega)$表示归一化后的幅频特性；$\omega=2\pi f$为调制圆频率；$f$为调制频率；$\tau$ 为响应时间。

在实验中可以测得探测器的输出电压 $V(\omega)$为

$$V(\omega)=V_0/(1+\omega^2\tau^2)^{1/2} \tag{4-27}$$

式中，$V_0$ 为探测器在入射光调制频率为零时的输出电压。这样，如果测得调制频率为$f_1$ 时的输出信号电压 $V_1$ 和调制频率为$f_2$ 时的输出电压信号 $V_2$，就可由式（4-28）确定响应时间。

$$\tau=1/2\pi[(V_1^2-V_2^2)/((V_2f_2)^2-(V_1f_1)^2)]^{1/2} \tag{4-28}$$

为减小误差，$V_1$ 与 $V_2$ 的取值应相差 10%以上。

由于许多光电探测器的幅频特性都可由式（4-26）描述，为了更方便地表示这种特性，引出截止频率$f_c$。它的定义是中输出信号功率降至超低频一半时，即信号电压降至超低频信号电压的 70.7%时的调制频率。故$f_c$ 频率点又称为三分贝点或拐点。由式（4-26）可知，

$$f_c=\frac{1}{2\pi\tau} \tag{4-29}$$

实际上，用截止频率描述的时间特性是由式（4-29）定义的 $\tau$ 参数的另一种形式。

在实际测量中，对入射辐射调制的方式可以是内调制，也可以是外调制。外调制是用机械调制盘在光源外进行调制，这种方法在使用时需要采取稳频措施，而且很难达到很高的调制频率，因此不适用于响应速度很快的光电探测器，具有很大的局限性。内调制通常采用快速响应的电致发光元件做辐射源。采取电调制的方法可以克服机械调制的不足，得到稳定度高的快速调制。

## 三、实验仪器及原理图

（1）光电探测器时间常数测试实验箱；

（2）20 M 的双踪示波器；

（3）毫伏表。

在光电探测器时间常数测试实验箱中，提供了需测试两个光电器件峰值波长为 900 nm 的光电二极管和可见光波段的光敏电阻。所需的光源分别由峰值波长为 900 nm 的红外发光管和可见光（红）发光管来提供。光电二极管的偏压与负载都是可调的，偏压分 5 V、10 V 和 15 V 三档，负载分 100 Ω、1 kΩ、10 kΩ、50 kΩ

和 100 kΩ 五档。根据需要，光源的驱动电源有脉冲和正弦波两种，并且频率可调，响应时间测试装置框图见图 4-36。

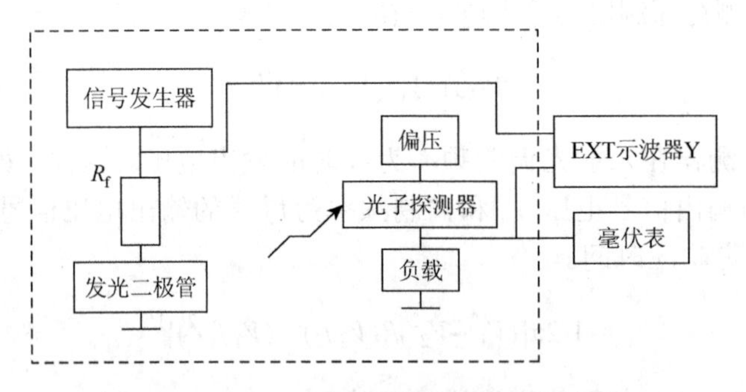


图 4-36　响应时间测试装置框图

下面简要介绍 CS-1022 型示波器的外触发工作方式和从 10%到 90%的上升响应时间的测试方法。

1. 外触发同步工作方式

当示波器的触发源选择 ext 档时，CS-1022 型示波器右下角的外触发输入插座上的输入信号成为触发信号。在很多应用方面，外触发同步更适用于波形观测，这样可以获得精确的触发而与馈送到输入插座 CH1 和 CH2 的信号无关。因此，即使当输入信号变化时，也不需要再进一步触发。

2. 10%～90%的上升响应时间的测试

（1）将信号加到 CH1 输入插座，置垂直方式于 CH1。用 *V*/div 和微调旋钮，将波形峰峰值调到 6 div。

（2）用▲/▼位旋钮和其他旋钮调节波形，使其显示在屏幕垂直中心。将 *t*/div 开关调到尽可能快的档位，能同时观测 10%和 90%两个点。将微调置于校准档。

（3）用◄/►位旋钮调节 10%点，使之与垂直刻度线重合，测量波形上 10%到 90%点之间的距离（div）。将该值乘以 *t*/div，如果用“×10 扩展”方式，需再乘以 1/10。

请正确使用 10%、90%线。在 CS-1022 型示波器上，每个 0%、10%、90%和 100%测量点都标记在示波器屏幕上。

使用公式：上升响应时间 $t_r$=水平距离为 4（div）×*t*/div 档位×“×10 扩展”的倒数。

例如，水平距离为 4 div，*t*/div 是 2 μs（图 4-37）。代入给定值：

上升响应时间 $t_r$=4.0（div）×2（μs）=8 μs

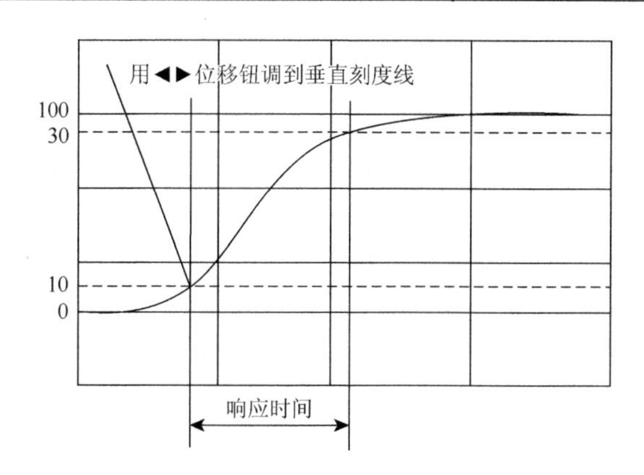


图 4-37　上升响应时间测量举例

## 四、实验步骤

1. 用脉冲法测量光电二极管的响应时间

首先要将本实验箱面板上的“偏压”档和“负载”档分别选通一组。然后将“波形选择”开关拨至脉冲档，“探测器选择”开关拨至光电二极管档，此时在“输入波形”的二极管处（黄导线）应可观测到方波，由“输出”处引出的输出线（白导线）即可得到光电二极管的输出波形，其频率可通过“频率调节”处的方波旋钮来调节。然后按照要求分别测量一定偏压下不同负载时其响应时间及一定负载下不同偏压时其响应时间。

（1）选定负载为 10 kΩ，按照表 4-3 改变其偏压。观察并记录在零偏（不选偏压即可）及不同反偏下光电二极管的响应时间。填入表 4-3。

**表 4-3　硅光电二极管的响应时间与偏置电压的关系**

| 偏置电压 $E$/V | 5 | 10 | 15 |
|---|---|---|---|
| 响应时间 $t_r$/s | | | |

（2）在反向偏压为 15 V 时，改变探测器的偏置电阻，观察探测器在不同偏置电阻时的脉冲响应时间。记录填入表 4-4。

**表 4-4　硅先电三极口的响应时同与负载电阻的关系**

| 负载电阻 $R_L$/kΩ | 0.5 | 1 | 10 | 50 | 100 |
|---|---|---|---|---|---|
| 响应时间 $t_r$/s | | | | | |

2. 用脉冲法测量光敏电阻的负载响应时间

光敏电阻所加偏压力为 15 V，负载是 10 kΩ，是不可调的。故“偏压”档和负载档在此时不起作用。

将实验箱面板上“波形选择”开关拨至脉冲档，“探测器选择”开关拨至光敏电阻档，此时由“输入波形”的光敏电阻处（黄导线）应可观测方波，由“输出”处引出的输出线（青导线）即可得到光敏电阻的输出波形，调节“频率调节”旋钮使频率为 20 Hz，测出其响应时间并记录。

3. 用幅频特性法测量 CdSe 光敏电阻的响应时间

将本实验箱面板上“波形选择”开关拨至正弦档，“探测器选择”开关拨至光敏电阻档，此时由“输入波形”的光敏电阻处（红导线）应可观测到输入的正弦波形，由“输出”处引出的输出线（青导线）即可得到光敏电阻的输出波形，其频率可通过改变“频率调节”处的正弦旋钮来调节。然后改变光波信号频率，测出不同频率下 CdSe 的输出电压（至少测三个频率点）并记录，计算出其响应时间。

4. 用截止频率测量 CdSe 光敏电阻的响应时间

将本实验箱面板上“波形选择”开关拨至正弦档，“探测器选择”开关拨至光敏电阻档，此时由“输入波形”的光敏电阻处（红导线）应可观测到输入的正弦波形，由“输出”处引出的输出线（青导线）即可得到光敏电阻的输出波形，其频率可通过改变“频率调节”处的正弦旋钮来调节。改变正弦波的频率，可以发现随着调制频率的改变，CdSe 负载电阻两端的信号电压将发生变化。测出其衰减到超低频的 70.7%时（即 3 dB 处）的调制频率 $f_c$，并确定响应时间 $\tau$。

## 五、数据处理

（1）完成表 4-3、表 4-4，并解释光电二极管的响应时间与负载电阻和偏置电压的关系。

（2）列出用脉冲响应法测得的 CdSe 光敏电阻的响应时间，并与用幅频特性法测出的响应时间相比较。

（3）写出用截止频率测得的 CdSe 的响应时间，并比较这三种方式的特点。

## 六、思考题

（1）CdSe 光敏电阻在弱光和强光照射下的响应时间是否相同？为什么？

（2）如欲测量响应速度更快的光电探测器的响应时间，则必须提高光源的调制频率，试想还有哪些方法？

# 4.5　光电倍增管的静态和时间特性的测试实验

## 一、实验目的

（1）熟悉光电倍增管的静态特性和时间特性，掌握光电倍增管的正确使用方法；

（2）学习光电倍增管基本特性的测量方法。

## 二、实验原理

光电倍增管是一种基于外光电效应（光电发射）的器件，由于其内部具有电子倍增系统，所以具有很高的电流增益，从而能够检测到极微弱的光辐射。光电倍增管的另一大优点是响应速度很快，因此其时间特性的描述和测量都与其他光电器件有所不同。此外，光电倍增管的光电线性好，动态范围大，因而被广泛应用于各种精密测量仪器和装备中。由于光电发射需要一定的光子能量，所以大多数光电倍增管工作在紫外和可见光波段，目前在近红外波段也有应用。由于使用面广，现已有多种结构、多种特性的管可供选择。

### （一）光电倍增营的主要特性和参数

光电倍增管的特性参数，有灵敏度、电流增益、光电特性、阳极伏安特性及暗电流等效噪声功率和时间特性等。下面介绍本实验涉及的特性和参数。

#### 1. 灵敏度

灵敏度是标志光电倍增管将光辐射信号转换成电信号能力的一个参数，一般指积分灵敏度，即白光灵敏度，单位为 μA/lm。通常，光电倍增管的使用说明书中都分别给出了它的阴极灵敏度和阳极灵敏度，有时还需要标出阴极的蓝光、红光或红外灵敏度。

（1）阴极灵敏度 $S_k$。阴极灵敏度 $S_k$ 是指光电阴极本身的积分灵敏度。测量时光电阴极为一极，其他各电极连在一起为另一极，在其间加上 100～300 V 的电压，如图 4-38 所示。照在阴极上的光通量通常选在 $10^{-9}$～$10^{-2}$ lm 的数量级，因为光通量过小会由于漏电流的影响使光电流的测量准确度下降，而光通量过大也会导致测量误差。

（2）阳极灵敏度 $S_A$。阳极灵敏度 $S_A$ 是指光电倍增管在一定工作电压下阳极输出电流与照在阴极面上光通量的比值。它是一个经过倍增以后的整管参数，在测量时为保证光电倍增管处于正常的线性工作状态，光通量要取得比测阴极灵敏度时小，一般在 $10^{-10}$～$10^{-5}$ lm 的数量级。

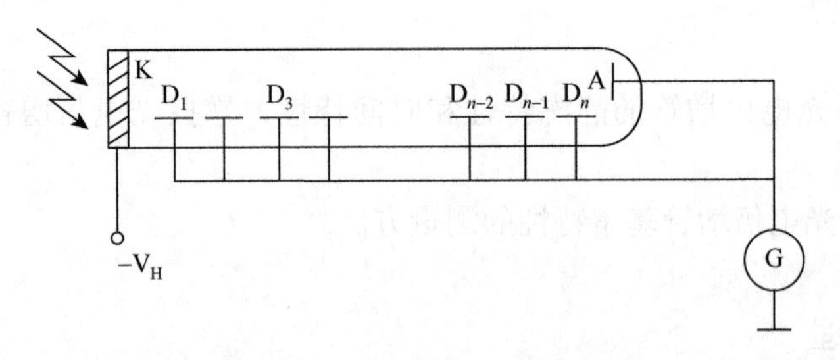


图 4-38　阴极灵敏度测试原理

因为倍增极材料的 δ 值是所加电压的函数，所以光电倍增管的阳极灵敏度与整管工作电压有关。在使用时，往往标出在指定的阳极灵敏度下所需的整管工作电压。

2. 放大倍数（电流增益）

在一定的工作电压下，光电倍增管的阳极信号电流和阴极信号电流的比值称为该管的放大倍数或电流增益，以符号 G 表示，则

$$G=I_A/I_K \tag{4-30}$$

式中，$I_A$ 为阳极信号电流；$I_K$ 为阴极信号电流。放大倍数 G 主要取决于系统的倍增能力，因此它也是工作电压的函数。上述的阳极灵敏度就包含了放大倍数的贡献，于是放大倍数也可由在一定工作电压下阳极灵敏度和阴极灵敏度的比值来确定，即

$$G=S_A/S_K \tag{4-31}$$

3. 阳极伏安特性

当光通量 $\Phi$ 一定时，光电倍增管阳极电流 $I_A$ 和阳极与阴极间的总电 $V_H$ 之间的关系为阳极伏安特性，如图 4-39 所示。因为光电倍增管的增益 G 与二次倍增极电压 $E$ 之间的关系为

$$G=(bE)^n \tag{4-32}$$

其中，$n$ 为倍增极数；$b$ 为与倍增极材料有关的常数。所以阳极电流 $I_A$ 随总电压增加而急剧上升，使用光电倍增管时应注意阳极电压的选择。另外由阳极伏安特性可求增益 G 的数值。

4. 暗电流

当充电倍增管完全与光照隔绝，再加上工作电压后阳极仍有电流输出，其输出电流的直流成分称为该管的暗电流，光电倍增管的最小可测光通量就取决于这个暗电流的大小。

引起暗电流的主要因素有；欧姆漏电、热电子发射、反馈效应（离子反馈和光反馈）、场致发射、放射性同位素的核辐射及宇宙射线的切仑可夫辐射。

图 4-40 示出了 931-A 型光电倍增管的暗电流各分量与极间电压的关系。在 50 V/级以下的低电压下，暗电流实际上全部为电极间的欧姆漏电流。当电压升到 100～110 V/级，即在光电倍增管的正常工作范围内暗电流的主要成分是光电阴极和前级倍增极的热发射电流。电压继续升高时就出现了离子反馈、光反馈甚至场致发射等不稳定状态，这也就是使用电压的极限值。

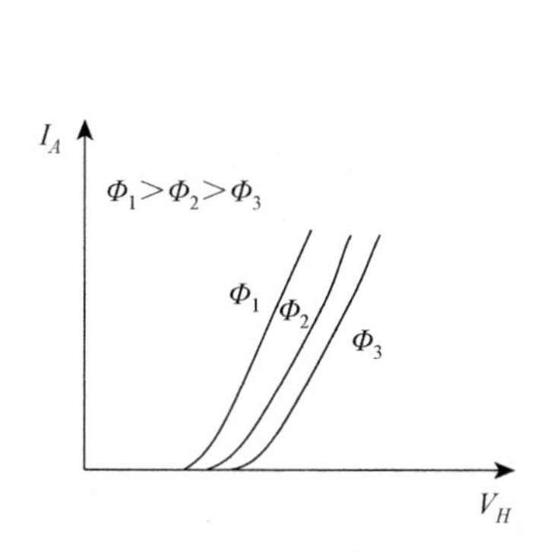


图 4-39　典型阳极特性曲线

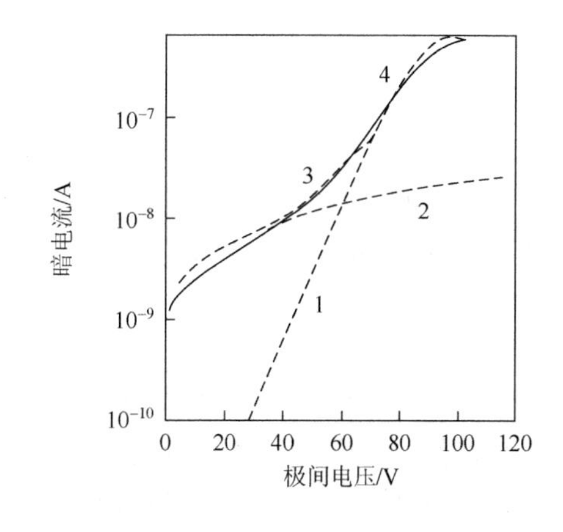


图 4-40　931-A 型光电倍增管的暗电流分量与极间电流的关系 1. 经过放大后的热发射电流；2. 漏电流；3. 暗电流的总和；4. 不稳定状态的区域

由于光电倍增管的暗电流是工作电压的函数，所以在给出某管的暗电流时，必须说明是在达到某一给定的阳极灵敏度所需的多大工作电压下测得的。

5. 时间特性

光电倍增管的渡越时间定义为光电子从光电阴极发射经过倍增极到达阳

极的时间。由于电子在倍增过程的统计性质及电子的初速效应和轨道效应，从阴极同时发出的电子到达阳极的时间是不同的，即存在渡越时间分散。因此，当输入信号为 δ 函数形式的光脉冲时，阳极输出的电脉冲是展宽的。在闪烁计数应用中，如果入射射线之间的时间间隔极短，则因这种展宽将使输出脉冲发生重叠而不能被分辨。因此对输出脉冲波形的时间特性要用以下几个参数表示（图 4-41）。

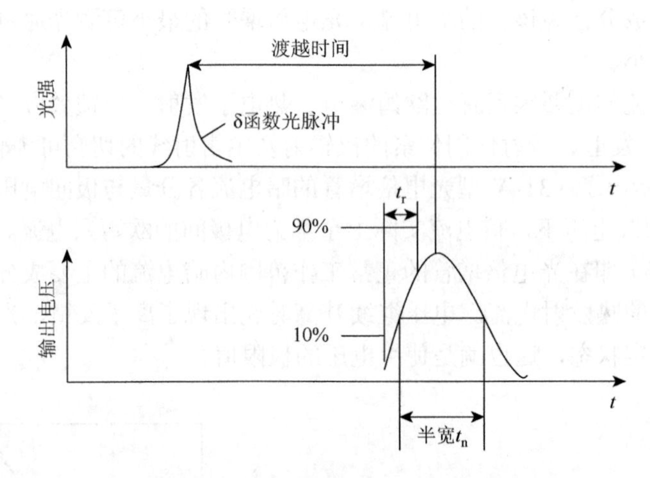


图 4-41 光电倍增管的时间特性示意图

（1）脉冲上升时间 $t_r$ 定义为用 δ 函数光脉冲照射整个光电阴极时，从阳极输出脉冲幅度的 10%上升至脉冲幅度的 90%时所需要的时间（ns）。

（2）脉冲响应宽度 $t_n$ 即脉冲半宽度，指阳极输出脉冲半幅度点之间的时间间隔。

（3）渡越时间分散 $\Delta t$ 因为它是造成阳极输出脉冲展宽的主要原因，所以有时就用它来代表时间分辨率。$\Delta t$ 定义为当用重复的 δ 函数光脉冲照射到管子的阴极时，在阳极回路中所产生的诸输出脉冲上某一指定点（如半幅点）出现时间的变动，测量时通过时间幅度转换器把时间变动量转换成具有一定幅度的时间谱，取其半宽度来表示时间分辨率，单位为 ns。

进行光电倍增管的时间参数测试时，需要利用 δ 函数脉冲光源。

δ 函数脉冲光源指的是能够提供具有有限积分光通量和无限小宽度的光脉冲光源光。在进行光电倍增管的时间参数测试时，只要光源的上升时间、下降时间和半宽度 FWHM 均不超过管子输出脉冲的相应时间参数的三分之一，即该光源可称为 δ 函数脉冲光源。目前可作为 δ 函数脉冲光源的有发光二极管、激光二极管、汞湿式火花光源、切仑可夫光源和钇铝石榴石锁模激光器等。

## （二）供电电路

### 1. 电源的连接方式

光电倍增管的供电方式有两种，即负高压接法（阴极接电源负高压，电源正端接地）和正高压接法（阳极接电源正高压，电源负端接地）。

正高压接法的特点是可使屏蔽光、磁、电的屏蔽罩直接与管子外壳相连，甚至可制成一体，因而屏蔽效果好，暗电流小，噪声水平低。但这时阳极处于正高压，会导致寄生电容增大。如果是直流输出则不仅要求传输电缆能耐高压，而且后级的直流放大器也处于高电压，会产生一系列的不便；如果是交流输出则需通过耐高压、噪声小的隔直电容。

负高压接法的优点是便于与后面的放大器连接且既可以直流输出，又可以交流输出，操作安全方便。缺点在于因玻壳的电位与阴极电位相接近，屏蔽罩应至少离开管子玻壳 1～2 cm。这样系统的外形尺寸就增大了。否则由于静电屏蔽的寄生影响，暗电流与噪声都会增大。

### 2. 分压器

光电倍增管极间电压的分配一般是由如图 4-42 所示的电阻链分压来完成的。最佳的极间电压分配取决于三个因素，即阳极峰值电流、允许的电压波动及允许的非线性偏离。

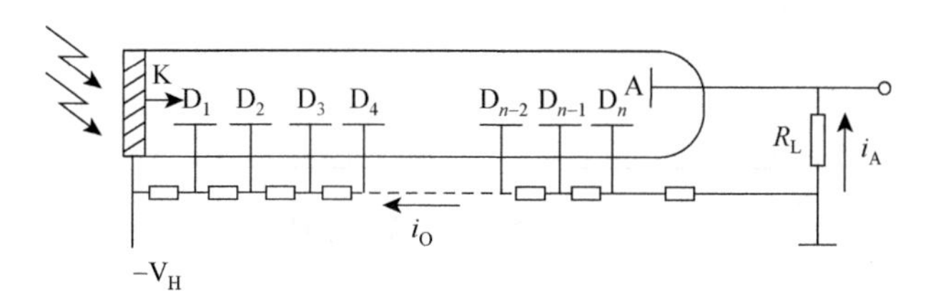


图 4-42　光电倍增管的分压电路阴极灵敏度测试原理图

（1）级间电压分配。光电倍增管的极间电压可按前级区、中间级区和末级区加以考虑。前级区的收集电压必须足够高，以使第一倍增级有高的收集效率和大的次级发射系数。中间级区的各级间通常具有均匀分布的级间电压，以使管子给出最佳的增益。由于末级区各级特别是末级支取较大的电流，所以末级区各级间电压不能过低，以免形成空间电荷效应而使管子失去应有的直线性。

（2）分压电流。当阳极电流增大到与分压器相比拟时，将会导致末级区各级间电压的大幅度下降，从而使光电倍增管出现严重的非线性。为防止级间电压的再分配以保证增益稳定，分压器电流至少为最大阳极平均电流的 20 倍。对于直线性要求很高的应用场合，分压器电流应至少为最大阳极平均电流的 100～500 倍。

（3）分压电阻。确定了分压器电流就可以根据光电倍增管的最大阳极电压算出分压器的总电阻，再按照适当的级间电压分配，由总电阻求出各分压电阻的阻值。

3. 输出电路

光电倍增管的输出是电荷，且其阳极几乎可作为一个理想的电流发生器来考虑。因此输出电流与负载阻抗无关。但实际上，对负载的输入阻抗却存在着一个上限，因为负载电阻上的电压降明显地降低了末级倍增极与阳极之间的电压，所以会降低放大倍数，致使光电特性偏离线性。

（1）直流输出电路对于直流信号，光电倍增管的阳极能产生数十伏的输出电压，因此可使用大的负载电阻。检流计或电子微电流计可直接接至阳极，此时就不再需要串接负载电阻。

（2）脉冲输出电路光电倍增管输出电压的相应等效电路是电流源与负载电阻的 $R_L$ 和输出电容 $C_L$ 并联的电路，如图 4-43 所示。

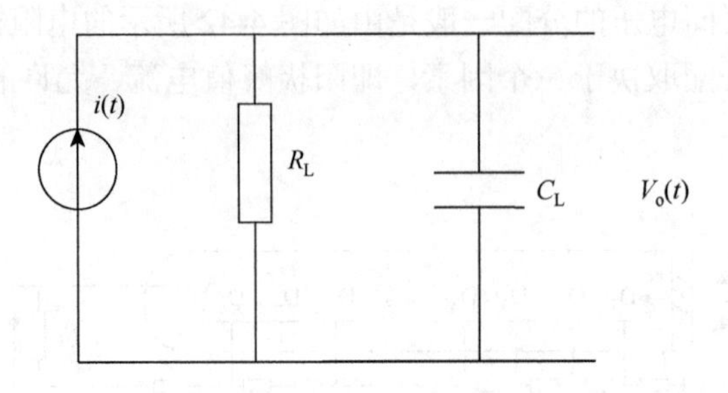


图 4-43　光电倍增管输出等效电路

阳极电路对地的电容 $C_L$ 起着 $R_L$ 的旁路作用，从而使输出波形畸变，对于宽度很窄的脉冲，时间常数 $\tau=RC$ 应远小于光脉冲的宽度。

## 三、实验仪器

实验仪器包括光电倍增管静态特性参数测试装置。

静态特性参数测试装置如图 4-44 所示。这是一个光屏蔽的暗箱，分光源室和测试室两部分。

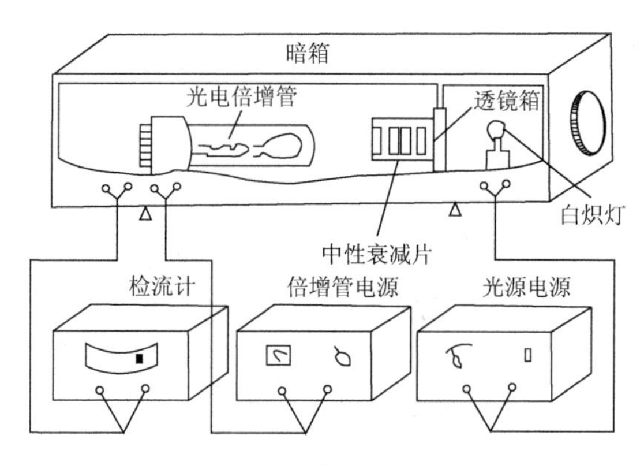


图 4-44　光电倍增管特性参数测试装置

白炽灯放置在光源室中，位于透镜的焦点上。白炽灯灯光经过透镜成为平行光射入测试室中，在平行光路里放置了若干抽插式的中性衰减片。最后照射到光电倍增管的阴极面上。光电倍增管的输出电流可有检流计测出，也可由数字电压表测量负载的电压得到。

本实验选用 CR-105 型光电倍增管，它的管脚和名称见图 4-45 和表 4-7。

## 四、实验步骤

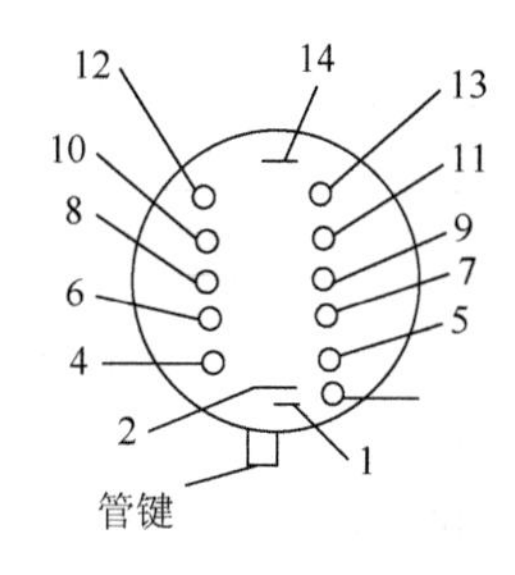


图 4-45　管脚

1. 测阴极伏安特性

（1）将光电倍增管插入阳极特性测试所用的分压器中，其特性是以阴极作阴极，以第一倍增极作阳极，其余倍增极和阳极与第一倍增极连接在一起。

（2）把光电倍增管放入测试室中，并连接好电源线及输出线。抽出衰减片，检查光屏蔽。

（3）在与阳极测量同样的光强下，接通直流稳压电源，测量阴极电流与电压的关系。如果采用标准光源或直接测出光通量则可同时输出灵敏度。

2. 测阳极伏安特性

（1）点亮白炽灯，并记下此时的光源电压；

（2）打开光电倍增管电源，测出倍增管阳极电流和倍增管电压的关系；

（3）断开光电倍增管电源，并关闭白炽灯。

在开启高压电源时请注意：

在开启开关前，首先要检查各输出旋钮是否已调到最小；打开电源开关，一定要预热 1 min 后再输出高压。关机程序和开机相反。

## 五、数据处理

（1）作出暗电流与阳极电压之间的关系曲线。

（2）作出某一光强下阳极电流与阳极电压之间的关系曲线。

（3）作出与第（2）项同样光照下，阴极电流和外加电压的关系曲线。

**表 4-5　极限工作条件**

| 序号 | 工作条件内容 | 单位 | 最小值 | 最大值 |
| --- | --- | --- | --- | --- |
| 1 | 阳极电压 | V | | 1000 |
| 2 | 直流输出电流 | μA | | 100 |
| 3 | 阴极受照光通量 | lm | | |
| 4 | 光谱响应范围 | nm | 400 | 1150 |
| 5 | 环境温度 | ℃ | −30 | 60 |
| 6 | 环境相对湿度 | % | | 90 |

**表 4-6　主要参数**

| 阴极参数 | | 阳极参数 | | |
| --- | --- | --- | --- | --- |
| 光照灵敏度/（μA/lm） | 红外响应/nA（1.06 μm 处） | 光照灵敏度/（μA/lm） | 阳极电压/V | 暗电流/A |
| 33.3 | 25 | 1 | 1200 | 90 |

注：测试阴极红外响应（1.06 μm 处）采用如下标准：①光源色温为 2859 K；②阴极有效直径 $\phi$25 mm；③在阴极和光源之间加一红外滤光片（滤光片特定标准，中心波长为 1.06 μm），在规定积分光通量下，阴极的直流输出电流即为阴极红外响应

**表 4-7　管脚说明**

| 管脚号 | 电极名称 | 符号 |
| --- | --- | --- |
| 1 | 空脚 | NC |
| 2 | 第三倍增极 | D3 |
| 3 | 第五倍增极 | D5 |
| 4 | 第七倍增极 | D7 |
| 5 | 第九倍增极 | D9 |
| 6 | 第十一倍增极 | D11 |
| 7 | 阳极 | A |
| 8 | 第十倍增极 | D10 |
| 9 | 第八倍增极 | D8 |
| 10 | 第六倍增极 | D6 |

续表

| 管脚号 | 电极名称 | 符号 |
|---|---|---|
| 11 | 第四倍增极 | D4 |
| 12 | 第二倍增极 | D2 |
| 13 | 阴极 | K |
| 14 | 第一倍增极 | D1 |

## 六、注意事项

（1）光电倍增管对光的响应极为灵敏，因此在没有完全隔绝外界干扰光的情况下切勿对管子施加工作电压，否则会导致管内倍增极的损坏。

（2）即使管子处在非工作状态，也要尽可能减少光电阴极和倍增极的不必要的曝光，以免对管子造成不良的影响。

（3）光电阴极的端面是一块粗糙度数值极小的玻璃片，要妥善保护。

（4）使用时必须预先在暗处存放一段时间，管基要保持清洁干燥同时要满足规定的环境条件，切勿超过规定的电压最大值。

（5）管子导电片与管脚应接触良好，插上、拔下时务必要用力于胶木管基，否则易造成松动或炸裂。

（6）在有磁场影响的场合，应该用高导磁金属进行磁屏蔽。

（7）与光电阴极区的外壳相接触的任何物体应处于光电阴极电位。

（8）该管用电阻分压器对各电极供电，典型分压器示于表 4-8。对于每一个具体管子，若在典型分压器的基础上再仔细地调节前级和末级几个分压电阻的数值，可获得最佳分压。

**表 4-8　极间电压分配**

| K-D1 | D1-D2 | D2-D3 | D3-D4 | … | D9-D10 | D10-D11 | D11-A |
|---|---|---|---|---|---|---|---|
| R | R | R | R | R | R | R | R |

# 4.6　液晶显示器（LCD）电光特性曲线的测量实验

## 一、实验目的

（1）了解液晶显示技术的物理基础和相关特性；

（2）掌握液晶显示器件特性参数的测量方法。

## 二、实验原理

通常固体加热或浓度减少后可以变成透明液体，其组成原子或分子由整齐的有序排列转变为无序排列。同样固体随着温度降低或浓度的增加，可以从液体向固体转变，由无序排列转变为整齐的、有规则的排列。

有些有机材料不是直接从固体变液体，或者液体变固体，而是先经过一个中间状态，这种中间状态的外观是流动性的混浊液体，但其分子组成单元却转变为整齐、有规则的排列——每个组成单元都处在一定的位置规则地排列。这种能在某个温度范围内兼有液体和晶体两者特性的物质称为液晶，它是不同于通常固体、液体和气体的一种新的物质状态。

物质中基本组成单元非球形结构的很多，从形状上来看，有棒形、盘形等；从结构上看是复合结构，它们都具有介于严格的液体与严格的晶体之间的中介相，即液晶。显示技术应用最广的是由简单的杆形有机分子（刚性棒状分子）为组成单元的液晶。

液晶由奥地利植物学家莱尼次尔（F.Reinitzer）于 1988 年发现。他在测定有机物的熔点时，惊奇地发现某些有机物（胆固醇的苯甲酸脂和醋酸脂）熔化后会经历一个不透明的呈白色浑浊液体状态，并发出多彩而美丽的珍珠光泽，只有在继续加热到某一温度才会变成透明清亮的液体。第二年，德国的物理学家莱曼（O.Lehmann）使用由他亲自设计、当时最新式的附有加热装置的偏光显微镜对这些脂类化合物进行了观察，发现这类白色浑浊的液体在外观上虽然属于液体，但却显示出光学中各向异性晶体特有的双折射特性。莱曼将其命名为“液体晶体”，这就是液晶名称的由来。

液晶物质基本上都是有机化合物，从其成分和物理条件上可分为热致液晶和溶致液晶。后者主要在生物系统中大量存在，采用溶剂破坏结晶晶格；热致液晶是加热破坏结晶晶格而形成的，主要用于显示液晶材料。

液晶一方面具有像液体一样的流动性和连续性，另一方面又具有像晶体一样的各向异性（在晶格结点上有规则的排列，即三维有序），这种液体和晶体之间的中间物质是一种有序的流体。各类液晶具有不同的结构和性质，液晶分子排列没有晶体结构牢固，容易受电场、磁场、温度等外部因素影响，使其各种光学性质发生变化。液晶的这种作用微弱的分子排列正是液晶能被广泛应用的关键条件。

液晶是单轴晶体。单轴晶体是只有一个光轴的晶体，包括三个互相垂直的主轴 $x$、$y$、$z$；沿三个主轴方向的介电常数 $\varepsilon_x$、$\varepsilon_y$、$\varepsilon_z$ 有 $\varepsilon_x=\varepsilon_y\neq\varepsilon_z$；折射率 $n_x=n_y=n_z$，$n_z=n_e$。在单晶中，$z$ 轴方向称为光轴方向，o 光和 e 光都是线偏振光，其振动方向互相垂直。由此，液晶具有特别实用的光学特性。

（1）能使入射光的前进方向向液晶分子长轴即指向矢量 $n$ 的方向偏转；

（2）能改变入射光的偏振状态（线偏振、圆偏振、椭圆偏振）或偏振方向；

（3）能使入射偏振光相应于左旋光或右旋光进行反射或者投射。

图 4-46 为射入液晶光线前进方向的变化图，其中（a）、（b）为光线垂直地射入两个均匀的各向同性介质界面，即使折射率不同光仍然照直前进。对（c）、（d）而言不仅要考虑液晶是各向异性物质，而且还要考虑液晶的分子轴和入射光线不同的方向，它可分解为垂直于纸面的偏振光。偏振光分为两部分，一部分的偏振平行分子长轴，另一部分垂直于分子长轴。平行于分子长轴和垂直于分子长轴方向的速度分别由 $V_{//}=C_{//}/n_{\perp}$ 和 $V_{\perp}=C_{\perp}/n_{//}$ 决定，这两部分光的矢量都与液晶分子长轴垂直，$V_{//}=V_{\perp}$，光线照直前进，光不发生折射，即是单轴晶体中的寻常光 o 光。

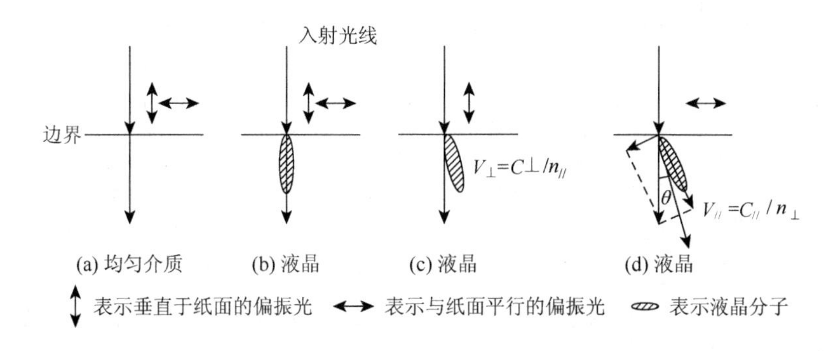


图 4-46　射入液晶的光线的前进方向

另外，可把入射光的偏振面与纸平面平行光线分成两个部分传播，一部分偏振面平行于分子长轴，另一部分偏振面垂直于分子长轴。此时，

$$V_{//}=C_{//}/n_{\perp}=C\cos\theta/n_{\perp}, \qquad V_{\perp}=C_{\perp}/n_{//}=C\sin\theta/n_{//}$$

因为 $n_{//}>n_{\perp}$，所以 $V_{//}>V_{\perp}$。光速合成方向与液晶长轴夹角变小，光线方向向液晶分子长轴方向靠拢，这束光即是单轴晶体中的非寻常光 e 光。综上所述，一入射光既可产生寻常光，也可产生非寻常光，这就说明液晶体中发生了双折射，对液晶而言分子长轴就是光轴。

液晶之所以作为显示材料有两大特性：①可使入射光偏向分子轴方向；②可使入射光的偏振方向发生改变。

两块导电玻璃夹持一个液晶层，封接成一个扁平盒，是液晶显示器的基本结构。不同类型的液晶显示器件的部分部件可能会有不同，有的不要偏光片，如 TN 型。如图 4-47 所示，将两片已经刻好的透明导电电极图案的平板玻璃相对放置在一起，间距约为 7 μm。四周用环氧树脂密封制作一个扁平的玻璃盒。但在一个侧面封接边上留下一个开口，通过抽真空将液晶注入，然后用胶封住，再在前后导电玻璃外侧正交地贴上偏振片即构成一个液晶显示器。

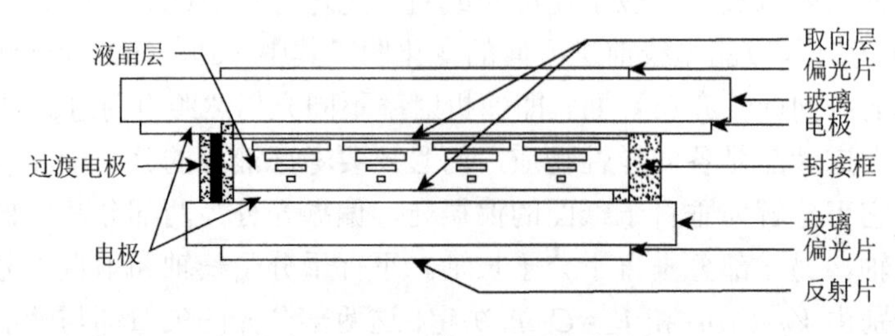


图 4-47　TN 型液晶显示器结构图

由于玻璃盒内侧的定向层作用，夹在中间的液晶分子长轴沿玻璃面并行，并在两片玻璃基片之间连续扭曲 90°，这种 TN 型排列盒的扭矩远远大于可见光波长。因偏光片有一个固定的偏光轴，偏光片的作用是只允许振动方向与其偏光轴方向相同的光通过，而振动方向与偏光轴垂直的光被其吸收。当光源射来的光经过偏振片，变成垂直线偏振光射入液晶盒内的过程中，就被液晶分子旋转了 90°呈水平线偏振光，再由水平光轴的检偏器（偏光片）射出，经反射片反射，按原光路折回射出，呈亮视场。这样光通过检偏器的量的大小，取决于线偏振光经过液晶盒后的偏振状态，从而控制最后透过检偏器的光状态来实现显示，如图 4-48 所示。

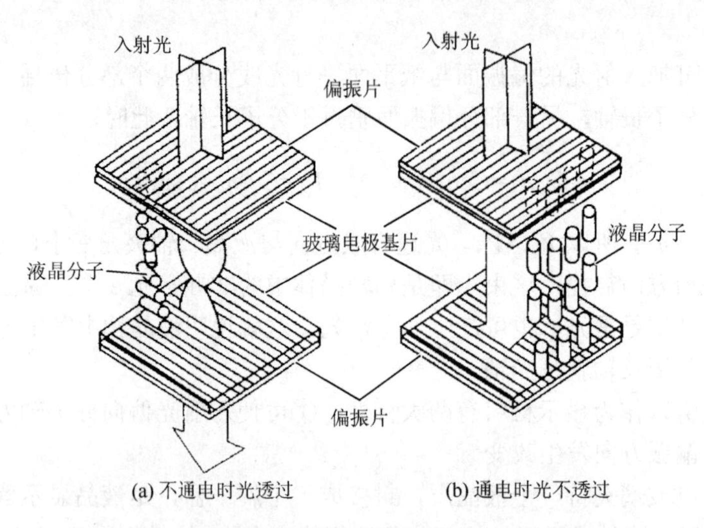


图 4-48　TN 型器件分子排布与透过光示意图

一旦对 90°扭曲排列的液晶盒施加电压（电场），液晶分子的长轴就开始向电场方向倾斜（是极性分子）。当外在电压达到一定值（$2U_{th}$）时，分子会沿着电场方向重新排列，从而导致 90°旋光性消失，因而垂直偏振光无法透过水平光轴的光检偏振片，也就不能被反射，所以形成暗视场，这就是电光效应。

无外加电压时，将 TN 液晶盒置于两块平行偏光片之间时，光线不能通过；而置于两块垂直的偏光片之间时，光线就能通过。

有外加电压时，TN 液晶盒在两平行偏光片之间时光线能通过；而在两块垂直的偏光片之间时，光线不能通过，与不施加电场的情况完全相反。

对于白底黑字型的液晶显示器，上下偏光片是正交放置的，即偏光轴相互垂直，入射自然光经上偏光片后，变成平面偏振光。在液晶未施加电场时，偏振光将顺着分子的扭曲结构扭转 90°，振动的方向变成和检偏器（下偏光片）的偏光轴一致，因此可顺利通过检偏器呈亮视场，处于非显示态。当施加电场时（加电压到有关电极），由于偏振方向与检偏器方向（光轴）垂直，该液晶盒分子扭曲结构消失，丧失了旋光能力，偏振光无法透过检偏器，呈现出暗视场，处于显示态。当电场撤除以后，液晶分子受取向层表面（定向层）的作用，恢复原来的扭曲状态（排列），显示器又变得透明。若采用适当的液晶和合适的电压，也可显示中间色调，即在“全亮”与“全暗”之间产生连续变化的灰度级。这就是液晶的电光效应。

液晶的电光效应是指液晶在外电场下的分子排列状态发生变化，从而引起液晶盒的光学性质随之变化的一种电的光调制现象。因为液晶具有介电各向异性和电导各向异性，所以外加电场能使液晶分子发生变化进行光调制；同时由于其具有双折射特性，可以显示旋光性、光干涉、光散射等特殊的光学性质。

液晶在电场（外加电压）的作用下将引起投射光强度的变化，其电光特性曲线如图 4-49 所示。

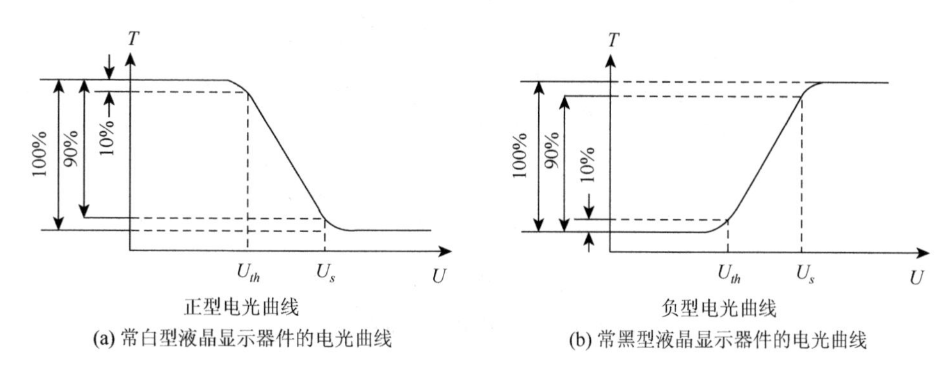

(a) 常白型液晶显示器件的电光曲线　(b) 常黑型液晶显示器件的电光曲线

图 4-49　液晶的电光特性曲线

如果选择在液晶盒两面放置互相正交的偏振片，在不加外加电压时，投射光强度最大，随外加电压的增加，它的投射光强度开始减弱，当外加电压达到一定值（$U_{th}$）时，投射光强度下降速率陡增（加快）；达到 $U_s$ 值时，可近似认为投射光强度最小（10%），即扭转结构消失，丧失旋光能力，如图 4-49（a）所示。如果选择在液晶盒两面放置平行偏光片，在未加外加电压时，或外加电压的值小于一定值（$U_{th}$）时，投射光强度几乎不发生变化（很小）；当外加电压超过一定值（$U_{th}$）时，投射光强度开始逐渐增大（变化较快）；当外加电压增大到一定数值（$U_s$）后，投射光强度达到最大值以后，投射光的强度不随外加电压变化，如图 4-49（b）所示。

引起投射光强度明显变化的起始电压称为阈值电压（$U_{th}$），正型电光曲线 90%，负型电光曲线 10%，标志了液晶电光效应可观察透视光强度变化（±10%）驱动电压的有效值。它的值越小，则显示器的工作电压越低。TN 型一般为 2 V 左右，动态散射型（DS 型）为 7 V 左右。

液晶显示器亮度变化达到最大变化量的 90%时驱动电压的有效值称为饱和电压 $U_s$，标志着显示器得到最大或最小对比度的外加驱动电压有效值，$U_s$ 小易获得良好的显示效果，功耗低。

液晶显示器是被动发光型器件，不能用亮度去标定显示效果，只能用对比度（图 4-50）。

$$C_r=T_{\max}/T_{\min}$$

式中，$C_r$ 为对比度，$T_{\max}$ 为最大投射光强度，$T_{\min}$ 为最小投射光强度。

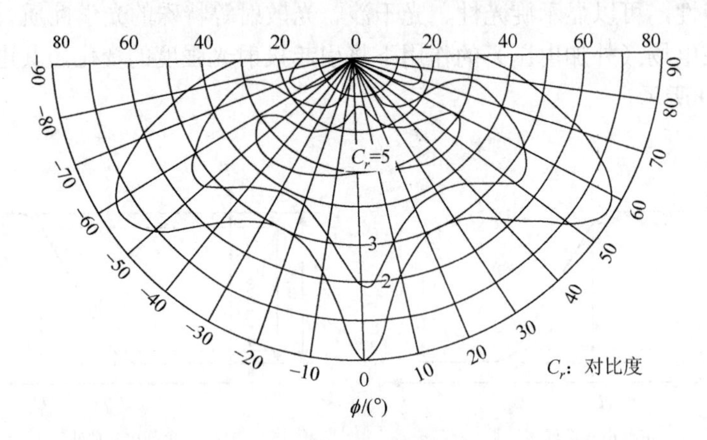


图 4-50　对比度和视觉的关系

通常用陡度 $\beta$ 来描述电光曲线的变化斜率（坡度）：

$$\beta=U_s/U_{th}$$

$\beta$ 表示阀值和饱和电压的比值，$\beta$ 值愈小，$U_s$ 和 $U_{th}$ 愈近；$\beta$ 值愈大，$U_s$ 和 $U_{th}$ 愈远。一般 TN 液晶显示器 $\beta$ 为 1.4～1.6。

电光曲线中，透射光强度从 10%～90%所需时间（负型电光曲线）称为上升时间 $T_r$，对正型电光曲线，则为下降时间 $T_d$。

## 三、实验仪器及实物图

（1）光电显示综合实验仪；

（2）光学平台；

（3）光源 FPLD；

（4）偏振片×2；

（5）TN 液晶盒；

（6）光电探测器 PD。

实验仪器见图 4-51。

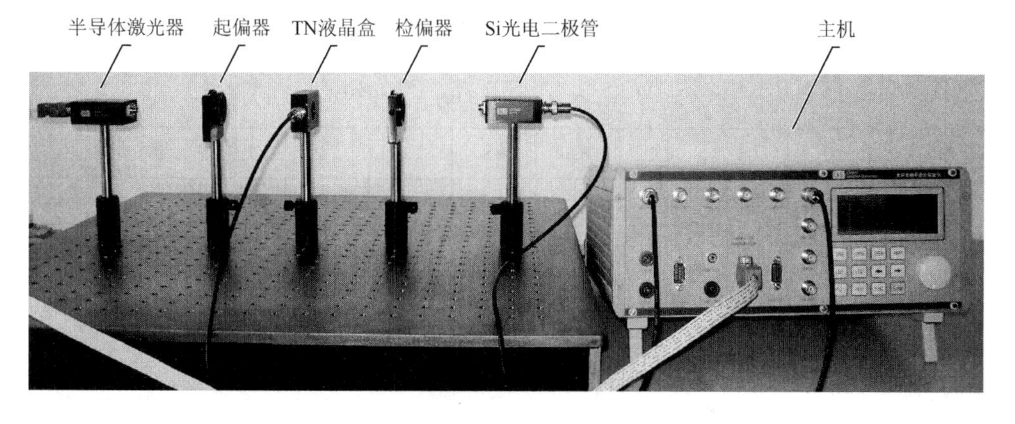


图 4-51　LCD 电光特性曲线测量实验仪器

## 四、实验步骤

（1）按图 4-51 放置并固定各光学器件，各器件通光孔等高同轴。

（2）按以下要求连接线路。

①将 635 nm 半导体激光器控制端口连接至主机半导体激光控制器 LDC 输出（LDC.OUT）；

②将 TN 液晶盒驱动电压输入连接至主机函数信号发生器输出（SIG.OUT）；

③将 Si 光电二极管电流输出连接至主机光电信号检测器输入（PD.IN）；

（3）打开主机电源，按以下要求设置参数。

①设置 LDC 工作模式（MOD）为恒流模式（ACC），调节 LDC 驱动电流（$I_c$）至 20.0 mA；

②设置 SIG 工作模式为方波输出（SQU），将输出信号频率 $F_s$ 调至 32 Hz，输出信号幅度 $V_s$ 调至 0 V；

③设置 PD 工作模式为直流电流计模式（ADC），量程（RTO）切换至 1 mA。

（4）暂时移开液晶盒，微调各器件位置，使激光光束照射到 Si-PD 受光面的中心。将起偏器光轴调至与水平面成 45°夹角。观察 PD1 输出，将检偏器光轴调至与起偏器平行。将液晶盒重新固定到位。

（5）由 0 V 开始增加液晶盒驱动电压 $U_{TN}$，每隔 0.2 V 测一个点，直至 7 V 结束，记录各电压下的探测器电流 $I_{PD}$。

## 五、数据处理

数据记录在表 4-9 中，数据归一化后作 $T \sim U$ 曲线，即 LCD 电光特性曲线，求阈值电压、饱和电压及最大对比度。

**表 4-9　数据表**

| $U_{TN}$/V | 0 | 0.2 | 0.4 | 0.6 | 0.8 | 1.0 | 1.2 | 1.4 | 1.6 | … |
|---|---|---|---|---|---|---|---|---|---|---|
| $I_{PD}$/μA | | | | | | | | | | |
| $T$/% | | | | | | | | | | |

## 六、注意事项

（1）系统通电后禁止激光束对准人眼，以免灼伤。

（2）光学器件的通光面除专用清洁布外禁止用手触摸或接触硬物。

# 4.7　电光调制实验

## 一、实验目的

（1）了解电光调制的工作原理及相关特性；

（2）掌握电光晶体性能参数的测量方法。

## 二、实验原理

当某些光学介质受到外电场作用时，它的折射率将随着外电场的变化而变化，介电系数和折射率都与方向有关，在光学性质上变为各向异性，这就是电光效应。

电光效应有两种，一种是折射率的变化量与外电场强度的一次方成比例，称为泡克耳斯（Pockels）效应；另一种是折射率的变化量与外电场强度的二次方成比例，称为克尔（Kerr）效应。利用克尔效应制成的调制器，称为克尔盒，其中的光学介质为具有电光效应的液体有机化合物。利用泡克耳斯效应制成的调制器，称为泡克耳斯盒，其中的光学介质为非中心对称的压电晶体。泡克耳斯盒又有纵向调制器和横向调制器两种，图 4-52 是几种电光调制器的基本结构形式。

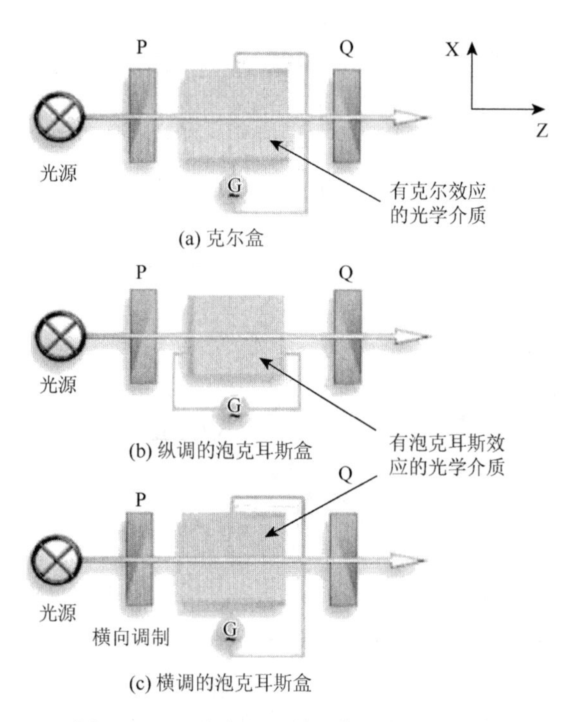


图 4-52　几种电光调制器的基本结构形式

当不给克尔盒加电压时，盒中的介质是透明的，各向同性的非偏振光经过 P 后变为振动方向平行 P 光轴的平面偏振光。通过克尔盒时不改变振动方向。到达 Q 时，因光的振动方向垂直于 Q 光轴而被阻挡（P、Q 分别为起偏器和检偏器，安装时，它们的光轴彼此垂直），所以 Q 没有光输出；当给克尔盒加以电压时，盒中的介质则因有外电场的作用而具有单轴晶体的光学性质，光轴的方向平行于电场。这时，通过它的平面偏振光改变其振动方向。经过起偏器 P 产生的平面偏振光，通过克尔盒后，振动方向就不再与 Q 光轴垂直，而是在 Q 光轴方向上有光振动的分量，此时 Q 就有光输出了。Q 的光输出强弱，与盒中的介质性质、几何尺寸及外加电压大小等因素有关。对于结构已确定的克尔盒来说，如果外加电压是周期性变化的，则 Q 的光输出必然也是呈周期性变化的。由此即实现了对光的调制。

泡克耳斯盒里所装的是具有泡克耳斯效应的电光晶体，它的自然状态就有单轴晶体的光学性质。安装时，使晶体的光轴平行于入射光线。因此，纵向调制的泡克耳斯盒，电场平行于光轴，横向调制的泡克耳斯盒，电场垂直于光轴。两者比较，横调的两电极间距离短，所需的电压低，而且可采用两块相同的晶体来补偿因温度因素所引起的自然双折射，但横调的泡克耳斯盒的调制效果不如纵调的好，目前这两种形式的器件都很常用。

图 4-53 为纵调的泡克耳斯电光调制器。在不给泡克耳斯盒加电压时，由于 P 产生的平面偏振光平行于光轴方向入射于晶体，所以它在晶体中不产生双折射，也不分解为 o、e 光。当光离开晶体达到 Q 时，光的振动方向没变，仍平行于 M。因 M 垂直于 N，故入射光被 Q 完全阻挡，Q 无光输出。

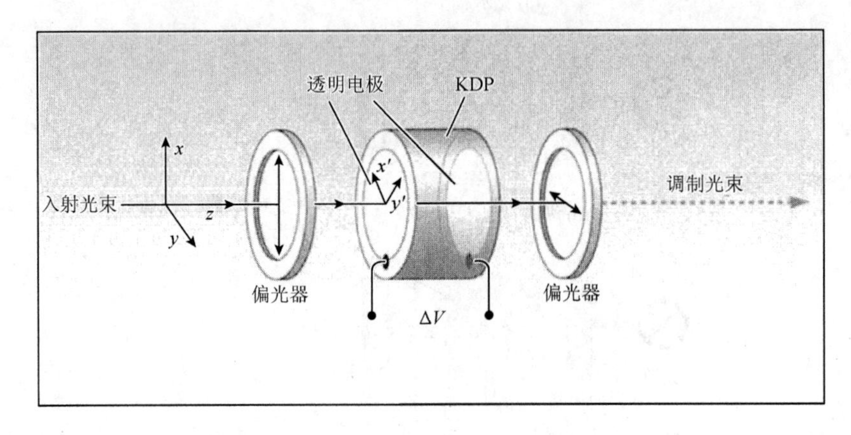


图 4-53　纵调的泡克耳斯电光调制器

当给泡克耳斯盒加以电压时，电场会使晶体感应出一个新的光轴 OG。OG 的方向发生于同电场方向相垂直的平面内。由于这种电感应，使晶体产生了一个附加的各向异性，使晶体对于振动方向平行于 OG 和垂直于 OG 的两种偏振光的折射率不同，这两种光在晶体中传播速度也就不同。当它们达到晶体的出射端时，它们之间则存在着一定的相位差。合成后，总光线的振动方向就不再与 Q 的光轴 N 垂直，而是在 N 方向上有分量，因此，这时 Q 有光输出。泡克耳斯效应的时间响应特别快，且 $\Phi$ 与 $U$ 呈线性关系，所以多用泡克耳斯盒来做电光调制器。

## 三、实验仪器及实物图

（1）光电显示综合实验仪；
（2）光学平台；
（3）光源 FPLD；
（4）偏振片×2；
（5）电光调制晶体；
（6）光电探测器 PD。

仪器光路图及实验仪器见图 4-54 和图 4-55。

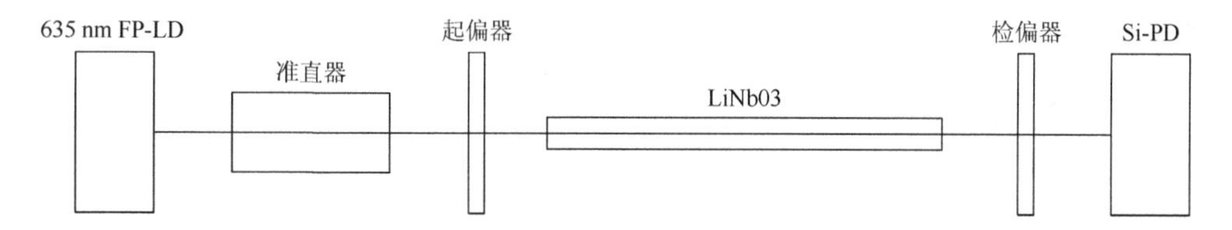


图 4-54　$LiNbO_3$ 晶体静态特性曲线测量光路图

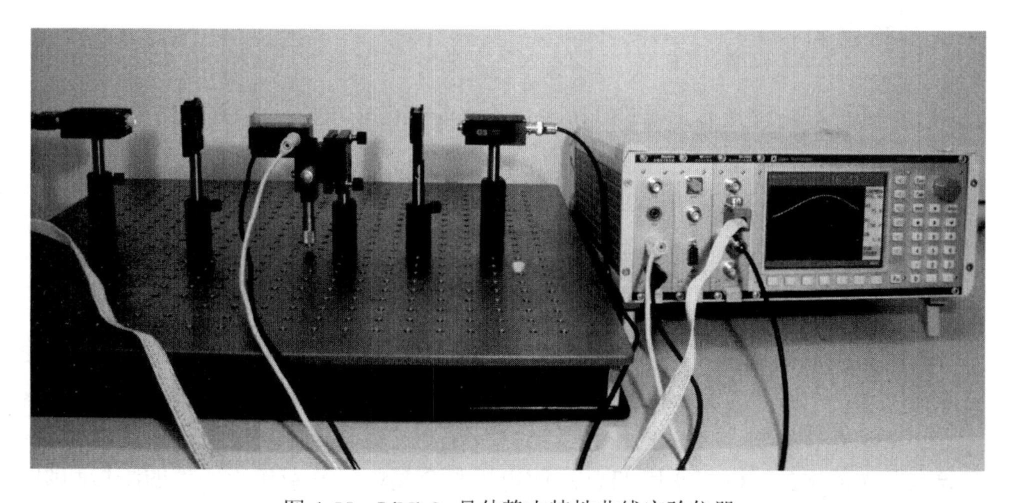

图 4-55　$LiNbO_3$ 晶体静态特性曲线实验仪器

## 四、实验步骤

（1）按图 4-55 所示放置各光学器件，并调节支架高度至各光学器件等高同轴。

（2）将 635 nm 半导体激光器控制电缆连接至 LDC，设置驱动电流 $I_c$ 为 30 mA。

（3）将 $LiNbO_3$ 晶体控制电压驱动端连接至功率信号源输出 PSG 和 GND。置 PSG 于高压信号模式（HVS）。

（4）将 Si-PD 信号输出连接至 PD.IN，测量时注意选择合适的量程。

（5）将 $LiNbO_3$ 晶体从测试光路中移开，将起偏器偏振方向调至与水平面成 45°角，将检偏器调至与其正交。再将 $LiNbO_3$ 晶体放回测试光路，调节其空间位置和倾斜角度，使入射光束与其表面垂直。

（6）从−75 V 开始设置 PSG 输出电压 $U$，记录 PD 读数 $P$。

（7）−75 V 至 250 V 每隔 10 V 测一个点，记录相应的电压 $U$ 和光强 $P$。

## 五、数据处理

对光强 $P$ 数据作归一化处理，求得相对光强 $I$，作 $I \sim U$ 曲线，求该 $LiNbO_3$ 晶体半波电压。

# 4.8 有机发光器件参数测量实验

## 一、实验目的

（1）了解有机发光显示器件（organic light emitting display，DLED）的工作原理及相关特性；

（2）掌握 OLED 性能参数的测量方法。

## 二、实验原理

1979 年，柯达公司华裔科学家邓青云（C.W.Tang）博士发现黑暗中的有机蓄电池在发光，对有机发光器件的研究由此开始，邓博士被誉为 OLED 之父。

OLED 是指有机半导体材料和发光材料在电场驱动下，通过载流子注入和复合导致发光的现象。OLED 用 ITO 透明电极和金属电极分别作为器件的阳极和阴极，在一定电压驱动下，电子和空穴分别从阴极和阳极注入电子和空穴传输层，电子和空穴分别经过电子和空穴传输层迁移到发光层，并在发光层中相遇，形成激子并使发光分子激发，后者经过辐射弛豫而发出可见光。辐射光可从 ITO 一侧观察到，金属电极膜同时也起了反射层的作用。OLED 的结构见图 4-56。

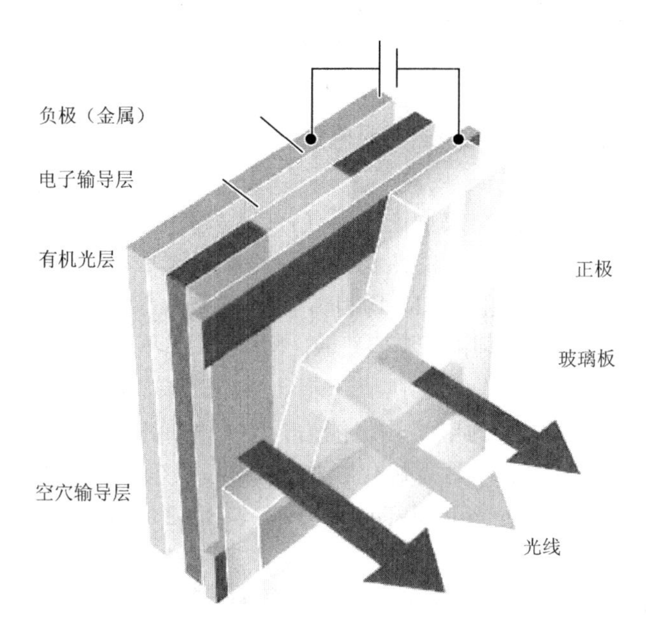


图 4-56　OLED 结构示意图

与 LCD 相比，OLED 具有主动发光、无视角问题、重量轻、厚度小、高亮度、高发光效率、发光材料丰富、易实现彩色显示、响应速度快、动态画面质量高、使用温度范围广、可实现柔软显示、工艺简单、成本低、抗震能力强等一系列的优点。

如果一个有机层用两个不同的有机层来代替，就可以取得更好的效果：当正极的边界层供应载流子时，负极一侧非常适合输送电子，载流子在两个有机层中间通过时，会受阻隔，直至出现反方向运动的载流子，这样，效率就明显提高了。很薄的边界层重新结合后，产生细小的亮点，就能发光。如果有三个有机层，分别用于输送电子、输送载流子和发光，效率就会更高。

为提高电子的注入效率，OLED 阴极材料的功函数需尽可能的低，功函数越低，发光亮度越高，使用寿命越长。可以使用 Ag、Al、Li、Mg、Ca、In 等单层金属阴极，也可以将性质活泼的低功函数金属和化学性能较稳定的高功函数金属一起蒸发形成合金阴极。如 Mg∶Ag（10∶1）和 Li∶Al（0.6%Li），功函数分别为 3.7 eV 和 3.2 eV，合金阴极可以提高器件的量子效率和稳定性，同时能在有机膜上形成稳定坚固的金属薄膜。此外还有层状阴极和掺杂复合型电极。层状阴极由一层极薄的绝缘材料如 LiF、$Li_2O$、MgO、$Al_2O_3$ 等和外面一层较厚的 Al 组成，其电子注入性能较纯 Al 电极高，可得到更高的发光效率和更好的 $I \sim V$ 特性曲线。掺杂复合型电极将掺杂有低功函数金属的有机层夹在阴极和有机发光层之间，可大大改善器件性能，其典型器件是 ITO/NPD/AlQ/AlQ（Li）/Al，最大亮度可达 30 000 Cd/$m^2$，如无掺 Li 层器件，亮度仅为 3400 Cd/$m^2$。

为提高空穴的注入效率，要求阳极的功函数尽可能高。作为显示器件还要求阳极透明，一般采用的有 Au、透明导电聚合物（如聚苯胺）和 ITO 导电玻璃，常用 ITO 玻璃。

载流子输送层主要是空穴输送材料（HTM）和电子输运材料（ETM）。空穴输送材料（HTM）需要有高的热稳定性，与阳极形成小的势垒，能真空蒸镀形成无针孔薄膜。最常用的 HTM 均为芳香多胺类化合物，主要是三芳胺衍生物。如 TPD：N，N′-双（3-甲基苯基）-N，N′-二苯基-1，1′-二苯基-4，4′-二胺；NPD：N，N′-双（1-奈基）-N，N′-二苯基-1，1′-二苯基-4，4′-二胺。电子输运材料（ETM）要求有适当的电子输运能力，有好的成膜性和稳定性。ETM 一般采用具有大的共扼平面的芳香族化合物如 8-羟基喹啉铝（AlQ）、1，2，4一三唑衍生物（1，2，4-Triazoles，TAZ）、PBD、Beq2、DPVBi 等，它们同时又是好的发光材料。

OLED 的发光材料应满足下列条件：①高量子效率的荧光特性，荧光光谱主要分布于 400～700 nm 可见光区域；②良好的半导体特性，即具有高的导电率，能传导电子或空穴或两者兼有；③好的成膜性，在几十纳米的薄层中不产生针孔；④良好的热稳定性。

按化合物的分子结构，有机发光材料一般分为两大类。

（1）高分子聚合物，分子量为 10000～100000，通常是导电共轭聚合物或半导体共轭聚合物，可用旋涂方法成膜，制作简单，成本低，但其纯度不易提高，在耐久性、亮度和颜色方面比小分子有机化合物差。

（2）小分子有机化合物，分子量为 500～2000，能用真空蒸镀方法成膜，按分子结构又分为有机小分子化合物和配合物两类。

有机小分子发光材料主要为有机染料，具有化学修饰性强、选择范围广、易于提纯、量子效率高、可产生红、绿、蓝、黄等各种颜色发射峰等优点，但大多数有机染料在固态时存在浓度淬灭等问题，导致发射峰变宽或红移，所以一般将它们以低浓度方式掺杂在具有某种载流子性质的主体中，主体材料通常与 ETM 和 HTM 层采用相同的材料。掺杂的有机染料，应满足以下条件：①具有高的荧光量子效率；②染料的吸收光谱与主体的发射光谱有好的重叠，即主体与染料能量适配，从主体到染料能有效地传递能量；③红绿蓝色的发射峰尽可能窄，以获得好的色纯；④稳定性好，能蒸发。

红光材料主要有罗丹明类染料，如 DCM、DCT、DCJT、DCJTB、DCJTI 和 TPBD 等。绿光材料主要有香豆素染料 coumarin-6，奎丫啶酮（quinacridone，QA），六苯并苯（coronene）及苯胺类（naphthalimide）等。蓝光材料主要有 N-芳香基苯并咪唑类，1，2，4-三唑衍生物（TAZ），1，3-4-噁二唑的衍生物 OXD-（P-NMe2），双芪类（distyrylarylene）及 BPVBi 等。

金属配合物介于有机与无机物之间，既有有机物的高荧光量子效率，又有无机物的高稳定性，被视为最有应用前景的一类发光材料。常用金属离子有 $Be^{2+}$、$Zn^{2+}$、$Al^{3+}$、$Ca^{3+}$、$In^{3+}$、$Tb^{3+}$、$Eu^{3+}$及 $Gd^{3+}$等。主要配合物发光材料有 8-羟基喹啉类、10-羟基苯并喹啉类、Schiff 碱类、羟基苯并噻唑（噁唑）类和羟基黄酮类等。

## 三、实验仪器及实物图

（1）光电显示综合实验仪；

（2）光学平台；

（3）OLED 显示屏模块；

（4）光电探测器 PD。

实验仪器见图 4-57。

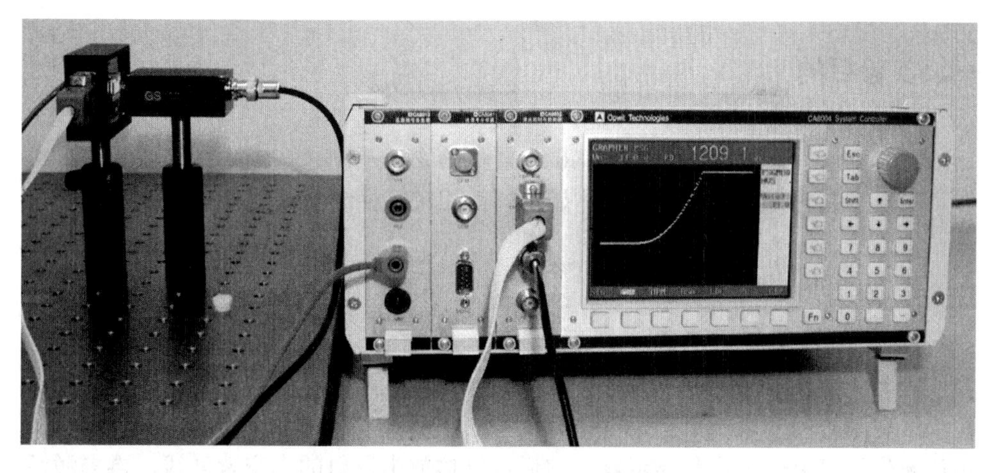


图 4-57　OLED 特性测量实验仪器

## 四、实验步骤

（1）将 OLED 模块固定于光学平台之上，将光电二极管（Si-PD）正对 OLED

固定，要求 Si-PD 受光面距离 OLED 显示屏 10 mm。

（2）按以下要求连接线路。

①将 OLED 控制端子（DB9）连接至主机 LDC（LD1）输出；

②将 OLED 电压输入端子（红）连接至主机 PSG（LV+）输出；

③将 OLED 电流信号输出连接至主机 PD 输入。

（3）打开主机电源，按以下要求设置参数。

①设置 PSG 工作模式为低压电源模式（LVS）；

②设置 PD 工作模式为直流电流计模式（ADC），量程（RTO）切换至 10 mA。

（4）从 0 V 到 12 V 每隔 0.5 V 测一个点，记录相应的 OLED 电压 $V$ 和电流 $I$。

（5）将 Si-PD 输出信号连接至主机 PD 输入，PD 量程（RTO）切换至 1 mA，从 0 V 到 12 V 每隔 0.5 V 测一个点，记录相应的输出光功率信号 $P$。

## 五、数据处理

（1）根据实验数据作 OLED 的 $I$-$V$ 特性曲线。

（2）根据实验数据作 OLED 的 $P$-$I$ 特性曲线。

# 4.9　等离子体显示器原理实验

## 一、实验目的

（1）了解辉光放电与等离子体显示器件的物理基础；

（2）掌握辉光放电与等离子体显示器件相关特性参数的测量方法。

## 二、实验原理

等离子显示器（PDP）出现于 20 世纪 60 年代，属于冷阴极放电管，利用加在阴极和阳极间的电压，激励气体等离子产生辉光放电来显示图像。20 世纪 90 年代诞生了等离子全彩色显示器，它通过气体放电发射的真空紫外线，再去激活屏幕上的红、绿、蓝三基色荧光粉，实现彩色显示，放电气体一般都选用含氙的稀有混合气体。

电流通过气体的现象称为气体放电或导电，图 4-58 为气体放电的伏安特性曲线。

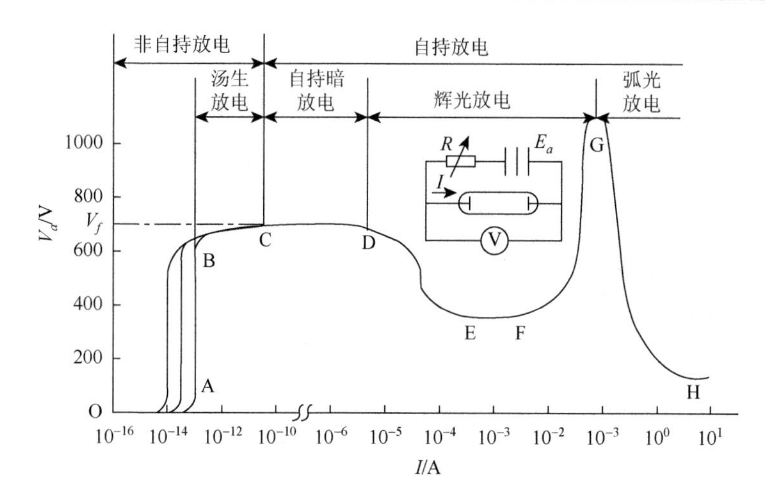


图 4-58　气体放电的伏安特性

OA 段：极间电压很低，空间带电粒子浓度未变，未产生明显放电现象，主要由漂移运动形成。放电电流与离子迁移速度成正比（正比电压）。

AB 段：极间产生所有带电粒子，电流饱和不变（两端电压增加）。

BC 段：极间电压增加，电子碰撞电离，产生放电（非自持暗放）。电流增大。

CD 段：极间电压为 $V_f$，电流迅速增大，产生微弱闪光辐射，C 点电压 $V_f$ 为击穿电压，或着火电压，CD 段自持暗放电。

DE 段：若 $R$ 选择过小，电流急剧增大，产生较强辉光辐射，为不稳定过渡区域。

EF 段：极间电压几乎稳定，进入正常辉光放电区域，电流陡增。

FG 段：极间电压增加，电流继续增加，辉光布满整个阴极表面，进入反常辉光放电区域，阴极出现溅射现象。

GH 段：$R$ 减小，放电电流急速增大，极间电压迅速下降，马上进入弧光放电，也称为反常辉光放电。

等离子体显示器件按工作方式分为直流、交流和交直流混合三种类型。

直流等离子体显示板（DC-PDP）的阴极和阳极直接暴露在气体放电空间，工作时，在电极上加直流脉冲电压，使气体放电发光。图 4-59 是 DC-PDP 早期的代表性器件，图 4-60 是 DC-PDP 矩阵结构，都采用刷新工作方式。

彩色 AC-PDP 的发光过程包括两个过程：气体放电过程和荧光粉发光过程。气体放电过程利用稀有混合气体在外加电压的作用下产生放电，使原子受激而跃迁，发出真空紫外线，紫外线激发荧光粉再发射出可见光。

AC-PDP 和 DC-PDP 在结构上的最大区别是在电极上覆盖了介质层，此介质层可以把电极与放电等离子体隔开，限制放电电流无限增大，同时保护电极，限

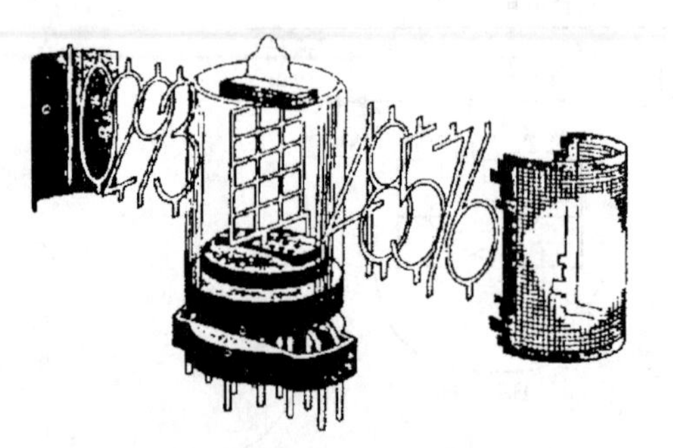

图 4-59　直流气体放电管

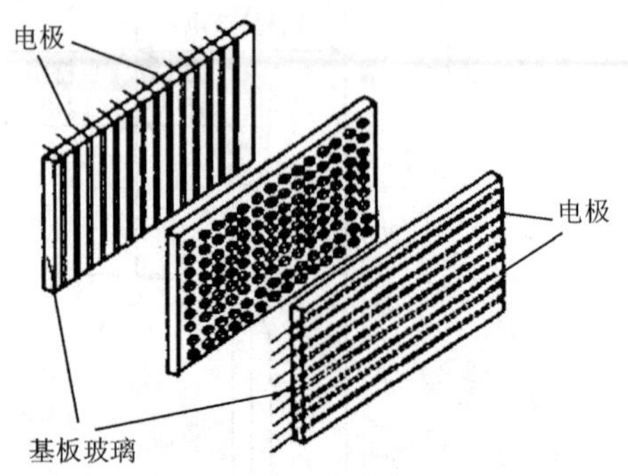


图 4-60　DC-PDP 矩阵结构

流电阻无需在每个单元上都制作。此外，还可以把气体放电产生的电荷存储在介质壁上，有利于降低放电的维持电压。

以对向放电型结构为例，AC-PDP 的放电过程在两组电极之间进行。图 4-61 为电极交流驱动波形和相应的壁电荷的变化情况。在电极间加维持脉冲时，因其电压幅度 $V_S$ 小于着火电压 $V_f$，故此单元不发生放电，当在维持脉冲间隙加上一个幅度大于着火电压 $V_f$ 的书写脉冲 $V_{wr}$ 后，该单元开始放电发光。放电形成的正离子和电子在外电场的作用下，分别向瞬时阴极和阳极移动，并在电极表面涂盖的介质层上累积形成壁电荷，从而形成壁电压 $V_W$，其方向与外加电压方向相反。因此，这时加在单元上的电压是外加电压 $V$ 和壁电压的叠加，当其低于维持电压下限时，放电过程就会暂时停止。当电极外加电压反向后，该电压与壁电压同向。当叠加后的幅度大于 $V_f$ 时，又会放电、发光，然后又重复上述过程。单元一旦放电着火，就可由维持脉冲电压维持放电，所以 AC-PDP 具有存储性。如果需已发光单元停止放电，可在维持脉冲间隙施加一个擦除脉冲 $V_e$，脉宽比维持脉冲窄得多（或电压低），使气体产生一次微弱放电以中和壁电荷，使放电过程结束。AC-PDP 在维持脉冲的每个周期内产生两次放电发光，即继续发光。因此，维持脉冲的频率在 10 kHz 以上时，AC-PDP 每秒钟至少发光 20 万次，这已超过人眼视觉的极限频率（闪烁频率 50 Hz）。彩色 AC-PDP 利用混合稀有气体放电产生紫外线来激发三基色荧光粉发光，这与荧光灯的发光原理相似。稀有混合气体的组成成分、配比、充气压强和荧光粉材料的发光特性对 AC-PDP 的亮度、发光效率和色纯有很大的影响。因此，着重在于合理选择放电气体的组成部分。一般采用三元混合气体，如氦-氖-氙（He-Ne-Xe）。采用的荧光粉是用真空紫外线激发的光致荧光粉，具体要求：①在真空紫外线的激发下，发光效率高；②色饱和度高，色彩多；③余辉适宜；④稳定性好；⑤涂覆性能好；⑥真空性能良好。彩色 AC-PDP 要实现图像的显示，首先需对显示屏上的显示单元根据显示数据进行选择，即寻址。选择要点亮的或不点亮的单元，在要点亮的单元中形成或保留壁电荷到维持期，使维持放电得以进行。在维持期，积累了壁电荷的单元就会发生维持放电，实现图像的显示。数据信号加在寻址电极 $A$ 上，用来对矩阵单元进行寻址放电（$x$ 电极和 $y$ 电极组成矩阵单元，它们做维持电极）。

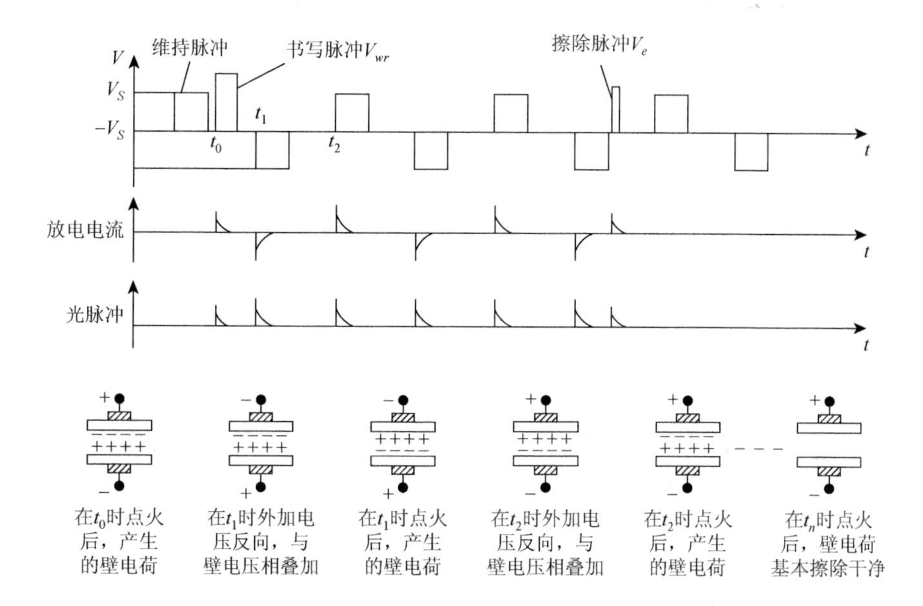


图 4-61　AC-PDP 的驱动波形和壁电荷的变化

AC-PDP 的结构如图 4-62 所示。其主要部件的功能和技术要求如下。

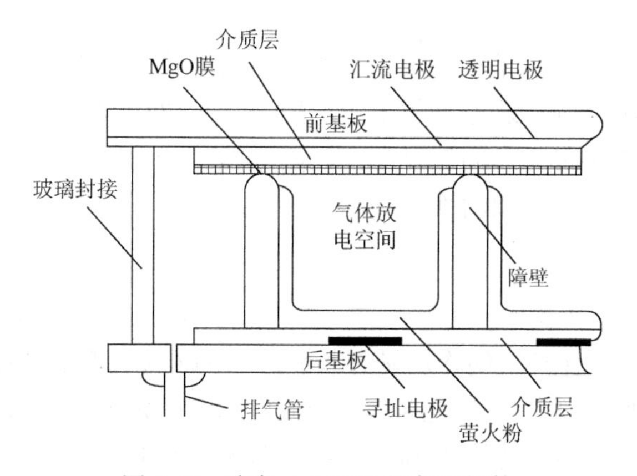


图 4-62　彩色 AC-PDP 的主要部件

1. 前后基板

基板玻璃是 AC-PDP 各个部件的载体，除了要求其表面平整外，彩色 AC-PDP 基板玻璃的热稳定性对 AC-PDP 的性能质量起着非常重要的作用。为了提高 AC-PDP 基板的热稳定性，基板目前广泛采用 PDP 专用的钠钙玻璃，要求玻璃应变点的温度高，热膨胀系数与电极和介质材料相匹配。

2. 透明电极

为了减少对荧光粉发出可见光的阻挡，显示电极一般采用复合式的电极结构，即显示电极由较宽的透明电极和较细的金属电极构成。可采用氧化铟锡薄膜和 $SnO_2$ 薄膜。要求可见光透过率高、电导率高、刻蚀性能优良且与玻璃基板的附着力强。

3. 汇流电极

为了使透明电极在长时间的工作中导电性能保持不变，可在透明电极上加做一条金属电极，常用厚膜 Ag 电极，要求导电性能好，与透明导电薄膜附着力强，宽度较窄（小于 10 μm）。

4. 寻址电极

AC-PDP 的数据信号加在寻址电极上，用来对矩阵单元进行寻址放电。常用的寻址电极材料为厚膜 Ag 电极，要求其导电性能好，与基板玻璃的附着力强。

5. 介质层

在 AC-PDP 中，前后基板的电极上都涂覆有介质层，介质材料应根据所使用的电极材料及对绝缘性、透过率等要求选取。由于电极间加有较高的电压，对前基板的介质层，要求可见光的透过率高、耐电压、击穿强度高；对后基板的介质层，要求反射率高且与玻璃的附着牢固。

6. 介质保护膜

AC-PDP 中介质保护膜的作用是延长显示器的寿命，增加工作电压的稳定性，并且能够显著降低器件的着火电压，减少放电的时间延迟。要求二次电子的发射系数高、表面电阻率及体电阻率高、耐粒子轰击、与介质层的膨胀系数相接近、放电延迟小。

7. 荧光粉层

荧光粉层的作用是将紫外线转变为可见光实现彩色显示。要求发光效率高、色彩的饱和度高、厚度均匀。

8. 放电气体

用于产生紫外辐射，要求着火电压低、真空紫外线光谱辐射强度高、可见光强度低。

9. 障壁

在 AC-PDP 的器件中，障壁的作用主要有两点：一是保证两块基板间的放电间隙，确保一定的放电空间；二是防止相邻单元间的光点缠绕。对障壁的要求是高度一致、形状均匀，障壁宽度应尽可能的窄以增大单元的开口率，提高器件的亮度。制作障壁的材料一般选用低熔点的玻璃，其热膨胀系数应与基板玻璃相匹配。

## 三、实验仪器

（1）光电显示综合实验仪；
（2）光学平台；
（3）辉光放电管；
（4）光电探测器 PD。

实验仪器见图 4-63。

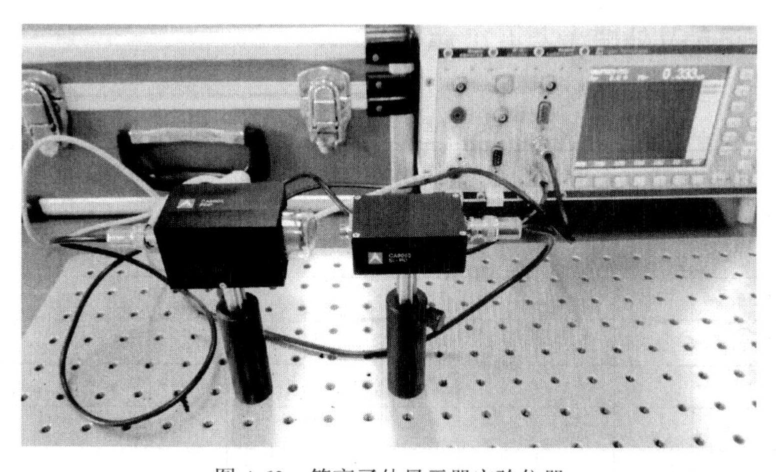

图 4-63　等离子体显示器实验仪器

## 四、实验步骤

（1）将辉光放电管固定于光学平台之上，将光电二极管（Si-PD）正对放电管固定，要求 Si-PD 受光面距离显像管屏幕小于 25 mm。

（2）按以下要求连接线路。

①将放电管驱动电压输入端子（黄）连接至主机高压信号源输出（PSG：AMP.OUT）；

②将放电管放电电流输出端口连接至主机光电信号检测器输入（PD1.IN）；

③将 Si 光电二极管电流输出端口连接至主机光电信号检测器输入（PD2.IN）。

（3）打开主机电源，按以下要求设置参数。

①设置 AMP 工作模式为直流电压信号源模式（SVS）；

②设置 PD1 工作模式为直流电流计模式（ADC），量程（RTO）切换至 10 mA；

③设置 PD2 工作模式为直流电流计模式（ADC），量程（RTO）切换至 1 mA。

（4）由 0 V 开始缓慢增加驱动电压 $U$，同时观察 $PD_1$ 输出，当放电电流出现明显增大时，记录此时的阳极电压，此即着火电压 $V_f$。

（5）将驱动电压调至 200 V，由 200 V 开始降低驱动电压，同时记录放电电流（$PD_1$，忽略符号），每隔 0.2 mA 测一个点，直至放电电流为零或不再减小。辉光放电管阳极内部已串联 10 kΩ 负载电阻，代入此数据，计算各放电电流所对应的极间电压，作辉光放电区内的伏安特性曲线。

（6）重复上一过程，记录各放电电流所对应的输出光强（$PD_2$），作辉光放电区内的 $P$～$I$ 特性曲线。

## 五、数据记录及处理（表 4-10）

**表 4-10　实验数据表**

| 放电电流 $I$/mA | 0 | 0.2 | 0.4 | 0.6 | 0.8 | 1.0 | 1.2 | 1.4 | 1.6 | 1.8 |
|---|---|---|---|---|---|---|---|---|---|---|
| 控制电压 $U$/V | | | | | | | | | | |
| 极间电压 $U_a$/V | | | | | | | | | | |
| 发光强度 $P$/μA | | | | | | | | | | |
| 放电电流 $I$/mA | 2.0 | 2.2 | 2.4 | 2.6 | 2.8 | 3.0 | 3.2 | 3.4 | 3.6 | 4.0 |
| 控制电压 $U$/V | | | | | | | | | | |
| 极间电压 $U_a$/V | | | | | | | | | | |
| 发光强度 $P$/μA | | | | | | | | | | |

续表

| 放电电流 $I$/mA | 4.2 | 4.4 | 4.6 | 4.8 | 5.0 | 5.2 | 5.4 | 5.6 | 5.8 | 6.0 |
|---|---|---|---|---|---|---|---|---|---|---|
| 控制电压 $U$/V | | | | | | | | | | |
| 极间电压 $U_a$/V | | | | | | | | | | |
| 发光强度 $P$/μA | | | | | | | | | | |

# 4.10　MEMS 微镜与 DLP 投影实验

## 一、实验目的

了解 MEMS 微镜与 DLP 投影工作原理

## 二、实验原理

微电子机械系统（micro electro mechanical systems，MEMS）技术以微米/纳米技术（micro/nanotechnology）为基础，可以将机械构件、光学系统、驱动部件、电控系统集成为一个整体单元的微型系统。这种微电子机械系统不仅能够采集、处理与发送信息或指令，还能够按照所获取的信息自主地或根据外部的指令采取行动。它用微电子技术和微加工技术（包括硅体微加工、硅表面微加工、LIGA 和晶片键合等技术）相结合的制造工艺，制造出各种性能优异、价格低廉、微型化的传感器、执行器、驱动器和微系统。

MEMS 涉及机械、电子、化学、物理、光学、生物、材料等多学科。MEMS 的制造，是从专用集成电路（ASIC）技术发展过来的，如同 ASIC 技术那样，可以用微电子工艺技术的方法批量制造，但比 ASIC 制造更加复杂。MEMS 的制造方法包括 LIGA 工艺（光刻、电镀成形、铸塑）、声激光刻蚀、非平面电子束光刻、真空镀膜（溅射）、硅直接键合、电火花加工、金刚石微量切削加工。目前，国际上比较重视的微型机电系统的制造技术有牺牲层硅工艺、体微切削加工技术和 LIGA 工艺等，新的微型机械加工方法还在不断涌现，这些方法包括多晶硅的熔炼和声激光刻蚀等。

MEMS 器件多采用静电驱动，常见的静电驱动方式有梳状电极、SDA（scratch drive actuator）、悬臂驱动和扭臂驱动等。悬臂驱动和扭臂驱动的驱动电压高于前两者，但结构简单、工艺上容易实现。

图 4-64 为 2×2 微机械光开关的结构示意图，采用体硅微机械加工的方法在硅片上制作。微反射镜和上电极连在一起，在没有电压输入时，上电极的位置不动，微反射镜处在光通路上，从入射光纤发出的光被微反射镜反射，改变方向后进入到镜面同一侧的出射光纤中，这是开关的反射状态。当上电极和下电极之间有电压输入时，在静电力的作用下，上电极带动微反射镜移开光通路，入射光沿直线传播进入前方的出射光纤，这是开关的开通状态。图 4-65 为阈值电压随扭梁的厚度变化曲线，图 4-66 为驱动电压与悬梁位移之间的关系曲线。

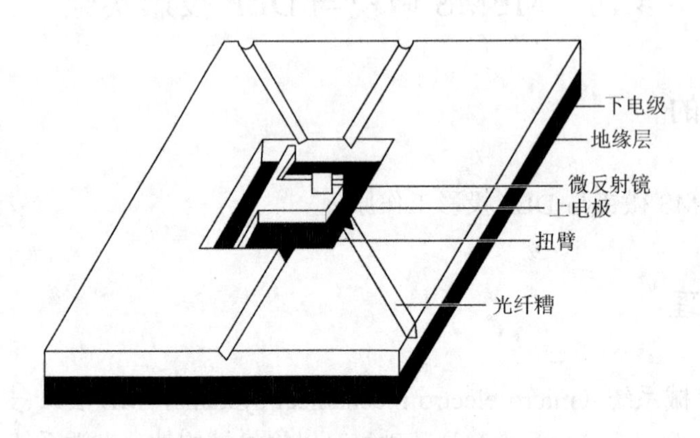


图 4-64　MEMS 光开关结构示意图

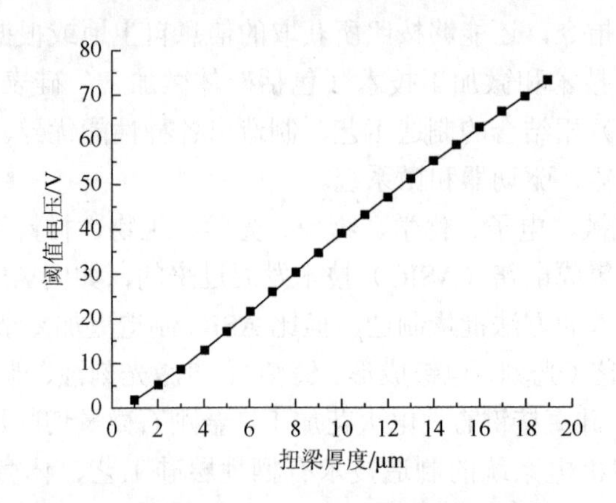


图 4-65　阈值电压随扭梁厚度的变化曲线

DLP 是“digtal light processiong”的缩写，即数字光处理。DLP 基于数字微反射镜器件（DMD）来显示可视信息，DMD 是在 CMOS 的标准半导体制程上，加上一个可以调变反射面的旋转机构形成的器件。一个 DMD 可被简单描述成为

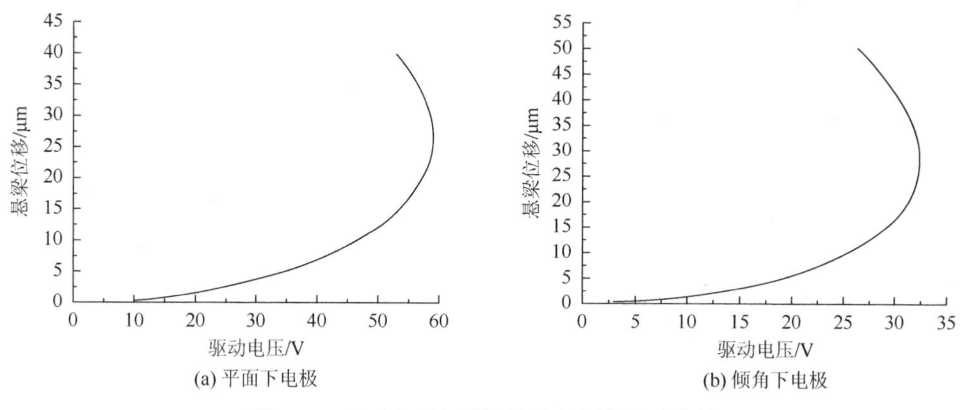

(a) 平面下电极　　(b) 倾角下电极

图 4-66　驱动电压与悬梁位移之间的关系曲线

一个半导体光开关。成千上万个微小的方形 16 μm×16 μm 镜片，被建造在静态随机存取内存（SRAM）上方的铰链结构上而组成 DMD，如图 4-67 所示。每一个镜片可以通断一个像素的光。铰链结构允许镜片在两个状态之间倾斜，+10°为“开”。–10°为“关”，当镜片不工作时，它们处于 0°“停泊”状态。通过对每一个镜片下的存储单元以二进制平面信号进行电子化寻址，DMD 阵列上的每个镜片被以静电方式倾斜为开或关态。每个镜片在开方向上停留的时间采用脉冲宽度调制方法控制（PWM）。镜片可以在一秒内开关 1000 多次，这一相当快的速度允许数字灰度等级和颜色再现。

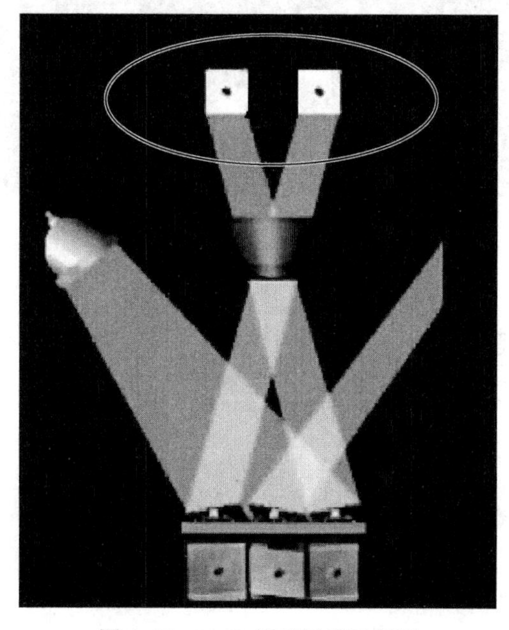

图 4-67　DMD 显示原理示意图

投影灯的光线通过聚光透镜以及颜色滤波系统后，被直接照射在 DMD 上。当镜片在开的位置上时，它们通过投影透镜将光反射到屏幕上形成一个数字的方型像素投影图像，如图 4-68 所示。入射光射到三个镜片像素上，两个外面的镜片设置为开，反射光线通过投影镜头然后投射在屏幕上。这两个“开”状态的镜片产生方形白色像素图形。中央镜片倾斜到“关”的位置。这一镜片将入射光反射偏离开投影镜头而射入光吸收器，以致在那个特别的像素上没有光反射上去，形成一个方形、黑色像素图像。同理，其他所有镜片像素都将光线反射到屏幕上或反射离开镜片，通过使用一个彩色滤光系统，一个全彩色数字图像被投影到屏幕上。

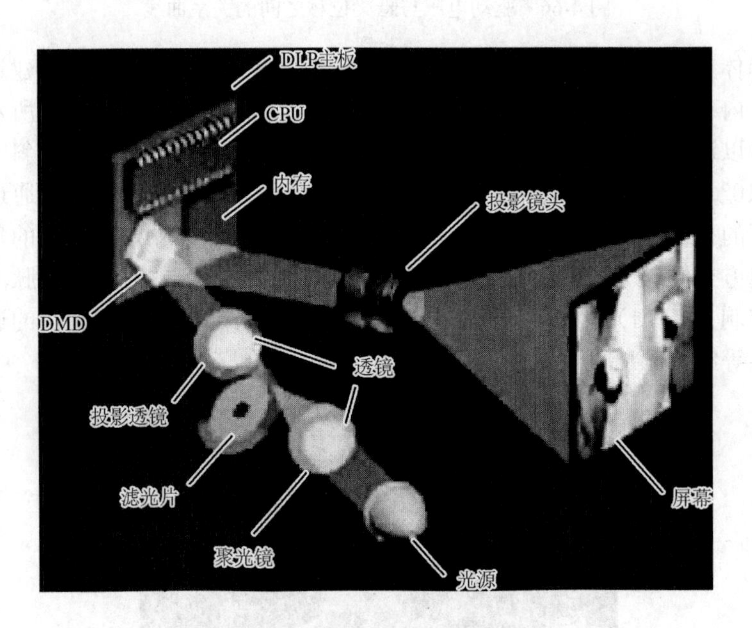


图 4-68　DLP 投影显示原理图

## 三、实验仪器及装置图

（1）光电显示综合实验仪；
（2）光学平台；
（3）MEMS 微镜模块；
（4）刻度尺；
（5）半导体激光器。
实验装置图见图 4-69。

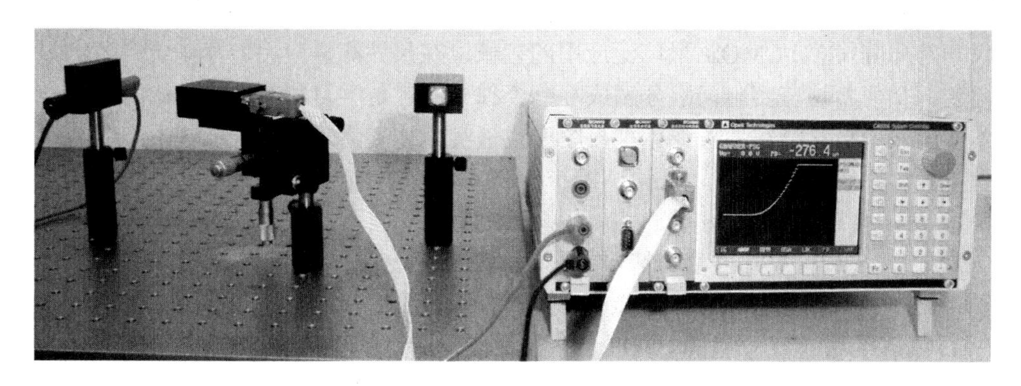

图 4-69　MEMS 微镜特性测量装置图

## 四、实验步骤

1. 实验装置连接

按图 4-68 所示结构放置各光学器件，注意使 MEMS 微反射镜与刻度尺之间有足够的距离。调节各支架高度至各光学器件等高。

将 635 nm 半导体激光器控制电缆连接至 LDC，设置 LDC 工作模式为 ACC，设置驱动电流 $I_c$ 为 20 mA。

连接微反射镜驱动端至 PSG 和 GND，PSG 置高压模式（HVS），输出电压 0 V。

调节激光器和微镜位置和角度，使得激光光束照射到微镜中心，同时反射到刻度尺中心。

2. MEMS 微反射镜 $\theta$~$V$ 关系曲线测量

从 0 V 到 30 V 每隔 0.5 V 测一个点，记录相应的驱动电压 $U$ 和光斑位置 $d$。由光斑位置 $d$ 计算偏转角度，作 MEMS 微反射镜 $\theta$～$U$ 关系曲线。

## 五、数据处理

根据实验数据，作 MEMS 微反射镜 $\theta$～$V$ 关系曲线。

# 4.11　面阵 CCD/CMOS 尺寸测量实验

## 一、实验目的

（1）用面阵 CCD/CMOS 图像传感器与图像数据采集系统测量实际物体外形

尺寸是面阵 CCD/CMOS 最广泛应用的领域，在尺寸测量应用中存在着许多实际问题。如何将这些实际问题分解成一个个独立问题是学习和掌握该方法的关键；本实验采用标准分辨率板或标准板图形代替实际被测物，可以将一些不必要的问题排除，突出主要问题；

（2）通过对标准图形的点、线、面的测量过程的学习，掌握应用面阵 CCD/CMOS 进行尺寸测量的基本方法；

（3）通过对标准图形的点、线、面的测量过程的学习，掌握应用面阵 CCD/CMOS 进行尺寸测量的同时，掌握测量范围、精度和测量时间等问题。

## 二、实验原理

CCD/CMOS 作为主要的图像传感器件，用于客观物体的尺寸测量是最典型的应用之一。被测物体所代表的“物”点经过镜头在 CCD/CMOS 光敏面上成实“像”点，实现点的物像共轭，于是“物”点，镜头主点，“像”点三者共线，与光轴构成两个相似三角形，所以“物”高与“像”高的比例与物距与像距的比例相同，只要确定未知光学系统的物距与像距之比，即光学系统的放大倍数，则很容易由图像所得的“像”高求得“物”高，即待测物体的真实尺寸。

## 三、实验仪器

带有网络接口、USB 2.0 输入端口的计算机，推荐使用 WIN XP 以上操作系统，计算机使用 1024×768 分辨率，24 或 32 位真彩显示；“TH-OE02 型光电视觉检测实验仪（含光电视觉检测实验软件）”一台。

## 四、实验步骤

1. 开机过程

（1）打开计算机的电源开关，并确认光电视觉检测实验软件是否已经安装，若未安装，则先将软件安装在计算机的指定位置上。

（2）将网口 CCD 正确连接到计算机的网络接口上，网口 CCD 需要配置电源，请将电源线连接上。

（3）将 USB 口 CMOS 插入到任意一个计算机的 USB 口上，USB 口无需配置电源。

（4）将计算机屏幕桌面上的光电视觉检测实验系统软件双击打开，点击“连续图像采集”按钮，分别测试 CCD/CMOS 是否连接并有视频输出，若没有，请排查原因直至成功。

（5）点击“保存图像”按钮，在保存路径中打开刚拍摄的图片，以观测评定 CCD/CMOS 摄像机的分辨率，信道数目（黑白摄像机为 1 信道，彩色摄像机为 3 信道），并记录下来。

（6）将实验仪附带的标准板或分辨率板安放在检测平台上，用固定装置夹持稳妥。

（7）软件界面将显示摄像机所采集的图像，调整摄像机与测量物的相对位置（粗调上下移动摄像机的垂直轴夹持装置，然后微调镜头对焦旋钮），直至所成像最清晰。点击“暂停”按钮，或者点击“单帧图像采集”按钮，采集一幅数据图像，并将其存入指定文件路径，保存标准板图像。

（8）重复（6）～（7）步骤，只是将标准板置换为其他待测对象，在指定文件路径中保存其他待测图像。

### 2. 待测尺寸的特征点数据的测量

（1）利用计算机所附带的画图板程序，将保存的待测图像打开，观测图像中某个特征点，记录该特征点的横向与纵向像素坐标（$u$，$v$），注意该坐标没有量纲，坐标代表待测点距离图像左上角坐标原点的像素个数距离。

（2）该特征点数据的测量值（$x$，$y$）可由以下公式计算得到，$x$，$y$ 坐标代表实际测量值，将有 mm（毫米）单位的量纲。

$$\begin{cases} x = \dfrac{u \cdot x_0}{\beta} \\ y = \dfrac{v \cdot y_0}{\beta} \end{cases} \tag{4-33}$$

式中，$x_0$，$y_0$ 分别为面阵 CCD/CMOS 的像敏单元在水平（$x$）与垂直（$y$）方向的尺寸（TH-OE02 型光电视觉检测实验仪所配置 CCD 的 $x_0$=5.2 μm=0.0052 mm，$y_0$=5.2 μm=0.0052 mm；所配置 COMS 的 $x_0$=2.2 μm=0.0022 mm，$y_0$=2.2 μm=0.0022 mm）；$\beta$ 为光学系统的放大倍率。

### 3. 光学系统放大倍率 $\beta$ 的标定

利用计算机所附带的画图板程序，将保存的标准板图像打开，选取图像左上角，右下角两个圆圈的中心白点作为特征点，记录下它们的像素坐标（$u_1$，$v_1$）、（$u_2$，$v_2$）。再用毫米标尺测量它们的实际尺寸 $l_0$。则 $\beta$ 可由下式计算得到

$$\beta = \frac{\sqrt{[(u_2 - u_1) \cdot x_0]^2 + [(v_2 - v_1) \cdot y_0]^2}}{l_0} \tag{4-34}$$

4. 待测尺寸的测量

将式（4-34）计算的 $\beta$ 代入式（4-33），即可求得特征点的实际位置值，需做如下的计算记录，$x$=________mm，$y$=________mm。任意待测尺寸皆由两个特征点的距离获得，用同样的方法记录得另一个特征点的测量值，$x'$=____mm，$y'$= mm。则该待测尺寸计算为 $\sqrt{(x'-x)^2+(y'-y)^2}$ = ________mm。

5. 关机与结束

（1）将需要保存的数据及文件保存到 U 盘中，以免关机时丢失；

（2）退出实验软件，将计算机关闭；

（3）关闭实验仪的电源，盖好镜头盖；

（4）将被测图片和其他工具放回原处。

## 五、实验总结与思考

（1）写实验总结报告，理解面阵 CCD 尺寸测量的原理，将尺寸测量值与用毫米尺测量的值比较，若接近则代表实验过程正确，并请分析存在一定误差的误差来源。

（2）尝试设计出用摄像机测量圆柱物体（如铅笔芯）外径的测量方案。

（3）在铅笔芯外径的测量系统中，若所选的面阵 CCD 为 768（H）×576（V），被测笔芯直径为 0.7 μm，试计算所获得的最高的测量精度为多少？

# 4.12　机器视觉光源特性实验

## 一、实验目的

（1）学习光与色彩的相关知识；

（2）掌握不同色光源对机器视觉图像对比度的影响。

## 二、实验原理

在机器视觉的实际应用中，大多数应用领域都需要使用有光源提供的灯光照明来提高图像的亮度和对比度。同时，光源不仅是为照亮物体设计的，在机器视觉系统中，光源和照明方案的好坏往往决定整个系统的成败。好的光照系统会极大地突出物体和背景之间的差异，从而大大简化了图像分割算法，提高物体边缘与背景之间的陡峭变化，提高对物体的测量精度。

照明设计涉及三个主要方面：光源的种类和特性、目标及其背景的光反射和传送特性、光源的结构。最佳光源和照明方式的选择需要理论知识，但实践经验及反复的大量试验也很重要。

随着半导体技术的发展，现在的 LED 性能已经有了突破性的发展，发光效率已达几十流明每瓦，光通量达到几流明，颜色也更具多样性，有红、橙、黄、绿、蓝、白等各种颜色，应用的领域也得到了很大的拓展。光的三原色为红、绿、蓝；色彩的三原色为青（绿+蓝、白-红）、紫（红+蓝、白-绿）、黄（红+绿、白-蓝）。光的三原色叠加为白色，色彩的三原色叠加为黑色（白-红+白-绿+白-蓝=3*白-红+绿+蓝=白-红+绿+蓝=0，利用了在饱和时“3*白～白”的饱和标准白特性）。光照在物体上只反射与自身颜色相同的光色，不同色光照在互补色物体上完全不反光。例如，红光照射红色物体，黑白相机成像为白色；红光照射绿色物体，黑白相机成像为黑色。

可见光的波长从短到长分别为紫色、蓝色、青色、绿色、黄色、橙色和红色。为了得到高质量的图像，针对被测物的外形、状态和颜色等选择最佳的照明光源颜色是非常重要的。颜色的选择要遵循照明色与色材之相性（色相性）：色温近，画像的颜色就淡；色温远，画像的颜色就浓。标记光的三原色符号：红 R、绿 G、蓝 B；色彩的三原色符号：青 C、紫 M、黄 Y；R 照射 C 图像变浓，R 照射 M 图像变淡，R 照射 Y 图像变淡；G 照射 C 图像变淡，G 照射 M 图像变浓，G 照射 Y 图像变淡；B 照射 C 图像变淡，B 照射 M 图像变谈，B 照射 Y 图像变浓。巧妙地选择照明色可使难以摄取的图像一举成功或取得更为优质的图像。

## 三、实验仪器

摄像机、远心成像镜头、环形照明光源、机器视觉创新综合实验测试板、机器视觉实验平台及相关软件、相关机械调整部件等。

## 四、实验步骤

（1）安装好实验平台上各器件，打开实验软件。

（2）将任意纯白纸卡（某一纸卡的背面）安放在检测平台上，用固定装置夹持稳妥。

（3）注意此时使用的是白色环形光源。调节白色环形光源的光强旋钮，使得所显示的图像中心灰度值在210～215的范围。记录下白色光源的供电电流值（旋钮位置），然后旋动旋钮使白色环形光源关闭。

（4）沿三个对称的方向分别摆放红、绿、蓝三个条形光源，使得每个单独的条形光源皆均匀辐照到纯白纸卡上，并且调动每个单独的光源光强旋钮使得所显示的图像中心灰度值皆为 210～215。记录下每个光源的供电电流值（旋钮位置）。

（5）将“光源特性实验纸卡 A”安放在检测平台上，用固定装置夹持稳妥。

（6）调整摄像机与测量物的相对位置，使纸卡处于显示屏幕的正中央，再粗调上下移动摄像机的垂直轴夹持装置，然后微调镜头对焦旋钮，直至所成像最清晰。

（7）以以上的旋钮位置对应的光强记录，使白色环形光源亮，另外三个光源暗。

（8）点击“保存图像”按钮，在保存路径中重命名为“纸卡 A 白色光源.bmp”文件名。

（9）以以上的旋钮位置对应的光强记录，使仅有红色条形光源亮，另外三个光源暗。

（10）点击“保存图像”按钮，在保存路径中重命名为“纸卡 A 红色光源.bmp”文件名。

（11）以以上的旋钮位置对应的光强记录，使仅有绿色条形光源亮，另外三个光源暗。

（12）点击“保存图像”按钮，在保存路径中重命名为“纸卡 A 绿色光源.bmp”文件名。

（13）以以上的旋钮位置对应的光强记录，使仅有蓝色条形光源亮，另外三个光源暗。

（14）点击“保存图像”按钮，在保存路径中重命名为“纸卡 A 蓝色光源.bmp”文件名。

（15）观察以上 4 个文件，分别记录前景与背景的大约灰度值，得出对前景为____________色、背景为____________色的纸卡 A，光源为__________色时前景背景的对比度最大、效果最佳的结论，并解释为什么。

（16）分别置换“光源特性实验纸卡 B～G”重复步骤（5）～（15），填入表 4-11。

**表 4-11　实验数据表**

| 纸卡类别 | 纸卡 A | 纸卡 B | 纸卡 C | 纸卡 D | 纸卡 E | 纸卡 F | 纸卡 G |
|---|---|---|---|---|---|---|---|
| 前景颜色 | | | | | | | |
| 背景颜色 | | | | | | | |
| 最佳光源颜色 | | | | | | | |

# 4.13　图像的综合预处理实验

## 一、实验目的

（1）了解图像预处理中一些方法的原理；

（2）掌握图像预处理的一些基本处理方法；

（3）通过图像采集模块得到清晰图像；

（4）尝试通过图像预处理的各种手段得到想要的图像信息。

## 二、实验原理

图像预处理的主要目的是消除图像中无关的信息，恢复有用的真实信息，增强有关信息的可检测性和最大限度地简化数据，从而改进特征抽取、图像分割、匹配和识别的可靠性。图像预处理包含许多方法，比较常用的有灰度化处理、图像平滑、图像增强、边缘检测、阈值分割、形态学运算等。

### 1. 灰度化处理

将彩色图像转化成为灰度图像的过程称为图像的灰度化处理。三通道的彩色图像中每个像素的颜色由 R、G、B 三个分量决定，每个分量有 255 值可取（24 位）。灰度图像是 R、G、B 三个分量相同的一种特殊的彩色图像，其一个像素点的变化范围为 0～255，所以在数字图像处理中一般先将各种格式的图像转变成灰度图像以使后续的图像计算量变得少一些。灰度图像的描述与彩色图像一样仍然反映了整幅图像的整体和局部的色度及亮度等级的分布和特征。

### 2. 图像平滑

图像平滑的主要目的是减少噪声。图像中的噪声种类很多，对图像信号幅度和相位的影响十分复杂，有些噪声和图像信号互相独立不相关，有些相关，噪声本身之间也有相关。因此要减少图像中的噪声，必须针对具体情况采用不同方法，否则很难获得满意的处理效果。

图像中的噪声往往和信号交织在一起，尤其是乘性噪声。如果平滑不当，就会使图像本身的细节如边界轮廓、线条等变得模糊不清，从而使图像降质。因此图像平滑过程总是要付出一定的细节模糊代价。如何既能平滑图像中的噪声，又能尽量保持图像细节即少付出一些细节模糊的代价是图像平滑研究的主要问题之一。

本实验采用的图像平滑方法是采用均值滤波器，其原理为假设待处理的图像为 $f(x,y)$，处理后图像为 $g(x,y)$，领域平均法图像平滑处理的数学表达可表示为

$$g(x,y)=\frac{1}{M}\sum_{(m,n)\in S}f(x-m,y-n) \tag{4-35}$$

式中，$M$ 为领域内所包含的像素总数；$S$ 为事先确定的领域，该领域不包括$(x,y)$点。平滑处理的图像 $g(x,y)$中的每个像素的灰度值由包含在$(x,y)$的预定领域中的$f(x,y)$几个像素的灰度平均值决定。在图像上，对待处理的像素给定一个模板，该模板包括了其周围的邻近像素，如图 4-70 所示，这是一种将模板中的全体像素的均值来替代原来的像素值的方法。

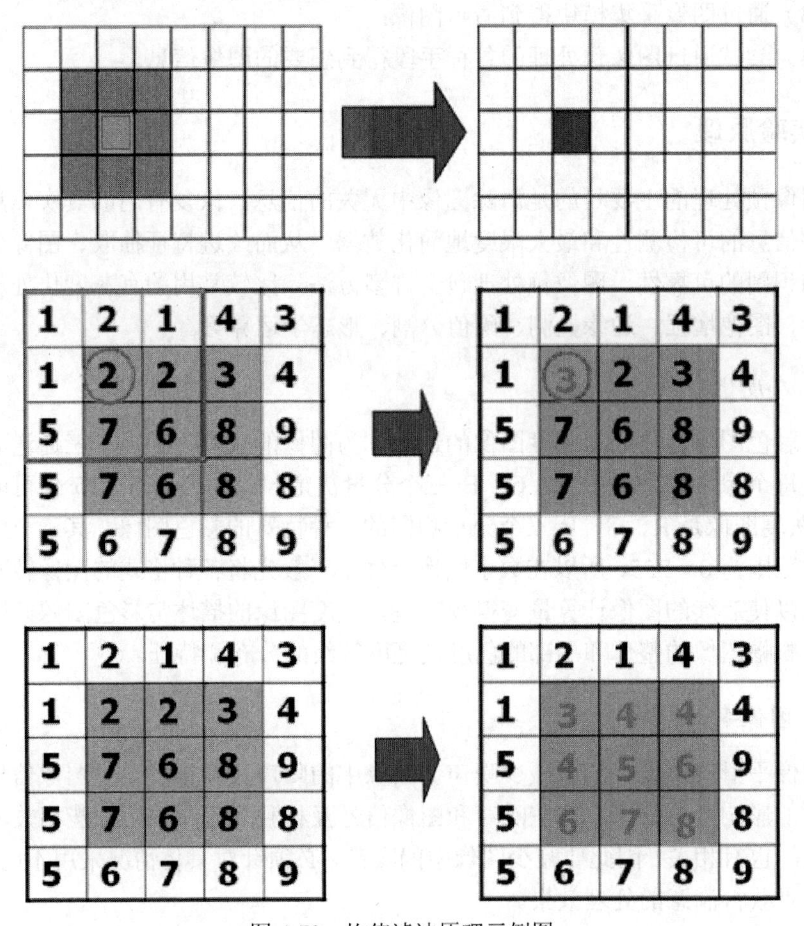

图 4-70　均值滤波原理示例图

### 3. 图像增强

增强图像中的有用信息，它可以是一个失真的过程，其目的是要改善图像的视觉效果，针对给定图像的应用场合，有目的地强调图像的整体或局部特性，将原来不清晰的图像变得清晰或强调某些感兴趣的特征，扩大图像中不同物体特征之间的差别，抑制不感兴趣的特征，使之改善图像质量，丰富信息量，加强图像判读和识别效果，满足某些特殊分析的需要。

常见的图像增强方法有对比度拉伸、Gamma 矫正、直方图均衡化及直方图规定化等。本节实验将以对比度拉伸作为图像增强的一个实例，用线性函数将图像灰度值整体进行变换以实现二值化分割功能。

### 4. 边缘检测

图像的边缘是图像最基本的特征。边缘（边沿）是指其周围像素灰度有阶跃变化或屋顶变化的那些像素的集合。边缘广泛存在于物体与背景之间、物体与物体之间及基元与基元之间。因此，它是图像分割所依赖的重要特征。

在众多的边缘检测算法中，Canny 边缘检测算是比较强大稳定的检测算法。Canny 边缘检测基本思想如下：对于灰度化处理后的图像进行高斯平滑处理，高斯模糊主要为了降低整体图像噪声，更准确计算图像梯度及边缘。接着使用 Canny 算子计算梯度和边缘的幅值。然后进行非最大信号抑制，实现边缘细化，通过该步处理后边缘像素进一步减少。非最大信号抑制以后，输出的幅值如果直接显示结果可能会使少量的非边缘像素被包含在结果中，所以要通过选取阈值进行取舍，传统的基于一个阈值的方法如果选择的阈值较小起不到过滤非边缘的作用，如果选择的阈值过大容易丢失真正的图像边缘，Canny 提出基于双阈值（fuzzy threshold）的方法很好地实现了边缘选取，在实际应用中双阈值还有边缘连接的作用。双阈值选择与边缘连接方法通过假设两个阈值——其中一个为高阈值 TH，另外一个为低阈值 TL。则有：

（1）对于任意边缘像素低于 TL 的丢弃；

（2）对于任意边缘像素高于 TH 的保留；

（3）对于任意边缘像素值在 TL 与 TH 之间的，如果能通过边缘连接到一个像素大于 TH 而且边缘所有像素大于最小阈值 TL 的则保留，否则丢弃。

### 5. 阈值分割

阈值分割法是一种基于区域的图像分割技术，原理是把图像像素点分为 0 和 1。最简单的阈值分割法是本系统所用的二值分割，设立下限值与上限值，夹在两者之间的像素灰度值设为 1，其他像素点设为 0，实现简单的二值化过程。

6. 形态学运算

数学形态学是一门建立在集论基础上的学科，是几何形态学分析和描述的有力工具。目前，数学形态学已在计算机视觉、信号处理与图像分析、模式识别、计算方法与数据处理等方面得到了极为广泛的应用。数学形态学是以形态结构元素为基础对图像进行分析的数学工具。它的基本思想是用具有一定形态的结构元素去度量和提取图像中的对应形状以达到对图像分析和识别的目的。数学形态学的应用可以简化图像数据，保持它们基本的形状特征，并除去不相干的结构。数学形态学的基本运算有 4 个：膨胀、腐蚀、闭运算和开运算。它们在二值图像中和灰度图像中各有特点。基于这些基本运算还可以推导和组合成各种数学形态学实用算法。

（1）膨胀：把二值图像各 1 像素连接成分的边界扩大一层（填充边缘或 0 像素内部的孔）；

（2）腐蚀：把二值图像各 1 像素连接成分的边界点去掉从而缩小一层（可提取骨干信息，去除毛刺，去除孤立的 0 像素）；

（3）闭运算：先膨胀再腐蚀，可以去除目标内的孔；

（4）开运算：先腐蚀再膨胀，可以去除目标外的孤立点。

## 三、实验仪器

带有网络接口、USB 2.0 输入端口的计算机，推荐使用 WIN XP 以上操作系统，使用 1024×768 分辨率，24 或 32 位真彩显示；“TH-OE02 型光电视觉检测实验仪（含光电视觉检测实验软件）”一台。

## 四、实验步骤

（1）打开计算机的电源开关，并确认光电视觉检测实验软件是否已经安装，若未安装，则先将软件安装在计算机的指定位置上。

（2）将网口 CCD 正确连接计算机的网络接口，网口 CCD 需要配置电源，请将电源线连接上。

（3）将 USB 口 CMOS 插入任意一个计算机的 USB 口，USB 口无需配置电源。

（4）将计算机屏幕桌面上的光电视觉检测实验软件双击打开，点击“连续采集”按钮，分别测试 CCD/CMOS 是否连接并有连续视频输出，若没有，请排查原因直至成功。

（5）将“综合预处理实验图”纸卡安放在检测平台上，用固定装置夹持稳妥。

（6）关闭环形光源，打开三色条形光源并调节合适亮度使得辐照区域均匀。

（7）点击“暂停”按钮，再点击“单帧图像采集”按钮，最后点击“保存图像”按钮。

（8）在“预处理参数调试”子窗口中，输入“平滑窗口1”与“窗口2”的值（建议输入值为20～100），然后点击“图像平滑”按钮，即可见到平滑处理效果。

（9）点击“读取图像”将原图调出。在“预处理参数调试”子窗口中，输入“图像增强对比度”与“亮度”的值（分别为线性点运算中的a值与b值），然后点击“图像增强”按钮，即可见到线性点运算处理后的效果。

（10）点击“读取图像”将原图调出。在“预处理参数调试”子窗口中，输入“Canny双阈值之1”与“双阈值之2”的值（前者建议值为11～30，后者建议值为31～50），然后点击“边缘检测”按钮，即可见到轮廓线出现的效果。

（11）点击“读取图像”将原图调出。在“预处理参数调试”子窗口中，输入“阈值分割下限值”与“上限值”的值（输入值为0～255，且下限值必须小于上限值），然后点击“阈值分割”按钮，即可见到二值化效果图。注意必须是调节得比较好的二值化效果图，方能继续以下步骤。

（12）在“形态学运算”子窗口中，输入“膨胀半径”的值（建议输入值为5～15）。然后多次点击“膨胀”按钮，即可逐次见到膨胀后的效果。

（13）点击“阈值分割”将原图的阈值分割图调出。在“形态学运算”子窗口中，输入“腐蚀半径”的值（建议输入值为5～15）。然后多次点击“腐蚀”按钮，即可逐次见到腐蚀后的效果。

## 五、实验总结与思考

（1）写出实验总结报告；

（2）分析“膨胀”“腐蚀”等形态学算法对比基于灰度阈值算法分割Region的优缺点。

# 4.14　二维码识别实验

## 一、实验目的

（1）学习二维码的基础知识和相关应用；

（2）了解二维码识别原理；

（3）掌握二维码的设计和识别技术。

## 二、实验原理

一维条形码（简称一维码）普及至今已有三十几年时间，其应用从以超市、便利店为代表的商品管理开始，逐步向运输、制造等行业扩展，担负起构筑各种情报系统的任务，已成为各行业有效的信息输入手段。然而，随着信息化的急速发展，针对一贯使用的条形码，一些新的需求显现出来。比如，收纳更多的信息、印刷在更小的空间里等。二维条形码（简称二维码）是为提升信息容量，由一维码拓展而来。二维码的出现是条码技术发展史上的里程碑，从质的方面提高了条码技术的应用水平，从量的方面拓宽了应用领域。在经济全球化、信息网络化、生产国际化的当今社会，作为信息交换、传递的介质，二维码信息密度和信息容量增大，它除了可以用字母、数字进行编码外，还可以将图片、指纹、声音、汉字等信息进行编码。现在二维码技术已应用于公安、军事等部门对各类证件的管理；海关、税务等部门对各类报表和票据的管理；商业、交通运输等部门对商品及货物运输的管理；邮政部门对邮政包裹的管理；工业生产领域对工业生产线的自动化管理等。

1. 二维码的特点

二维码的主要特征是二维码符号在水平和垂直方向均表示数据信息，具有代表性的二维码有：四一七条码、QR Code 码、Data Matrix 码、Code One 码、Code 49 码及 Code16 K 码等。

二维码除具备一维码的优点外，还具有信息容量大、译码可靠性高、可表示图像及多种文字信息和保密防伪性强等优点。其主要特性如下。

高密度：目前，应用比较成熟的一维码如 EAN/UPC 条码，因密度较低，故仅作为一种标识数据，不能对产品进行描述。要知道产品的有关信息，必须通过识读条码进入数据库。这就要求必须事先建立以条码所表示的代码为索引字段的数据库。二维码通过利用垂直方向的尺寸来提高条码的信息密度。通常情况下，其密度是一维码的几十到几百倍，这样，就可以把产品信息全部存储在一个二维码中。要查看产品信息，只要用识读设备扫描二维码即可，因此，不需要事先建立数据库，真正实现了条码对“物品”的描述。

具有纠错功能：二维码可以表示数以千计字节的数据。通常情况下，其所表示的信息不可能与条码符号一同印刷出来。如果没有纠错功能，当二维码的某部分损坏时，该条码则会由于无法识读而变得毫无意义。二维码引入纠错机制，使得二维码在因穿孔、污损等引起损坏时，照样可以得到正确识读。

可表示图像及多种文字信息：多数一维码所能表示的字符集不过是 10 个数字，26 个英文字母及一些特殊字符。条码字符集最大的 Code128 条码，所能表示的字符个数也不过是 128 个 *ASCII* 字符。因此，要用一维码表示其他语言文字（如汉字、日文等）是不可能的。大多数二维码都具有字节表示模式，可将语言文字或图像信息转换成字节流，然后再将字节流用二维码表示，从而实现二维码的图像及多种语言文字信息的表示。

可引入加密机制：加密机制的引入是二维码的又一优点。比如：用二维码表示照片时，可以先用一定的加密算法对图像信息加密，然后再用二维码表示。在识别二维码时，再加以一定的解码算法，就可以恢复所表示的照片。这样便可以防止各种证件、卡片等的伪造。

译码可靠性高：二维码的译码可靠性也要高于传统的一维码。例如，普通条码的译码错误率约为百万分之二左右，而二维码的误码率不超过千万分之一，译码可靠性极高。

2. QRCode 概述

（1）QRCode 的主要特点。

QRCode 是由日本 Denso 公司于 1994 年 9 月研制的一种矩阵二维码字符，它的结构见图 4-71，它具有一维码及其他二维码所具有的信息容量大，可靠性高，可表示汉字及图像多种文字信息，保密防伪性强等优点，还具有如下主要特点。

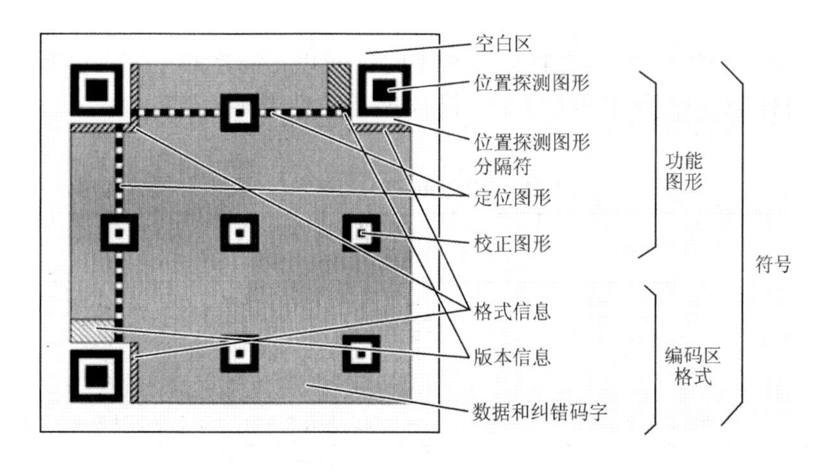


图 4-71　QRCode 结构图

①超高速识读：从 QRCode 的英文名称 Quick Response Code 可以看出，超高

速识读特点是 QRCode 区别于四一七条码、Data Matrix 码等二维码的主要特点。在用摄像机识读 QRCode 时，整个 QRCode 符号中信息的读取是通过 QRCode 符号的位置探测图形，用硬件来实现，因此，信息识读过程所需时间很短，它具有超高速识读特点。用摄像机二维码识读设备，每秒可识读 30 个含有 100 个字符的 QRCode 符号；对于含有相同数据信息的四一七条码符号，每秒仅能识读 3 个字符；对于 Data Matrix 矩阵码，每秒仅能识读 2～3 个符号。QRCode 的超高速识读特性，使它能够广泛应用于工业自动化生产线管理等领域。

②全方位识读：QRCode 具有全方位（360°）识读特点，这是 QRCode 优于其他二维条码如四一七条码的另一主要特点，四一七条码是通过将一维码符号在行排高度上的截短来实现的，因此，它很难实现全方位识读，其识读方位角仅为±10°。

③能够有效地表示中国汉字、日本汉字：QRCode 用特定的数据压缩模式表示中国汉字和日本汉字，它仅用 13 bit 即可表示一个汉字，而四一七条码、Data Matrix 码等二维码没有特定的汉字表示模式，因此仅用字节表示模式来表示汉字。在用字节模式表示汉字时，需用 16 bit（两个字节）表示一个汉字，因此，QRCode 比其他的二维码表示汉字的效率提高了 20%。该特点是 QRCode 在我国具有良好应用前景的主要因素之一。

（2）QRCode 的基本特性。

编码字符集：①数字型数据（数字 0～9）；②字母数字型数据（数字 0～9；大写字母 A～Z；9 个其他字符“space $%*+-./:”）；③八位字节型数据（与 JISX0201 一致的 JIS8 位字符集（拉丁和假名））；④日本汉字字符（与 JISX0208 附录 1 转换代码表示法一致的转化 JIS 字符集，注意在 QRCode 中的日本汉字字符的值为 8140HEX-9FFCHEX 和 E040HEX-EBBFHEX，可以压缩为 13 位）；⑤中国汉字字符（GB 2312 对应的汉字和非汉字字符）。详见特性表 4-12。

**表 4-12　QRCode 符号的基本特性**

| | |
|---|---|
| 符号规格 | 21×21 模块（版本 1）～=177×177 模块（版本 40）<br>（每一规格：每边增加 4 个模块） |
| 数据类型与容量（指最大规格符号版本 40-L 级） | 数字数据：7089 个字符<br>字母数据：4296 个字符<br>8 位字节数据：2953 个字符<br>中国汉字、日本汉字数据：1817 个字符 |
| 数据表示方法 | 深色模块表示二进制“1”，浅色模块表示二进制“0” |
| 纠错能力 | L 级：约可纠错 7%的数据码字<br>M 级：约可纠错 15%的数据码字<br>Q 级：约可纠错 25%的数据码字<br>H 级：约可纠错 30%的数据码字 |

续表

| | |
|---|---|
| 结构连接（可选） | 可用 1～16 个 QRCode 符号表示一组信息 |
| 掩模（固有） | 可用使符号中深色与浅色模块的比例接近 1∶1，使因相邻模块的排列造成译码困难的可能性降为最小 |
| 扩充解释（可选） | 这种方式使符号可以表示缺省字符集的数据（如阿拉伯字符、古拉斯夫字符、希腊字母等），以及其他解释（如用一定的压缩方式表示的数据）或者对行业特点的需要进行编码 |
| 建立定位功能 | 有 |

（3）QRCode 的符号结构。

每个 QRCode 符号由名义上的正方形模块构成，组成一个正方形阵列，它由编码区域和包括寻图图形、分隔符、定位图形和校正图形在内的功能图形组成。功能图形不能用于数据编码。符号的四周由空白区包围。

符号版本和规格见图 4-72，QRCode 符号共有 40 种规格，分别为版本 1、版本 2……版本 40。版本 1 的规格为 21 模块×21 模块，版本 2 的规格为 25 模块×25 模块（图 4-66），以此类推，每一版本符号比前一版本每边增加 4 个模块，直到版本 40，规格为 177 模块×177 模块。

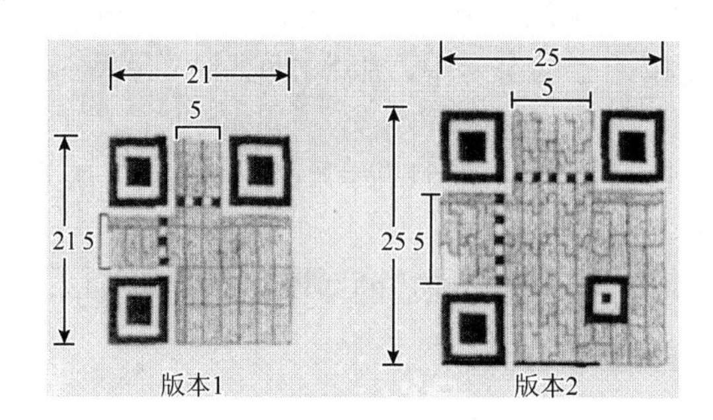


图 4-72 QRCode 的符号版本和规格

寻像图形见图 4-73，寻像图形包括三个相同位置的探测图形，分别位于符号的左上角、右上角和左下角。每个位置的探测图形可以看作由三个重叠的同心的正方形组成，它们分别为（7×7）个深色模块、（5×5）个浅色模块和（3×3）个深色模块。位置探测图形的模块宽度比为 1∶1∶3∶1∶1（图 4-67）。符号中其他地方遇到类似图形的可能性极小，因此可以在视场中迅速地识别可能的 QRCode 符号。识别组成寻像图形的三个位置探测图形，可以明确地确定视场中符号的位置和方向。

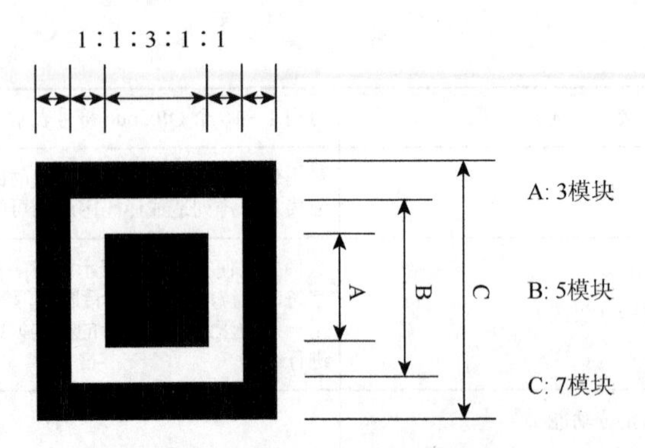


图 4-73　QRCode 的寻像图形

分隔符：在每个位置探测图形和编码区域之间有宽度为一个模块的分隔符，它全部由浅色模块组成。

定位图形：水平和垂直定位图形分别为一个模块宽的一行和一列，由深色浅色模块交替组成，其开始和结尾都是深色模块。水平定位图形位于上部的两个位置探测图形之间，符号的第六行。垂直定位图形位于左侧的两个位置探测图形之间，符号的第六列。它们的作用是确定符号的秘密和版本，提供决定模块坐标的基准位置。

校正图形：每个校正图形可看作三个重叠的同心正方形，由（5×5）个深色模块，（3×3）个浅色模块及位于中心的一个深色模块组成。校正图形的数量视符号的版本号而定，在模式 2 的符号中，版本 2 以上（含版本 2）的符号均有校正图形。

编码区域：编码区域包括表示数据码字、纠错码字、版本信息和格式信息的符号字符。

空白区：空白区位环绕在符号四周的 4 个模块宽的区域，其反射率应与浅色模块相同。

## 三、实验仪器

带有网络接口、USB 2.0 输入端口的计算机，推荐使用 WIN XP 以上操作系统，使用 1024×768 分辨率，24 或 32 位真彩显示；“TH-OE02 型光电视觉检测实验仪（含光电视觉检测实验软件）”一台。

## 四、实验步骤

（1）打开计算机的电源开关，并确认光电视觉检测实验软件是否已经安装，若未安装，则先将软件安装在计算机的指定位置上。

（2）将网口 CCD 正确连接计算机的网络接口，网口 CCD 需要配置电源，请将电源线连接上；将 USB 口 CMOS 插入任意一个计算机的 USB 口，USB 口无需配置电源。

（3）将计算机屏幕桌面上的光电视觉检测实验软件双击打开，点击“连续采集”按钮，分别测试 CCD/CMOS 是否连接并有连续视频输出，若没有，请排查原因直至成功。

（4）点击“连续图像采集”按钮。

（5）将“二维码识别实验图”纸卡安放在检测平台上，用固定装置夹持稳妥。

（6）点击“暂停”按钮，再点击“单帧图像采集”按钮，最后点击“保存图像”按钮。

（7）点击“识别”按钮，再点击“显示结果”按钮，可在右方“二维码识别结果”中显示得到识别信息。

（8）点击“连续图像采集”按钮。

（9）将手机的二维码信息调出，安放在检测平台上。

（10）点击“暂停”按钮，再点击“单帧图像采集”按钮，最后点击“保存图像”按钮。

（11）点击“识别”按钮，再点击“显示结果”按钮，可在右方“二维码识别结果”中显示得一个网址信息，最后用手机网页将以上信息输入，以证明所识别的信息正确。

## 4.15　光学字符识别实验

### 一、实验目的

（1）学习了解光学字符识别 OCR（optical character recognition）的技术原理；

（2）掌握 OCR 的方法和技巧。

### 二、实验原理

OCR 技术是指对文本资料进行扫描，然后对图像文件进行分析处理，获取文字及版面信息的技术，OCR 技术属于图像识别技术。OCR 通常按文字体系分为西文识别、数字识别和汉字识别三种；按字体形式可以分为手写字体识别和印刷字体识别。本实验以印刷字体中的西文和数字识别为例，进行光学字符识别的学习。

OCR 也可简单地称为文字识别，是文字自动输入的一种方法。它通过扫描和摄像等光学输入方式获取纸张上的文字图像信息，利用各种模式识别算法分析文字形态特征，判断汉字的标准编码，并按通用格式存储在文本文件中。所以，OCR 是一种非常快捷、省力的文字输入方式，也是在文字量比较大的今天，很受人们欢迎的一种输入方式。

OCR 的概念是在 1929 年由德国科学家 Tausheck 最先提出来的，后来美国科学家 Handel 也提出了利用技术对文字进行识别的想法。最早对印刷体汉字识别进行研究的是 IBM 公司的 Casey 和 Nagy，1966 年他们发表了第一篇关于汉字识别的文章，采用了模板匹配法识别了 1000 个印刷体汉字。

字符识别作为模式识别的一个重要分支，已经研究了很多年，字符识别算法也很多。从模式识别的角度来看，可以分为基于统计的识别算法和基于机构的识别算法。从信息角度来看，有的是在字符图像级上进行识别，有的是在字符轮廓级上进行识别，还有的在字符骨架基础上进行识别，各种算法各有其优缺点。当前常用的字符识别方法如下。

（1）对字符拓扑结构进行分析的识别方法。对字符的旋转缩放和变形具有很好的容忍度，但实现不易，很多方法尚在探索之中。

（2）根据字符图像的统计特征匹配进行识别。该方法通过计算字符图像的全部或部分的期望与方差实现字符识别，对字符的旋转、缩放、变形有一定的容忍度，但识别率较低。

（3）模板匹配。实现简单，当字符较规则时，对字符图像的缺损、污迹、干扰适应力强，并且识别率高对数字字符可达 95%，但对字符的旋转缩放和变形容忍度低。

（4）基于字符图像的变换进行匹配。通过将字符与标准模板分别进行傅里叶变换或霍夫变换后进行对比，虽对字符的旋转、缩放和变形具有较好的容忍度，但对字符的微小细节分辨率不够。

（5）外围轮廓匹配。该方法采用外围轮廓描述数组，记录字符边框上各点到达框内字符像点的最短距离。识别时将待识别字符的这一数组与预先得到的模板的外围轮廓描述数组比较，两者差别由欧氏距离衡量。

（6）基于 Hausdorff 距离的模板匹配。该方法将字符图像的边缘点作为特征点，记录这些点所在位置的同时，还记录了每一点 8 邻域点的情况，因此每个边缘点有 9 个特征值。采用 Hausdorff 距离对待识字符进行模板匹配。

由于光照不均匀、摄像机拍摄的角度和距离不同，经过投影法之后，切分的单个字符图像大小不一样。为了有利于后续的特征提取，通常要进行归一化处理。归一化，就是将大小不一样的字符换成统一的大小。根据变换目的的不同可分为位置归一化、大小归一化及笔画粗细归一化三种。根据变换函数性质不同，又可以分为线性归一化和非线性归一化两种。在本实验中用的是位置归一化及模板匹配方法来进行 OCR，因此本书将主要介绍这两种方法。

位置归一化方法分为重心归一化和外框归一化。重心归一化是将计算出的字符点阵的重心移到字符点阵的规定位置上，一般是中心位置，即操作后后字符的重心位于点阵中心。外框归一化是将字符点阵的外框移到点阵的规定位置上。这两类方法各有优缺点。重心计算是全局性的，因此抗干扰能力强；各边框搜索是局部性的，易受干扰影响。大多数字符是比较均匀的，字符重心和字形的中心差不多，重心归一化不会造成字形失真。但也存在个别字符，如“6”“9”等，上下分布不均匀，重心归一化会使字形移动，使上端或下端超出点阵范围而造成失真。因此，通常将两者结合起来使用，扬长避短。

模板匹配方法是指根据已知模式到另一幅图中寻找相应的模式，其目的可以分为两类：一类是确定大图像是否存在小图像，另一类是确定小图像在大图像中的位置。图像匹配中最常用的方法是模板（子图像或窗）匹配，也有人称为基于面积或邻域的匹配。它直接采用物体的灰度图像作为已知模板，在一幅图像中查找是否存在已知模板的图像。

模板匹配是基于二维窗口的图像处理，以 8 位图像（其 1 个像素由 1 个字节描述）为例，模板 $T$（$m\times n$）个像素叠放在被搜索图 $S$（$W\times H$）个像素上平移，模板覆盖被搜索图的那块区域叫子图 $S_{ij}$。$i$，$j$ 为子图左上角在被搜索图 $S$ 上的坐标。搜索范围是：

$$\begin{aligned}1\leqslant i\leqslant W-m\\1\leqslant j\leqslant H-n\end{aligned}\tag{4-36}$$

通过比较 $T$ 和 $S_{ij}$ 的相似性，完成模板匹配过程。

也可用式（4-37）衡量 $T$ 和 $S_{ij}$ 的相似性：

$$\begin{aligned}D(i,j)&=\sum_{m=1}^{M}\sum_{n=1}^{N}[S_{ij}(m,n)-T(m,n)^2\\&=\sum_{m=1}^{M}\sum_{n=1}^{N}[S_{ij}(m,n)]^2-2\sum_{m=1}^{M}\sum_{n=1}^{N}S_{ij}(m,n)\times T(m,n)+\sum_{m=1}^{M}\sum_{n=1}^{N}[T(m,n)]^2\end{aligned}\tag{4-37}$$

式中，第一项为子图的能量；第三项为模板的能量，它们都与模板匹配无关；第二项是模板和子图的互相关，随（$i,j$）而改变，当模板和子图匹配时，该项有极大值。将其归一化，得模板匹配的相关系数：

$$R(i,j)=\frac{\sum_{m=1}^{M}\sum_{n=1}^{N}S_{ij}(m,n)\times T(m,n)}{\sqrt{\sum_{m=1}^{M}\sum_{n=1}^{N}[S_{ij}(m,n)]^2}\cdot\sqrt{\sum_{m=1}^{M}\sum_{n=1}^{N}[T(m,n)]^2}}\tag{4-38}$$

当模板和子图完全一样时，相关系数 $R(i,j)=1$。在被搜索图 $S$ 中完成全部搜索后，找出 $R$ 的最大值 $R_{\max}(i_m,j_m)$，其对应的子图 $S_{ij}$ 即为匹配目标。显然，用这种公式做图像匹配计算量大、速度较慢。

另一种算法是衡量 $T$ 和 $S_{ij}$ 的误差，其公式为

$$E(i,j)=\sum_{m=1}^{M}\sum_{n1}^{N}|S_{ij}(m,n)-T(m,n)| \tag{4-39}$$

$E(i,j)$为最小值处即为匹配目标。为提高计算速度，取一个误差阈值 $E_0$，当 $E(i,j)>E_0$ 时，就停止该点的计算，继续下一点计算。被搜索图越大，匹配速度越慢；模板越小，匹配速度越快。误差法速度较快，阈值的大小对匹配速度影响大，和模板的尺寸有关。

一个 OCR 系统，从影像到结果输出，必须经过影像输入、影像预处理、文字特征抽取及比对识别，然后经人工矫正将认错的文字进行更正，最后将结果输出，其工作流程如下。

（1）影像输入：欲经过 OCR 处理的档案必须经过光学仪器（如影像扫描仪、传真机或任何摄影器材）处理，将影像转入计算机。

（2）影像预处理：影像预处理是 OCR 系统中需要解决的问题最多的一个模块，它包含了影像正规化、去除噪声、影像矫正及获取 ROI 区域等处理。

（3）文字特征抽取：特征抽取可以说是 OCR 的核心，特征简易地分为两类：一类为统计的特征，一类为结构的特征。

（4）对比数据库：将提取出来的文字特征与特征数据库进行对比识别，得到识别结果。

（5）人工校正：系统所识别的文字可能存在错误识别，因此需要人工干预进行校正。

## 三、实验仪器

带有网络接口、USB 2.0 输入端口的计算机，推荐使用 WIN XP 以上操作系统，使用 1024×768 分辨率，24 或 32 位真彩显示；“TH-OE02 型光电视觉检测实验仪（含光电视觉检测实验软件）”一台。

## 四、实验步骤

（1）打开计算机的电源开关，并确认光电视觉检测实验软件是否已经安装，若未安装，则先将软件安装在计算机的指定位置上。

（2）将网口CCD正确连接计算机的网络接口，网口CCD需要配置电源，请将电源线连接上；将USB口CMOS插入任意一个计算机的USB口，USB口无需配置电源。

（3）将计算机屏幕桌面上的光电视觉检测实验软件双击打开，点击“连续采集”按钮，分别测试CCD/CMOS是否连接并有连续视频输出，若没有，请排查原因直至成功。

（4）点击“连续图像采集”按钮。

（5）将“OCR字符识别图”纸卡安放在检测平台上，用固定装置夹持稳妥。

（6）点击“暂停”按钮，再点击“单帧图像采集”按钮，最后点击“保存图像”按钮。

（7）在“OCR字符识别”子窗口中，点击“OCR字符识别”按钮，然后在“Region阈值”旁的两个输入框中输入两个阈值（左值建议为0～5，右值建议为20～150），最后点击“Region预览”按钮，即可见待识别“预览图”；如果预览图显示效果不佳，请重复调整右值与点击“Region预览”按钮，直至分割出的字符清晰可辨。

（8）点击“排序”按钮，再点击“显示识别结果”按钮，最后可在右方“字符识别结果”中显示得到识别信息。

## 五、实验总结与思考

（1）如何提高OCR字符识别的识别率？

（2）当影像预处理无法得到优质的文字特征时，应该从哪些方面进行改善？

# 4.16 图像模板匹配实验

## 一、实验目的

（1）学习模板匹配的原理；

（2）掌握模板匹配的操作。

## 二、实验原理

图像匹配是指将不同成像时间、不同成像条件下对同一物体或场景获取的两幅或多幅图像在空间上的对准。图像匹配包括模板匹配、直方图匹配、形状匹配等多种匹配方法，图像匹配技术在很多方面得到广泛应用。本实验以模板匹配为学习重心去理解图像匹配技术的原理。

模板匹配是指用较小的图像，即模板与源图像进行比较，以确定在源图像中是否存在与该模板相同或相似的区域，若该区域存在，还可以确定其位置。模板匹配常用的一种测度方法为模板与原始图像对应区域的误差平方和。设 $f(x,y)$为 $M\times N$ 的源图像，$t(j,k)$表示 $J\times K$（$J\leqslant M$，$K\leqslant N$）的模板图像，则误差和的测度定义为

$$D(x,y)=\sum_{j=0}^{J-1}\sum_{k=0}^{K-1}[f(x+j,y+k)-t(j,k)]^2 \tag{4-40}$$

将上式展开后得

$$\begin{aligned}D(x,y)=&\sum_{j=0}^{J-1}\sum_{k=0}^{K-1}[f(x+j,y+k)]^2-2\sum_{j=0}^{J-1}\sum_{k=0}^{K-1}t(j,k)\cdot f(x+j,y+k)\\&+\sum_{j=0}^{J-1}\sum_{k=0}^{K-1}[t(j,k)]^2\end{aligned} \tag{4-41}$$

令

$$DS(x,y)=\sum_{j=0}^{J-1}\sum_{k=0}^{K-1}[f(x+j,y+k)]^2$$

$$DS(x,y)=2\sum_{j=0}^{J-1}\sum_{k=0}^{K-1}[t(j,k)\cdot f(x+j,y+k)$$

$$DS(x,y)=\sum_{j=0}^{J-1}\sum_{k=0}^{K-1}[t(j,k)]^2$$

$DS(x,y)$称为原图像中与模板对应区域的能量，它与像素位置$(x,y)$有关，随像素位置$(x,y)$的变化缓慢变化。$DST(x,y)$称为模板与原图像对应区域的互相关，它随像素位置$(x,y)$的变化而变化，当模板 $t(j,k)$和原图像总对应区域相匹配时取得最大值。$DT(x,y)$称为模板的能量，它与图像像素位置$(x,y)$无关，只用计算一次即可。

若假设 $DS(x,y)$也为常数，则用 $DST(x,y)$便可进行图像匹配，当 $DST(x,y)$取最大值时，便可认为模板与图像是匹配的。但假设 $DS(x,y)$为常数会产生误差，严重时将无法正确完成匹配，因此可以用归一化互相关作为误差平方和测度。其定义为

$$R(x,y)=\frac{\sum_{j=0}^{J-1}\sum_{k=0}^{K-1}t(j,k)\cdot f(x+j,y+k)}{\sqrt{\sum_{j=0}^{J-1}\sum_{k=0}^{K-1}[f(x+j,y+k)]^2}\cdot\sqrt{\sum_{j=0}^{J-1}\sum_{k=0}^{K-1}[t(j,k)]^2}} \tag{4-42}$$

图 4-74 是模板匹配示意图。

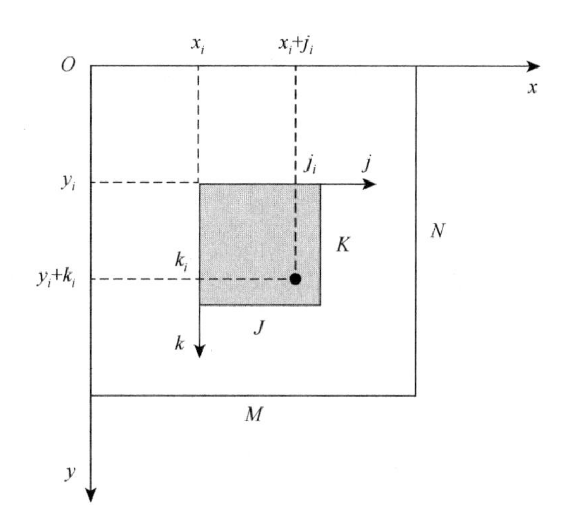


图 4-74　模板匹配相关参数

## 三、实验仪器

带有网络接口、USB 2.0 输入端口的计算机，推荐使用 WIN XP 以上操作系统，使用 1024×768 分辨率，24 或 32 位真彩显示；“TH-OE02 型光电视觉检测实验仪（含光电视觉检测实验软件）”一台。

## 四、实验步骤

（1）打开计算机的电源开关，并确认光电视觉检测实验软件是否已经安装，若未安装，则先将软件安装在计算机的指定位置上。

（2）将网口 CCD 正确连接计算机的网络接口，网口 CCD 需要配置电源，请将电源线连接上；将 USB 口 CMOS 插入任意一个计算机的 USB 口，USB 口无需配置电源。

（3）将计算机屏幕桌面上的光电视觉检测实验软件双击打开，点击“连续采集”按钮，分别测试 CCD/CMOS 是否连接并有连续视频输出，若没有，请排查原因直至成功。

（4）将实验仪附带的标准板或分辨率板安放在检测平台上，用固定装置夹持稳妥。

（5）计算机界面将显示摄像机所采集的图像，调整摄像机与测量物的相对位置使计算机显示的图像尽量清晰，点击“暂停”按钮，或者点击“单帧图像采集”按钮，采集一幅数据图像，并将其存入指定文件路径。

（6）点击“暂停按钮”后再点击“单帧图像采集”按钮，获得单帧样本图像。

（7）点击“模板匹配”后再点击“显示结果”按钮，显示匹配后的轮廓。

## 五、实验总结与思考

（1）除了模板匹配，其他图像匹配技术（直方图匹配、形状匹配）的原理是什么？

（2）模板匹配的应用领域有哪些？

# 4.17 支持向量机分类器实验

## 一、实验目的

（1）了解分类器基本思想与原理；

（2）学习支持向量机（SVM）的数学原理与分类策略；

（3）学会使用 SVM 对图像进行识别；

（4）通过训练样本构建分类器；

（5）使用构建好的分类器进行图像识别。

## 二、实验原理

### 1. 分类原理

分类原理属于模式识别范畴，从根本上说就是将物体标明类别，用来进行物体识别的工具称为分类器。分类器并不是根据物体本身来做出判断，而是根据物体被感知的某些性质。如要将钢铁和砂岩区别开，并不需要鉴定它们的分子结构，虽然分子结构可以很好地区分不同物质，真正用作判定依据的是纹理、比重、硬度等特性。这些被感知的物体特性被称作模式，分类器实际识别的不是物体，而是物体的模式。

模式识别的主要步骤如图 4-75 所示，选择一个基本性质集合，用来描述物体的某些特征，这些特征以恰当的方式衡量，并构成物体的描述模式。

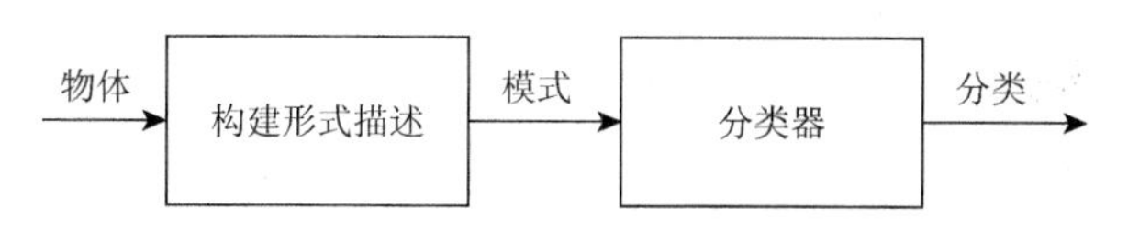


图 4-75　模式识别的主要步骤

统计物体描述采用的基本数值表述，称为特征，特征来自于物体描述。描述一个物体的模式（也称作模式向量，或特征向量），所有可能出现的模式的集合即为模式空间 X，也称特征空间。如果基本描述选择得当，同类物体间的相似性会使物体模式在模式空间中也相邻。在特征空间中各类会构成不同的聚集，这些聚集可以用分类曲线（或高维特征空间中的超曲面）分开，如图 4-76 所示。

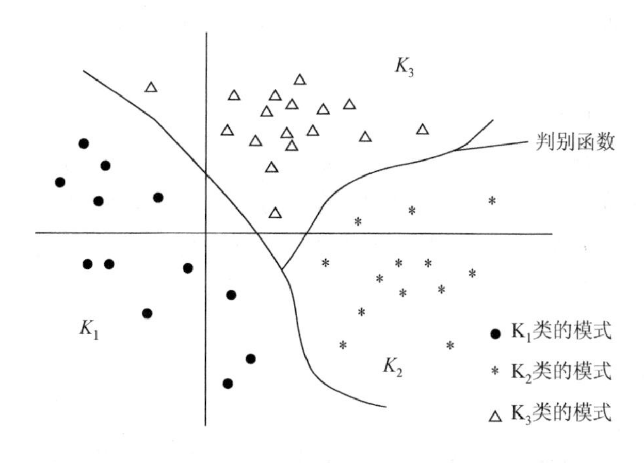


图 4-76　分类曲线示意图

2. 支持向量机

支持向量机（support vector machine，SVM），通俗地讲，它是一种二类分类模型，其基本模型定义为特征空间上的间隔最大的线性分类器，其学习策略便是间隔最大化，最终可转化为一个凸二次规划问题的求解。

为了形象地理解 SVM 的原理，通过简单例子去尝试学习。如图 4-77（a）所示，现在有一个二维平面，平面上有两种不同的数据，分别用圈和叉表示。由于这些数据是线性可分的，所以可以用一条直线将这两类数据分开，这条直线就相当于一个超平面，超平面一边的数据点所对应的 $y$ 全是−1，另一边所对应的 $y$ 全是 1。这就是线性分类的一个实例。

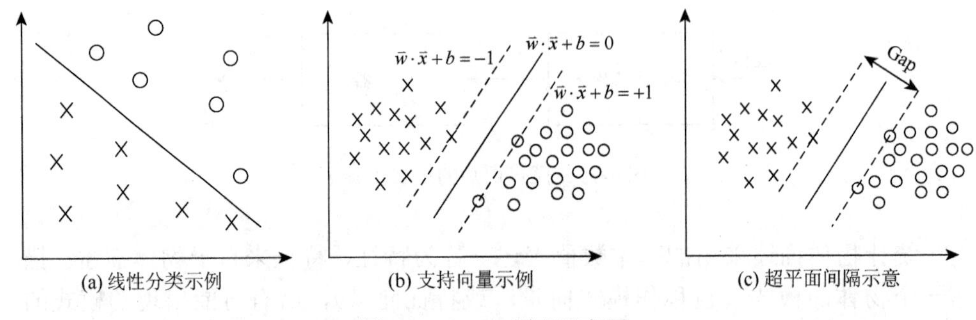


图 4-77　SVM 原理示意图

图 4-77（b）则很好地解释了间隔最大的意思，图中实线就是分类曲线。对一个数据点进行分类，当超平面离数据点的“间隔”越大，分类的确信度（confidence）也越大。所以，为了使得分类的确信度尽量高，需要让所选择的超平面能够最大化这个“间隔”值。这个间隔如图 4-77（c）的 Gap/2 所示。

以上例子都是在二维特征空间中进行的，即特征数为 2。然而大多数需要进行分类的特征向量数目都大于 2，甚至有时候达到 7 或以上，这就涉及多维空间与构造超平面的问题。此外，以上例子都是属于线性可分的情况，更多的情况是线性不可分，这就涉及分类超曲面的问题。为了解决上述的几个问题，提出了用核函数去映射到高维空间，寻找分类超曲面。有兴趣的同学可自行查找资料进行更深一步的了解。

## 三、实验仪器

带有网络接口、USB 2.0 输入端口的计算机，推荐使用 WIN XP 以上操作系统，使用 1024×768 分辨率，24 或 32 位真彩显示；“TH-OE02 型光电视觉检测实验仪（含光电视觉检测实验软件）”一台。

## 四、实验步骤

1. 基本准备

（1）打开计算机的电源开关，并确认光电视觉检测实验软件是否已经安装，若未安装，则先将软件安装在计算机的指定位置上。

（2）将网口 CCD 正确连接计算机的网络接口，网口 CCD 需要配置电源，请将电源线连接上；将 USB 口 CMOS 插入任意一个计算机的 USB 口，USB 口无需配置电源。

（3）将计算机屏幕桌面上的光电视觉检测实验软件双击打开，点击“连续采集”按钮，分别测试 CCD/CMOS 是否连接并有连续视频输出，若没有，请排查原因直至成功。

（4）将实验仪附带的标准板或分辨率板安放在检测平台上，用固定装置夹持稳妥。

（5）计算机界面将显示摄像机所采集的图像，调整摄像机与测量物的相对位置使计算机显示的图像尽量清晰，点击“暂停”按钮，或者点击“单帧图像采集”按钮，采集一幅数据图像，并将其存入指定文件路径。

（6）点击“暂停按钮”后再点击“单帧图像采集”按钮，获得单帧样本图像。

2. 构建分类器

（1）运行光电视觉检测实验系统程序，点击“生成分类器”按钮；

（2）在弹出的对话框中点击“打开摄像头”按钮；

（3）点击“连续图像采集”按钮，将样本放置平台上，调整光学系统直至拍摄得到的样本图像质量最佳；

（4）点击“暂停按钮”后再点击“单帧图像采集”按钮，获得单帧样本图像；

（5）输入阈值点击“Region 预览”获得 Region 图像，不断调整参数直至 Region 图像质量最佳；

（6）点击“提取特征”按钮，获得特征参数；

（7）点击“添加样本进分类一”或“添加样本进分类二”，对样本进行分类；

（8）重复步骤（3）～（7），直至训练样本全部添加完毕；

（9）点击“训练分类器”按钮，点确认关闭对话框，完成分类器的创建。

3. 分类识别

（1）按照实验 4.10 的实验步骤，将待分类样本放置于平台上，调整光学系统获得质量最佳的图像后，点击“设为待分类图”按钮；

（2）输入阈值点击“Region 预览”获得 Region 图像，不断调整参数直至 Region 图像质量最佳；

（3）在“类别一”和“类别二”的编辑框里输入两类对应的名称，点击“分类识别”按钮，再点击“显示结果”按钮，得出分类结果。

## 五、实验总结与思考

（1）分类器评判的依据是图像还是数值？当特征向量为多个（>2）时，每个特征向量的权重依据是什么？

（2）除了本系统提到的“面积”“凸度”“矩形度”外，你认为还有哪些属性可以充当特征向量？

# 4.18　相机标定实验

## 一、实验目的

（1）了解机器视觉系统的坐标系定义；
（2）掌握视觉系统坐标系变换理论；
（3）学习掌握系统标定的理论及方法。

## 二、实验原理

一般的机器视觉测量系统主要由照明系统、光学成像系统、摄像机、图像采集卡和计算机及其软件组成，摄像机把带有尺寸信息的光学信号变为视频信号，经图像采集卡送入计算机处理。因此，图像处理的数据是数字信号，所得结果的单位用像素表示的，如果要给出工件的尺寸，必须建立数字图像像素与实际尺寸的对应关系。在测量之前，需要首先对图像坐标系转换为工作台坐标系的转换系数进行标定。标定实际上就是确定每一个像素所表示的实际物理尺寸。标定的准确与否，将直接影响图像测量系统的测量精度。

1. 图像坐标系、摄像机坐标系与世界坐标系

在计算机视觉系统中涉及以下几种坐标：图像坐标系、摄像机坐标系和世界坐标系。摄像机采集的图像以标准视频信号的形式经高速图像采集系统变换为数字图像，并输入计算机。每幅数字图像在计算机内以 $M \times N$ 数组的形式存储，$M$ 行 $N$ 列的图像中的每一元素（称为像素 pixel）的数值即是图像点的亮度（或称灰度）。在图像上定义直角坐标系 u，每一像素的坐标$(u, v)$分别是该像素在数组中的列数与行数，所以，$(u, v)$是以像素为单位的图像坐标系坐标。由于$(u, v)$只表示像素位于数组中的列数与行数，并没有用物理单位表示出该像素在图像中的位置，需要再建立以物理单位（如 mm）表示的图像坐标系。该坐标系以图像内某一点 $O_1$ 为原点，$X$ 轴与 $Y$ 轴分别与$(u, v)$轴平行。其中，$(u, v)$表示以像素为单位的图像坐标系的坐标，$(X, Y)$表示以 mm 为单位的图像坐标系坐标。在$(X, Y)$坐标系中，原点 $O_1$ 定义在摄像机光轴与图像平面的交点，该点一般位于图像中心处，但由于

某些原因，也会有些偏离，若 $O_1$ 在$(u, v)$坐标系中坐标为$(u_0, v_0)$，每一个像素在 $X$ 轴和 $Y$ 轴方向的物理尺寸为 $dX$，$dY$，则图像中任意一个像素在两个坐标系下的坐标有如下关系：

$$\begin{cases} u = \dfrac{X}{dX} + u_0 \\ v = \dfrac{Y}{dY} + v_0 \end{cases} \tag{4-43}$$

为以后使用方便，用齐次坐标与矩阵形式将上式表示为

$$\begin{bmatrix} u \\ v \\ 1 \end{bmatrix} = \begin{bmatrix} \dfrac{1}{dX} & 0 & u_0 \\ 0 & \dfrac{1}{dY} & v_0 \\ 0 & 0 & 1 \end{bmatrix} \begin{bmatrix} X \\ Y \\ 1 \end{bmatrix} \tag{4-44}$$

逆关系可写成

$$\begin{bmatrix} X \\ Y \\ 1 \end{bmatrix} = \begin{bmatrix} dX & 0 & -u_0 dX \\ 0 & dY & -v_0 dY \\ 0 & 0 & 1 \end{bmatrix} \begin{bmatrix} u \\ v \\ 1 \end{bmatrix} \tag{4-45}$$

摄像机成像几何关系中，$O$ 点称为摄像机光心，$x$ 轴和 $y$ 轴与图像的 $X$ 轴和 $Y$ 轴平行，$Z$ 轴为摄像机光轴，它与图像平面垂直。光轴与图像平面的交点，即为图像坐标系的原点，由 $O$ 与 $x$，$y$，$z$ 轴组成的直角坐标系称为摄像机坐标系。$OO_1$ 为摄像机焦距。

由于摄像机可安放在任意位置，在环境中选择一个基准坐标系来描述摄像机的位置，并用它描述环境中任何物体的位置，该坐标系称为世界坐标系。它由 $X_wY_wZ_w$ 轴组成。摄像机坐标系与世界坐标系之间的关系可以用旋转矩阵 $R$ 与平移向量 $T$ 来描述。因此，空间中某一点 $P$ 在世界坐标系与摄像机坐标系下的齐次坐标如果分别是 $(X_w, Y_w, Z_w, 1)^{\mathrm{T}}$ 与 $(x, y, z, 1)^{\mathrm{T}}$，于是存在如下关系：

$$\begin{bmatrix} x \\ y \\ z \\ 1 \end{bmatrix} = \begin{bmatrix} R & T \\ 0 & 1 \end{bmatrix} \begin{bmatrix} X_w \\ Y_w \\ Z_w \\ 1 \end{bmatrix} = M_1 \begin{bmatrix} X_w \\ Y_w \\ Z_w \\ 1 \end{bmatrix} \tag{4-46}$$

式中，$R$ 为 3×3 正交单位矩阵；$T$ 为 3×1 三维平移向量；0为$1\times3$的零矩阵$(0,0,0)$；$M_1$ 为 4×4 矩阵。

2. 针孔成像模型

针孔成像模型又称为线性摄像机模型。空间任意一点 $P$ 在图像中的成像位置可以用针孔成像模型近似表示，即任何点 $P$ 在图像中的投影位置 $P'$，为光心 $O$ 与 $P$ 点的连线 $OP$ 与图像平面的焦点。这种关系也称为中心射影或透视投影，由比例关系有如下关系式：

$$\begin{cases} X = \dfrac{fx}{z} \\ Y = \dfrac{fy}{z} \end{cases} \tag{4-47}$$

式中，$(X, Y)$为 $P$ 点的图像坐标；$(x, y, z)$为空间点 $P$ 在摄像机坐标系下的坐标。用齐次坐标和矩阵表示上述透视投影关系为

$$s\begin{bmatrix} X \\ Y \\ 1 \end{bmatrix} = \begin{bmatrix} f & 0 & 0 & 0 \\ 0 & f & 0 & 0 \\ 0 & 0 & 1 & 0 \end{bmatrix}\begin{bmatrix} x \\ y \\ z \\ 1 \end{bmatrix} = P\begin{bmatrix} x \\ y \\ z \\ q \end{bmatrix} \tag{4-48}$$

式中，s 为一比例因子，$P$ 为透视投影矩阵。将式（4-44）与式（4-46）代入式（4-48），得到以下坐标系表示的 $P$ 点坐标与其投影点 $P$ 的坐标$(u,v)$的关系：

$$s\begin{bmatrix} u \\ y \\ 1 \end{bmatrix} = \begin{bmatrix} \dfrac{1}{dX} & 0 & u_0 \\ 0 & \dfrac{1}{dY} & v_0 \\ 0 & 0 & 1 \end{bmatrix}\begin{bmatrix} f & 0 & 0 & 0 \\ 0 & f & 0 & 0 \\ 0 & 0 & 1 & 0 \end{bmatrix}\begin{bmatrix} R & T \\ 0 & 1 \end{bmatrix}\begin{bmatrix} X_w \\ Y_w \\ Z_w \\ 1 \end{bmatrix} \tag{4-49}$$

$$= \begin{bmatrix} fa_x & 0 & u_0 & 0 \\ 0 & a_y & v_0 & 0 \\ 0 & 0 & 1 & 0 \end{bmatrix}\begin{bmatrix} R & T \\ 0 & 1 \end{bmatrix}\begin{bmatrix} X_w \\ Y_w \\ Z_w \\ 1 \end{bmatrix} = M_1 M_2 X_w = M X_w$$

式中，$a_x=\dfrac{f}{dX}$为 $u$ 轴上尺度因子，或称为 $u$ 轴上归一化焦距；$a_y=\dfrac{f}{dY}$为 $v$ 轴上尺度因子，或称 $v$ 轴上归一化焦距；$M$ 为 3×4 矩阵，称为投影矩阵；$M_1$ 由 $a_x,a_y,u_0,v_0$ 决定，由于 $a_x,a_y,u_0,v_0$ 只与摄像机内部参数有关，称这些参数为摄像机内部参数；$M_2$ 由摄像机相对于世界坐标系的方位决定，称为摄像机外部参数。确定某一摄像机的内外参数，称为摄像机定标。

由式（4-48）可知，如果已知摄像机的内外参数，就已知道投影矩阵 $M$，这时对任何空间点 $P$，如已知它的坐标 $X_w=(X_w,Y_w,Z_w,1)^{\mathrm{T}}$，就可求出它的图像点 $P$ 的位置$(u,v)$。这是因为当已知 $M$ 与 $X_w$ 时，式（4-48）给出了三个方程。在这三个方程中消去 $z$ 就可求出$(u,v)$。反过来，如果已知某空间点 $P$ 的位置$(u,v)$，即使已知摄像机的内外参数，$X_w$ 也不是唯一确定的。事实上，在式（4-48）中，$M$ 是 3×4 矩阵，当已知 $M$ 与$(u,v)$时，由式（4-48）给出的三个方程消去 $z$，只可得到关于 $X_w, Y_w, Z_w$ 的两个线性方程，由这两个线性方程组成的方程即为射线 $OP$ 的方程，也就是说，投影点为 $P$ 的所有点均在该射线上。由针孔成像模型，任何位于射线 $OP$ 上的空间点的图像点都是 $P$ 点，因此，该空间点是不能唯一确定的。

3. 非线性模型

实际上，由于实际的镜头并不是理想的透视成像，而带有不同程度的畸变，使得空间点所成的像并不在线性模型所描述的位置$(X,Y)$，而是在受到镜头失真影响而偏移的实际像平面坐标$(X',Y')$处，有

$$\begin{cases}X=X'+\delta_X\\Y=Y'+\delta_Y\end{cases}\tag{4-50}$$

式中，$\delta_X$ 和 $\delta_Y$ 是线性畸变值，它与图像点在图像中的位置有关。理论上镜头会同时存在径向畸变和切向畸变。但一般来讲切向畸变比较小，径向畸变的修正量由距图像中心的径向距离的偶次幂多项式模型来表示，即

$$\begin{cases}\delta_X=(X'-u_0)(k_1r^2+k_2r^4+\cdots)\\\delta_Y=(Y'-v_0)(k_1r^2+k_2r^4+\cdots)\end{cases}\tag{4-51}$$

式中，$(u_0,v_0)$ 是主点位置坐标的精确值，而

$$r=(X'-u_0)^2+(Y'-v_0)^2\tag{4-52}$$

式（4-51）表明，$X$ 方向和 $Y$ 方向的畸变相对值 $(\delta_X/X,\delta_Y/Y)$ 与径向半径的平方成正比，即在图像边缘处的畸变较大。对一般计算机视觉，一阶径向畸变已足够描述非线性畸变，这时可写成：

$$\begin{cases}\delta_X=(X'-u_0)k_1r^2\\\delta_Y=(Y'-v_0)k_1r^2\end{cases}\tag{4-53}$$

线性模型参数 $a_x, a_y, u_0, v_0$ 与非线性畸变参数 $k_1$ 和 $k_2$ 一起构成了非线性模型的摄像机内部参数。

由上述分析可知，在机器视觉中主要有以下标定问题：通过标志点确定各个坐标系的相互转换关系；通过场景中的标定点投影确定摄像机在绝对坐标系中的位置和方向；确定摄像机内部几何参数，包括摄像机常数、主点的位置及透镜变形的修正量。

摄像机标定问题就是建立图像阵列中的像素位置和场景点位置之间的关系。因为每个像素都是通过透射投影得到的，它对应于与场景点的一条射线。摄像机标定问题就是确定这条射线在场景绝对坐标系中的方程。摄像机标定问题既包括外部定位问题又包括内部定位问题。这是因为建立图像平面坐标和绝对坐标之间的关系，必须首先确定摄像机的位置和方向及摄像机常数；建立图像阵列位置（像素坐标）和图像平面位置之间的关系，必须确定主点的位置、纵横比和透镜变形。摄像机标定问题涉及确定两组参数：用于刚体变换（外部定位）的外部参数和摄像机自身（内部定位）所拥有的固有参数（透视变换、径向畸变和切向畸变），如表 4-13 所示。

**表 4-13　摄像机模型参数**

| 参数 | 表达式 | 自由度 |
|---|---|---|
| 透视变换 | $A=\begin{bmatrix} a_x & \gamma & v_0 & 0 \\ 0 & a_y & u_0 & 0 \\ 0 & 0 & 1 & 0 \end{bmatrix}$ | 5 |
| 径向畸变，切向畸变 | $k_1, k_2, p_1, p_2$ | 4 |
| 外部参数 | $R=\begin{bmatrix} r_1 & r_2 & r_3 \\ r_4 & r_5 & r_6 \\ r_7 & r_8 & r_9 \end{bmatrix}, T=\begin{bmatrix} t_x \\ t_y \\ t_z \end{bmatrix}$ | 6 |

## 三、实验仪器

摄像机、远心成像镜头、定焦镜头、标定板，机器视觉实验平台及相关软件、LED 光源、相关机械调整部件等。

## 四、实验步骤

1. 普通镜头标定实验

（1）安装好实验装置，其中镜头选择普通的 3.5 mm 定焦镜头。此部分实验不需要加照明光源，若在暗室环境，可加上条形光源。

（2）运行实验主程序，选中“采集模块”，单击“采集图像”，在软件中观察摄像机采集图像的效果，调整摄像机参数以获得最佳图像效果，调节平台的高度调节装置及镜头的调焦部分，使得标定板上的所有圆点都在视场范围内且成像清晰。

（3）将标定板放到合适的位置和角度（保证标定板上的圆点全部都在相机视场范围内），点击“保存图像”，将图像保存在“\相机标定实验\普通镜头标定\”目录下，图片命名为“pic1.bmp”。

（4）在平面内适当旋转标定板（保证标定板上的圆点全部都在相机视场范围内），点击“保存”，将图片保存在“\相机标定实验/普通镜头标定\”目录下，图片图片命名为“pic2. bmp”。同理再次旋转标定板，图片命名为“pic3.bmp”。

（5）选中软件主界面上的“相机标定实验”，单击界面上的“普通镜头标定”，在弹出的对话框中选择“读取图片”。然后在 DOS 界面输入“pic”，回车；再输入“b”，表示选择 bmp 格式的图片，回车。

（6）在对话框中点击“提取圆心”，从采集图片中提取各圆点圆心。在 DOS 命令行中输入计算第几幅图片，直接按回车，表示计算全部图片。

（7）根据标定板摆放方式，输入 $x, y$ 方向的圆点数，分别为 11，9。将标定板的圆心距离 10 mm 输入到命令行中，回车，然后继续按回车，将设置应用于全部图片。若没有出现以下对话框说明圆心提取完毕，说明采集图片不合适，请重新采集图片，运行程序。

（8）点击对话框中的“标定”，会出现以下输出结果，得到镜头焦距参数（像素级），基点坐标，畸变系数。若未出现以下命令行，请重新采集图片，运行程序。

（9）点击对话框中的“显示”，可观察标定后的世界坐标系，相机坐标系。

（10）点击对话框中的“保存”，在 DOS 界面中输入标定数据保存文件名，如“1.txt”。

（11）点击对话框中的“退出”，退出程序。

（12）打开保存的 txt 文件，读取标定结果数据，该数据为单个像素对应的真实长度值（mm）。

### 2. 远心镜头标定实验

（1）安装好实验装置，其中镜头选择物像双方远心镜头 GCO230205。此实验需同时打开环形照明光源或条形照明光源；

（2）重复普通镜头标定实验第（2）～（12）步，得到远心镜头的标定结果，需注意此实验图片保存路径应改为“\相机标定实验\远心镜头标定\”。

# 4.19　光源照明实验

## 一、实验目的

（1）学习了解机器视觉中常见的照明技术；
（2）掌握明场照明的基本原理及相关应用；
（3）掌握暗场照明的基本原理及相关应用；
（4）掌握背光照明的基本原理及相关应用。

## 二、实验原理

机器视觉中的照明是指采用某种光源和照明方式进行打光，目的是获得对比鲜明的图像。好的光源及照明方式要做到以下几点：①将感兴趣部分和其他部分的灰度值差异加大；②尽量消隐不感兴趣部分；③提高信噪比，利于图像处理；④减少因材质、照射角度对成像造成的不利影响。合理的照明设计可以改善整个系统的分辨率，简化软件的运算，直接关系整个系统的成败；不当的照明则会引起很多麻烦，如阴影会引起边缘的误检，不均匀的照明及信噪比的降低会导致图像处理阈值选择的困难等。

对于每种不同的检测对象和检测环境，需要采用不同的照明方式才能突出被测物体的特征信息，而有时则可能需要几种方式的组合。最佳的照明方式和光源的选择往往需要通过大量的实验才能确定下来。除了要求很强的理论知识外，还需要一定的创新能力。

控制和调节照射到物体上的入射光的方向是机器视觉系统设计的最基本的因素。它取决于光源的类型和相对于物体放置的位置。一般来说有以下两种最基本的照射方式，其他方式都是从这两种方法中延伸出来的。

直射光：入射光光源的发散角度很小，基本上来自一个方向，光线相对集中，光源的亮度较高，当目标物为漫反射材料时，可使目标物更明亮；当目标物为镜面反射材料时，目标物的表面会形成亮斑，均匀性差，不利于成像。直射光的使用对应下述的明场照明方式。

漫射光：在直射光的前面覆盖一层漫反射半透明材料，形成二次光源，随着漫反射材料透明度的降低，投射光的发散角度增大，散射光的均匀性不断提高，但同时亮度会降低，对于镜面反射材料的目标物，均匀的发光面可以避免目标物的表面形成亮点，从而获取较好的图像效果。漫射光的使用对应下述的暗场照明方式。

基于这两种照射方式，利用各种不同性能和结构的光源，以及物体和背景对光的反射特性，在机器视觉领域主要形成了明场照明、背光照明、暗场照明、同轴照明这几类照明技术。如表4-14所示。

**表4-14　几类常见的照明技术**

| 典型光源形状照明方式 | 条形光源明场照明 | 背光源背光照明 | 环形光源暗场照明 | 同轴光源同轴照明 |
|---|---|---|---|---|
| 光路图 | 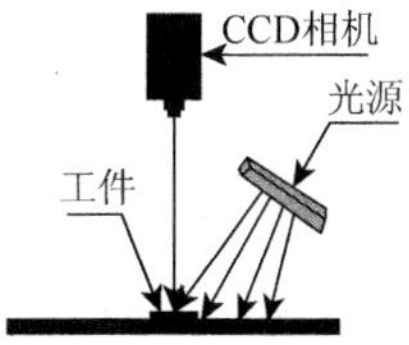 CCD相机 光源 工件 | 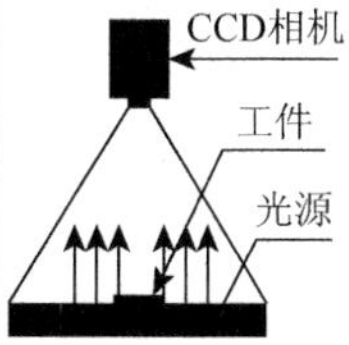 CCD相机 工件 光源 | 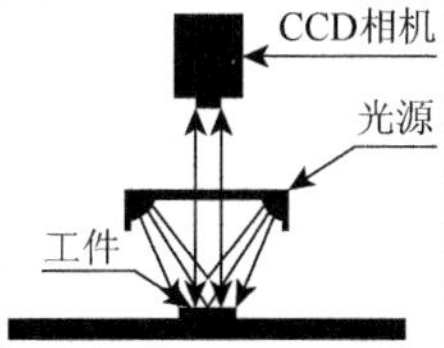 CCD相机 光源 工件 | 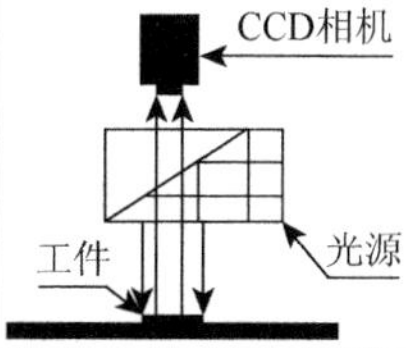 CCD相机 工件 光源 |

明场照明：光直接射向物体，得到清楚的影像，当需要得到高对比度物体图像的时候这种类型的光很有效。但用它照在光亮或者可反射的材料时，会引起镜面反射光。适用于大多数视觉照明场合。

背光照明：从物体背面射过来的均匀视场的光。通过摄像机可以看到物体的侧面轮廓。背光照明常用于测量物体的尺寸和确定物体的方向。

暗场照明：光是按一个角度投射到物体表面，其结果是倾斜的散光进入摄像头，在一个暗的背景或视场上创造了一个明亮的点。用这种照明方法，如果物体表面没有色差的话，通过视觉系统什么也看不到。但表面污染、划伤和小的凸起特征会表现明显。环形光源可以实现暗场照明较好的效果，因为它对比起条形光源在保证暗场照明优点的情况下可使被测面照度均匀。

同轴照明：同轴光的形成是光源射到一个使光向下的分光镜（半反半透镜）上，摄像头从上面通过分光镜看物体。用于检测平坦的、光滑的表面较深的特征，消除阴影。

## 三、实验仪器

摄像机、远心成像镜头、背光LED光源、圆环照明光源、条形LED光源、机器视觉实验平台及相关软件、被测物及相关机械调整部件等。

## 四、实验步骤

（1）装配视觉平台各个器件，被测物体为一枚硬币。首先仅打开线形光源，光源照明角度为 75°以上。进行明场照明。观测保存被测物体的采集图案。

（2）将条形光源照明角度调整，小于 30°，进行暗场照明。观测并保存被测物体的采集图案。

（3）关闭线形光源，打开背光光源，将被测工件放在背光光源上，通过相机观察并保存被测物体的采集图案。

# 第 5 章　光纤与通信技术实验

## 5.1　光纤分类展示与制作实验

### 一、实验目的

（1）认识光纤结构及分类；
（2）了解与光纤相关的其他元器件；
（3）观察各种类的光纤、适配器等。

### 二、实验原理

光在光纤内是以不断反射的方式由一端传递到另一端。光纤本身的反射率大于光纤外围材料的反射率，因此射入光纤的光线必须以一定的入射角进入才能在光纤中传递。若进入光纤的入射角过大，在入光纤内碰到外围材料后便折射出光纤，无法在光纤中传递。光纤的传输形式是光脉冲，借由玻璃纤维来导引，可免受电磁干扰。每一股纤维只能做单工传输，因此缆线内有两股缆线位于分开的护套里，以达到双向传输。光纤的重量轻、体积小、资料错误率低且它的传输距离在同轴电缆的 10 倍以上。

光纤的结构如图 5-1 所示，由纤芯、包层、涂覆层及塑料外皮层三部分组成。纤芯的成分为高纯度的二氧化硅（$SiO_2$，熔融石英）掺杂少量的其他介质。通过掺杂的不同可以控制纤芯的折射率，进而影响在其中传播的光波的传播参数。纤芯外面是另外一层二氧化硅，但具有不同的掺杂，因为具有不同的折射率，通常稍低于纤芯的折射率，称为包层。涂覆层及塑料外皮层，主要作用是吸收光纤弯曲或长度造成的机械应力，保护光纤免受物理损伤。

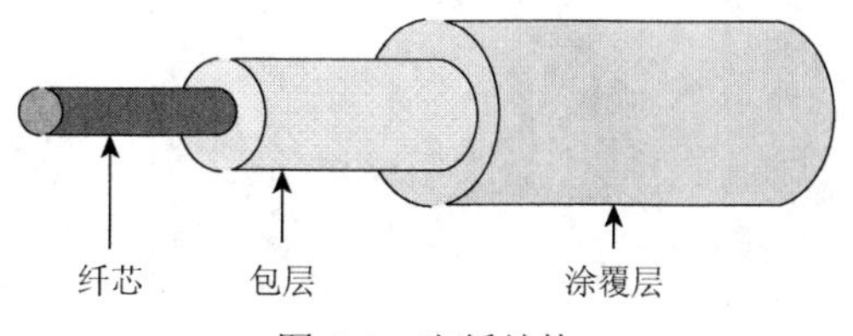


图 5-1　光纤结构

光纤的分类主要是从工作波长、折射率分布、传输模式、原材料和制造方法上划分的。各分类举例如下。

（1）工作波长：紫外光纤、可见光纤、近红外光纤、红外光纤（0.85 μm、1.3 μm、1.55 μm）。

（2）折射率分布：阶跃（SI）型、近阶跃型、渐变（GI）型、其他（如三角型、W 型、凹陷型等）。

（3）传输模式：单模光纤（含偏振保持光纤、非偏振保持光纤）、多模光纤。

（4）原材料：石英玻璃、多成分玻璃、塑料、复合材料（如塑料包层、液体纤芯等）、红外材料等。按被覆材料还可分为无机材料（碳等）、金属材料（铜、镍等）和塑料等。

（5）制造方法：预塑有汽相轴向沉积（VAD）、化学气相沉积（CVD）等，拉丝法有管律法（rod intube）和双坩锅法等。

## 三、实验仪器

（1）单模光纤 1 套；
（2）多模光纤 1 套；
（3）光纤耦合器 1 套；
（4）光纤衰减器 1 套；
（5）FC 接口适配器 1 套。

## 四、实验步骤

打开光纤展示箱，观察并熟悉其中的器件，了解各自不同的应用领域。包括单模光纤、多模光纤、光纤耦合器、光纤衰减器及 FC 接口适配器等（图 5-2）。

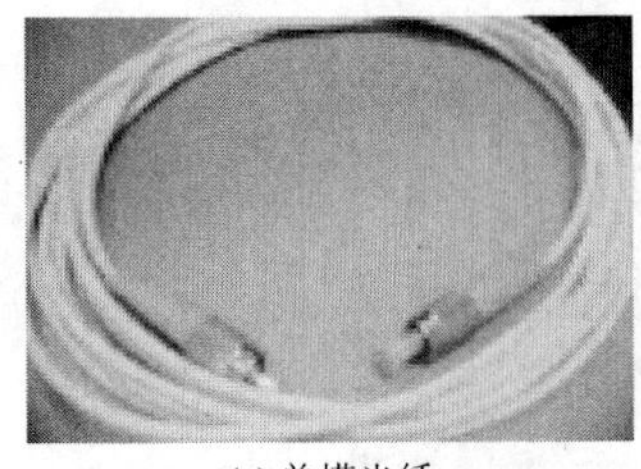
(a) 单模光纤

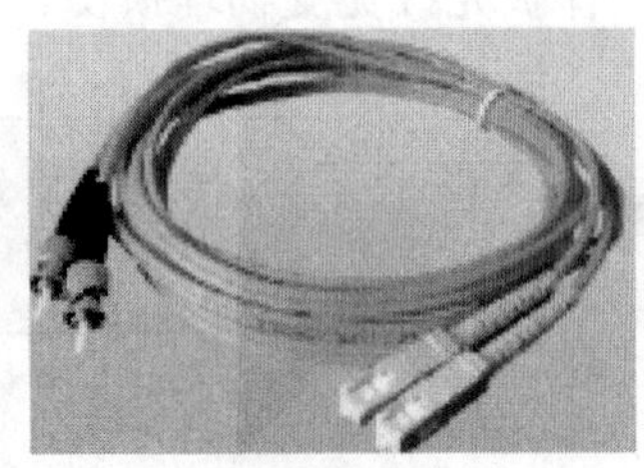
(b) 多模光纤

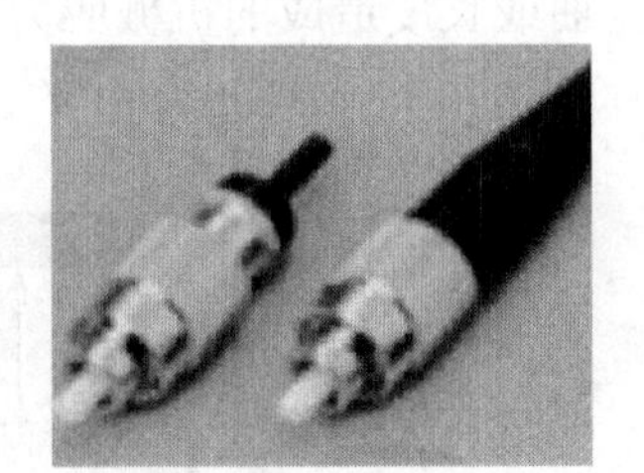
(c) FC/PC型光纤连接器

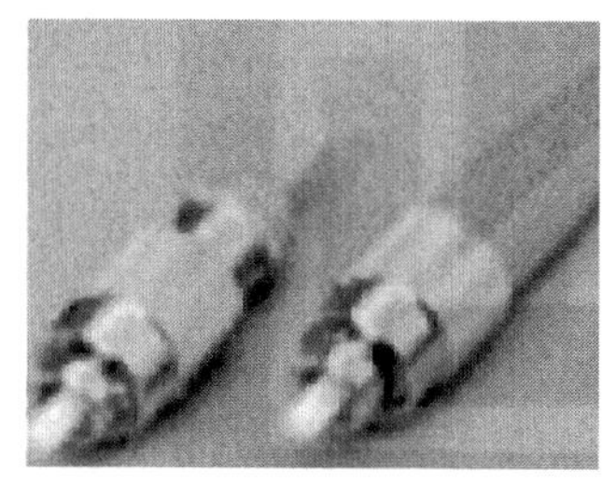
(d) FC/APC型光纤连接器

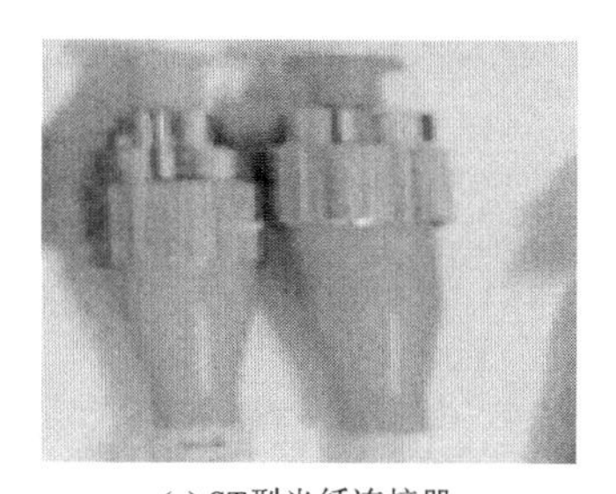
(e) ST型光纤连接器

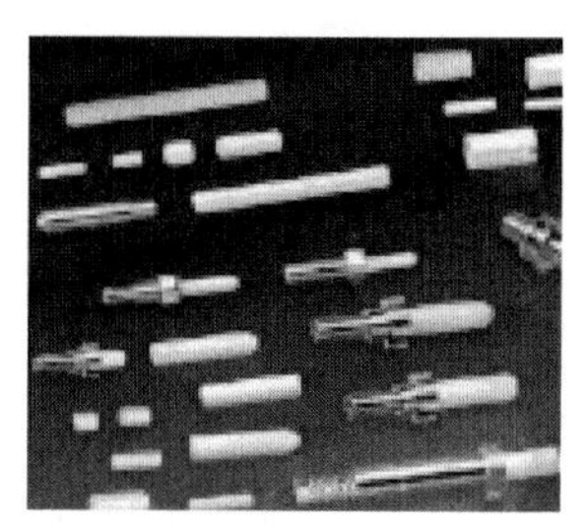
(f) 光纤插芯

图 5-2　不同类型光纤

## 五、实验结果与思考

（1）总结不同类型光纤与连接器的用途；

（2）FC/PC 型与 FC/APC 型光纤连接器的区别，若用错连接器会导致什么后果？

# 5.2　光纤端面处理与观察实验

## 一、实验目的

（1）学习对光纤的基本操作；

（2）光纤端面观察；

（3）光纤切割。

## 二、实验原理

光纤的特性研究无论在光通信和光传感的研究应用领域，还是在光纤与光缆生产、施工和维护方面都扮演着重要地位。一般而言，光纤连接处出现问题是导致网络故障的主要原因，而光纤的端面平整度等是其中的重要因素，它影响着光传输质量、光纤熔接质量等，光纤结构如图 5-1 所示。

光纤端面检测技术可以检查出两种关键的加工问题：清洁问题和几何问题。几何问题通常是在抛光或处理过程中造成的，光纤工作时其影响不会发生变化，此类问题可以通过光干涉显微镜和执行端面检测程序的专门软件探测处理。清洁问题则是指光纤端面永久性损伤，如划伤、裂痕或凹点等，还有临时性污染，如污垢、油渍或清洗剂残留等。保持光纤端面的清洁是光纤生产和使用过程中都需要注意的问题，在进行光纤端面观察以后可以使用相应的清洁工具进行处理。

## 三、实验仪器

（1）激光器 1 套；
（2）光纤剥线钳 1 套；
（3）光纤切割刀 1 套；
（4）光纤端面观察仪 1 套；
（5）光纤 1 根。

## 四、实验步骤

（1）将标准光纤放在光纤端面观察仪上观察光纤的外观，判断光纤端面的好坏，并记录下来，此过程要非常小心，不可碰到光纤耦合器，以免影响实验。

（2）把激光打开，固定激光位置不再移动，将激光引入光纤中，观察从光纤出来的激光是否是一个很好的圆斑，若无法得到圆斑，先微调耦合器 $X$、$Y$ 轴，再调节 $Z$ 轴。

（3）在激光出口端的光纤部分，试着弯曲光纤，对其施以一个径向应力或扭力，观察激光图样改变的情形，并观察施力部分是否有光在此露出。执行此操作时，要注意，光纤材质是玻璃非常脆，容易断，不能用力过猛。

（4）用剪刀剪取一段 0.5 m 左右的裸光纤。

（5）将光纤放进光纤剥线钳的锯齿凹槽中，将涂覆层及外包层去除，一次长度最好不超过 15 mm，否则光纤易被拉断。

（6）用专门的光纤切割刀切割光纤端面。

（7）将光纤完全插入光纤适配器，直到插不进为止（光纤必须露出）。

（8）将光纤通过光纤适配器接入端面观察仪观察，看其端面是否平整，是否有瑕疵或污渍。

## 五、实验结果与思考

光纤端面是否必须平整，会对光信号传输造成什么影响？

# 5.3　模拟信号光纤传输实验

## 一、实验目的

（1）了解模拟信号光纤系统的通信原理；

（2）了解完整的模拟信号光纤通信系统的基本结构；

（3）各种模拟信号 LED 模拟调制：三角波，正弦波；

（4）各种模拟信号 LD 模拟调制：三角波，正弦波。

## 二、实验原理

根据系统传输信号不同，光纤通信系统可分为模拟光纤通信系统和数字光纤通信系统。由于发光二极管和半导体激光器的输出光功率（对激光器来说，是指阈值电流以上线性部分）与注入电流基本成正比，而且电流的变化转换为光频调制呈线性，所以可以直接调制。对于半导体激光器和发光二极管来说，具有简单、经济和容易实现等优点。进行发光二极管及半导体激光器调制时采用的就是直接调制，图 5-3 是对发光二极管进行模拟调制的原理图。

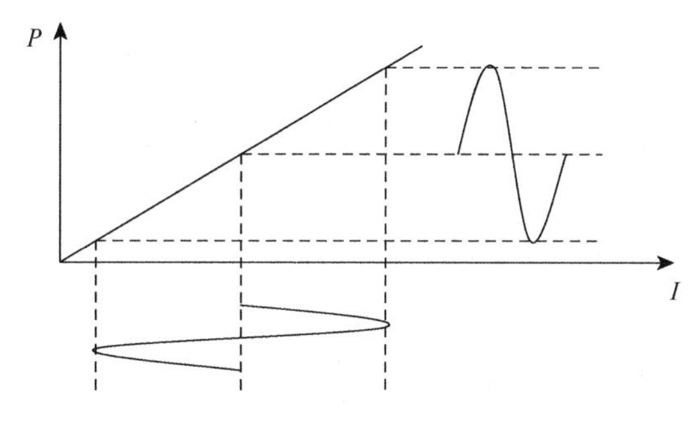


图 5-3　发光二极管模拟调制原理图

从调制信号的形式来看，光调制可分为模拟信号调制和数字信号调制。模拟信号调制直接用连续的模拟信号（话音、模拟图像信号等）对光源进行调制。

连续的模拟信号电流叠加在直流偏置电流上，适当地选择直流偏置电流的大小，可以减小光信号的非线性失真。电路实现上，LED 的模拟信号调制较为简单，利用其 *P-I* 的线性关系，可以直接利用电流放大电路进行调制，模拟信号调制电路如图 5-4 所示。

一般来说，半导体激光器很少用于模拟信号的直接调制，半导体激光器模拟调制要求光源线性度很高，而且要求提高光接收机的信噪比。与发光二极管相比，半导体激光器的 *V-I* 线性区较小，直接进行模拟调制难度大，采用图 5-4 调制电路，会产生非线性失真。

本实验通过完成各种不同模拟信号的 LED 光纤传输（如正弦波、三角波），了解模拟信号的调制过程及调制系统组成。模拟信号光纤通信系统组成如图 5-5 所示。半导体激光器的模拟调制，直接利用图 5-4 所示电路进行调制，比较 LED 直接模拟调制与 LD 直接模拟调制的区别。

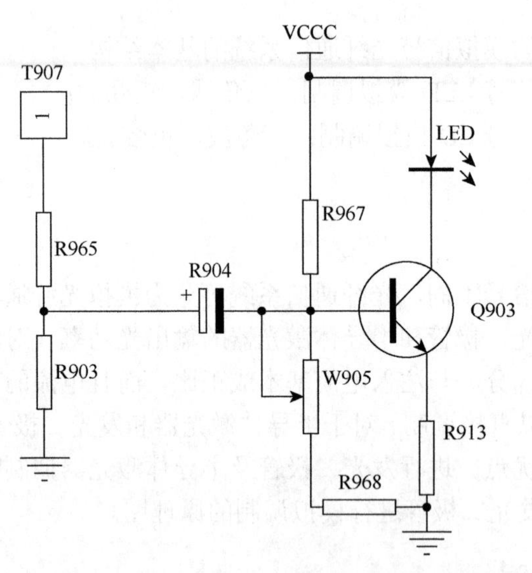


图 5-4　LED 模拟调制电路

在 LD 模拟信号调制实验中，采用预失真补偿电路对模拟信号波形进行失真补偿，观察补偿后的传输效果与补偿前的传输效果（图 5-5）。

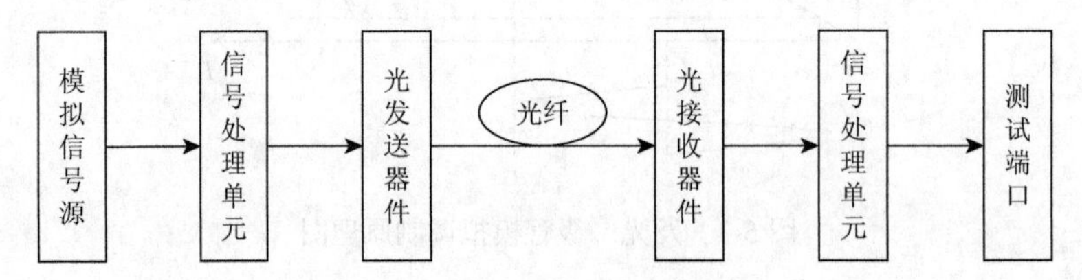


图 5-5　模拟信号光纤传输系统框图

整个驱动电路采用射极跟随器。变阻器 W909 用于调节信号的幅度，变阻器 W905 用于调节驱动电流的大小。

1 kHz 的模拟信号的产生电路如图 5-6 所示。

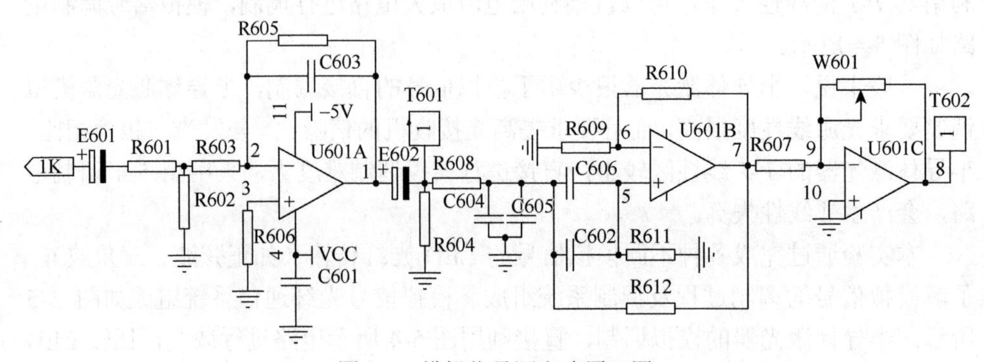


图 5-6　模拟信号源电路原理图

通过设置两个模拟信号源：模拟信号源1提供1～8 kHz频率可调的模拟信号，模拟信号源2提供频率固定为1 kHz的模拟信号。其中T601、T603接线口输出频率分别为1 kHz、1～10 kHz可调的三角波；T602、T604接线口输出频率为1 kHz、1～10 kHz可调的正弦波。电位器W601、W604用于调节输出的正弦波的幅度，使其输出信号的幅度从0～+5 V可调。

## 三、实验仪器

（1）ZY1804I型光纤通信原理实验系统1台；
（2）20 MHz双踪模拟示波器1台；
（3）万用表1台；
（4）FC-FC单模光跳线1根；
（5）850 nm光发端机和光收端机（可选）1套；
（6）ST/PC-ST/PC多模光跳线（可选）1根；
（7）连接导线20根。

## 四、实验步骤

（1）用连接线连接模拟信号源模块2的T602（正弦波）和T907（13_AIN）。

注：T602（正弦波）的频率为1 kHz。

（2）用FC-FC光纤跳线将1310 nm光发端机与1310 nm光收端机连接起来。

（3）将开关BM901拨为1310 nm；将开关K902拨为“模拟”；将开关BM902拨为1310 nm；将开关K901拨为“通信”；将电位器W901、W907逆时针旋转到最小。

（4）打开交流电源开关。

（5）将D_IN与D_OUT用导线相连

（6）用双踪示波器测量T602处的波形，同时调节“幅度调节”电位器，使得正弦波峰峰值在3 V以下，参考波形如图5-7所示。

（7）顺时针调节电位器W905（模拟驱动调节）和W909（幅值调节），使得测试钩TP902（13OUT）处的波形无明显失真。

注：若接收端的幅值较小，也可调节模拟信号源模块2电位器W601来增大模拟信号的幅度，但幅度值不要超过5 V。

（8）用双踪示波器的两个探头同时测量TP901（LT）和TP902（13OUT）处的波形，分别调节电位器W905（模拟驱动调节）和W909（幅值调节），观察模拟信号调制的过程，参考波形如图5-7所示。

（9）将模拟信号源的T602换成T601（三角波）并和T907（13_AIN）连接，按照步骤（7）、（8）做实验观察三角波信号光纤传输时的调制过程。T601处的三

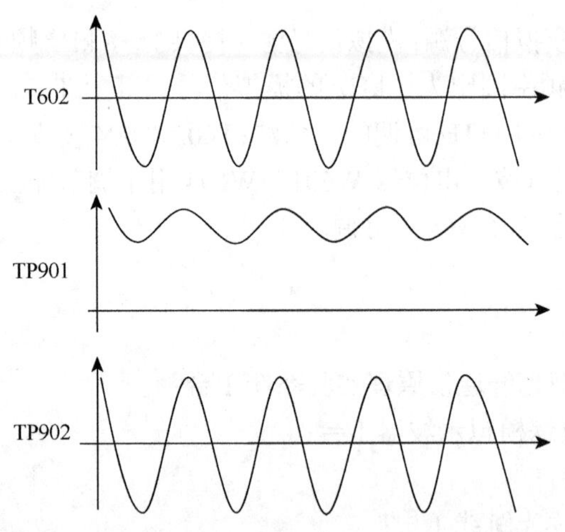


图 5-7　以正弦波为例 T602、TP901、TP902 波形

角波幅值过大时，传输过程中可能会产生失真。

（10）根据以上实验设计 2 K 正弦波和三角波的传输实验，2 K 的正弦波和三角波由模拟信号源模块 1 产生。

（11）实验完成后，关闭交流电源，拆除各个连线，将所有的开关拨向下，将实验箱还原。

## 五、实验总结与思考

（1）分析说明以上所记录的各测试点波形。参考格式见图 5-8 和图 5-9。

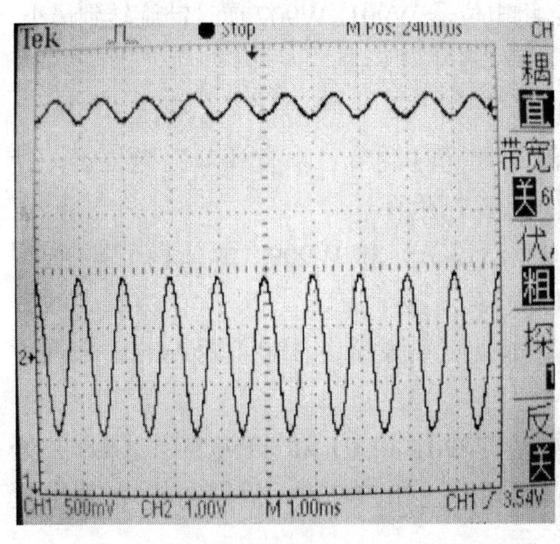


图 5-8　通道一 TP901（LT）处的波形
通道二 TP902（13OUT）处的波形

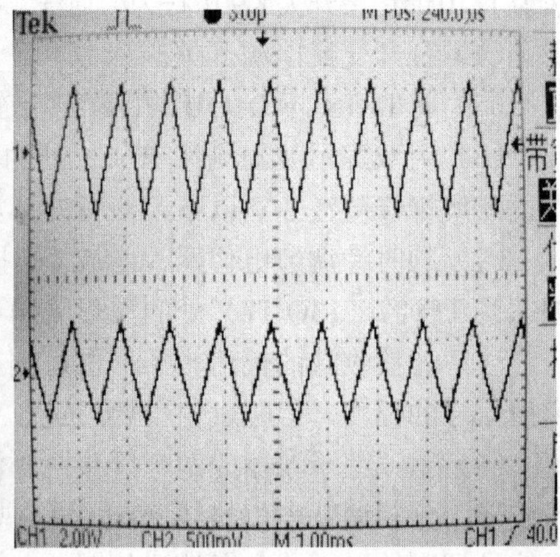


图 5-9　通道一 T601 处的波形
通道二 TP902（13OUT）处的波形

（2）光纤传输系统能否传输数字信号，为什么？

（3）分析比较 LD 模拟信号调制与 LED 模拟信号调制的异同点，并指出各自的优缺点。

# 5.4　时分复用与解复用实验

## 一、实验目的

（1）掌握时分复用与解复用的原理；

（2）熟悉时分复用与解复用实现的方法与原理；

（3）学习数字信号源伪随机数据测试；

（4）学习帧同步码信号形成及复用数据观测；

（5）学习数字终端解复用数据测试及指示。

## 二、实验原理

1. 时分复用原理

时分复用（time-division multiplexing，TDM）制的数字通信系统，在国际上已经逐步形成标准并被广泛使用。TDM 的主要特点是在同一个信道上利用不同的时隙来传递各路（语音、数据或图像）不同信号。各路信号之间的传输是相互独立的，互不干扰。

为了提高通信系统的利用率，语音信号的传输往往采用多路通信方式。多路通信，就是把多个不同信源所发出的信号（譬如语音）组合成一个群信号，并经由同一信道进行传输，在接收端再将它们分离并被相应接收。实现多路通信的方式，除采用频分复用（FDM）、码分复用（CDM）外，还可以采用时分复用（TDM）方式。时分复用技术是将不同的信号相互交织在不同的时间段内，沿着同一个信道传输，在接收端再用某种方法，将各个时间段内的信号提取出来还原成原始信号的通信技术。时分复用是建立在抽样定理的基础上的，因为抽样定理使连续的基带信号有可能被在时间上离散出现的抽样脉冲值所替代。这样，当抽样脉冲占据较短时间时，在抽样脉冲之间就留出了时间空隙。利用这种空隙便可以传输其他信号的抽样值，因此，就有可能沿一条信道同时传送若干个基带信号。

时分复用分为同步时分复用和异步时分复用两种方式。同步时分复用是指时分方案中的时隙是预先分配好的，时隙与数据源是一一对应的，不管某一个数据源有无数据要发送，对应的时隙都是属于它的，或者说各数据的传输定时是同步的。在接收端，根据时隙的序号来分辨是哪一路数据，以确定各时隙上的数据应当送往哪一台主机。如图 5-10 所示，数据源 A、B、C、D 按时间先后顺序分别占用被时分复用的信道。异步时分多路复用是指各时隙与数据源无对应关系，系统可以按照需要动态地为各路信号分配时隙，各时隙与数据源无对应关系。为使数据传输顺利进行，所传送的数据中需要携带供接收端辨认的地址信息，因此异步时分复用也称为标记时分复用技术。如图 5-11 所示，数据源 A、B、D 被分别标记上了相应的地址信息。

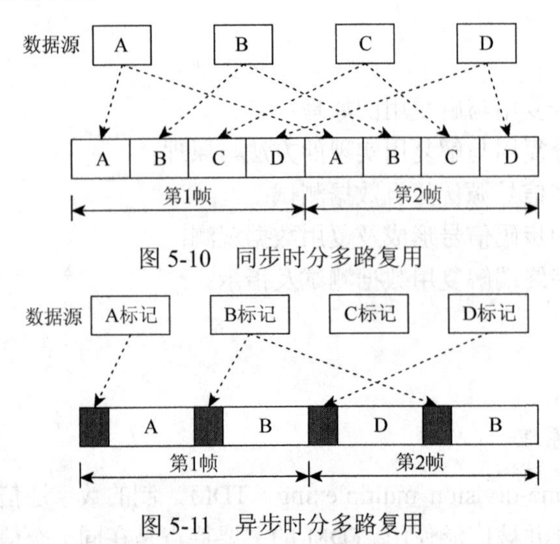


图 5-10 同步时分多路复用



图 5-11 异步时分多路复用

时分复用将多个通道的数字信息（低速率）以时间分割的方式插入到同一个物理信道中，复用之后的高速率的数字流由帧组成。帧定义了信道上的时间区域，在这个区域内信号以一定的格式传送。时分复用必须采取同步技术来使远距离的接收端能够识别和恢复这种帧结构。例如，发送端在每帧开始的时候发送一个特殊的码组，接收端利用检测这个特征码组来进行帧定位。特征码组（或称帧定位码组）按一定的周期重复出现。每一帧又包含若干个时间区域，叫作时隙（TS），每个时隙在通信时严格地分配给一个信道，即每个信道的数字信息是严格相等且时间上保持严格的同步关系。

时分复用可分为比特间插和分组间插。比特间插 TDM 帧中每个时隙对应一个待复用的支路信息（一个比特），同时有一个帧脉冲信息，形成高速 TDM 信号，主要用于电路交换业务。分组间插 TDM 帧中每个时隙对应一个待复用支路的分组信息（若干个比特区），帧脉冲作为不同分组的界限，主要用于分组交换业务。采用分组间插，将八比特的语音信号或数字信号复用到 TD-N 通道帧中进行传输。

2. 时分复用与解复用的实现原理

进行数字信号传输时，时分复用时的数字信号源由三路拨码开关产生，通过拨码开关的不同设置，可以实现不同的数字信号，有利于解复用时的信号分组和时钟提取，有利于观测复用后的信号输出。具体的实现方法框图见图 5-12。

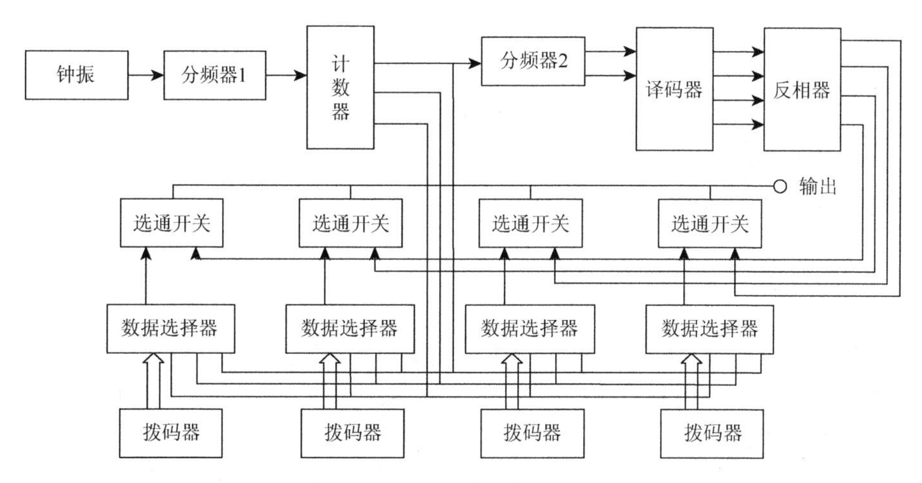


图 5-12　同步复接器原理框图模型

图 5-12 为一般的同步复接原理框图，在同步复接时的通道选择及帧头的插入由 FPGA 完成，其余的三路信号由拨码开关产生。数字信号复用时具体方式如下：第 0 时隙为帧头“01011011”，第 1～5 时隙为一个 TD-N 通道帧，其中第 1 时隙复用 A2 数据，第 2 时隙第四位为信息装载标志位，第 3 时隙为目的地址位（源地址不显示），第 4 时隙复用 B2 数据，第 5 时隙复用 C2 数据。

解复用时，一般由同步、定时、分接和恢复单元组成。同步单元的功能是从接收信号中提取与发送单元相位一致的同步时钟信号；定时单元功能是通过同步单元提取的信号时钟来产生分接设备所需的各定时信号，如帧同步信号、时序信号等；分接单元功能是把合路信号实施分离，形成同步数字信号；恢复电路的功能是把分离的同步支路信号恢复成原始的支路数字信号。解复用的原理框图如图 5-13 所示。

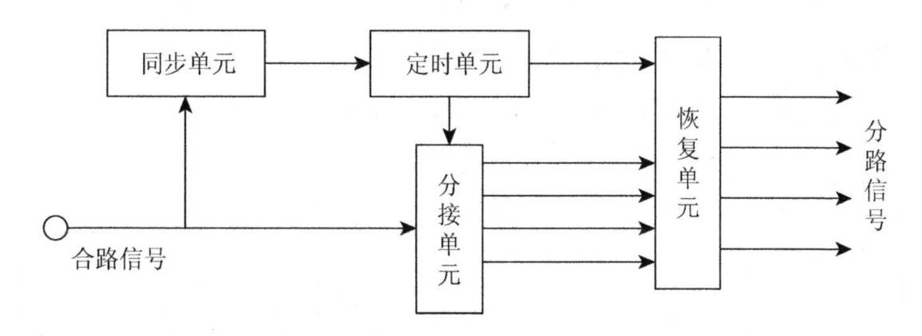


图 5-13　同步分接器原理框图

同时为了验证解复用后信号数据的正确性，可以将解复用后的各支路信号连接到数字终端模块，通过 LED 显示解复用后的数据，并与数字信号源的数据进行比较，从而验证时分复用与解复用过程原理的正确性。

## 三、实验仪器

（1）ZY1804I 型光纤通信原理实验系统 1 台；

（2）20 MHz 双踪数字示波器 1 台；

（3）连接导线 20 根。

## 四、实验步骤

（1）用导线连接数字信号源和中央控制器的 A1 和 A2、B1 和 B2、C1 和 C2；连接数字终端和中央控制器的 A3 和 A4、B3 和 B4、C3 和 C4；连接中央控制器 D_OUT 和 D_IN。

（2）将拨码开关 K706 拨为“00000000”，中央控制器的关 K1 拨为“主”。

（3）将拨码开关 K702（终端地址）的值拨为“1100”，K701（发送地址）的值拨为“1100”。

（4）打开交流电源开关。中央控制器指示灯 NS、FS 亮，表明环路同步。

①数字信号源伪随机数据测试。

a. 将数字信号源模块的拨码开关 K503 的值拨为“01100110”，相应的二极管 LED518、LED519、LED522、LED523 亮；

b. 将拨码开关 K502 的值拨为“10011100”，相应的二极管 LED509、LED512、LED513、LED514 亮；

c. 将拨码开关 K501 的值拨为“11100100”，相应的二极管 LED501、LED502、LED503、LED506 亮；

此时用示波器测量数字信号源模块 A1、B1、C1 的值，其码速率都为 64 KBit/s，并观察其与拨码开关 K501、K502 和 K503 所拨的值是否一致。

②帧同步码信号形成及复用数据观测。

a. 用示波器观测 D_OUT 的波形，其波形如图 5-14 所示。

图 5-14　D_OUT 的波形图

由此波形可清楚地看出帧同步码的应为“01011011”。

b. 按动开关 KB，使灯 LED729 由灭变亮，此时将数字信号送出。用示波器观测 D_OUT 的波形（图 5-15），此波形即为三路数据信号时分复用后的数据波形（此波形为截取的部分波形）。

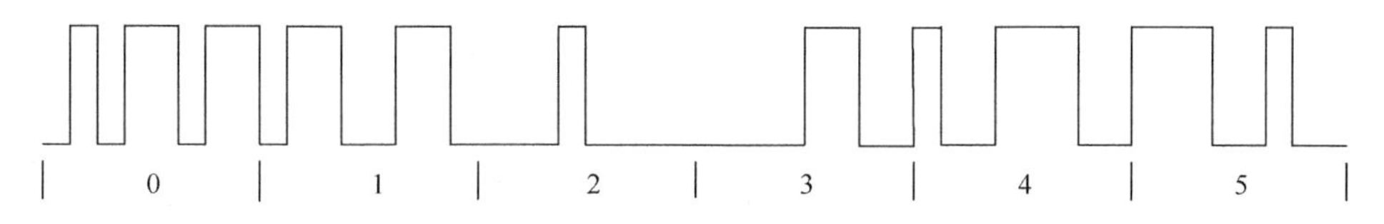


图 5-15　复用后 D_OUT 的波形图

其码速率为 2.048 MB/s，分析此波形的正确性。

③数字终端解复用数据测试及指示。

用示波器分别测量 A3、B3、C3 的波形，此时波形为时分解复用后的三路数据的数值。将此数值与复用前的三路数据进行比较，其中 A3 对应 A2，B3 对应 B2，C3 对应 C2，以验证解复用时的正确性。同时数字终端模块的显示灯亮，以用来判断解复的正确性。

（5）将拨码开关 K501、K502、K503 拨为任意值，重新做以上实验，以验证和理解时分复用和解复用的原理及实现方法。

（6）关闭交流电源，拆除各个连线，按动开关 KB 使灯 LED729 灭，将实验箱还原。

## 五、实验总结与思考

（1）分析说明以上所记录的各测试点波形。参考格式见图 5-16、图 5-17。

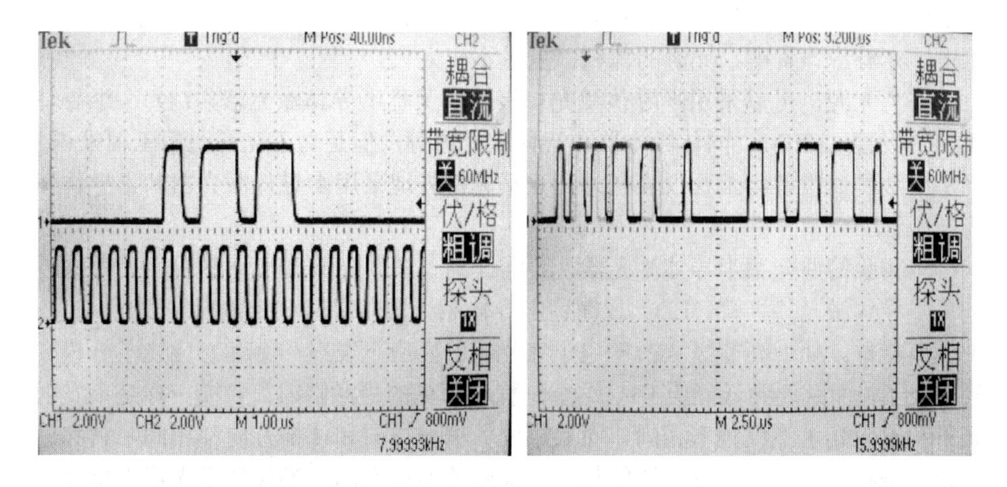


图 5-16　通道一帧同步码信号通道二时钟信号　　图 5-17　通道一时分复用后的帧信号

（2）帧同步码在时分复用中的作用是什么？帧同步码的数据值是否可以改变？

# 5.5 半导体激光器 *P-I* 特性测试实验

## 一、实验目的

（1）学习半导体激光器发光原理和光纤通信中激光光源的工作原理；

（2）了解半导体激光器平均输出光功率与注入驱动电流的关系；

（3）掌握半导体激光器 *P-I* 曲线的测试方法；

（4）测量半导体激光器输出功率和注入电流，并画出 *P-I* 关系曲线；

（5）根据 *P-I* 特性曲线，找出半导体激光器阈值电流，计算半导体激光器斜率效率。

## 二、实验原理

光源是把电信号变成光信号的器件，在光纤通信中占有重要的位置。性能好、寿命长、使用方便的光源是保证光纤通信可靠工作的关键。

光纤通信对光源的基本要求有以下几个方面。第一，光源发光的峰值波长应在光纤的低损耗窗口之内，要求材料色散较小；第二，光源输出功率必须足够大，入纤功率一般应在 10 微瓦到数毫瓦之间；第三，光源应具有高度可靠性，工作寿命至少在 10 万小时以上才能满足光纤通信工程的需要；第四，光源的输出光谱不能太宽以免影响传输高速脉冲；第五，光源应便于调制，调制速率应能适应系统的要求；第六，电-光转换效率不应太低，否则会导致器件严重发热和缩短寿命；第七，光源应该省电，光源的体积、重量不应太大。

作为光源，可以采用半导体激光二极管（又称半导体激光器，LD）、半导体发光二极管（LED）、固体激光器和气体激光器等。但是对于光纤通信工程来说，除了少数测试设备与工程仪表之外，几乎无例外地采用半导体激光器和半导体发光二极管。

本实验简要介绍半导体激光器，若需详细了解发光原理，请参看相关教材。

半导体激光二极管（LD）或简称半导体激光器，它通过受激辐射发光，是一种阈值器件。处于高能级 E2 的电子在光场的感应下发射一个和感应光子一模一样的光子，而跃迁到低能级 E1，这个过程称为光的受激辐射，一模一样是指发射光子和感应光子不仅频率相同，而且相位、偏振方向和传播方向都相同，它和感应光子是相干的。由于受激辐射与自发辐射的本质不同，半导体激光器不仅能产生高功率（≥10 mW）辐射，而且输出光发散角窄（垂直发散角为 30°～50°，水平发散角为 0～30°)，与单模光纤的耦合效率高（约 30%～50%），辐射光谱线窄（$\Delta\lambda$=0.1～1.0 nm），适用于高比特工作，载流子复合寿命短，能进行高速信号（＞20 GHz）直接调制，非常适合用作高速长距离光纤通信系统的光源。

半导体激光器的特性，主要包括阈值电流 $I_{th}$、输出功率 $P_0$、微分转换效率 $\eta$、峰值波长 $\lambda_p$、光束发散角及脉冲响应时间 $t_r$、$t_f$ 等。除上述特性参数之外，有时也把半导体激光器的工作电压、工作温度等列入特性参数。

阈值电流是非常重要的特性参数。图 5-18 中 A 段与 B 段的交点表示开始发射激光，它对应的电流就是阈值电流 $I_{th}$。半导体激光器可以看作一种光学振荡器，要形成光的振荡，就必须要有光放大机制，即激活介质处于粒子数反转分布，而且产生的增益足以抵消所有的损耗。将开始出现净增益的条件称为阈值条件。一般用注入电流值来标定阈值条件，也即阈值电流 $I_{th}$。

*P-I* 特性是半导体激光器的最重要的特性。当注入电流增加时，输出光功率也随之增加，在达到 $I_{th}$ 之前半导体激光器输出荧光，到达 $I_{th}$ 之后输出激光，输出光子数的增量与注入电子数的增量之比见式（5-1）。

$$\eta_d = \left(\frac{\Delta P}{hv}\right) \Bigg/ \left(\frac{\Delta I}{e}\right) = \frac{e}{hv} \cdot \frac{\Delta P}{\Delta I} \tag{5-1}$$

$\Delta P/\Delta I$ 就是图 5-18 激射时的斜率，$h$ 是普朗克常数（$6.625\times10^{-34}$ J·s），$v$ 为辐射跃迁情况下，释放出的光子的频率。

*P-I* 特性是选择半导体激光器的重要依据。在选择时，应选阈值电流 $I_{th}$ 尽可能小，$I_{th}$ 对应 $P$ 值小，而且没有扭折点的半导体激光器。这样的激光器工作电流小，工作稳定性高，消光比大，而且不易产生光信号失真。并且要求 *P-I* 曲线的斜率适当。

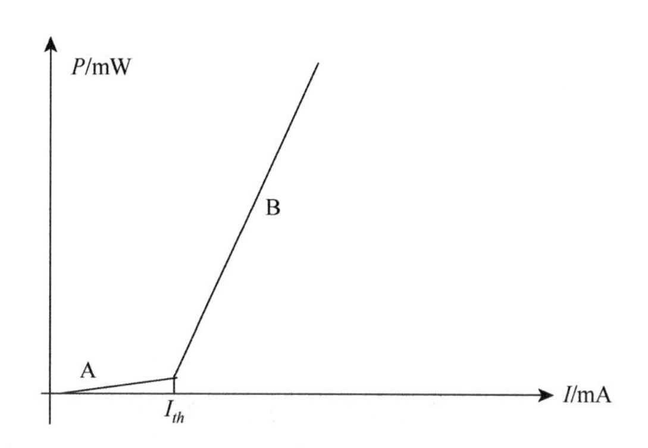


图 5-18　LD 半导体激光器 *P-I* 曲线示意图

斜率太小，则要求驱动信号太大，给驱动电路带来麻烦；斜率太大，则会出现光反射噪声使自动光功率控制环路调整困难。

在实验中所用到半导体激光器输出波长为 1310 nm，带尾纤及 FC 型接口。其典型参数如表 5-1 所示。

**表 5-1　本实验半导体激光器的部分参数参考表**

| 参数 | 符号 | 最小值 | 典型值 | 最大值 | 单位 |
|---|---|---|---|---|---|
| 中心波长 | $\lambda$ | 1280 | 1310 | 1340 | nm |
| 谱线宽度 | $\Delta\lambda$ | | 2 | 5 | nm |
| 阈值电流 | $I_{th}$ | | 8 | 15 | mA |
| 输出功率 | $P_0$ | 0.2 | 0.4 | | mW |
| 正向电压 | $V_f$ | | 1.2 | 1.6 | V |
| 上升/下降时间 | $t_r/t_f$ | | | 0.5 | ns |
| …… | …… | …… | …… | …… | …… |

本实验所涉及的实验框图如图 5-19 所示，R973（1 Ω）与激光器串联。

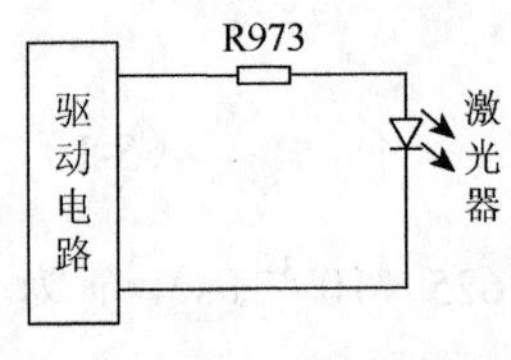


图 5-19　激光器工作框图

电路中的驱动电流在数值上等于 R973 两端电压与电阻值之比。为了使测试更加精确，实验中先用万用表测出 R973 的精确值（将 BM901、BM902 都拨到中档，用万用表的欧姆档测 T904、T905 之间的电阻），计算得出半导体激光器的驱动电流，然后用光功率计测得一定驱动电流下半导体激光器发出激光的功率，从而完成 *P-I* 特性的测试，并可根据 *P-I* 特性得出半导体激光器的斜率效率。

## 三、实验仪器

（1）ZY1804I 型光纤通信原理实验系统 1 台；

（2）FC 接口光功率计 1 台；

（3）FC-FC 单模光跳线 1 根；

（4）万用表 1 台；

（5）连接导线 20 根。

## 四、实验步骤

（1）用导线连接中央控制器 M 和 T903（13_DIN）。

（2）将开关 BM901 拨为 1310 nm，将开关 K902 拨为“数字”，将电位器 W901 逆时针旋转到最小。

（3）旋开光发端机光纤输出端口防尘帽，用 FC-FC 光纤跳线将半导体激光器与光功率计输入端连接起来，并将光功率计测量波长调整到 1310 nm 档。

（4）用万用表测量 T904（TV+）和 T905（TV-）之间的电阻值（电阻焊接在 PCB 板的反面），找出所测电压与半导体激光器驱动电流之间的关系（$V=I\times R\times 973$）。

注：①在回路中测 R973 的电阻值，会使测得结果不准确，因此在测之前要将回路断开。另外，考虑万用表本身的精度问题，也可不测 R973 的电阻值，直接用 1Ω 来做实验。

②此时 LD 的直流偏置 $I_b$ 的值为 0。LD 的驱动电流仅为调制电流 $I_d$。否则因自动光功率的作用，无法测量 LD 的 *P-I* 特性曲线。

③实验中半导体激光器的驱动电流不可大于 60 mA，否则有烧毁激光器的危险；实验时不能调节电位器 W907，否则将影响实验的结果。

（5）将电位器 W907（阈值电流调节）逆时针旋转到底。

（6）打开交流电源。

（7）用万用表测量 T904（TV+）和 T905（TV–）两端电压（红表笔插 T904，黑表笔插 T905）。

（8）慢慢调节电位器 W901（数字驱动调节），使所测得的电压为表 5-2 中的数值，依次测量对应的光功率值，并将测得的数据填入表 5-2，精确到 0.1 μW。

（9）做完实验后先关闭交流电开关。

（10）拆下光跳线及光功率计，用防尘帽盖住实验箱半导体激光器光纤输出端口，将实验箱还原。

**表 5-2　LD 的 *P-I* 特性测试表**

| *U*/mV | **2** | **2.2** | **2.4** | **2.6** | **2.8** | **3** | **3.2** | **3.4** | **3.6** |
|---|---|---|---|---|---|---|---|---|---|
| *I*/mA | 2.0 | 2.2 | 2.4 | 2.6 | 2.8 | 3.0 | 3.2 | 3.4 | 3.6 |
| *P*/μW | | | | | | | | | |
| *U*/mV | **3.8** | **4** | **4.5** | **5** | **6** | **7** | **8** | **9** | **10** |
| *I*/mA | 3.8 | 4.0 | 4.5 | 5.0 | 6.0 | 7.0 | 8.0 | 9.0 | 10.0 |
| *P*/μW | | | | | | | | | |
| *U*/mV | **12** | **14** | **16** | **18** | **20** | **22** | **24** | **26** | |
| *I*/mA | 12.0 | 14.0 | 16.0 | 18.0 | 20.0 | 22.0 | 24.0 | 26.0 | |
| *P*/μW | | | | | | | | | |

## 五、实验总结与思考

（1）根据测试结果，画出相应的 *P-I* 特性曲线，并得出阈值电流 $I_{th}$。

（2）试说明半导体激光器发光工作原理。

（3）环境温度的改变对半导体激光器 *P-I* 特性有何影响？

（4）分析以半导体激光器为光源的光纤通信系统中，半导体激光器 *P-I* 特性对系统传输性能的影响。

## 5.6　大气激光音频通信实验

### 一、实验目的

（1）了解大气激光音频通信的原理；

（2）完成实验操作，实现简单的大气激光音频通信实验；

（3）完成大气激光音频通信实验平台的搭建；

（4）实现音频通信传输，并探索影响传输质量的因素；

（5）观察外界环境及条件对大气激光音频通信实验的影响。

### 二、实验原理

大气激光通信系统是由两台激光通信机构成的通信系统，他们相互向对方发射被调制的激光脉冲信号（声音），接收并调解来自对方的激光脉冲信号，实现双工通信。本系统可传递语音通信。受调制的信号通过功率驱动电路使激光器发光，这样载有语音信号的激光通过光学天线发射出去。接收是另一端的激光通信机通过光学天线将收集到的光信号聚到光电探测器上，将这一光信号转换成电信号，再将这一光信号放大，用阈值探测方法检出有用信号，再经过调解电路滤去基频分量和高频分量，还原出语音信号，最后通过功放经音箱接收，完成语音通信。

### 三、实验仪器

（1）大气激光通信发射模块 1 个；

（2）大气激光通信接收模块 1 个；

（3）音频播放器 1 个；

（4）音频线 1 根；

（5）音箱 1 个。

### 四、实验步骤

大气激光音频通信实验研究的是光携带信息在大气中传播的规律。实验中用到内调制的激光光源，将音频信号加载到光源上，在大气中传播，后端用接收模块接收，对激光进行解调，并外接音箱，可收听到在光源处加载上去的音频信号。

## 五、实验结果与思考

解调时，将输出激光的光斑中心对准输入端和将旁瓣对准输入端，两者效果为什么不一样，而且后者效果更佳？

## 六、注意事项

（1）本实验所用部分光源为 532 nm 绿光半导体激光器，功率在 30 mW 左右。切忌不可将激光打入人眼或长时间接触身体，以防止激光灼伤。

（2）10 倍物镜的焦点在距离后端 1 mm 左右，移动时注意勿将光纤陶瓷插芯与物镜前端相撞，以免造成两者的损坏。

（3）注意切勿用手直接接触光纤的陶瓷插芯，避免污染。如果污染了，应用酒精乙醚混合液进行擦洗。

（4）实验时不可将光纤输出端对准自己或别人的眼睛，以免损伤眼睛，如果感觉光强太强，一定要带上激光防护眼镜。

（5）不要用力拉扯光纤，光纤弯曲半径一般不小于 30 mm，否则可能导致光纤折断。

# 5.7　光纤通信光电探测特性测试实验

## 一、实验目的

（1）学习光纤通信光电探测器响应度及量子效率的概念；

（2）掌握光纤通信光电探测器响应度的测试方法；

（3）了解光纤通信光电探测器响应度对光纤通信系统的影响；

（4）测试 1310 nm 检测器 *I-P* 特性；

（5）根据 *I-P* 特性曲线，得出检测器的响应度并计算其量子效率。

## 二、实验原理

在光纤通信工程中，光检测器（photodetector），又称光电探测器或光检波器。按其作用原理可分为热器件和光子器件两大类。前者是吸收光子使器件升温，从而探知入射光能的大小，后者则将入射光转化为电流或电压，是以光子-电子的能量转换形式完成光的检测。

最简单的光检测器就是 PN 结，但它存在许多缺点，光纤通信系统中，较多采用 PIN 光电二极管（简称 PIN 管）及雪崩光电二极管（APD 管），都是实现光电转换的半导体器件。

在给定波长的光照射下，光检测器的输出平均电流与入射的光功率平均值之比称响应率或响应度，简言之，即输入单位的光功率产生的平均输出电流，$R$ 的单位为 A/W 或 μA/μW。其表达式为

$$R = I_p / P \tag{5-2}$$

响应率是器件外部电路中呈现的宏观灵敏特性，量子效率是内部电路中呈现的微观灵敏特性。量子效率是能量为 $h\nu$ 的每个入射光子所产生的电子-空穴载流子对的数量：

$$\eta = \frac{\text{通过结区的光生载流子对数}}{\text{入射到器件上的光子数}} = \frac{I_P / e}{P / h\nu}(\times 100\%) \tag{5-3}$$

式中，$e$ 是电子电荷；$\nu$ 为光的频率。通过测试 $I_P$ 与 $P$ 的关系，即可计算获得检测器的量子效率，其中光电检测器的量子效率与响应度的关系为

$$R = \frac{\eta\lambda}{1.24} \tag{5-4}$$

在波长确定的情况下，通过测试得到一定光功率下检测器输出的电流，即可获得检测器的响应度及量子效率的大小，从而了解检测器的性能指标。

1310 nm 与 1550 nm 两个波长使用的检测器均为 PIN 光电二极管，1310 nm 光检测器的参考指标见表 5-3。

**表 5-3　1310 光检测器的参考指标**

| 参数 | 最小值 | 典型值 | 最大值 | 单位 | 备注 |
|---|---|---|---|---|---|
| 工作波长 | 1100 | | 1650 | nm | |
| 带宽（–3 dB） | | 2 | | GHz | |
| 结电容（Vcc=5 V） | | | 1 | Pf | |
| 暗电流（Vcc=5 V） | | | 1 | nA | |
| 响应度（Vcc=5 V） | 0.8 | 0.85 | | A/W | 1310 nm |
| 光反射损耗 | 40 | | | dB | |
| 工作电压 | | | 25 | V | |
| 使用环境温度 | –40 | | 80 | ℃ | |
| 二阶失真 | | | –70 | dBc | |
| 三阶失真 | | | –80 | | |

用光功率计测试得到光发端机输出的平均光功率，然后再测试得到光收端机检测得到的响应电流，改变光发端机输出功率，作检测器端的 *I-P* 特性曲线，曲线斜率即为特定波长下的响应度。响应电流的测定是通过运放，将检测器的电流信号放大成电压信号后得到的检测电压点为 T906（VOUT），即此测试点与接地点之间的电压 *V*。其放大系数为 *n* 可以通过 W902（线性度调节）来调节，电阻 R345 大小为 10 K，即检测电流：

$$I=V/(10000\times n) \tag{5-5}$$

电流电压转换原理图如图 5-20 所示。

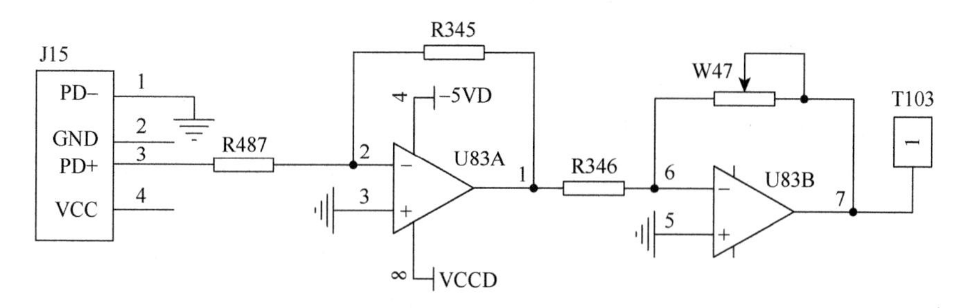


图 5-20　电流电压转换原理图

实际所测的电流 *I* 只有探测器输出电流的 1/6，因此，在计算探测器的响应度时因该将测得的电流值乘以 6 倍，即 $I_P=6I$ ，作为探测器的响应电流。

因此，响应度 *R* 的实际计算公式为

$$R=I_P/P=6\times V/(10000\times n\times P) \tag{5-6}$$

## 三、实验仪器

（1）ZY1804I 型光纤通信原理实验系统 1 台；

（2）光功率计 1 台；

（3）FC-FC 单模光跳线 1 根；

（4）万用表 1 台；

（5）连接导线 20 根。

## 四、实验步骤

1310 nm 光检测器 *I-P* 特性测试的实验步骤如下。

（1）用导线连接中央控制器 M 和 T903（13_DIN）。

（2）将开关 BM901 拨为 1310 nm，将开关 K902 拨为“数字”，将开关 BM902 拨为 1310 nm，将开关 K901 拨为“测试”，将电位器 W901 逆时针旋转到最小。

（3）旋开 1310 nm 光发端机光纤输出端口防尘帽，用 FC-FC 光纤跳线将半导体激光器与 1310 nm 光收端机连接起来。

（4）用万用表测量 T904（TV+）和 T905（TV–）之间的电阻值（电阻焊接在 PCB 板的反面），找出所测电压与半导体激光器驱动电流之间的关系（$V=IR973$）①。

（5）打开交流电源②。

（6）将电位器 W907（阈值电流调节）逆时针旋转到底③。

（7）用万用表测量 T904（TV+）和 T905（TV–）两端电压（红表笔插 T904，黑表笔插 T905），调节 W901（数字驱动调节），使之为 25 mV，将电位器 W902（线性度调节）顺时针调到最大，用万用表测试 T906（VOUT）与地之间电压 $V$，填入表 5-4 中，将 1310 nm 光收端机端光纤取出，测试此时光功率并填入对应表格中④。

（8）调节 W901，减小驱动电流为表 5-4 中的数值，测试 T906（VOUT）与地之间的电压，取出光纤测试光功率，填入对应表 5-4 中。

（9）依次关闭各直流电源、交流电源，将 K901 拨到上面，拆除导线，将实验箱还原。

**表 5-4　实验结果记录表**

| 驱动电流 $I$/mA | 25 | 20 | 15 | 10 | 5 |
|---|---|---|---|---|---|
| T906：测试电压 $V$/V | 2.72 | 2.39 | 1.81 | 1.05 | 0.248 |
| 计算得到电流 $I_p$/mA | | | | | |
| 输出光功率 $P$/μW | 759 | 587 | 414.0 | 236.2 | 66.2 |

（10）根据表 5-4 数据绘制光检测器 $I$-$P$ 曲线，得出其响应度 $R$，并将 $R$ 代入式（5-6）中，计算得到光电检测器的量子效率。

① 在回路中测 R973 的电阻值，会使测得结果不准确，所以在测之前要将回路断开。另外，考虑万用表本身的精度问题，也可不测 R973 的电阻值，直接用 1Ω 来做实验。

② a. K901 拨到下面（测试档），检测器的响应电流就转化为电压信号，通过 T906（VOUT）表现出来。b. 本实验需要经常连接和断开光跳线与光检测器、光跳线与光功率计，使用时切忌用力过大；同时不可带电拔插光电器件，以免激光不小心入眼或者射到皮肤上面。

③ 测量光接收机的灵敏度时，不能加入自动光功率控制电路。

④ 电位器 W902（线性度调节）用于调节式（5-5）中 $n$ 的值，此处调节到最大时 $n$=5，即此时的 $I=V/50000$。

## 五、实验总结与思考

（1）根据测试结果，画出 1310 nm 光检测器 *I-P* 特性曲线；计算得出检测器的响应度及量子效率。

（2）影响检测器响应度的指标有哪些？这些指标如何影响光纤通信系统性能？

（3）推导检测器响应度 $R$ 与量子效率关系式。

# 5.8　波分复用器插入损耗和光串扰测试实验

## 一、实验目的

（1）了解波分复用器的工作原理及其结构；

（2）掌握它们的正确使用方法；

（3）掌握它们主要特性参数的测试方法；

（4）测量波分复用器的插入损耗；

（5）测量波分复用器的光串扰。

## 二、实验原理

波分复用器/解复用器是一种与波长有关的耦合器。波分复用器的功能是把多个不同波长的发射机输出的光信号组合在一起，输出到一根光纤；解复用器是把一根光纤输出的多个不同波长的光信号，分配给不同的接收机。

波分复用器是波分复用系统中的重要组成部分，为了确保波分复用系统的性能，对波分复用器的一般要求是：插入损耗小、光串扰小、隔离度大、带内平坦、带外插入损耗变化陡峭、温度稳定性好和复用路数多等。本实验主要用来测试波分复用器的插入损耗和光串扰。

1. 插入损耗

插入损耗是指由于增加光波分复用器/解复用器而产生的附加损耗，定义为该无源器件的输入和输出端口之间的光功率之比，即

$$\alpha = 10\lg\frac{P_i}{P_o} \tag{5-7}$$

其中，$P_i$ 是发送进入输入端口的光功率；$P_o$ 是从输出端口接收的光功率。在具体的测试时，先用光功率计测量未加入波分复用器时的光功率 $P_i$，再测量加入波分

复用器后输出端口的光功率 $P_o$，然后代入式（5-7）后计算得出波分复用器的插入损耗。

2. 光串扰的定义及其测试方法

波分复用器的光串扰（隔离度），是指波分复用器输出端口的光进入非指定输出端口光能量的大小。其测试原理图如图 5-21 所示。

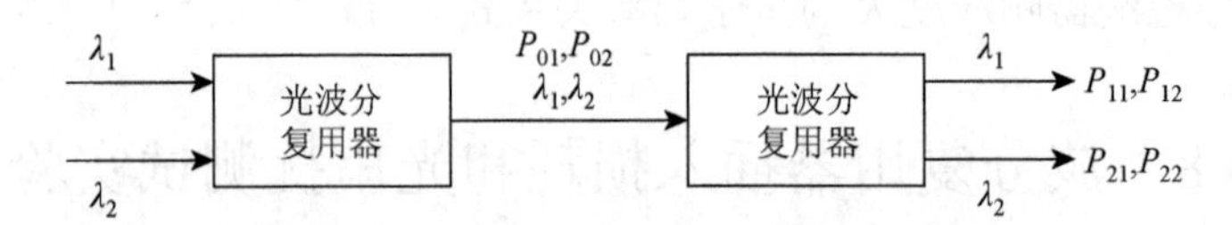


图 5-21　波分复用器光串扰测试原理图

图 5-21 中波长为 1310 nm、1550 nm 的光信号经波分复用器复用以后输出的光功率分别为 $P_{01}$、$P_{02}$，解复用后分别输出光信号，此时从 1310 窗口输出 1310 nm 的光功率为 $P_{11}$，输出 1550 nm 的光功率为 $P_{12}$，从 1550 窗口输出 1550 nm 的光功率为 $P_{22}$，输出 1310 nm 的光功率为 $P_{21}$。将各数字代入下列公式：

$$L_{12} = 10\lg\frac{P_{01}}{P_{21}} \tag{5-8}$$

$$L_{21} = 10\lg\frac{P_{02}}{P_{12}} \tag{5-9}$$

式（5-8）、式（5-9）中 $L_{12}$、$L_{21}$ 即为相应的光串扰。

由于便携式光功率计不能滤除波长 1310 nm 只测 1550 nm 的光功率，同时也不能滤除 1550 nm 只测 1310 nm 的光功率。所以改用下面的方法进行光串扰的测量，测量 1310 nm 的光串扰的方框图如图 5-22 所示。

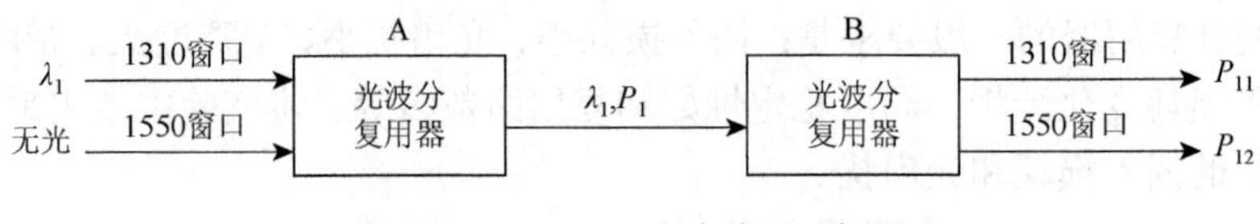


图 5-22　1310 nm 光串扰测试框图

测量 1550 nm 的光串扰的方框图如图 5-23 所示。

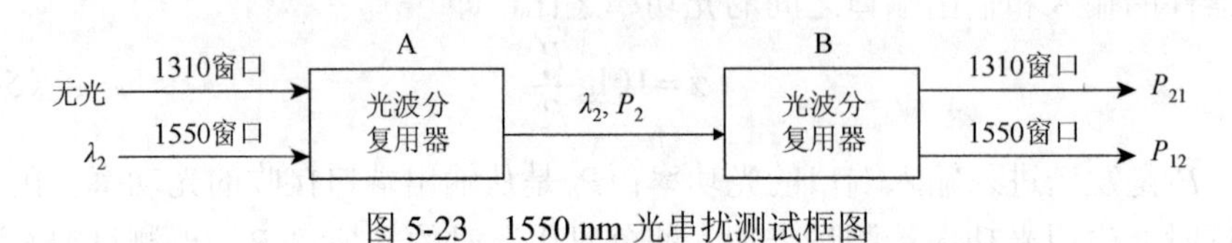


图 5-23　1550 nm 光串扰测试框图

在这种方法中，光串扰计算公式为

$$L_{12} = 10\lg\frac{P_1}{P_{12}} \tag{5-10}$$

$$L_{21} = 10\lg\frac{P_2}{P_{21}} \tag{5-11}$$

式中 $L_{12}$，$L_{21}$ 即是光波分复用器相应的光串扰。

## 三、实验仪器

（1）ZY1804I 型光纤通信原理实验系统 1 台；
（2）FC 接口光功率计 1 台；
（3）万用表 1 台；
（4）FC-FC 适配器 1 个；
（5）波分复用器 2 个；
（6）连接导线 20 根。

## 四、实验步骤

### 1. 波分复用器插入损耗测量

（1）用连接线连接中央控制器 M 和 T901（15_DIN）。

（2）旋开 1550 nm 光发端机保护帽，利用 FC-FC 单模光跳线将其和光功率计连接起来。并将光功率计的波长设置为 1550 nm。

（3）打开交流电源。

（4）读出此时光功率计的数值，此数值即为激光器的输出功率 $P_i$。

（5）拆除 1550 nm 光发端机和光功率计的连接，将波分复用器（A）标有“1550 nm”的光纤接头插入 1550 nm 光发端机，同时将波分复用器（A）标有“1310 nm”的光纤接头用保护帽遮盖起来。

（6）将波分复用器光纤输出接头和光功率计连接起来。

（7）读出此时光功率计的数值，此数据即为插入波分复用器后的输出功率 $P_o$。

（8）将所测得的数值 $P_i$ 和 $P_o$ 代入式（5-7）计算所得的结果即为波分复用器的插入损耗。

### 2. 波分复用器的光串扰测量

（1）拆除波分复用器插入损耗测量实验中光功率计和波分复用器的连接，其余的连线保持不变。同时用 FC-FC 适配器将两个波分复用器“IN”端相连。

（2）用光功率计测得此时波分复用器（B）标有“1550 nm”端光功率为 $P_{22}$，测得标有 1310 nm 端光功率为 $P_{21}$。

（3）拆除波分复用器“IN”端 FC-FC 适配器，测得波分复用器（A）标有“IN”端输出光功率为 $P_2$。

（4）将所得光功率数据代入式（5-11）中计算波分复用器的光串扰。

（5）根据图 5-23 和上述波分复用器 1550 nm 光功率串扰的方法，设计步骤并测试 1310 nm 光串扰（注意 1310 nm 光端机驱动电流调节为 17 mA 左右）。

（6）将所得光功率数据代入式（5-10）中计算波分复用器的光串扰。

（7）实验完成后，关闭交流电源，拆除各个连线，将所有的开关拨向下，将实验箱还原。

## 五、实验总结与思考

（1）记录各实验数据，根据实验结果，计算获得波分复用器插入损耗和光串扰。

（2）查阅相关文献，比较 Y 型分路器和波分复用器内部结构差异。

# 5.9　波分复用技术实验

## 一、实验目的

（1）了解光纤接入网中波分复用原理；

（2）掌握波分复用技术及实现方法；

（3）实现用两种连接方式组成 1310 nm 与 1550 nm 光纤通信的波分复用系统。

## 二、实验原理

随着人类社会信息时代的到来，对通信的需求呈现加速增长的趋势。发展迅速的各种新型业务（特别是高速数据和视频业务）对通信网的带宽（或容量）提出了更高的要求。为了适应通信网传输容量的不断增长和满足网络交互性、灵活性的要求，产生了各种复用技术。本实验重点是光的波分复用（wavelength division multiplexing，WDM）。

光波分复用技术是在一根光纤中同时传输多个波长光信号的一项技术。WDM 就是为了充分利用单模光纤低损耗区带来的巨大带宽资源，根据每一信道光波频率（或波长）的不同可以将光纤的低损耗窗口划分成若干个信道，把光波作为信号的载波，在发送端采用波分复用器（合波器）将不同规定波长的信号光载波合并起来送入一根光纤进行传输，在接收端，再由一波分复用器（分波器）将这些不同波长承载不同信号的光载波分开。由于不同波长的光载波信号可以看作互相独立的（不考虑光纤非线性时），从而在一根光纤中可实现多路光信号的复用传输。波分复用系统原理如图 5-24 所示。

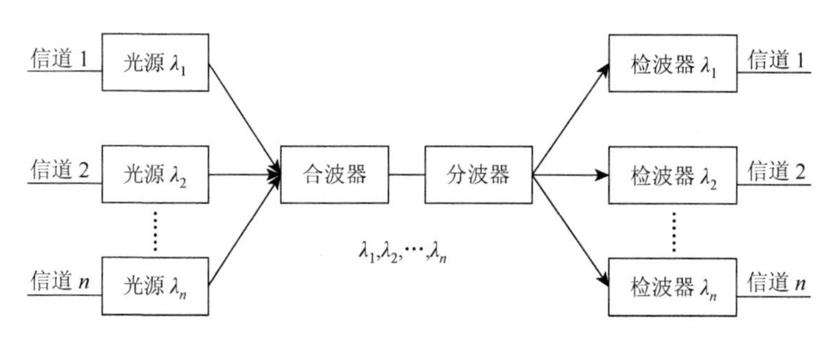


图 5-24　波分复用系统原理图

Mux/DeMux 是 WDM 系统使用中不可或缺的两种元件，也就是常说的复用和解复用器。DWDM 使光导纤维网络能同时传送数个波长的信号，Mux 是负责将数个波长汇集至一起的元件；DeMux 是负责将汇集至一起的波长分开的元件。从原理上讲，这种器件是互易的（双向可逆），即只要将解复用器的输出端和输入端反过来使用，就是复用器。光分插复用器（OADM）是 WDM 系统中一个重要的应用元件，其作用是在一个光导纤维传送网络中塞入或取出（Add-Drop）多个波长信道，置 OADM 于网络的结点处，以控制不同波长信道的光信号传至适当的位置。

光纤通信系统中通常使用的石英光纤有三个低衰减区，即 0.6～0.9 μm 为第一个低衰减区，通常称为短波长低衰减区。1.0～1.35 μm 和 1.45～1.8 μm 分别为第二、第三个低衰减区。后两者称为长波长低衰减区。

本实验利用光纤通信工程应用最广泛的长波长衰减区中 1310 nm 与 1550 nm 光纤通信波长进行波分复用，传输两路信号（一路模拟信号，一路数字信号）。实验原理如图 5-24 所示。

波分复用还有另一种连接方式，其实验框图如图 5-25 所示。这种波分复用连接方式中，同一根光纤中光信号的传输方向相反，由于光波传输的独立性，两个方向的光波传输不会有干扰。可通过实验验证这一理论。

## 三、实验仪器

（1）ZY1804I 型光纤通信原理实验系统 1 台；

（2）20 MHz 双踪数字示波器 1 台；

（3）万用表 1 台；

（4）波分复用器 2 个；

（5）FC-FC 适配器 1 个；

（6）连接导线 20 根。

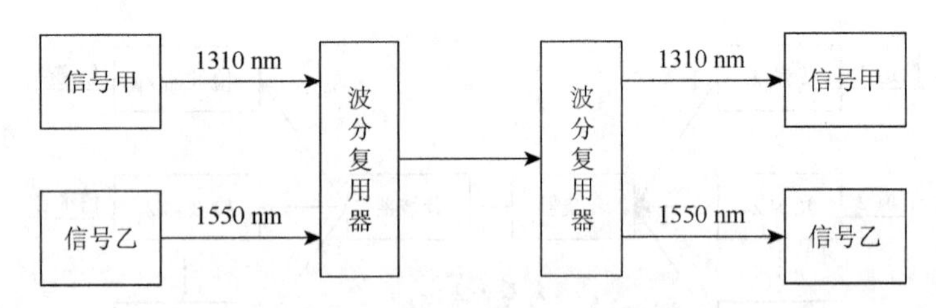


图 5-25　波分复用系统实验框图

## 四、实验步骤

（1）连接数字信号源模块和中央控制器的 A1 和 A2，B1 和 B2，C1 和 C2；连接中央控制器和数字终端模块的 A3 和 A4，B3 和 B4，C3 和 C4；连接模拟信号源模块 2 的 T602 和 T907（13_AIN）；连接中央控制器的 D_OUT 和 T901（15_DIN），D_IN 和 T902（15_DOUT）。

（2）将开关 K706 的值拨为“01000000”；将数字信号源拨码开关 K501、K502 和 K503 的值拨为任意值；将中央控制器的开关 K1 拨为“主”。

（3）将开关 BM901 拨为 1310 nm；将开关 K902 拨为“模拟”；将开关 BM902 拨为 1310 nm；将开关 K901 拨为“通信”。

（4）旋开光发端和光收端 1550 和 1310 的保护帽，将 1550 光发端机和波分复用器（A）中标有“1550”光纤接头连接；将 1310 光发端机和波分复用器（A）中标有“1310”光纤接头连接；将 1550 光接收机和波分复用器（B）中标有“1550”光纤接头连接；将 1310 光接收机和波分复用器（B）中标有“1310”光纤接头连接 FC-FC 适配器将波分复用器连接起来。

（5）打开交流电源。中央控制器指示灯 NS、FS 亮，表明环路同步。按动开关 KB，使灯 LED729 由灭变亮，此时将来自数字信号源的数字信号送出。

（6）用双踪示波器的两个探头同时测量 T907 和 TP902（13OUT）处的波形，调节电位器 W905（模拟驱动调节）和 W909（幅值调节），直到波形相同为止，信号的幅度可以不同。

（7）用示波器测量 T901（15_DIN）和 T902（15_DOUT）的波形，观察经波分复用和解复用后的信号是否相同。

（8）观测数字信号源模块和数字终端的二极管发光的个数与顺序，验证数据光纤传输后的正确性。

（9）根据以上实验设计两路数字信号波分复用后光纤传输实验。

（10）实验完成后，关闭交流电源，拆除各个连线，将所有的开关拨向下，将实验箱还原。

## 五、实验结果与思考

（1）记录并说明各测试点的波形。

（2）说明时分复用与光波分复用的异同点。

（3）如果采用多个波长进行波分复用，对实验箱和波分复用器有何要求？

# 5.10　SDH 帧同步器的设计实验

## 一、实验目的

（1）了解 verilog 语言软件的基本使用方法；

（2）掌握 verilog 语言的设计输入、编译、仿真和调试过程；

（3）了解 SDH 的帧结构和原理；

（4）掌握用 verilog 设计电路实现 SDH 帧同步器的功能。

## 二、实验原理

### 1. SDH 的帧结构

如图 5-26 所示，一般一个 STM-N 的帧结构由三部分组成：段开销（SOH），包括再生段开销（RSOH，1～3 行）和复用段开销（MSOH，5～9 行），管理单元指针（AU-PTR）和信息净负荷（Payload）。

这三部分的功能如下。

（1）段开销：是为保证信息净负荷正常、灵活传送所必须附加的供网络运行、管理和维护（OAM）使用的字节。其中 RSOH 用于各个再生段之间的管理，而 MSOH 用于各个复用器之间的管理。

（2）信息净负荷：是在 STM-N 帧结构中存放并由 STM-N 传送的各种信息码块。

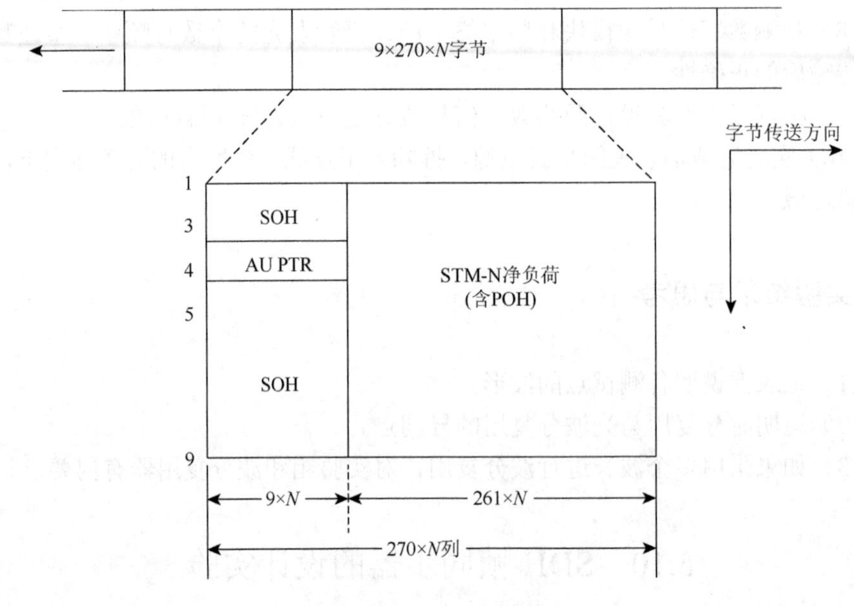


图 5-26　STM-N 帧结构图

（3）管理单元指针：管理单元指针位于 STM-N 帧中第 4 行的 9 × *N* 列，共 9 × *N* 个字节，是指示信息净负荷的第一个字节在 STM-N 帧内的准确位置的指示符。接收端能以这个指示符的值（指针值）正确的分离信息净负荷。

2. SDH 帧同步器的实现（本实验以 STM-1 为例）

STM-N 信号的传输遵循按比特的传输方式。传输的原则是帧结构中的字节（8 bits）从左到右，从上到下一个字节一个字节地传输，传完一行再传下一行，传完一帧再传下一帧。

对于 SDH 数据帧第一行开始的三个 A1 和三个 A2 用于 STM-1 帧定位，规定代码为 A1=8′hf6，A2=8′h28。对数据帧的定位就是在接收到的串行数据流中寻找三个连续的 A1 和三个连续的 A2。

用一个有限状态机来实现帧同步器的状态转移，其中包含 4 种状态，即帧失步状态（unsync）、帧定位状态（search）、帧同步状态（sync）和帧丢失状态（lose）。

这 4 种状态的转换过程如图 5-27 所示。

采用 STM-1 的帧结构传输数据，实现状态转移过程如下。

（1）帧失步状态：寻找 A1A1A1A2A2A2 组成的 48 位序列（即帧头 48′hf6f6f6282828），若找到，则进入帧定位状态；否则继续寻找。

（2）帧定位状态：判断下一帧的第一个字节和第六个字节是否为 A1 和

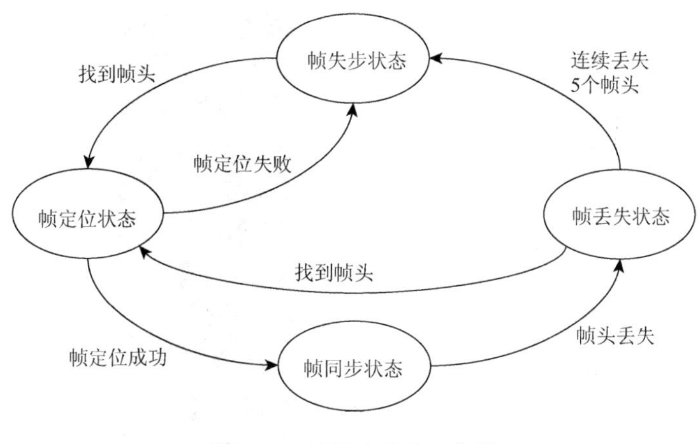


图5-27　帧同步状态转换图

A2，若是，则帧定位成功，进入帧同步状态；否则，帧定位失败，进入帧失步状态。

（3）帧同步状态：判断每一帧的帧头是否为A1A1A1A2A2A2，若不是，则进入帧丢失状态。

（4）帧丢失状态：判断接下来的连续4帧数据中是否有帧头A1A1A1A2A2A2出现，若有，即刻返回帧定位状态；否则，则进入帧失步状态。

## 三、实验步骤

在ISE中编写程序实现STM-1帧结构对接收的数据完成同步的功能，并利用仿真软件modelsim对所设计的功能模块进行调试。

### 1. 打开Project Navigator

（1）在桌面上面双击Xilinx ISE 12.4的快捷方式图标（图5-28）。

图5-28　Xilinx ISE 12.4桌面快捷图标

（2）单击：开始→所有程序→ISE→ISE Design Tools→Project Navigator，如图5-29所示。

这样就可以打开Project Navigator，如图5-30所示。

### 2. 创建一个新的工程

（1）单击File→New Project…，弹出图5-31所示的对话框。

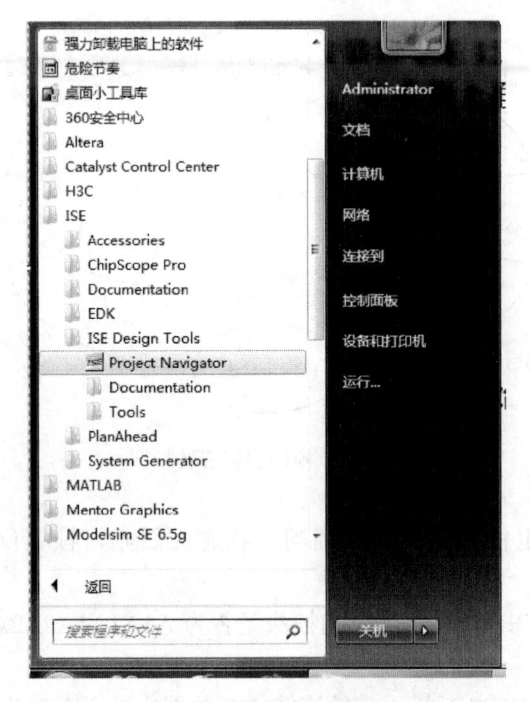


图 5-29　软件启动入口

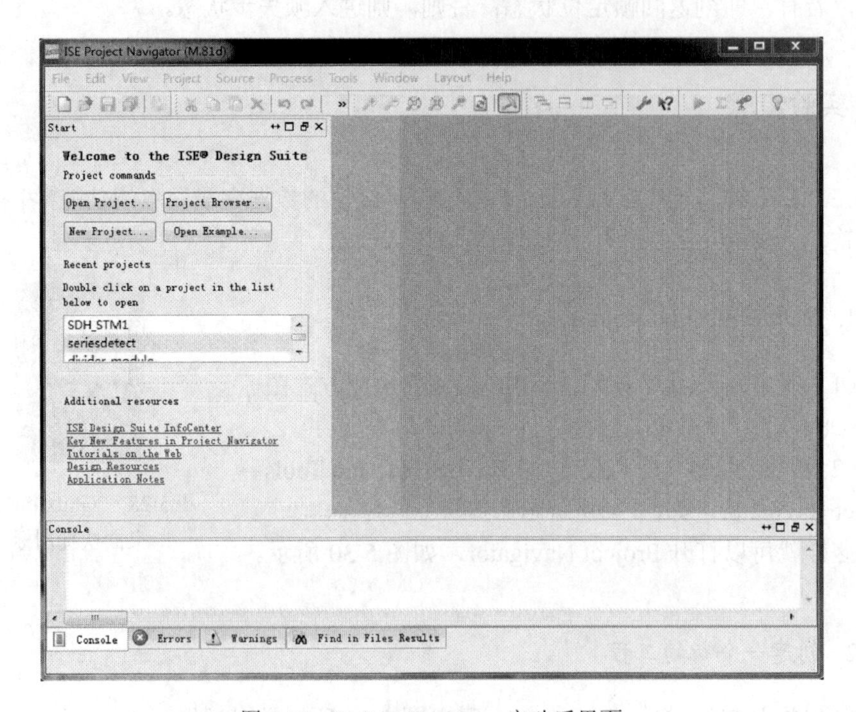


图 5-30　Project Navigator 启动后界面

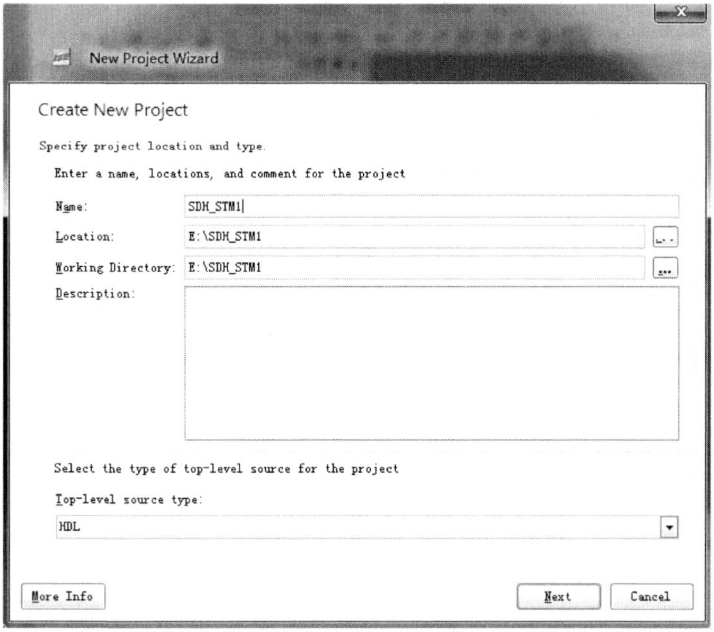

图 5-31　新建工程界面

（2）在这里填写将要创建的工程的名称（project name）、路径（project location），和工程的顶层模块类型（top-level module type）。

顶层模块类型主要使用前面两种：HDL（hardware design language）硬件设计语言模式和 schematic 原理图模式。本次实验选择 HDL。

填写后单击下一步。

在图 5-32 所示的对话框里面选择：

| | |
|---|---|
| Family | 使用的 FPGA 的种类 |
| Device | 使用的 FPGA 的型号 |
| Package | 使用的 FPGA 的封装 |
| Speed | 使用的 FPGA 的速度 |
| Top-Level Source Type | 顶层模块类型 |
| Synthesis Tool | 综合工具 |
| Simulator | 仿真工具 |
| Generated Simulation Language | 仿真模块语言类型 |

本次实验选用的都是 ISE 自带的综合工具和仿真工具，因此就不选择第三方的应用软件了。

（3）填写 FPGA 型号和使用的综合仿真软件后点击下一步。

（4）在图 5-33 所示的这个对话框里面显示将要创建的工程的全部信息，确认

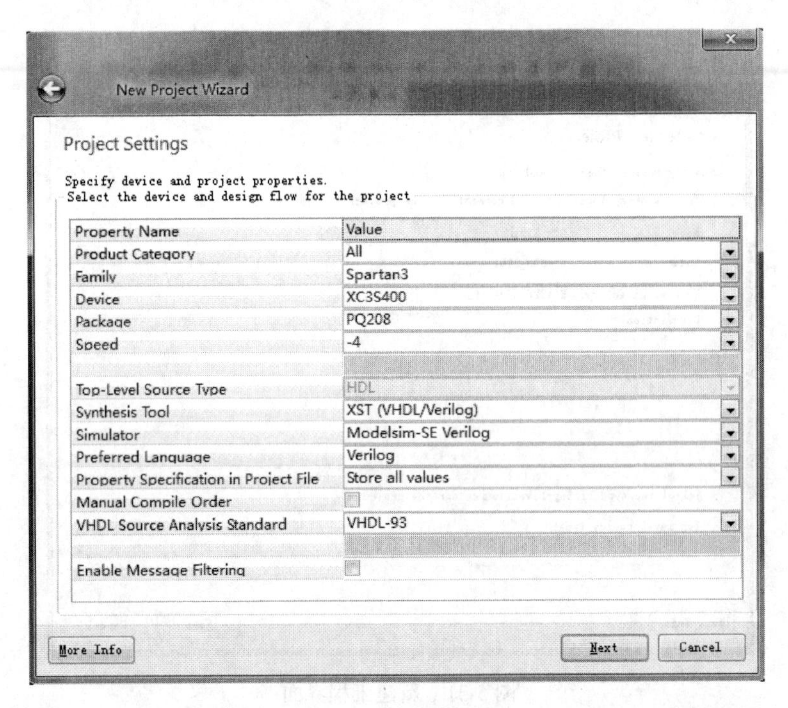


图 5-32　参数选择界面

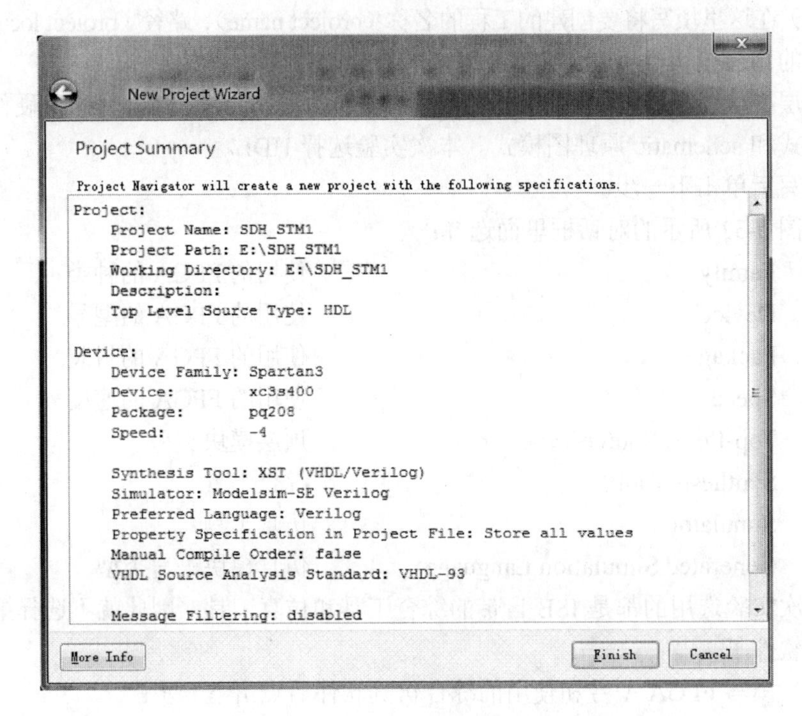


图 5-33　中间默认界面

无误后点击完成，如图 5-34 所示。

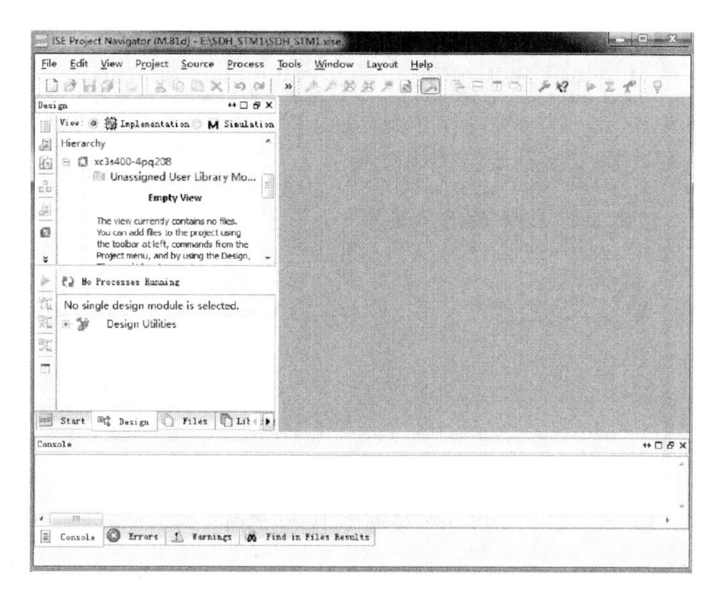


图 5-34　初步创建成功界面

3. 为工程添加源文件

（1）在 xc3s400-4pq208 图标上面点击鼠标右键，选择 New Source……选项，如图 5-35 所示。

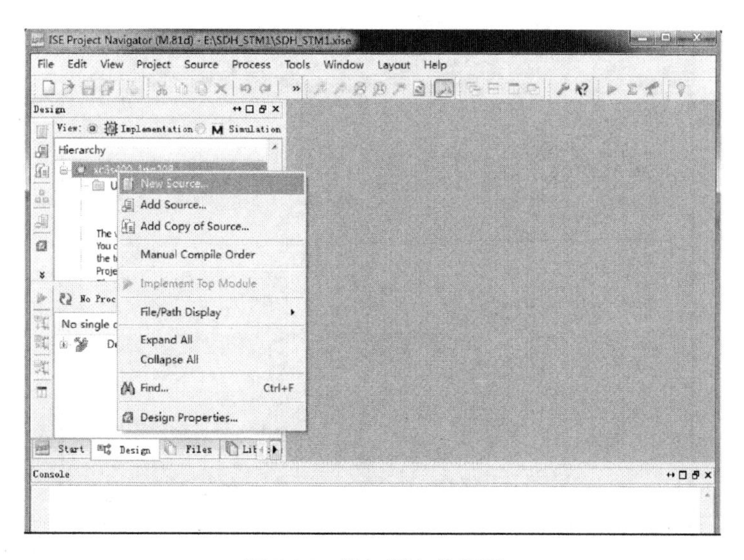


图 5-35　添加源文件界面

（2）选择了 New Source 将弹出如图 5-36 所示的对话框。

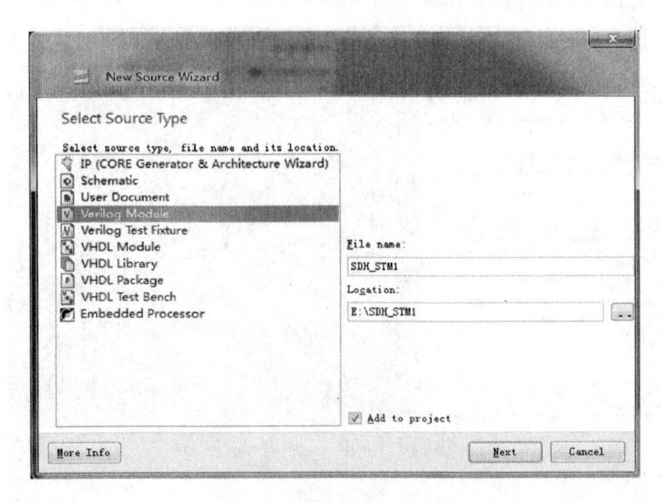


图 5-36　新源文件产生界面

（3）在右面的 File Name 栏里面填写要生成的源文件的名字，路径一般位于工程文件夹里面，没有特殊需要不必更改。一定要选择 Add to project，然后在左边的一排图标里面选择源文件的类型后点击下一步。

（4）可以在图 5-37 所示的对话框里面输入源文件的模块名称和管脚定义，也可以先不输入，后面写程序的时候自己输入。

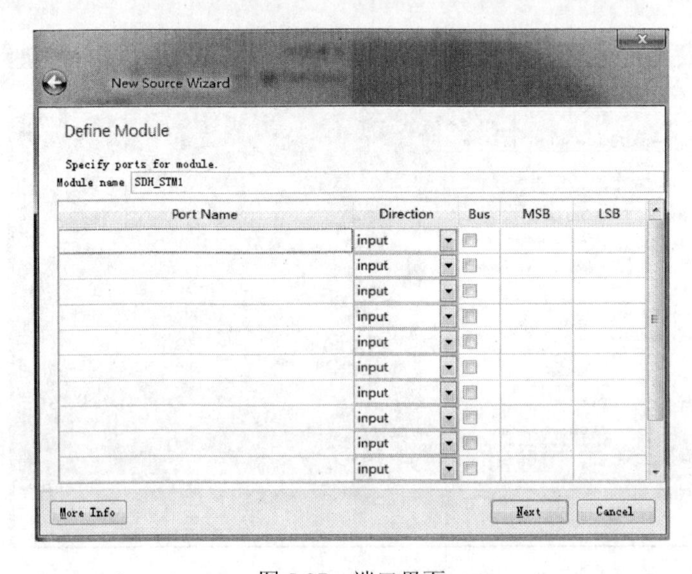


图 5-37　端口界面

（5）单击下一步，出现如图 5-38 所示的对话框，确认信息无误后，点击完成，将生成名为 sw_led.v 的源文件，如图 5-39 所示。

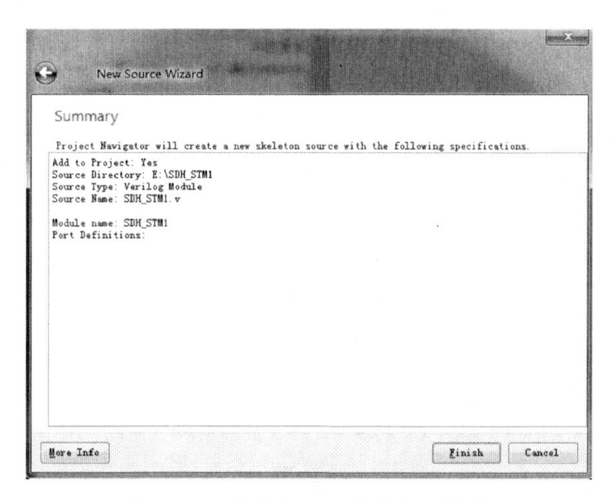


图 5-38　模块名称和管脚完成界面

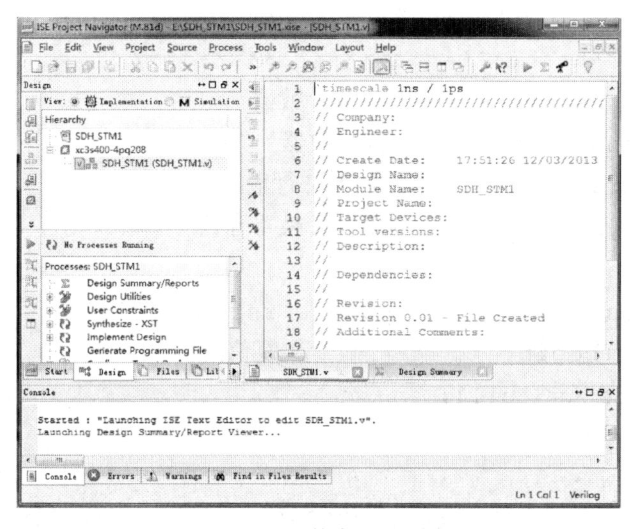


图 5-39　文件完成后界面

（6）输入程序以后，保存源文件。

```
module SDH_STM1
(
  data_in,
  clk,
  rst_n,
```

```
  data_out
);
/**************************************/
input data_in;        //输入数据
input clk;
input rst_n;
output[7:0] data_out;   //输出数据
/**************************************/
parameter unsync=2'b00;//帧失步状态
parameter search=2'b01;//帧定位状态
parameter sync=2'b10;  //帧同步状态
parameter lose=2'b11;  //帧丢失状态
/**************************************/
reg[2:0] count_bit;     //位计数器
wire locate;            //用于指示一个字节中的最后一个 bit
assign locate=count_bit[2] & count_bit[1] & count_bit[0];
/**************************************/
reg[8:0] count_byte;    //字节计数器
reg[3:0] count_row;     //行计数器
reg[7:0] parallel_out;  //数据并行输出
reg[47:0] sync_data;    //串并转换寄存器
reg[1:0] state;
always @(posedge clk or negedge rst_n)begin
  if(! rst_n)begin              //复位清零
    count_bit <=3'b111;
    count_byte <=0;
    count_row <=0;
    sync_data <=48'hf6f6f6_282828;    //串并转换寄存器装初始值
    A1A1A1A2A2A2,其中 A1=8'hf6,A2=8'h28
  end
  //数据流中第一次找到了帧头 A1A1A1A2A2A2 后计数器预装初值
  else if((state==unsync)&&(sync_data==48'hf6f6f6282828))begin
    count_bit <=3'b0;
    count_byte <=9'd6;
    count_row <=4'b0;
```

```
    sync_data[47:0] <={sync_data[46:0],data_in};
  end
  //如果没有找到帧头 A1A1A1A2A2A2
  else begin
    //位计数器加 1,输入 1bit 数据
    count_bit <=count_bit+1;
    sync_data[47:0] <={sync_data[46:0],data_in};
    if(locate)begin
      //如果最后一个字节数据输入,字节计数器清零;否则字节计数器加 1
      if(count_byte==9'd269)begin
        count_byte <=0;
        //如果最后一行数据输入,行计数器清零;否则行计数器加 1
        if(count_row==4'd8)
          count_row <=0;
        else
          count_row <=count_row+1;
      end else
        count_byte <=count_byte+1;
      parallel_out <=sync_data[7:0];
    end
  end
end
/*****************************************/
reg flag;                //状态标志,flag=1 表示进入状态转换
reg[1:0] count;          //帧丢失个数计数器

always @(posedge clk or negedge rst_n)begin
  if(! rst_n)begin
    count <=0;
    flag <=1'b0;
    state <=unsync;
  end
  else begin
    if(locate)begin
      case(state)                  //有限状态机
```

```
unsync:begin
  if(sync_data==48'hf6f6f6282828)begin
    flag <=1'b1;
    state <=search;
  end
end
search:begin
  //是否是下一帧中的一个 A1
  if((count_row==4'd0)&&(count_byte==9'd0)&& !(sync_
  data[7:0]==8'hf6))
    state <=unsync;
  else begin
    //是否是第一行第六个字节
    if((count_row==4'd0)&&(count_byte==9'd5))begin
      if(flag)begin
        flag <=0;
        if(sync_data[7:0]==8'h28)  //该数据是否是 A2
          state <=sync;          //是 A2 进入帧同步状态
        else
          state <=unsync;              //不是 A2 进入帧失步状态
      end
    end
  end
end
sync:begin
  //判断每帧前 6 个字节是否是 A1A1A1A2A2A2
  if((count_row==4'b0)&&(count_byte==9'd5)&& !(sync_
  data==48'hf6f6f6282828))begin
    state <=lose;      //不是 A1A1A1A2A2A2 进入帧丢失状态
    count <=0;        //帧丢失计数器清零
  end
  else
    state <=sync;      //否则进入帧同步状态
end
lose:begin
```

```
        //判断每帧前 6 字节是不是 A1A1A1A2A2A2
        if((count_row==4'b0)&&(count_byte==9'd5))begin
          if(sync_data==48'hf6f6f6282828)
            state <=search;//是 A1A1A1A2A2A2 帧定位状态
          else if(count==2'b11)//连续 4 个帧头都不是 A1A1A1A2A2A2
          进入帧失步状态
            state <=unsync;
          pelse begin
            count <=count+1;
            state <=lose;
          end
        end
      end
    endcase
  end
 end
end
/*********************************************/
assign data_out=parallel_out;//数据输出
/*********************************************/
```

## 四、综合仿真

### （一）综合

在 Process 对话框里面双击 Synthesize-XST，如图 5-40 所示。

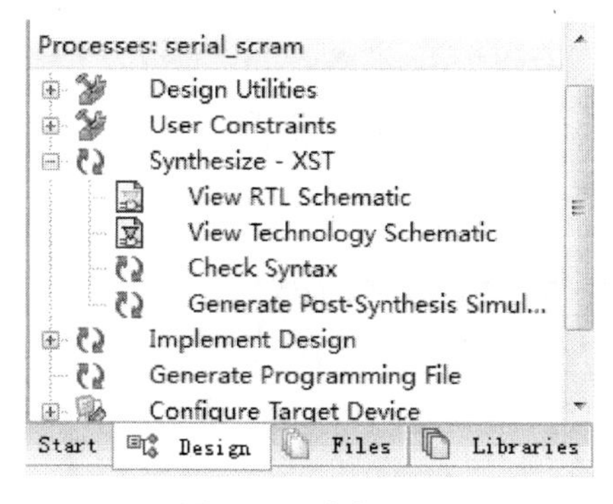


图 5-40　综合界面

仿真主要检查源文件程序里面的语法错误（check syntax），如果没有语法错误，会在 console 对话框中出现 Process “Synthesize-XST” completed successfully。

如果在这步软件发现源程序的设计语言有语法毛病，就会弹出 Error 警告，这样就可以根据报错的位置，在源程序里面查找错误位置。改好以后重新进行综合。

## （二）仿真

### 1. 建立仿真文件

与为工程添加源文件的步骤一样，这里省略。

新建一个 tb_scram_descram.v 的源文件，输入仿真程序。

```
module SDH_STM1_TB;

  reg data_in;
  reg clk;
  reg rst_n;

  wire [7:0] data_out;

  integer i,j;

  parameter CLK_PERIOD=20,
     PERIOD_CNT=12;

  reg [7:0] mem [PERIOD_CNT*9*270-1-6:0];
  reg [7:0] rDATA;

  initial clk=1;
  always #(CLK_PERIOD/2)clk=~clk;

  initial
    $readmemh("SDH_STM1.dat",mem);

  initial begin
    rst_n=0;
    #CLK_PERIOD rst_n=1;
```

```
    for(i=0;i <=PERIOD_CNT*9*270-7;i=i+1)begin
      rDATA=mem[i];
      for(j=7;j >=0;j=j-1)begin
        data_in=rDATA[j];
        #CLK_PERIOD;
      end
    end
    #(CLK_PERIOD*5)$stop;
  end
  SDH_STM1 uut(
    .data_in(data_in),
    .clk(clk),
    .rst_n(rst_n),
    .data_out(data_out)
  );
endmodule
```

在该仿真程序中，调用了一个文件 SDH_STM1.dat，该文件在工程文件夹中，里面存放着要进行测试的数据。

2. 进行仿真

在 View 对话框中选择 simulation 可以看到仿真文件，如图 5-41 所示。

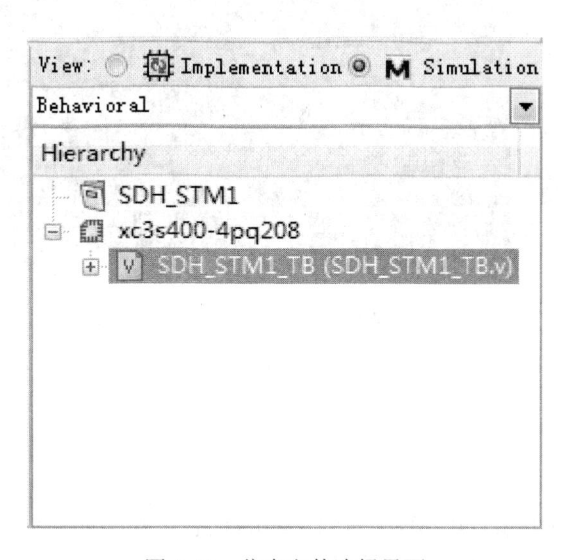


图 5-41　仿真文件选择界面

双击如图 5-42 所示的 Processes 对话框中的 simulat behavioral model 选项，如果程序没有错误，将会自动弹出仿真波形，如图 5-43 所示。

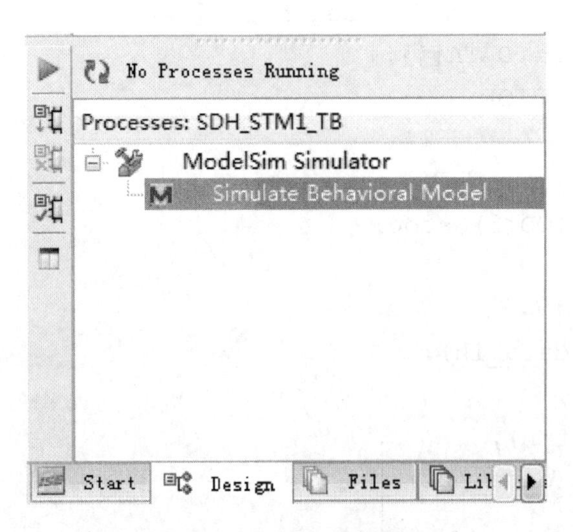


图 5-42　Processes 对话框

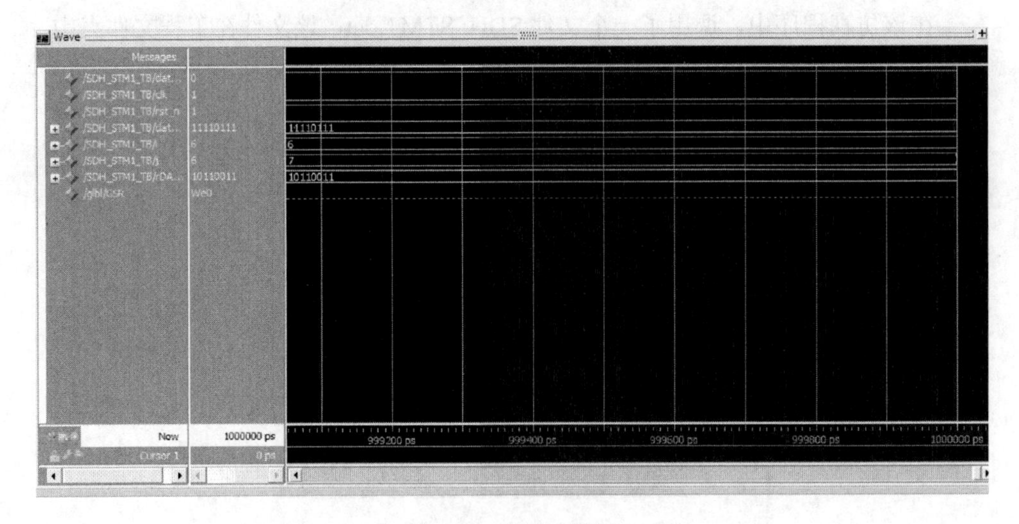


图 5-43　仿真波形图

注：以上波形的调试及分析由学生根据自己的程序情况完成。

## （三）实验结果

在仿真波形中可以看出 SDH 帧同步器的状态转移是如何受输入数据影响的，从而验证本实验设计的功能模块是正确的。

# 5.11　SDH 中串行扰码和解扰码器的设计实验

## 一、实验目的

（1）理解 SDH 中的扰码原理；

（2）掌握编码程序设计。

## 二、实验原理

在数字通信系统中，若经常出现长的“0”或“1”序列，将会影响位同步的建立和保持。为了解决这个问题及限制电路中存在的不同程度的非线性特性对其他电路通信造成的串扰，要求数字信号的最小周期足够长，将数字信号变成具有近似于白噪声统计特性的数字序列即可满足要求，这通常用加扰来实现。加扰，就是不用增加冗余而扰乱信号，改变数字信号统计特性，使其具有近似白噪声统计特性的一种技术。

扰码产生是通过循环移位寄存器来实现的，扰码生成多项式决定循环移位寄存器的结构。

设扰码的输入数字序列为$t_k$，输出为$S_k$；解码器的输入为$S_k$，输出为$r_k$。扰码器的输入和输出序列关系为：$S_k = t_k \oplus X_6 \oplus X_7$。

解扰码器的输入和输出序列关系为

$$r_k = t_k \oplus X_6 \oplus X_7 = t_k \oplus X_6 \oplus X_7 \oplus X_6 \oplus X_7 = t_k \qquad (5\text{-}12)$$

串行扰码器的电路结构图如图 5-44 所示。

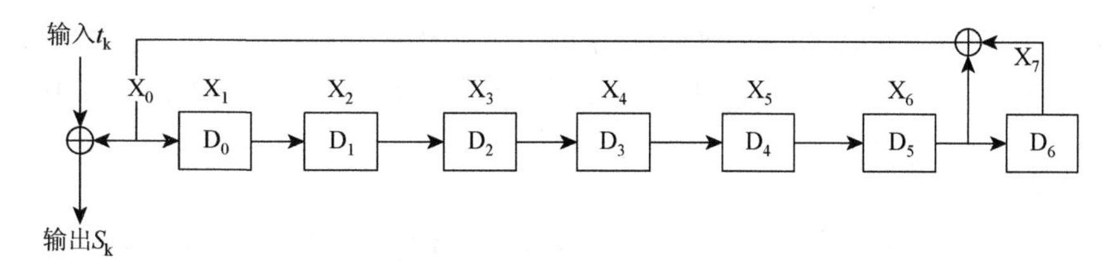


图 5-44　串行加扰器电路结构

串行扰码器的电路结构图如图 5-45 所示。

扰码器实质上是一个反馈移位寄存器，其输出为一个 m 序列。它能最有效地将输入序列搅乱，使输出数字码元之间相关性最小。

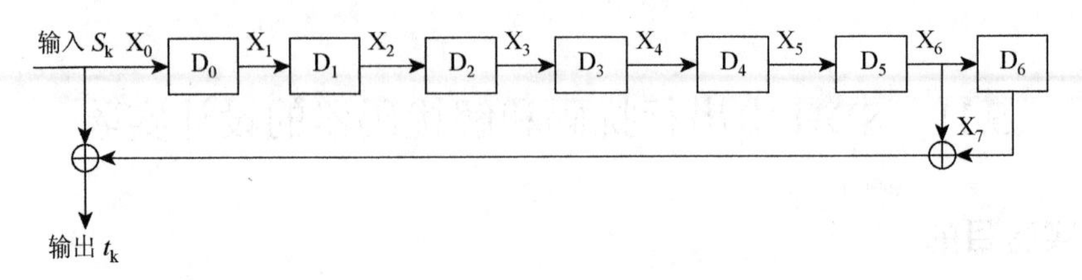


图 5-45 串行解扰器电路结构

## 三、实验步骤

1. 打开 Project Navigator

（1）在桌面上面双击 Xilinx ISE 12.4 的快捷方式图标；

（2）打开 Project Navigator 的界面。

2. 创建一个新的工程

（1）单击 File→New Project…，弹出对话框。

（2）在这里填写将要创建的工程的名称（Project Name），路径（Project Location），和工程的顶层模块类型（Top-Level Module Type）。填写好后单击下一步。

在之后弹出对话框里面选择：

| | |
|---|---|
| Family | 使用的 FPGA 的种类 |
| Device | 使用的 FPGA 的型号 |
| Package | 使用的 FPGA 的封装 |
| Speed | 使用的 FPGA 的速度 |
| Top-Level Source Type | 顶层模块类型 |
| Synthesis Tool | 综合工具 |
| Simulator | 仿真工具 |

（3）填写好 FPGA 型号和使用的综合，仿真软件以后点击下一步。

（4）在这个对话框里面显示将要创建的工程的全部信息，确认无误后点击完成。

3. 为工程添加源文件

（1）在 xc3s400-4pq208 图标上面点击鼠标右键，选择 New Source……选项；

（2）选择了 New Source 将弹出对话框；

（3）在右面的 File Name 栏里面填写要生成的源文件的名字，路径一般位于工程文件夹里面，没有特殊需要不必更改，一定要选择 Add to project，然后在左边的一排图标里面选择源文件的类型后点击下一步；

（4）可以在上面的对话框里面输入源文件的模块名称和管脚定义，也可以先不输入，后面写程序的时候自己输入。单击下一步；

（5）确认信息无误后，点击完成，将生成名为 serial_scram.v 的源文件，如图 5-46 所示。

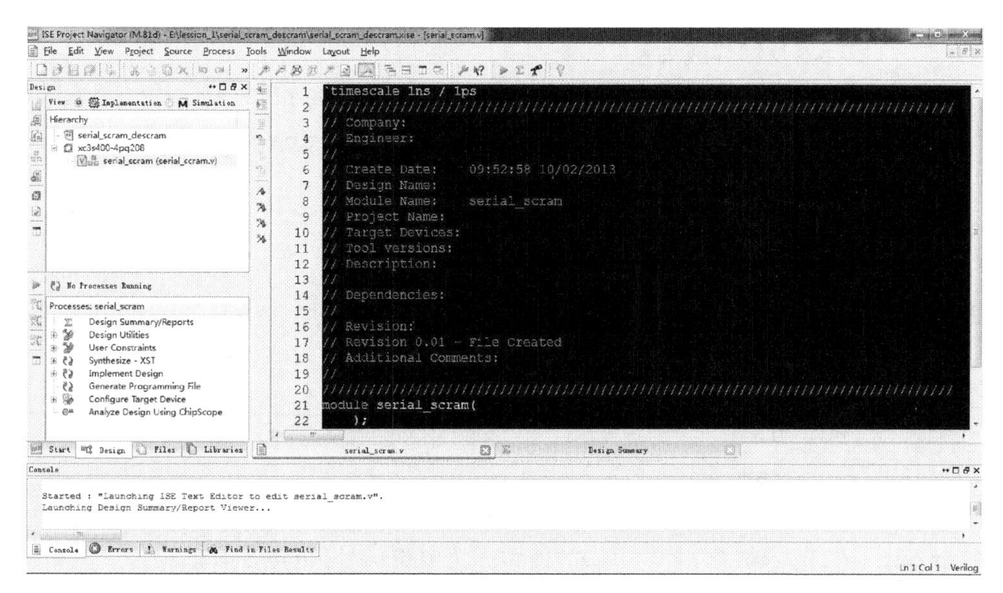


图 5-46 项目完成后的窗口

（6）在输入程序之前，要注意代码的可综合性问题。由于原程序中所给的异步复位信号的代码风格（即在 rst_n 的下降沿触发，又高电平有效复位）在 ISE12.4 中是不可综合的，只能进行功能上的仿真，为了达到既能进行功能仿真又能综合成具体的电路结构的目的，需将 rst_n 改为低电平有效复位。

（7）输入扰码与解扰码程序以后，保存源文件。

i. 扰码的程序：

```
module serial_scram(clk,
      rst_n,
      scram_in,
      scram_out);
  input     clk,rst_n;              //rst_n 为复位信号,低电平有效
  input     scram_in;               //扰码数据输入
  output    scram_out;              //扰码数据输出
  reg [6:0] feedback_reg;           //反馈移位寄存器
  //输出的反馈异或关系
  assign scram_out=feedback_reg[6]^feedback_reg[5]^scram_in;
```

```
  always @(posedge clk or negedge rst_n)begin
    if(! rst_n)               //已将 rst 改为! rst(考虑到可综合性问题)
      feedback_reg[6:0] <=7'b111_1111;
    else begin
      //寄存器反馈异或关系
      feedback_reg[6:1] <=feedback_reg[5:0];
      feedback_reg[0]<=feedback_reg[6]^feedback_reg[5]^scra
      m_in;
    end
  end
endmodule
```

ii. 解扰码程序：

```
module serial_descram(clk,
         rst_n,
         descram_in,
         descram_out);
  input  clk,rst_n;         //rst_n 为复位信号,低电平有效
  input  descram_in;        //解扰码数据输入
  output descram_out;       //解扰码数据输出

  reg [6:0] shift_reg;      //移位寄存器

  //输出的反馈异或关系
  assign descram_out=shift_reg[6] ^ shift_reg[5] ^descram_in;

  always @(posedge clk or negedge rst_n)begin
    if(!rst_n)                //已将 rst 改为!rst(考虑到可综合性问题)
      shift_reg[6:0] <=7'b111_1111;
    else begin
      //寄存器反馈异或关系
      shift_reg[6:1] <=shift_reg[5:0];
      shift_reg[0] <=descram_in;
    end
  end
endmodule
```

## 四、综合仿真

1. 综合

在软件系统中 Process 对话框里面双击 Synthesize-XST；

仿真主要检查源文件程序里面的语法错误（Check Syntax），如果没有语法错误，会在 console 对话框中出现 Process“Synthesize-XST”completed successfully。

如果在这步软件发现源程序的设计语言有语法毛病，就会弹出 Error 警告，这样就可以根据报错的位置，在源程序里面查找错误位置。改好以后重新进行综合。

2. 仿真

（1）建立仿真文件。

新建一个 tb_scram_descram.v 的源文件，输入仿真程序：

```
module tb_scram_descram;
  reg clk;
  reg rst_n;
  reg [7:0] shift_reg;

  wire scram_in;              //扰码器的输入端
  wire scram_out;             //既是扰码器的输出端,也是解扰器的输入端
  wire descram_out;           //解扰器的输出端

  parameter period=20;

  initial begin
    clk=1;
    rst_n=0;                  //已将 rst_n=1 改为 rst_n=0
    #(4*period)rst_n=1;       //已将 rst_n=0 改为 rst_n=1
  end

  //根据第 8 章,伪随机序列产生的原理,产生一个伪随机的序列作为加扰器的输
  入数据,
  //该伪随机序列的生成多项式为 x^8+x^4+x^3+x^2+1
  always @(posedge clk)begin
    if(! rst_n)               //已将 rst_n 改为! rst_n
```

```
      shift_reg[7:0] <=8'b1111_1111;
    else begin
      shift_reg[7:1] <=shift_reg[6:0];
      shift_reg[0] <=shift_reg[7]^shift_reg[3]^shift_reg[2]^
      shift_reg[1];
    end
  end

  assign scram_in=shift_reg[7];

  always #(period/2)clk=~clk;//时钟激励

  //加扰、解扰器模块调用
  serial_scram u1(.clk(clk),
        .rst_n(rst_n),
        .scram_in(scram_in),
        .scram_out(scram_out));

  serial_descram u2(.clk(clk),
         .rst_n(rst_n),
         .descram_in(scram_out),
         .descram_out(descram_out));
endmodule
```

（2）在图 5-47 所示的 View 对话框中选择 Simulation 可以看到仿真文件。

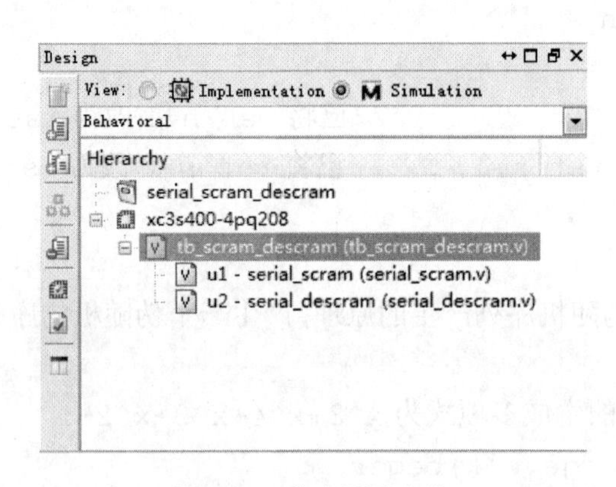


图 5-47　仿真测试文件

（3）双击图 5-48 所示的 Processes 对话框中的 Simulat Behavioral Model 选项。

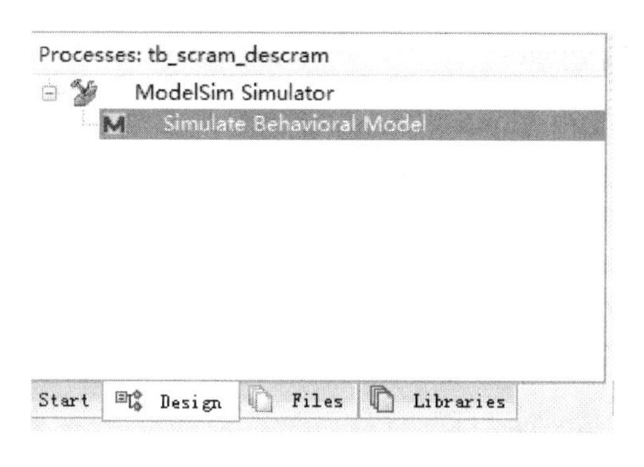


图 5-48　Processes 对话框

（4）如果程序没有错误，将会自动弹出仿真波形，点击按钮，就可以看到如图 5-49 所示的波形。

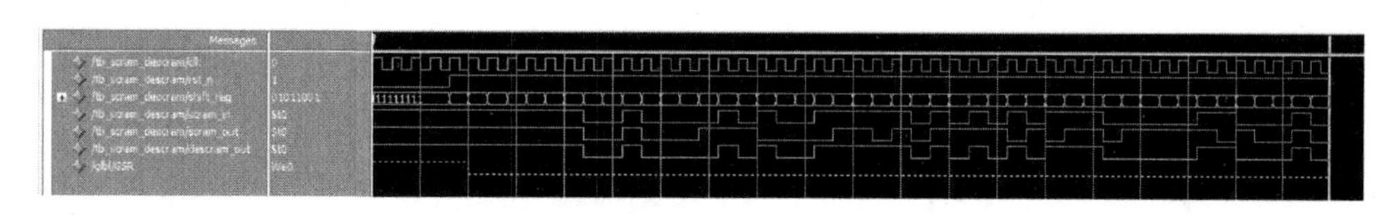

图 5-49　仿真波形

## 五、注意事项

仿真结果问题。根据教材上的程序描述可以知道，从加扰器的输入到输出，以及从解扰器的输入到输出都是采用组合逻辑结构实现的，因此在功能仿真中解扰器的输出数据和加扰器的输入数据并没有时序上的延时。

# 5.12　SDH 中串行 CRC16 校验的 Verilog HDL 实现实验

## 一、实验目的

（1）理解 SDH 中的冗余码原理；

（2）掌握编码程序设计。

## 二、实验步骤

1. 打开 Project Navigator

（1）在桌面上面双击 Xilinx ISE 12.4 的快捷方式图标；
（2）打开 Project Navigator 的界面。

2. 创建一个新的工程

（1）单击 File→New Project…，弹出下面对话框如图 5-50 所示。

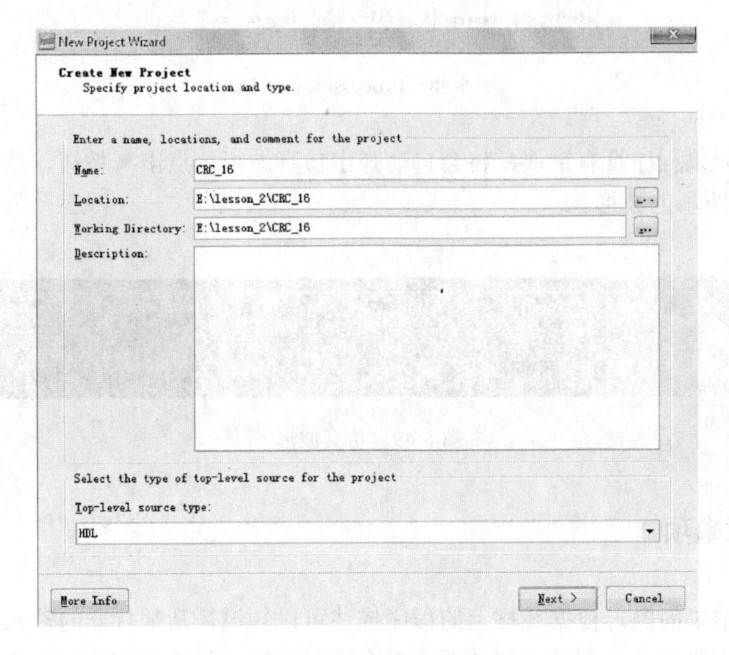


图 5-50　创建工程文件

在这里填写将要创建的工程的名称（Project Name），路径（Project Location），和工程的顶层模块类型（Top-Level Module Type）。

（2）填写好后，进行其他步骤。

（3）填写好 FPGA 型号和使用的综合，仿真软件以后点击下一步，在弹出的对话框里面显示将要创建的工程的全部信息，确认无误后点击完成。

3. 为工程添加源文件

（1）在 xc3s400-4pq208 图标上面点击鼠标右键，选择 New Source……选项；

（2）选择了 New Source 将弹出对话框；

（3）在右面的 File Name 栏里面填写要生成的源文件的名字，路径一般位于工程文件夹里面，没有特殊需要不必更改，一定要选择 Add to project，然后在左边的一排图标里面选择源文件的类型后点击下一步：

（4）可以在上面的对话框里面输入源文件的模块名称和管脚定义，也可以先不输入，后面写程序的时候自己输入。

（5）确认信息无误后，点击完成，将生成名为 CRC_16.v 的源文件（图 5-51）。

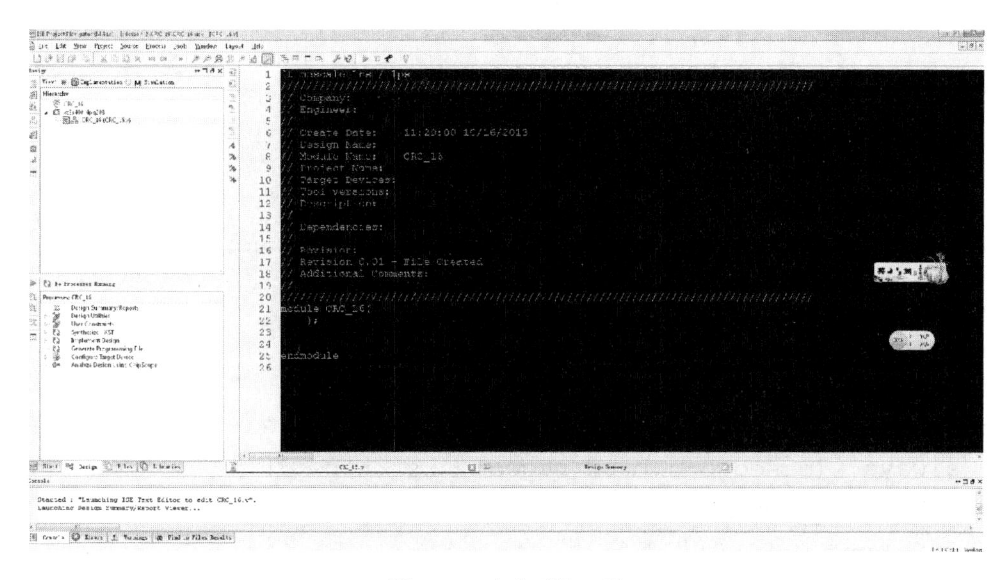

图 5-51　完成后的工程

（6）在输入程序之前，要注意代码的可综合性问题。由于原程序中所给的异步复位信号的代码风格（即在 rst_n 的下降沿触发，又高电平有效复位）在 ISE12.4 中是不可综合的，只能进行功能上的仿真，为了达到既能进行功能仿真又能综合成具体的电路结构的目的，需将 rst_n 改为低电平有效复位。

（7）输入程序以后，保存源文件。

CRC_16 的实现代码：

```
/********************************************************
模块功能:该模块是 CRC_16 校验码的编码电路
********************************************************/
module CRC_16 (clk,
      rst_n,
      load,
```

```
     d_finish,
     crc_in,
     crc_out) ;
 input  clk,rst_n;
 input  load;            //开始编码信号
 input  d_finish;        //编码结束信号
 input  crc_in;          //待编码字输入
 output crc_out;         //编码后码字输出

 reg         crc_out;
 reg[15:0] crc_reg;      //线性移位寄存器
 reg[1:0]  state;
 reg[4:0]  count;

 parameter idle=2'b00;      //等待状态
 parameter compute=2'b01;   //计算状态
 parameter finish=2'b10;    //计算结束状态

 always @(posedge clk or negedge rst_n)begin
   if(!rst_n)begin
     count <=5'b0;
     state <=idle;
   end
   else begin
     case(state)
       idle:begin
         if(load)              //laod 信号有效进入 compute 状态
           state <=compute;
         else
           state <=idle;
       end
       compute:begin
         if(d_finish)         //d_finish 信号有效进入 finish 状态
           state <=finish;
         else
```

```
        state <=compute;
      end
      finish:begin
        if(count==5'd16)begin //判断是否 16 个寄存器中的数据都完
        全输出
          count <=5'b0;
          state <=idle;
        end else
          count <=count+1'b1;
      end
    endcase
  end
end

always @(posedge clk or negedge rst_n)begin
  if(!rst_n)begin
    crc_reg[15:0] <=16'b0;
  end
  else begin
    case(state)
      idle:begin
        crc_reg[15:0] <=16'b0;         //寄存器预装初值
      end
      compute:begin
        //产生多项式 x^16+x^15+x^2+1
        crc_reg[0] <=crc_reg[15]^crc_in;
        crc_reg[1] <=crc_reg[0];
        crc_reg[2] <=crc_reg[1]^crc_reg[15]^crc_in;
        crc_reg[14:3] <=crc_reg[13:2];
        crc_reg[15] <=crc_reg[14]^crc_reg[15]^crc_in;
        crc_out <=crc_in;              //输入作为输出
      end
      finish:begin
        crc_out <=crc_reg[15];         //寄存器 15 作为输出
        crc_reg[15:0] <={crc_reg[14:0],1'b0};    //移位
```

```
      end
    endcase
  end
 end
endmodule
```

## 三、综合仿真

1. 综合

在 Process 对话框里面双击 Synthesize-XST。仿真主要检查源文件程序里面的语法错误（check syntax），如果没有语法错误，会在 console 对话框中出现 Process “Synthesize-XST” completed successfully。

如果在这步软件发现源程序的设计语言有语法毛病，就会弹出 Error 警告，这样就可以根据报错的位置，在源程序里面查找错误位置。改好以后重新进行综合。

2. 仿真

（1）建立仿真文件。

新建一个 CRC_16_tb.v 的源文件,输入仿真程序:

```
/*****************************************************
假设待编码数据序列为 c7af(H),则编码后的数据序列为 c7af91ee(H),其中
91ee(H)为校验位
*****************************************************/
module CRC_16_tb;

  reg clk;
  reg rst_n;
  reg load;
  reg d_finish;
  reg crc_in;

  wire crc_out;

  reg [15:0] crc_in_reg;
```

```
integer i,file;

CRC_16 uut(
  .clk(clk),
  .rst_n(rst_n),
  .load(load),
  .d_finish(d_finish),
  .crc_in(crc_in),
  .crc_out(crc_out)
);

parameter PERIOD=20;

initial clk=0;
always #(PERIOD/2)clk=~clk;


initial begin
  rst_n=0;
  load=0;
  d_finish=0;
  #PERIOD rst_n=1;
  #PERIOD load=1;
  #PERIOD
    crc_in_reg=16'hc7af;
    for(i=15;i >0;i=i-1)begin
      crc_in=crc_in_reg[i];
      #PERIOD;
    end
    crc_in=crc_in_reg[0];
    d_finish=1;
    #PERIOD
    d_finish=0;
    load=0;
    file=$fopen("data.txt");
```

```
    $fdisplay(file,"crc_reg=%h",uut.crc_reg);
   #(PERIOD*20)$finish;
  end

endmodule
```

（2）在 view 对话框中选择 simulation 可以看到仿真文件见图 5-52。

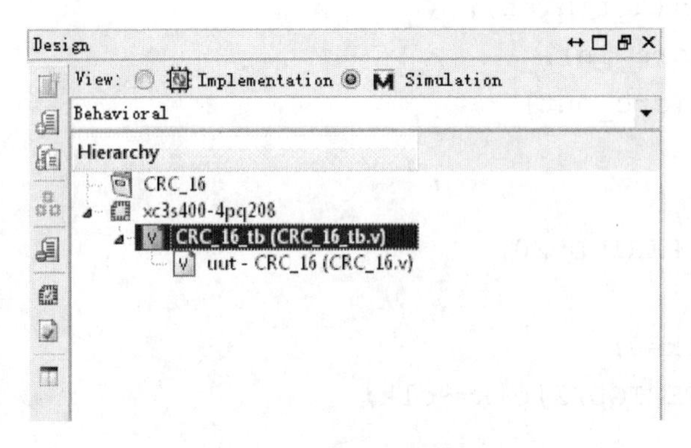


图 5-52　本项目中的测试文件

并且双击 processes 对话框中的 simulat behavioral model 选项。

如果程序没有错误，将会自动弹出仿真波形，点击按钮，就可以看到如图 5-53 所示的波形。

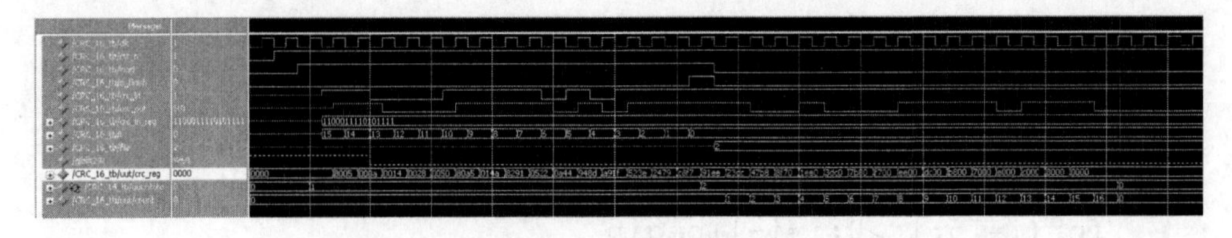

图 5-53　仿真输出结果

# 5.13　PTN 光网络数据传输业务设置实验

## 一、实验目的

（1）理解 PTN 中的组网原理；

（2）掌握 PTN 业务设置过程，熟悉管理软件 OTNM2000；

（3）理解光网络业务验证方法。

## 二、实验步骤

### 1. 建立一条 Tunnel

IP 地址设置为：100.100.100.**（座位号）

（1）在主菜单“业务配置”/IPRAN Tunnel 配置；

（2）电路名称 w1-w2-fe**→源 LSR，宿端口的选择，正向标签，方向标签（相隔 1）→完成，确定，→再建时选择取消。

### 2. 建立一条虚拟电路

在管理软件界面的下方表格内，右键选中后添加“添加 IPRAN VC 电路”，VC 电路名称“pw-w1-w2-fe**”完成（→再建时选择取消）。

### 3. 建立业务

在主菜单内的“业务配置”/IP RAN/L2VPN 配置→业务名称 w1-w2-fe**，选择源网元、端口、缩网元、端口等→……下载选中电路→下载→当提示，是否保存当前业务配置数据？选中“是”。

验证过程：

由 PTN 单独上网的接线法。

校园网线—16 口路由器—网元 1*的 FE*口；网元 2*的 FE*—交换机（交换机上已经连线各台学生机）；

IP 地址设置为自动获取。

上网客服端，控制面板→管理工具→服务→DataBusServer（要启动）。

服务器如果出现错误提示：当业务管理服务器错误时，需要启动 MSMPServer 解决。

IP 地址设置为：100.100.100.**（座位号）。

# 5.14 SDH 语音信号 PTN 传输实验

## 一、实验目的

（1）将 PDH/SDH 语音信号进行编码后，然后在 PTN 上面传输；

（2）学习 PTN 实验网管软件（OTNM2000）的使用；

（3）掌握验证语音系统方法。

## 二、实验仪器

（1）光纤实验箱 1 台；
（2）连接线若干根；
（3）模拟电话 2 部。

## 三、实验步骤

1. 客服端

控制面板→管理工具→服务→DataBusServer（要启动）；服务器如果出现错误提示：当业务管理服务器错误时，需要启动：MSMPServer 解决。鉴权服务出错时，则启动 Auteruseright。偶尔也使用 Manager 2、Mysql、Ptdump 或 dtserver。

2. 连线（表 5-5）

**表 5-5　实验箱连线**

| 源端口 | 目的端口 | 连线说明 |
|---|---|---|
| 电话甲 OUT（P172） | 模拟 IN（P201）PS：左边 | PCM 编码信号输入 |
| PCMOUT（P202）PS：左边 | 变速率数据输入 IN1（P121） | 将一路进行变速率复用 |
| 电话乙 OUT（P181） | 模拟 IN（P206）PS：右边 | PCM 编码信号输入 |
| PCMOUT（P205）PS：右边 | 变速率数据输入 IN2（P122） | 将二路进行变速率复用 |
| 按位复接时隙（P113） | HDB3 编码 IN（P111） | 进行 HDB3 编码 |
| 2M 接口模块发送（P195） | PTN2M 接口（输入） | 将编码信号接入 PTN |
| PTN2M 接口（输出） | 2M 接口模块接收（P196） | 将 PTN 接至实验箱译码 |
| HDB3 译码 IN（P59） | 位同步提取模块 IN（P58） | HDB3 译码位时钟提取 |
| HDB3 译码 OUT（P62） | 解复用模块 IN（P136） | 进行解复用 |
| HDB3 译码 IN（P62） | 位时钟提取 IN（P135） | 解复用端的位同步提取 |
| HDB3 译码 OUT（P62） | 帧同步提取 IN（P136） | 解复用端的帧同步提取 |
| 解复用模块 OUT1（P138） | PCMIN（P207） | 进行 PCM 译码 |
| 模拟 OUT（P208） | 电话乙 IN（P173） | 译码输出 |
| 解复用模块 OUT2（P139） | PCMIN（P204） | 进行 PCM 译码 |
| 模拟 OUT（P203） | 电话甲 IN（P171） | 译码输出 |
| 电话线 | 电话甲 J11 | 将电话连接至电话座 |
| 电话线 | 电话乙 J171 | 将电话连接至电话座 |

注：1. 通过薄膜按键选择电话机的功能，并拨号，听到振铃以后接听电话
2. 电话甲的默认号码为“8800”，电话乙的默认号码为“8801”

3. 网管软件配置

IP 地址设置为：100.100.100.**（座位号）

（1）建立 Tunnel。

在主菜单“业务配置”/IPRAN Tunnel 配置

电路名称 w1-w2-ces**→源 LSR，宿端口的选择，正向标签，方向标签（相隔 1）→完成，确定，→再建时选择取消。

（2）建立一条虚拟电路。

在下方表格内，右键选中后添加“添加 IPRAN VC 电路”，VC 电路名称“pw-w1-w2-ces**”

完成（→再建时选择取消）；

（3）建立业务。

在主菜单内的“业务配置”/IP RAN/L2VPN 配置，→业务名称 w1-w2-ces**，选择源网元，端口，缩网元，

数据类型选择 ces，

端口等→……下载选中电路

→下载→当提示，是否保存当前业务配置数据？选中“是”。

4. 验证过程

DDF 架连线：（以 w1-w2-ces22，E1_2--E1-2：为例）实验箱“发送端”—网元 1 的第 3 线，网元 2 的第 4 线—实验箱的“接收端”（其余两根线空置）。

## 5.15　光纤到户 EPON 设置实验

### 一、实验目的

（1）理解光纤到户系统原理；

（2）熟悉 ANM2000 系统使用方法，掌握 EPON 系统设置过程；

（3）掌握 EPON 系统方法。

### 二、实验步骤

（网管软件：ANM2000）

1. 授权ONU，配置主控盘

HSUA[9]（主控盘）（右击），/业务配置管理→ONU认证→物理标识白名单→单击后选白名单设置→点击快捷图标“获取授权ONU”

→“选择槽位号”及PON口号（选所有的）

→获取未授权ONU→自动发现新的设备

→打“√”确定后，自动显示新加的设备

→在快捷键图标中，选择“写入设备”

→写入后显示“已生效”。

2. 配置“上联口”

点击（右击）主控盘HSUA[9]/业务配置管理→VLAN配置/局端VLAN/业务VLAN局端数据→“追加”（快捷键）→行数（默认行）→业务名称：data（数据）/ngn（语音）/视频（IPTV）

起始VLAN ID：40（必须与后面的ID相同）

结束VLAN ID：40相同

上联接口号或TRUNK组号：9：03（这与上联口的插线口（共6个）对应）

剥离属性：剥离（默认）

然后在快捷图标中，选择“在设备上创建”→确定

提示“命令成功”。

3. OUN配置

回到EC8B[2]（即业务盘）/PON1，选择该PON1→选择该PON1→

→在右边找到ONU（通过物理地址）右击，选择“端口业务配置”→选择数据“数据端口配置”页，选择对应的四个端口之一（任意一个）→增加→

→CVLAN ID：写成与上面相同的（如40）

→CVLAN：选择为tag，

→优先级，选最高“7”

→确定

然后，进行复制：LAN1→复制→粘贴后面的三个：LAN2，LAN3，LAN4，

在下面选择“在设备上修改”（单击）

→“写数据库”→自动提示“写数据成功”。

4. 在HSUA[9]中，右键→业务配置管理→系统控制→保存配置到FLASH

验证过程：

上网的接线法：

校园网线——路由器输出一条网线到 OLT 的上联口（如 9：3 口）——ONU 接另一台测试电脑；检查能否连外网，或者 ping 测试。

上外网时，校园网一定要接在 16 口的路由器上，然后从 16 口的路由器输出任意一条线到 OLT 的上联口（如 9：3 口）。

上外网时，IP 设置为自动获取

附：设备相关设置

（1）通过网管登录到设备。鼠标右击-点击对象数-使用 telnet（输入设备一级用户名，一级密码，二级用户名，二级密码等信息），如图 5-54 所示。

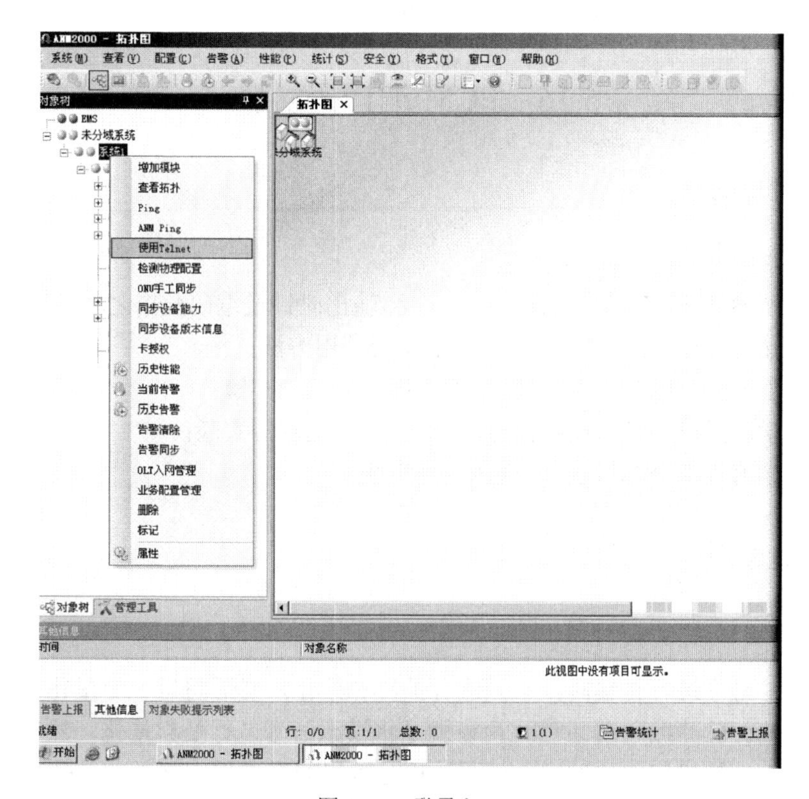


图 5-54　登录入口

（2）修改 OLT 上联端口为 100M 电口模式：

Admin#cd device（进入 device 目录）

Admin\device#set uplink port 9：3 enable（打开 9：3 端口）

Admin\device# set uplink port 9：3 interface_mode sgmii（设置上联口 9：3 端口模式为 SGMII（使用百兆电口时）

Admin\device# set uplink port 9：3 auto_negotiation enable speed 100M duplex full

（设置 9：3 端口为自动协商 100 m 全双工）

注：光口设置 SERDES

（3）修改 OLT 上联端口为 1000M 光口模式：

Admin#cd device（进入 device 目录）

Admin\device#set uplink port 9：4 enable（打开 9：4 端口）

Admin\device# set uplink port 9：4 auto_negotiation disable speed 1000M duplex full

（4）查看 OLT 上联端口模式。

Admin#cd device（进入 device 目录）

Admin\device#show port 9：3（查看 9：3 端口）

# 5.16 PCM 编译码实验

## 一、实验目的

（1）掌握 PCM 编译码的原理；

（2）熟悉 PCM 编码时抽样时钟、输入/输出时钟及编码数据之间的关系；

（3）熟悉单片 PCM 编译码器 TP3067 的使用方法；

（4）学习操作电话语音信号的 PCM 编译码观测实验；

（5）学习操作外输入模拟信号的 PCM 编译码观测实验；

（6）学习操作 PCM 编码和译码自环系统实验。

## 二、实验原理

### 1. PCM 编译码的原理

模拟信号在进行传输时，必须进行抽样和量化，然后将每一个量化电平用编码方式传输。脉冲编码调制（PCM）就是将模拟信号进行抽样量化，然后使以量化值按规则变换成代码的过程。译码过程是编码的逆过程。常见的 PCM 通信系统框图如图 5-55 所示。

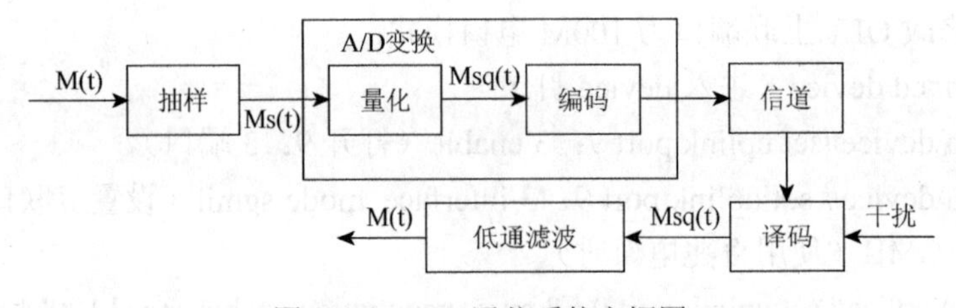


图 5-55　PCM 通信系统方框图

常见的将模拟信号转变为数字信号的编码规律有两种，一种是u律十五折线变换法；一种是A律十三折线非线性变换法。其中u律十五折线现变换法一般应用于PCM24系统中，A律十三折线非线性变换法一般应用于PCM30/32系统中，这是一种比较常用的变换方法。

在进行A律十三折线非线性变换法编码时，先将输入的模拟信号进行抽样，然后将抽样后的信号无论正负，均按8段折线（8个段落）进行编码。在用8段折叠二进制码来表示输入信号的抽样量化电平时，其中的第一位表示量化值的极性，其余7位则表示抽样量化值的绝对值大小。译码时，一般将除极性控制位外的7位码转变为11位码，并将其送入相应的逻辑电路进行译码，译码后的脉冲极性由极性控制电路来实现。编码和译码量化值的大小是通过电流值与标准值的比较来实现的。

2. PCM编译码集成芯片TP3067的功能及原理介绍

本实验采用美国半导体公司的PCM编译码集成芯片TP3067。TP3067采用+5 V和–5 V双电源供电，有短帧同步和长帧同步两种工作模式，其发送与接收时钟主频率可为1.536 MHz、1.544 MHz和2.048 MHz。其芯片内含有接收和发送滤波器、有源RC噪声滤波器、精准电压源、接收放大器及内部调零电路等。

TP3067的管脚排列图如图5-56所示。

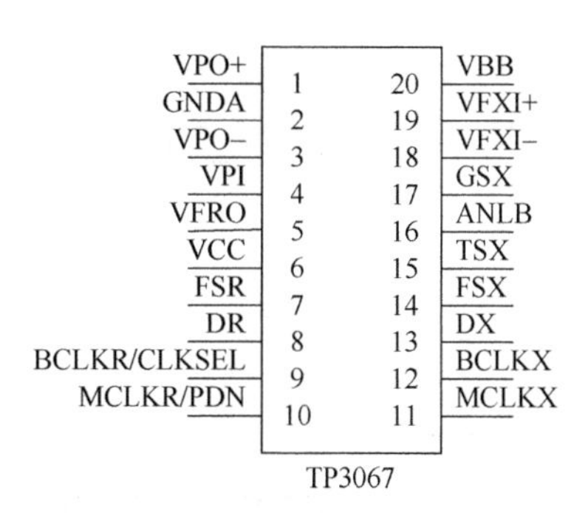

图5-56　TP3067的管脚排列图

其相应的引脚符号说明如下。

（1）脚VPO+：接收功率放大器的非倒向输出；

（2）脚GNDA：模拟地端口，所有信号均以该引脚为逻辑电平参考点；

（3）脚VPO–：接收功率放大器的倒向输出；

（4）脚VPI：接收功率放大器的倒向输入；

（5）脚VFRO：接收滤波器的模拟输出；

（6）脚VCC：正电源引脚，VCC=+5 V±5%；

（7）脚FSR：接收帧同步脉冲输入端，为频率为8 kHz的脉冲序列；

（8）脚DR：PCM数据接收端；

（9）脚BCLKR/CLKSEL：接收位时钟输入端，在FSR的上升沿将数据移入DR端，其频率可从64 kHz到2.048 MHz；

（10）脚MCLKR/PDN：接收主频率输入端，频率可为1.536 MHz、1.544 MHz和2.048 MHz，一般要求与发送主时钟同步；

（11）脚MCLKX：发送主时钟输入端，频率可为1.536 MHz、1.544 MHz和

2.048 MHz，一般要求与接收主时钟同步；

（12）脚 BCLKX：发送位时钟输入端，在 FSX 的上升沿将数据移入 DX 端，其频率可从 64 kHz 到 2.048 MHz；

（13）脚 DX：PCM 编码数据输出端；

（14）脚 FSX：发送帧同步脉冲输入端，为频率为 8 kHz 的脉冲序列；

（15）脚 TSX：空；

（16）脚 ANLB：模拟环回路控制输入端，在正常工作时接逻辑低电平；

（17）脚 GSX：发送放大器的模拟输出端，其增益可由外部电路调节；

（18）脚 VFXI−：发送放大器的倒向输入端；

（19）脚 VFXI+：发送放大器的非倒向输入端；

（20）脚 VBB：负电源引脚，VBB=−5 V±5%。

TP3067 工作时，共有两种工作模式，短帧同步方式和长帧同步方式。其区别在于发送与接收数据时的时序关系不同，本实验采用长帧同步的模式，其具体的时序关系如图 5-57 所示。

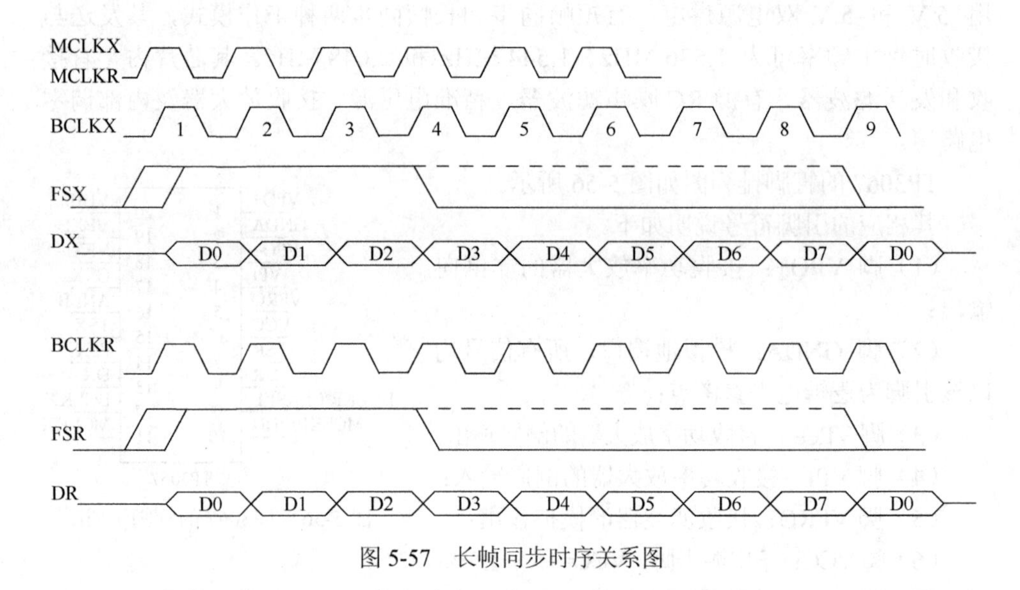


图 5-57　长帧同步时序关系图

由图 5-57 可以看出 TP3067 在发送位时钟（BCLKX）的上升沿将数据逐位移入数据输出端（DX），然后从 FSX 的上升沿开始发送数据，直至一帧数据全部发送完毕，然后在下一个上升沿发送另一帧数据。为了保证数据发送的准确性，FSX 的上升沿应超前于 BCLKX 的上升沿。最为重要的一点是 BLKX 的时钟频率应为 FSR 频率的 8 倍，即 fbclkx=8×ffsx，同样的原理，接收时的时钟 FSR 和 BCLKR 的关系也满足上述的要求。

### 3. PCM 编译码电路的电路原理图

PCM 电路的电路图如图 5-58 和图 5-59 所示。

在此原理图中，发送与接收的主频率为 2.048 MHz，两者短接在于实现发送与接收时钟的同步性，编码的位同步时钟是频率为 64 kHz 的方波，帧同步信号是

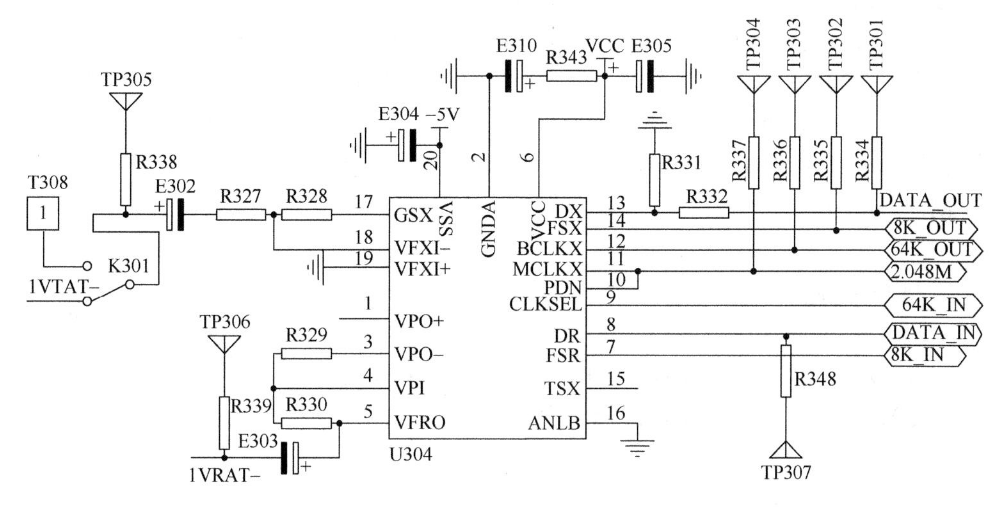


图 5-58　PCM 编译码电路原理图

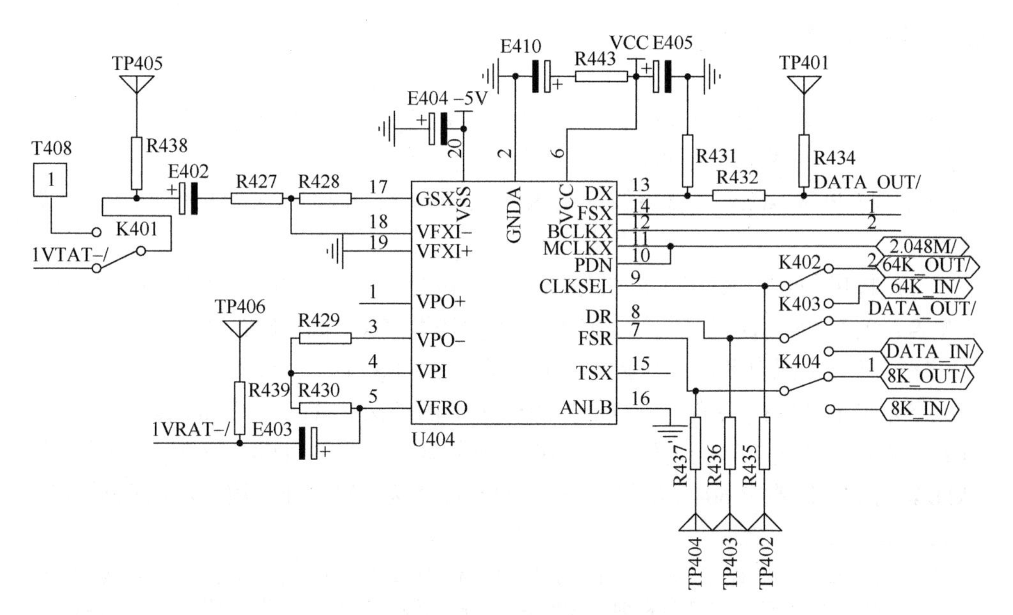


图 5-59　PCM 编译码电路原理图

频率为 8 kHz 的方波。解码的位同步时钟也是频率为 64 kHz 的方波，帧同步信号是频率为 8 kHz 的方波。不同之处在于，编码的时钟由钟振直接分频得到，译码的时钟则通过时钟提取得到。各个时钟信号都可以通过相应的测试钩进行测试。

与原理图 5-58 的区别在于，原理图 5-59 有 K402、K403 和 K404 三个控制开关，通过其控制可以实现 PCM 编译码的自环实验，即将同一片 TP3067 的数据输出与数据输入相连，实现单片芯片的自环编译码，通过测试钩 TP405 和 T409 的波形对比可以观察编译码的正确性（TP405 和 T409 的波形完全性相同）。

开关 K301 和 K401 的作用在于选择模拟信号的输入，如开关拨向上，则通过连线可以分别输入模拟信号源产生的两路不同正弦波；开关拨向下，则输入的模拟信号为电话传送的语音信号。通过测试钩 TP301 和 TP401 可以观测其编码后的 PCM 码的波形。

## 三、实验仪器

（1）ZY1804I 型光纤通信原理实验系统 1 台；
（2）20 MHz 双踪数字示波器 1 台；
（3）电话机 2 部；
（4）连接导线 20 根。

## 四、实验步骤

（1）用连接线连接中央控制器的 D_IN 和 D_OUT，将中央控制器 K1 拨为“主”，分别接好两部电话机。

（2）将 PCM 编译码模块的开关 K301、K401、K402、K403 和 K404 均拨向下。

（3）将拨码开关 K703（A 机号码）的值拨为“0001”，使 A 机号码为 3201；将拨码开关 K704（B 机号码）的值拨为“0010”，使 B 机号码为 3202。①

（4）打开交流电源。中央控制器指示灯 NS、FS 亮，表明环路同步。

（5）用示波器探头测量模拟信号源模块 1 的连接孔 T604，T604 是 1～8 kHz 频率可调的正弦波，调整电位器 W602（频率调节）使得 T604 处正弦波频率为 2 kHz，调整电位器 W604，使得正弦波的峰-峰值为 4 V 以下。用示波器探头测量

① 本实验箱要求为每一部电话设置一个电话号码，电话号码为 3201～3215，电话号码前两位固定为 32，后两位（电话地址）由拨码开关 K703 和 K704 人为输入，对应两个拨码开关所拨的二进制数值。如预设 A 机电话号码为 3201，则将拨码开关 K703（A 机号码）的值拨为“0001”。多台实验箱组网通信时要求电话号码设置和终端地址设置不能重复。

模拟信号源模块2的连接孔T602的波形，T602是频率为1 kHz的正弦波，调整电位器W601使得正弦波的峰-峰值为4 V以下。[①]

（6）用示波器探头测量PCM编译码模块1的测试钩TP303（64 kHz）、TP304（2 MHz）、TP302（8 kHz）和PCM编译码模块2测试钩TP402（64 kbs）及TP404（8 kbs）的波形，记录下各自的波形，注意TP303（64 kHz）和TP402（64 kbs）、TP302（8 kHz）和TP404（8 kbs）之间的相位关系。[②]

将两部电话机进行通话连接后，对电话机进行按键，用示波器测量PCM编译码模块1的测试钩TP305（AY1_T）波形和PCM编译码模块2的测试钩T409（AY2_R）的波形，并进行对比；再用示波器探头同时测量TP305（AY1_T）和TP 301（DY1_T）的波形，观测电话机A语音信号经PCM编码后的数据信号波形。用示波器测量PCM编译码模块1的测试钩TP306（AY1_R）波形和PCM编译码模块2的测试钩TP405（AY2_T）的波形，并进行对比，再用示波器探头同时测量TP405（AY2_T）和TP401（DY2_T）的波形，观测电话机B语音信号经PCM编码后的数据信号波形。

测量测试钩TP307（DY1_R）和TP403（DY2_R）的波形，其中TP307（DY1_R）为PCM编译码模块1所接收的译码的数据波形，TP403（DY2_R）为PCM编译码模块2所接收的译码的数据波形。[③]

用导线连接模拟信号源模块1的T604和PCM编译码模块1的T308（A1_IN），模拟信号源模块2的T602和PCM编译码模块2的T408（A2_IN），模拟信号源模块1和模拟信号源模块2的T303（D1_T）和T410（D2_IN）、T310（D1_IN）和T403（D2_T），将开关K301和K401拨向上，测量测试钩TP305（AY1_T）和T409（AY2_R）、TP306（AY1_R）和TP405（AY2_T）的波形，观察PCM编译码过程的正确性。测量测试钩TP305（AY1_T）和T303（D1_T），观察2K信号的编码输出。[④]

连接T602（正弦波）和T408（A2_IN），将PCM编译码模块2的开关K401、

---

① 电位器W601和W604用于调节正弦波信号的幅度。

② TP303（64 kHz）、TP304（2 MHz）、TP302（8 kHz）为编码的时钟信号；TP402（64 kbs）、TP404（8 kbs）为解码的时钟信号。具体信号的功能见TP3067的说明。

③ 此时TP305（AY1_T）为电话A发出的语音信号，T409（AY2_R）为电话B收到电话A的语音信号；TP405（AY2_T）为电话B发出的语音信号，TP306（AY1_R）为电话A收到电话B的语音信号；TP 301（DY1_T）为电话A语音信号经PCM编码后的数据信号；TP401（DY2_T）为电话B语音信号经PCM编码后的数据信号。

④ 模拟信号源模块1正弦波频率调节不能超过3 kHz，否则编译时会出错。若接收的正弦波有失真，可适当减小输入正弦波的峰-峰值。

此处也可以通过测量TP301（DY1_T）和TP401（DY2_T）来观测正弦波信号PCM编码后的信号波形。

由于芯片本身编译的原因，编码之前的模拟信号和译码输出的模拟信号间存在约500 μs的延迟，故用示波器观察到的模拟信号之间会有相位差。

K402、K403 和 K404 都拨向上，形成 PCM 编译码的自环系统，此时测量测试钩 T409（A2_R）和 TP405（A2_T）的波形，通过对比观测编译码过程的正确性。[①]

（7）关闭交流电源，拆除各个连线，将实验箱还原。

## 五、实验结果与思考

实验结果见图 5-60～图 5-63。

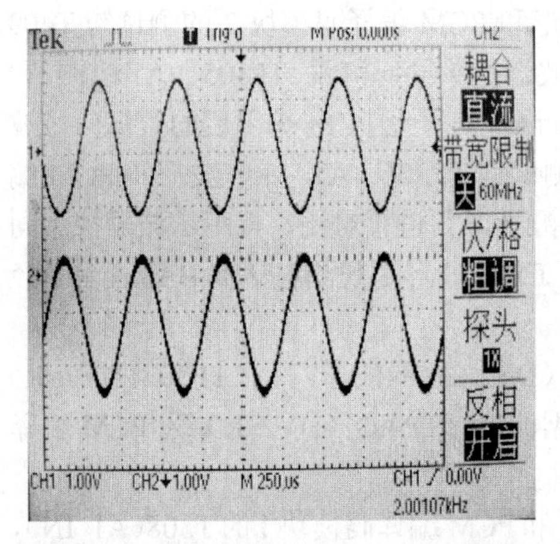


图 5-60 通道一 TP305 传输前 2K 正弦波通道二 T409 传输解码后的 2K 正弦波

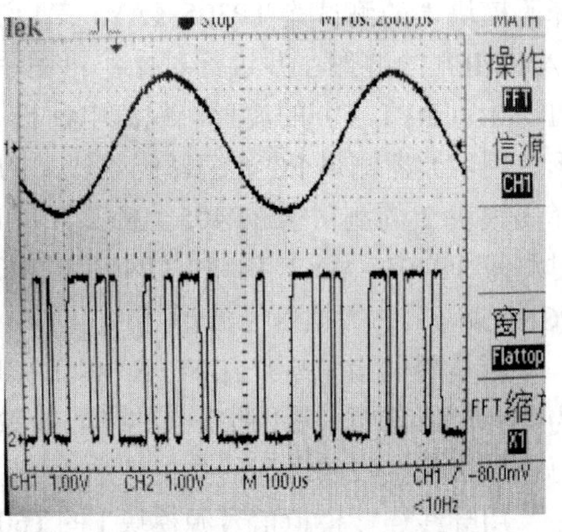


图 5-61 通道一 TP305 2K 正弦波通道二 T303 2K 正弦波编码信号

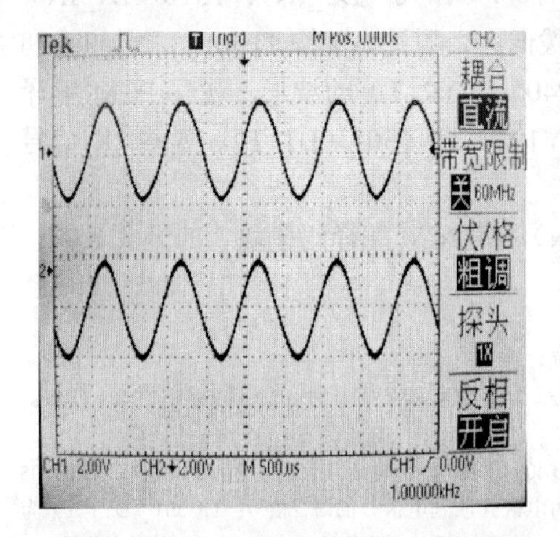


图 5-62 通道一 T405 传输前 1K 正弦波通道二 TP306 传输解码后的 1K 正弦波

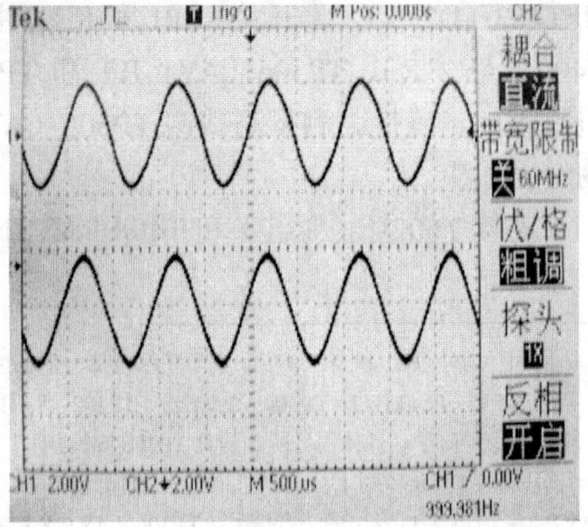


图 5-63 通道一 PCM 编译码自环实验 TP405 信号道二 PCM 编译码自环实验时 T409 信号

---

① 由于芯片本身编译的原因，编码之前的模拟信号和译码输出的模拟信号间存在约 500 μs 的延迟，故用示波器观察的两路模拟信号之间会有 180°的相位差。

在进行 PCM 译码时时钟是经过同步提取后的时钟，为什么要进行同步提取？

解答：在接收端进行同步提取是为了保持接收端的数据和时钟在相位上保持一致，因为 PCM 码信号在传输过程中有一定的延迟，所以在接收端必须进行同步提取，这样会减小译码过程中的误码，保证系统的传输性能。

# 5.17　伪 SDH 帧结构及其传输实验

## 一、实验目的

（1）了解 SDH 帧组成结构及其原理；

（2）了解本实验箱的伪 SDH 帧信号的结构及其原理；

（3）观察随时隙变化的帧信号的波形；

（4）伪 SDH 帧帧头的观察；

（5）伪 SDH 帧结构观察；

（6）一路数字信号传输观测。

## 二、实验原理

### （一）同步数字体制 SDH 及 SDH 帧结构

数字光纤通信系统中有两种主要的传输体制，即准同步数字系列（PDH）和同步数字系列（SDH）。PDH 主要适用于中、低速率点对点的传输。SDH 传输体制是 PDH 传输体制进化而来的，因此它具有 PDH 体制所无可比拟的优点，是不同于 PDH 体制的一代全新传输体制，与 PDH 相比在技术体制上进行了根本的变革。SDH 最大的优势在于组网，它概念的核心是从统一的国家电信网和国际互通的高度来组建数字通信网，是构成综合业务数字网（ISDN），特别是宽带综合业务数字网（B-ISDN）的重要组成部分。因为与传统的 PDH 体制不同，按 SDH 组建的网是一个高度统一的、标准化的、智能化的网络，它采用全球统一的接口以实现设备多厂家环境的兼容，在全程全网范围实现高效的、协调一致的管理和操作，实现灵活的组网与业务调度，实现网络自愈功能，提高网络资源利用率，由于维护功能的加强大大降低了设备的运行维护费用。

SDH 是一种传输的体制（协议），就像 PDH——准同步数字传输体制一样，SDH 这种传输体制规范了数字信号的帧结构、复用方式、传输速率等级、接口码型等特性。下面介绍 SDH 的帧结构。

ITU-T 规定了 STM-N 的帧是以字节（8 位）为单位的矩形块状帧结构，如图 5-64 所示。

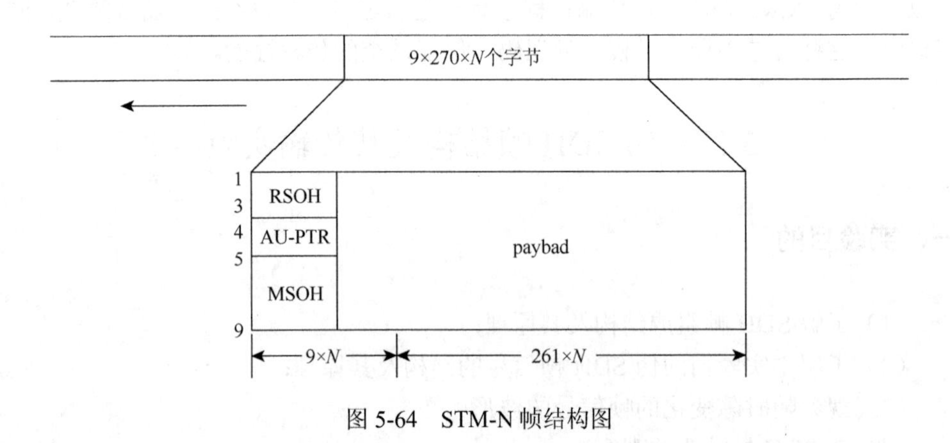


图 5-64　STM-N 帧结构图

从图 5-64 看出 STM-N 的信号是 9 行×270×$N$ 列的帧结构。此处的 $N$ 与 STM-N 的 N 相一致，取值范围：1，4，16，64，…。表示此信号由 $N$ 个 STM-1 信号通过字节间插复用而成。由此可知，STM-1 信号的帧结构是 9 行×270 列的块状帧。由图 5-64 看出，当 $N$ 个 STM-1 信号通过字节间插复用成 STM-N 信号时，仅仅是将 STM-1 信号的列按字节间插复用，行数恒定为 9 行。STM-N 信号的传输也遵循按比特的传输方式，信号帧传输的原则是：帧结构中的字节（8 位）从左到右，从上到下一个字节一个字节（一个比特一个比特）的传输，传完一行再传下一行，传完一帧再传下一帧。ITU-T 规定对于任何的 STM 等级，帧频是 8000 帧/秒，也就是帧长或帧周期为恒定的 125 μs。E1 PDH 信号的帧频也是 8000 帧/秒。需要注意的是，对于任何 STM 级别帧频都是 8000 帧/秒，帧周期的恒定是 SDH 信号的一大特点。由于帧周期的恒定使 STM-N 信号的速率有其规律性。例如，STM-4 的传输数速恒定的等于 STM-1 信号传输数速的 4 倍，STM-16 恒定等于 STM-4 的 4 倍，等于 STM-1 的 16 倍。PDH 中的 8.448 Mbit/s 信号速率是 2.048 Mbit/s 信号速率的 4 倍。SDH 信号的这种规律性使高速 SDH 信号直接分出低速 SDH 信号成为可能，特别适用于大容量的传输情况。从图 5-64 中可以看出，STM-N 的帧结构由三部分组成：段开销（SOH）、管理单元指针（AU-PTR）和信息净负荷（payload）。

1. 段开销

段开销是为了保证信息净负荷正常灵活传送所附加的供网络运行、管理和维护（OAM）使用的字节。段开销又分为再生段开销（RSOH）和复用段开销

（MSOH），分别对相应的段层进行监控。RSOH 和 MSOH 的区别主要在于监管的范围不同。举个简单的例子，若光纤上传输的是 STM-16 信号，那么，RSOH 监控的是 STM-16 整体的传输性能，MSOH 则是监控 STM-16 信号中每一个 STM-1 的性能情况。

技术细节：RSOH、MSOH、POH 提供了对 SDH 信号的层层细化的监控功能。如对于 STM-16 系统，RSOH 监控的是整个 STM-16 的信号传输状态；MSOH 监控的是 STM-16 中每一个 STM-1 信号的传输状态；POH 则是监控每一个 STM-1 中每一个打包了的低速支路信号（如 E1）的传输状态。这样通过开销的层层监管功能，可以方便地从宏观（整体）和微观（个体）的角度来监控信号的传输状态，便于分析、定位。

RSOH 在 STM-N 帧中的位置是第 1 到第 3 行的第 1 到第 $9\times N$ 列，共 $3\times9\times N$ 个字节。MSOH 开销在 STM-N 帧中的位置是第 5 到第 9 行的第 1 到第 $9\times N$ 列，共 $5\times9\times N$ 个字节。与 PDH 信号的帧结构相比较，段开销丰富是 SDH 信号帧结构的一个重要的特点。

#### 2. 管理单元指针

AU-PTR 是用来指示信息净负荷的第一个字节（起始字节）在 STM-N 帧内准确位置的指示符，以便信号的接收端能根据这个指针值所指示的位置找到信息净负荷。管理单元指针位于 STM-N 帧中第 4 行的 $9\times N$ 列，共 $9\times N$ 个字节。

#### 3. 信息净负荷

信息净负荷由 STM-N 帧传送的各种业务信号组成。为了实时监测低速业务信号在传输过程中是否出错，在装载低速信号的过程中加入了监控开销字节——通道开销（POH）字节。POH 作为信息净负荷的一部分与业务信号一起装载在 STM-N 帧中，在 SDH 网中传送。它负责对低速信号进行通道性能监视、管理和控制。

### （二）伪 SDH 帧（W-STM 帧）结构

SDH 传输体制主要是从统一的国家电信网和国际互通的高度来组建数字通信网，基本的信号传输结构等级是同步传输模块——STM-1，相应的速率是 155 Mbit/s，可复用的 PDH 低速支路信号最小速率为 1.5 Mbit/s。为体现 SDH 帧结构的特性，利用其便于组网的优势，而又不耗费大的网络传输设备，有学者结合 PCM30/32 帧结构，自主创新了基于 SDH 的伪 SDH 帧，其相应的传输速率为 2 Mbit/s，以便于学生学习。下面主要介绍伪 SDH 帧的结构和原理。

1. 基本通道帧 TD-N 结构

如图 5-65 所示，TD-N 帧长 5 字节，由通道开销 POH 与净荷业务两部分组成。第 5 字节为净荷业务，是 8 bit 的话路业务，与之相对应的通道开销 POH 长 32 bit，码速率都为 64 Kbit/s。POH 第一字节的前两位 $a_1b_1$ 为话路的标志信令——1 号信令和后六位备用信令。第二字节的前两位 $a_2b_2$ 为通道误码分析所用，采用奇偶 BIP-2 校验法，若出现误码时将 $c_2$ 置 1，无误码则 $c_2$ 置 0；$d_2$ 为通道业务信息装载判断位，若装载置 1，无装载置 0；后半字节为失效监控 1，目前定义分两个方面：全“1”信号检测，若失效该位变全“1”；跟踪字节，表示连续连接状态。第三字节为业务 IP，由源地址 IP 与目的地址 IP 组成。第四字节为备用字节，第五字节为话路信号所处信道的信息位（表 5-6）。

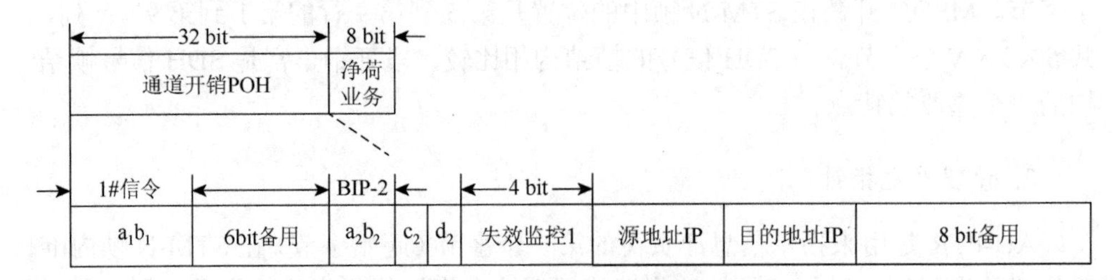


图 5-65　通道 TD-N 帧结构

**表 5-6　基本通道帧 TD-N 各位定义说明**

| 字节 | | 说明 |
| --- | --- | --- |
| 第一字节 | $a_1b_1$（1 号信令） | 前向信令：af=0 主摘/1 主挂，bf=0 正常/1 故障 |
| | | 后向信令：ab=0 被摘/1 被挂，ab=0 示闲/1 占线 |
| | $c_1$-$h_1$ | 备用 |
| 第二字节 | $a_2b_2$ | 通道监控 BIP-2 奇偶校验 |
| | $c_2$ | 远端误码指示：无误码 0/有误码 1 |
| | $d_2$ | 信息装载情况：无装载 0/有装载 1 |
| | $e_2$-$h_2$（失效监控 1） | 正常为 1010。若失效后检测为 1111，即启动倒换通道保护；若恢复 1010，既退出倒换通道保护。 |
| | | 跟踪字节，表示连续连接状态 |
| 第三字节 | $a_3$-$d_3$ | 源地址 IP |
| | $e_3$-$h_3$ | 目的地址 IP |
| 第四字节 | $a_4$-$h_4$ | 备用 |
| 第五字节 | $a_5$-$h_5$ | 话路信号 |

2. W-STM 帧结构

如图 5-66 所示，W-STM 帧由段开销 SOH 与 TD-N 帧两部分组成。段开销与 SDH

帧中的段开销定义相同；TD-N 即上述基本通道帧，主要用于处理话路信息。整个 W-STM 帧结构按时隙分可视为 32 行 16 列，第 1 列为 STM 帧的段开销，其余为 TD-N 部分。每两行组成一个 W-STM 子帧（记为 $F_0$～$F_{15}$），由 PCM30/32 路系统的帧结构演绎而来，包括 $Ts_0$、$Ts_{16}$ 两个段开销字节和 6 个 TD-N 帧（共 30 时隙，也就是六路电话）。$Ts_0$ 传送帧同步码，其码型为 01011011，与 PCM30/32 路系统区别在于 PCM 帧中首位暂时定为 1，而伪 SDH 帧中该时隙的首位定为 0，在帧同步的过程中要进行对首位 Bit 的判断，为 0 系统则采用伪 SDH 帧结构工作，为 1 系统则采用标准的 PCM 帧结构工作，即完成了与交换机 2M 业务的接连功能。因为语音信号的抽样频率为 8 kHz，所以子帧长度为 Ts=1/8 kHz=125 μs。16 个 W-STM 子帧按序列复接成 W-STM 帧（复帧结构），时间为 2 ms。按图 5-66 所示的帧结构，并根据抽样理论，每帧频率应为 8000 帧/秒，帧周期为 125 μs，所以 W-STM 系统的总数码率是：fb=8000（帧/秒）×32（时隙/帧）×8（bit/时隙）= 2048 Kbit/s=2.048 Mbit/s。

| | | | | |
|---|---|---|---|---|
| $Ts_0$偶 | TD-1 | TD-2 | TD-3 | $F_0$ |
| $Ts_{16}$ | TD-4 | TD-5 | TD-6 | |
| Ts0奇 | TD-1 | TD-2 | TD-3 | $F_1$ |
| BIP-8 | TD-4 | TD-5 | TD-6 | |
| $Ts_0$偶 | TD-1 | TD-2 | TD-3 | $F_2$ |
| B | TD-4 | TD-5 | TD-6 | |
| $Ts_0$奇 | TD-1 | TD-2 | TD-3 | $F_3$ |
| K1 | TD-4 | TD-5 | TD-6 | |
| $Ts_0$偶 | TD-1 | TD-2 | TD-3 | $F_4$ |
| K2 | TD-4 | TD-5 | TD-6 | |
| 段开销 SOH | 净荷　5×6×16=480字节 | | | |
| $Ts_0$偶 | TD-1 | TD-2 | TD-3 | $F_{14}$ |
| 备用 | TD-4 | TD-5 | TD-6 | |
| $Ts_0$奇 | TD-1 | TD-2 | TD-3 | $F_{15}$ |
| 备用 | TD-4 | TD-5 | TD-6 | |

图 5-66　W-STM 帧结构

W-STM 信号的传输也遵循按比特的传输方式，信号帧传输的原则是，帧结构中的字节（8 位）从左到右，从上到下一个字节一个字节（一个比特一个比特）的传输，传完一行再传下一行，传完一帧再传下一帧。

时分复用（TDM）制式的数字通信系统，已经在国际上建立起了一系列的标准并广泛应用，在时分复用系统中，周期性地将时间分成许多称为时隙的时间间隔。每路信号周期性的占用一个指定的时隙，各路信号的传输时间分配在不同的时间间隙中，数据信号可以独立的、互不干扰的在一个时隙传输。

伪 SDH 帧信号的工作原理框图见图 5-67。

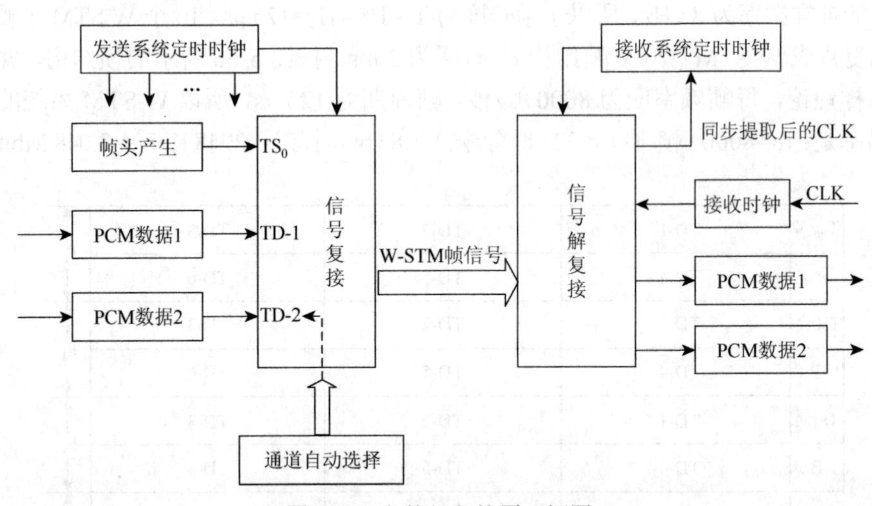


图 5-67　复接解复接原理框图

需要注意的是在复用后，时隙 $Ts_0$ 固定为帧同步码所处时隙，PCM 数据经通道自动选择复用到 TD-N 中，在接收端进行时钟同步提取，并解复用。

## 三、实验仪器

（1）ZY1804I 型光纤通信原理实验系统 1 台；

（2）20 MHz 双踪数字示波器 1 台；

（3）电话机 2 部；

（4）连接导线 20 根。

## 四、实验步骤

（1）用连接线连接中央控制器的 D_IN 和 D_OUT，将中央控制器 K1 拨为

“主”，分别接好两部电话机。

（2）将 PCM 编译码模块的开关 K301、K401、K402、K403 和 K404 分别拨下。

（3）将拨码开关 K703（A 机号码）的值拨为“0001”，使 A 机号码为 3201；拨码开关 K704（B 机号码）的值拨为“0010”，使 B 机号码为 3202。[①]

（4）打开交流电源，中央控制器指示灯 NS、FS 亮，表明环路同步。

①伪 SDH 帧头的观察。

将拨码开关 K706 的值拨为“00000000”（解复用时数据为 NRZ 码）。用示波器探头测量 D_OUT 处的波形，此时中央控制器上没有任何信息（也就是说没有进行拨打电话和传送数字信号时），可以清楚的观察帧头“01011011”。用示波器探头测量 C_OUT 处的波形，可观测同步时钟。

②伪 SDH 帧结构观察。

拨通两部电话，用示波器探头测量 D_OUT 处的波形，观察伪 SDH 帧的结构，分别根据实验的原理找出帧同步码、信令码及两路 PCM 话音信号所处的通道及其对应的时隙。并根据帧信号的形成原理，试画出下一帧信号的基本格式图。

该实验项目结束后，关闭交流电源，保留原有接线。[②]

③一路数字信号传输观测。

用导线连接数字信号源和中央控制器的 A1 和 A2；连接数字终端和中央控制器的 A3 和 A4；将 B2、C2 接地。打开交流电源，中央控制器指示灯 NS、FS 亮，表明环路同步。

将拨码开关 K702（终端地址）的值拨为“1100”，K701（发送地址）的值拨为“1100”。[③]

将数字信号源模块的拨码开关 K503 的值拨为“01100110”，相应的二极管 LED518、LED519、LED522、LED523 亮。

按动开关 KB，使灯 LED729 由灭变亮，此时将数字信号送出。用示波器探头

---

① 本实验箱要求为每一部电话设置一个电话号码，电话号码为 3201 到 3215，电话号码前两位固定为 32，后两位由拨码开关 K703 和 K704 人为输入，对应两个拨码开关所拨的二进制数值，如预设 A 机电话号码为 3201，则将拨码开关 K703（A 机号码）的值拨为“0001”。多台实验箱组网通信时要求电话号码设置和终端地址设置不能重复。

② 帧结构中第二字节第四位表征信息装载情况，该功能目前已经实现：装载则为“1”反之为“0”，其余各项功能在以后开发中使用，故该字节其余位及备用字节均为“0”。

本实验箱采用环网通信，相互通信的两部电话语音信号占用一个字节，上下信息可方便进行。

③ 本实验箱在环网时，为了实现不同实验箱之间可以传送数字信号，要求为每台实验箱数字终端设置一个地址，地址为 0001-1111，地址由拨码开关 K702 人为设置，若只进行本实验箱内的数据传输，则从上述地址中任选一个；若多台实验箱组网通信时，则要求每台实验箱终端地址不能重复设置，终端地址和电话地址也不能重复设置；若同一实验箱传输数据则终端地址和发送地址一样。

测量 D_OUT 处的波形，观察伪 SDH 帧传输数字信号时结构，根据实验的原理找出帧同步码。①

（5）根据以上实验步骤，自行设计多路来源于数字信号源的数据传输实验。

（6）实验完成后，关闭交流电源，拆除各个连线，将实验箱还原。

## 五、实验结果与思考

实验结果如图 5-68 所示。

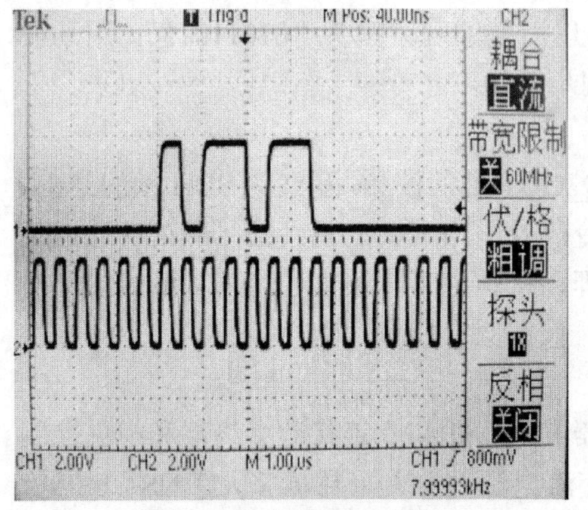


通道一 伪SDH帧头“01011011”
通道二 C_OUT处的2M同步时钟

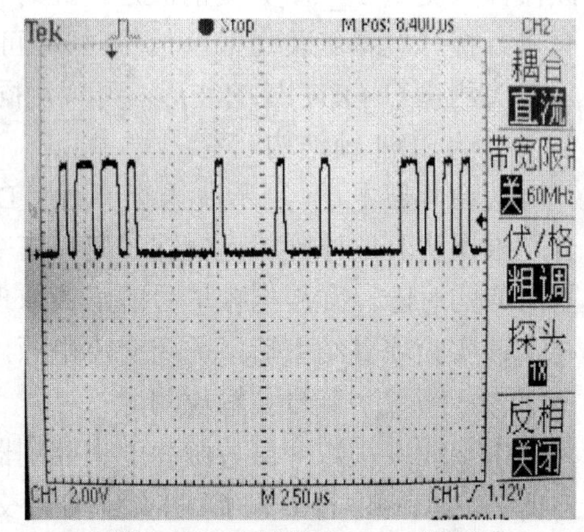


通道一 插入电话业务后D_OUT处的信号

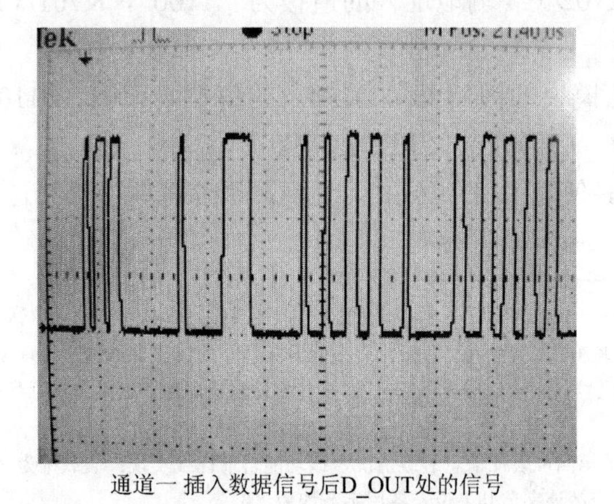


通道一 插入数据信号后D_OUT处的信号

图 5-68　观测结果示意图

① 数字信号插入规则详细说明见实验 5.18。

（1）STM_N 帧结构由哪几部分组成？帧频是多少？

答：STM_N 帧结构由段开销（RSOH）、管理指针单元（AU-PTR）、信息净负荷（payload）三部分组成，其帧频为 8000 帧/秒。

（2）PCM30/32 是我国采用的一种通用的标准帧结构，除此外还有哪些国际上关于帧结构和数字基群的标准？

答：PCM30/32 标准帧结构是我国采用的一种通用的标准，目前在国际上北美和日本大多采用 PCM 24 标准帧结构的基群形式，其基群的标准码速率为 1544 KBit/s，同时可容纳 24 路话音信号。

（3）试分析电话通信时伪 SDH 帧结构。

答：第 0 时隙为帧头“01011011”，第 1 至第 5 时隙为一个 TD-N 通道帧。其中第 1 时隙前两位是 1 号信令指示位，后 6 位备用为空位；第 2 时隙第四位为信息装载标志位，其余为空位；第 3 时隙为源地址和目的地址位；第 4 时隙备用为空位；第 5 时隙为电话业务数据。

# 5.18　光纤线路接口码型 HDB3 编译码实验

## 一、实验目的

（1）了解接口码型在光纤传输中的作用；

（2）了解 HDB3 码编译电路实现原理；

（3）掌握 HDB3 码的编译码规则及编译码过程；

（4）HDB3 编码规则验证；

（5）HDB3 码的译码过程观测。

## 二、实验原理

为了适应数字通信和数字光纤通信系统的需要，实际上完整的数字光纤通信系统的组成如图 5-69 所示，它包括数字通信设备、光发送端机、光接收端机和光纤光缆传输线路（可能含有中继器）。

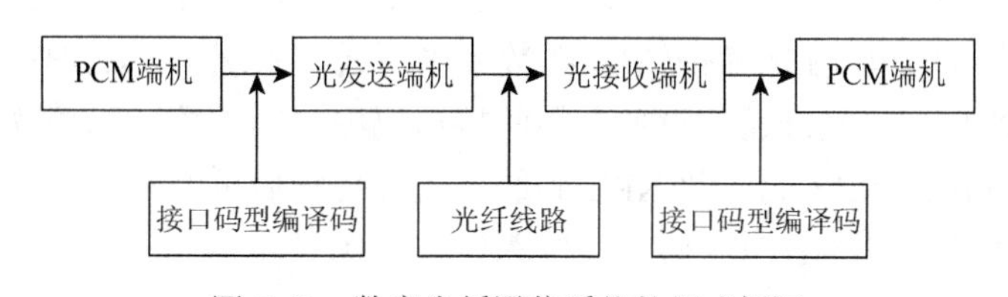


图 5-69　数字光纤通信系统的组成框图

接口码型变换电路包括输入接口码型变换和输出接口码型变换两部分内容。这种变换电路完全是为了适应数字传输的需要而设置的，接口码型从我国所采用的数字通信标准制式来看有两种，即 HDB3 码型和 CMI 码型，这两种接口码型也就是电缆数字通信的线路传输码型。

如图 5-69 所示，在 PCM 端机与光发收端机之间，电缆传输的是接口码型；在光发光收之间的光纤线路上传输的是线路码型。信号流程如下：PCM 端机编接口码型，送出，在电缆中传输；被光发送端机接收，称输入接口码型，译码成 NRZ，编成线路码形送出，在光纤线路中传输；线路码型被光接收端机接收，译码成 NRZ 码，再编成接口码型送出；称输出接口码型，在电缆中传输，被 PCM 端机接收，译成 NRZ 码。

重点介绍接口码型 HDB3 码的编码与译码原理。

输入接口码型变换电路的主要作用如下。

（1）将从 PCM 输出经电缆传输后衰减变形的接口码型进行均衡放大。至于在 PCM 输出至光端机输入之间允许插入的最大电缆损耗，ITU-T 对不同的数字系列等级有不同的规定。

（2）将接口码型一律译码成为 NRZ 码型。

（3）适应数字光纤通信系统的需要，具有在输入信号中断的情况下维持其所在数字光纤通信系统正常运行的功能，这主要是在输入接口码型变换电路中提供与输入信号速率相同的备用时钟。在其输入信号中断时，一方面由输入信号中断检出电路发出相应的告警信号，另一方面由这一告警信号同时转换输入接口码型变换电路的输出时钟，维持下游整个 1 数字光纤通信系统的正常运行，并控制接口码型译码电路发出 AIS 信号，即告警只是信号（全“1”码）。这个信号送到本系统对端的光接收端机的输出接口码型变化电路，使其“了解”本系统上游光发送机出现了输入信号中断的故障。

输出接口码型变换电路的作用基本上与输入接口码型变换电路的作用成对应关系。读者可自行分析，并查阅相关专业书籍。

HDB3 码型不能用作光纤数字通信的线路码型。CMI 码型本身可以作为光纤通信的线路码型使用，下面将重点讲述 HDB3 码型。

HDB3 码是三阶高密度双极性码（high density bipolar codes）的简称。三阶，即最大允许连“0”数为三个。这种码型 ITU-TG.703 建议规定作为 PCM 一次群、二次群和三次群的电线路传输码型。在数字光纤通信系统中，HDB3 码就是相应的 PCM 设备与数字光纤通信设备之间的接口码型。输入接口码型变换电路就是将 HDB3 码变换为 NRZ 码，此 NRZ 码经过光纤传输后再经输出接口码型变换电路进行码反变换，得到 HDB3 码。实验系统方框图见图 5-70。

1. HDB3 码特点

（1）HDB3 码的功率谱中无直流分量，高低频成分少，定时信息丰富，有利于定时提取；

（2）HDB3 码是伪三进制码，它的状态用 B+，B–和 0 表示；

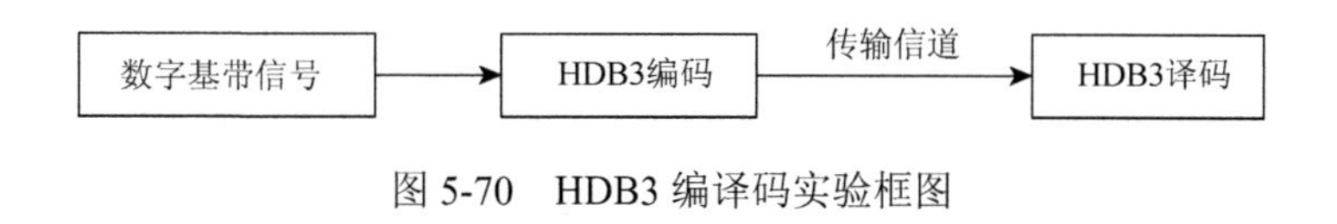


图 5-70　HDB3 编译码实验框图

（3）HDB3 码的最大连“0”数等于 3；

（4）HDB3 码中任意两个相邻“V”脉冲（破坏点）之间的传号“B”脉冲数目（不包括“V”脉冲本身）为奇数；

（5）HDB3 码可以利用其破坏点规则检测线路传输中产生的误码。

2. HDB3 码编码

HDB3 码的编码规则：二进制中的传号，在 HDB3 码中编成交替反转码。当二进制信号为全“1”码时，HDB3 码与一般的 AMI 码相同。二进制中的空号，在 HDB3 码中仍编为空号，但在二进制中出现四空号串，则用以下四连“0”取代节代替，其取代节形式如下：000V 或 B00V。其中，V 为双极性码中极性交替改变法则的破坏点，B 为双极性码中极性交替改变法则中的非破坏点，0 为双极性码中的 0 码。

同一个取代节中的“B”“V”脉冲在 HDB3 码中的极性相同。HDB3 码中相邻字节中的“V”脉冲符合交替反转法则。

用取代节中的“B”脉冲来保证 HDB3 码中任意两个相邻取代节的“V”脉冲之间的脉冲数目为奇数。即从二进制信号进行 HDB3 码编码的过程中，遇到一个四空号串，准备用取代节代替时，要视相邻前一个取代节中的“V”脉冲至准备代替四空号串的取代节中的“V”脉冲之间已有的脉冲数目，如果为奇数，用 000V 取代节，若为偶数，则用 B00V 取代节。

3. HDB3 码编码电路

根据 HDB3 码的编码规则可知 HDB3 编码电路原理框图如图 5-71 所示。图中的“V”脉冲插入与“B”脉冲形成电路，实际上是一个逻辑电路起了两种作用，即在其输入信号序列中的空号串少于 4 时，该电路输出为输入信号序列码。如果在输入信号序列中出现空号串等于或大于 4 时则第 $4n$（$n$=1, 2, ⋯, $N$）个空号用传号代替，即插入“V”脉冲。而这个“V”脉冲正好在该电路输出4空号串的第一个空号位上，因此它就是准备添补到HDB3码中的“B”脉冲。然后在已经插入“V”脉冲的信号序列码中按照取代节使用的原则可以决定是否将“B”脉冲添补进去，即决定在4空号串的第一个空号位上是加入一个传号还是保持原有的空号，这就是图中脉冲添补电路的作用。最后通过图中的破坏点形成电路和传号交替反转码形成电路输出HDB3码序列。

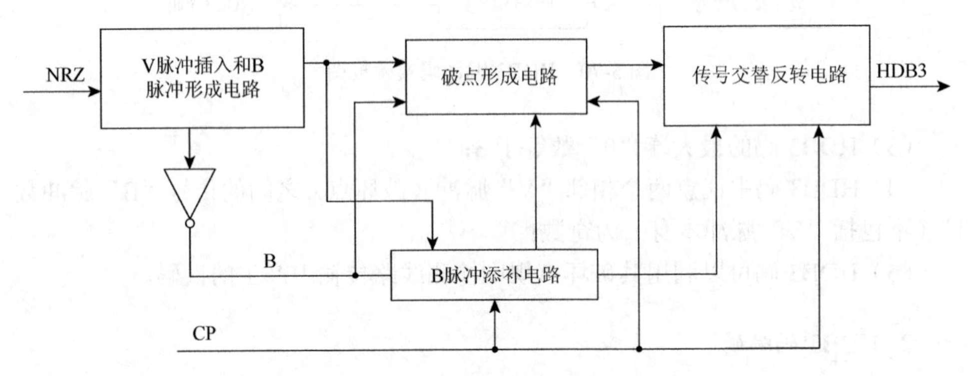


图 5-71 HDB3码编码电路原理框图

4. HDB3 码译码电路

HDB3码译码是其编码的反变换，就是将HDB3码还原成二值NRZ码。HDB3码经双/单变换后成为两路二值码信号输出，由于HDB3码中破坏点的影响，这两路二值码信号在时间上相互之间不遵循交替出现的规律，即其中一路在另一路为“0”的情况下可能连出两个脉冲信号（非连续出现）的情况。图5-72中“V”脉冲检出就是把两路二值码信号中连出两个脉冲中的第二个脉冲检测出来，这个脉冲就是“V”脉冲。也就是利用这个“V”脉冲从+HDB3和–HDB3两路信号的合成输出中对“B”和“V”扣除以后就还原成NRZ信号。

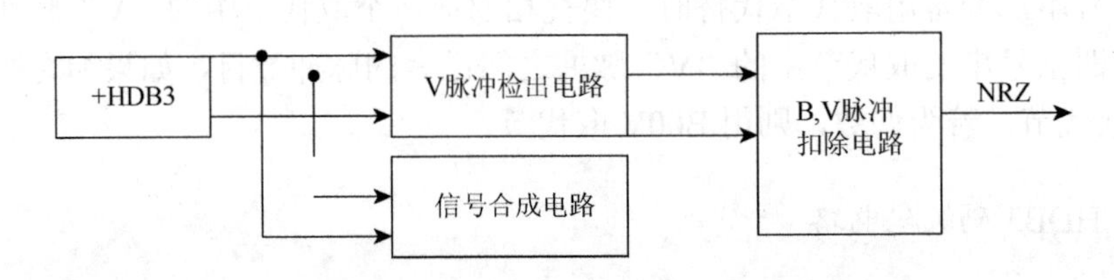


图 5-72 HDB3码译码电路原理框图

实验中HDB3编译码主要利用FPGA电路实现“V”脉冲和“B”脉冲信号的处理，以观察HDB3编译码过程为主，分析HDB3编码规则。

## 三、实验仪器

（1）ZY1804I 型光纤通信原理实验系统 1 台；
（2）20 MHz 双踪数字示波器 1 台；
（3）连接导线 20 根。

## 四、实验步骤

（1）用导线连接数字信号源和中央控制器的 A1 和 A2，B1 和 B2，C1 和 C2；连接数字终端和中央控制器的 A3 和 A4，B3 和 B4，C3 和 C4。

连接中央控制器和 HDB3 编码模块的 hdb3O+和 T1（HT1），hdb3O−和 T2（HT2）。

连接中央控制器和 HDB3 译码模块 hdb3I+和 T4（HD1），hdb3I−和 T3（HD2）。

连接 HDB3 编码模块的 T802（HT3）和 HDB3 译码模块的 T801（HR1）。

（2）将拨码开关 K706 拨为“10000000”，将数字信号源模块的拨码开关 K501、K502 和 K503 的值拨为任意值，中央控制器的开关 K1 拨为“主”。

（3）将拨码开关 K702（终端地址）的值拨为“1100”，K701（发送地址）的值拨为“1100”。①

（4）打开交流电源开关。中央控制器 NS、FS 指示灯亮，表明环路同步。若不亮，调节电位器 W801 和 W802 使环路同步。

①长 0 码和长 1 码的 HDB3 码编码信号观测。

a. 将拨码开关 K503、K502、K501 的值全部拨为 0，按动开关 KB，使灯 LED729 由灭变亮，将数字信号送出。用示波器观察中央控制器 d_o，选取 d_o 中长“0”信号，观察 hdb3O+，hdb3O−，T802（HT3）的波形，并记录测试的结果。其中 d_o 为时分复用后的帧信号，hdb3O+为 HDB3 码正半周期信号，hdb3O−为 HDB3 码负半周期信号，T802（HT3）为 HDB3 编码后的波形。

b. 将拨码开关 K503、K502、K501 的值全部拨为 1，用示波器观察中央控制器 d_o，选取 d_o 中长“1”信号，此时用示波器观察 T802（HT3）的波形，并记录测试的结果。②

---

① 本实验箱在环网时，为了实现不同实验箱之间可以传送数字信号，要求为每台实验箱数字终端设置一个地址，地址为 0001-1111，地址由拨码开关 K702 人为设置，若只进行本实验箱内的数据传输，则从上述地址中任选一个；若多台实验箱组网通信时，则要求每台实验箱终端地址不能重复设置，终端地址和电话地址也不能重复。若同一实验箱传输数据则终端地址和发送地址一样。

② 若开机后两部电话的电话状态指示灯亮且中央控制器 NS、FS 指示灯未亮，表明信号传输环路没有同步，可通过调节电位器 W801 和 W802，将 HD1 和 HD2 的信号的占空比调节到和 HDB3 信号的占空比相同，从而实现同步。

c. 对以上两次所测的波形进行比较，理解 HDB3 编码的原理。

②HDB3 编码规则验证。

将拨码开关 K503、K502、K501 的值拨为任意值，采用双通道示波器，一通道接 T802（HT3），一通道接 d_o，此时观测输出的 HDB3 码与原 NRZ 码的波形，以验证编码的正确性。需要注意的是 HDB3 码与 NRZ 码之间有一定的相位延迟，其对应关系如图 5-73 所示。①

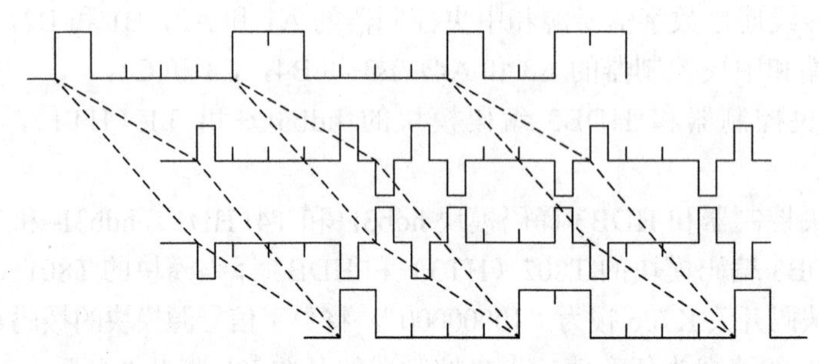

图 5-73　HDB3 码与 NRZ 码之间的对应关系

③HDB3 码的译码过程。

a. 用示波器测量 T4（HD1）和 T3（HD2）的波形，此波形分别为译码时的 HDB3 码的正半周期和负半周期信号（若这两个信号没有输出，可通过调节电位器 W801 和 W802 来实现其正常输出）。②

b. 用示波器的两个通道同时测量 A2 和 A3 波形（或是 B2 和 B3，C2 和 C3），并进行比较。

c. 观察数字源模块和数字终端模块的二极管发光的个数及顺序是否相同，相同的话，则说明 HDB3 码的译码正确，没有出现误码。

d. 在扩展模块上自己设计 HDB3 编译码程序进行验证。

e. 实验完成后，按动开关 KB 使灯 LED729 灭，关闭交流电源，拆除各个连线，将实验箱还原。

## 五、实验结果与思考

实验结果如图 5-74 所示。

---

① 此图只是一个示例，实际的测试中 HDB3 和 NRZ 码的延迟可通过波形进行观察。

② 应将 HD1 和 HD2 的信号的占空比调节至和 HDB3 信号的占空比相同。

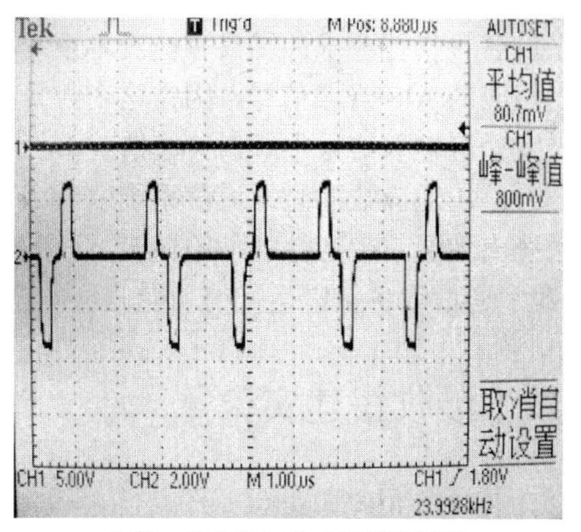


通道一 长“0”时的HDB3编码信号

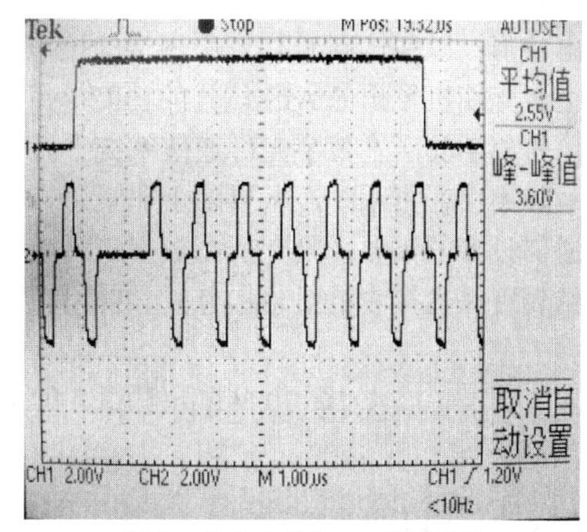


通道一 长“1”时的HDB3编码信号

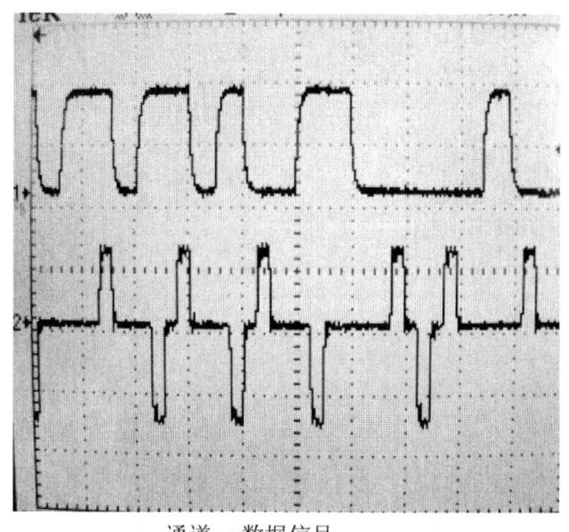

通道一 数据信号
通道一 HDB3 编码信号

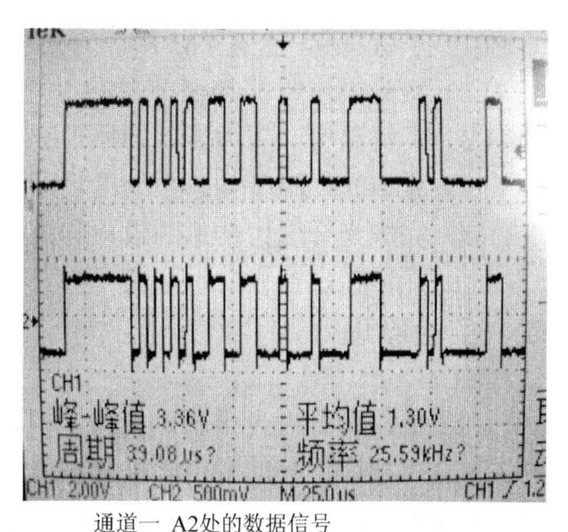


通道一 A2处的数据信号
通道二 A3处的数据信号(用于延迟测量)

图 5-74　观测结果示意图

（1）为什么 HDB3 码不能在数字光纤传输系统中传输？

答：因其有负电平，若给其加上一个适当直流分量，则可传输。但是这种方法没有必要。所以在实际系统中，HDB3 码因其独特的优势应用于电缆传输。

（2）接口码型变换电路在光纤传输系统中处于什么位置，有何作用？

答：接口码型变换电路处于电缆的两端，衔接电终端（PCM 端机）与光终端。输入接口码型变换电路主要作用有：①将经电缆传输后衰减变形的接口码型进行均衡放大；②从接口码型中提取时钟脉冲，作为数字光纤通信系统的信息时钟脉冲；③将接口码型一律译码成为 NRZ 码型；④提供与输入信号速率相同的备用时钟，在输入信号中断的情况下维持其所有数字光纤通信系统正常运行的功能。

输出接口码型变换电路的作用是：①将 NRZ 码编码成相应的接口码型；②输

出整形，以便达到ITU-T所规定的接口码型的各种指标要求；③具有检测本系统上游光端机发出的AIS信号的功能，并发出相应的AIS告警信号，因为这个告警信号属于其所在数字光纤通信系统上游的光发送机输入信号中断，一般情况下，故障不出在本系统，所以属于非紧急告警信号；④适应数字光纤通信系统中数字通信设备的需要，具有所在数字光纤通信系统出现通信中断性故障的情况下（归结表现在光接收机紧急告警），维持其下游数字通信设备正常运行的功能。

## 5.19 光纤马赫-曾德尔干涉仪搭建实验

### 一、实验目的

（1）了解马赫-曾德（M-Z）干涉的原理和用途；
（2）实验操作调试M-Z干涉仪并进行性能测试；
（3）了解温度、压力传感的原理；
（4）完成光纤温度传感系统的设计与测量；
（5）完成光纤压力传感的设计与测量。

### 二、实验原理

利用被测参量对光学敏感元的作用，使敏感元件的折射率、传感常数或光强发生变化，从而使光的相位随被测参量而变，然后用干涉仪进行解调，即可得到被测参量的信息。用以上原理制成的光纤干涉仪可测量地震波、水压（包括水声）、温度、加速度、电流、磁场等，并可检测液体、气体的成分。这类光纤传感器的灵敏度很高，传感对象广泛（只要能对干涉仪中的光程产生影响均可以传感）。这类传感器带有另外的感光元件对待测物理量敏感，光纤仅作为传光元件，必须附加能够对光纤所传递的光进行调制的敏感元件才能组成传感元件。图5-75为全光纤和半光纤M-Z（Mach-Zehnder）干涉仪原理。

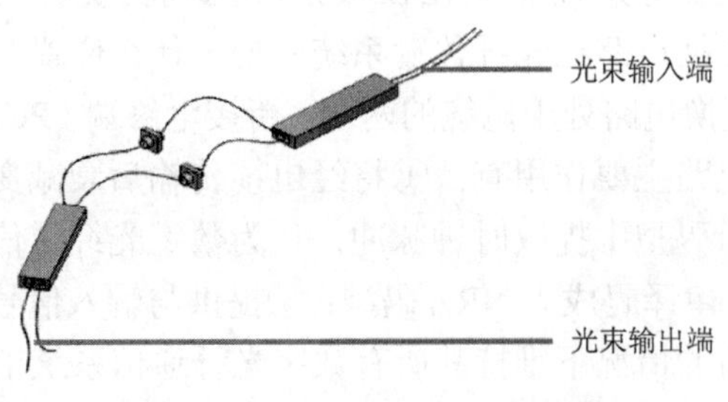


图5-75　全光纤M-Z光路示意图

激光束从激光器发出后经分束器分别送入长度基本相同的两条光纤，而后将两根光纤输出端汇合在一起，产生干涉光，从而出现了干涉条纹。当一条光纤臂温度相对另一条光纤臂的温度发生变化时，两条光纤中传输光的相位差发生变化，从而引起干涉条纹的移动。干涉条纹的数量能反映出被测温度的变化，光探测器接收干涉条纹的变化信息，并输入适当的数据处理系统，最后得到测量结果。

## 三、实验仪器

（1）多功能全光纤干涉仪 1 台；
（2）He-Ne 激光器 1 台；
（3）光纤跳线与法兰盘若干。

## 四、实验步骤

（1）调节 M-Z 干涉仪，观察干涉条纹；
（2）采用加热仪器，将 M-Z 干涉仪加热；
（3）测量加热温度，到所需的温度（最高 40～60℃），关闭加热仪器；
（4）间隔一段时间（建议时间间隔为 3～5 min），同时记录干涉条纹移动数和温度计上显示的温度；
（5）通过干涉条纹明暗变化次数计算施加的温度；
（6）给光纤施加压力，每改变一次压力记录一次干涉条纹数；
（7）通过干涉条纹明暗变化次数计算施加的压力。

## 五、实验结果与思考

（1）计算温度与压力，与实际数据进行比较，计算误差。
（2）传感的温度与压力范围是否有上下限？与什么参数有关？

# 5.20　反射式光纤位移传感器实验

## 一、实验目的

（1）了解反射式光纤位移传感原理；
（2）熟悉光学平台与光路搭建。

## 二、实验原理

光纤传感器始于 1977 年，与传统的各类传感器相比有一系列的优点，例如，抗电磁干扰能力强，灵敏度高，耐腐蚀，电绝缘性好，便于与计算机链接，结构简单，重量轻，等等。光纤传感器按传感原理可分为功能型和非功能型。功能型光纤传感器是利用光纤本身的特性把光纤作为敏感元件，又称全光纤传感器。由光检测元件（敏感元件）与光纤传输回路及测量电路所组成的测量系统，其中光纤仅作为光的传播媒质，传输来自远处或难以接近场所的光信号，因此这类光纤传感器又称为传光型或非功能型光纤传感器。反射式光纤位移传感器是一种传输型光纤传感器，利用镜面反射的原理，把机械位移转换成反射体的移动，从而测量反射物体移动位移大小。其原理是：光纤采用 Y 型结构，两束光纤一段合并在一起组成光纤探头，令一段分为两支，分别作为发射光纤和接收光纤。光从光源耦合到发射光纤，发出光束，再经反射面反射形成反射锥体，当接收光纤处于反射锥体内时，被反射到接收光纤，最后用光电转换器接收，转换器接收到的光源与反射提表面性质、反射体到光纤探头距离有缘。当反射表面位置固定到，接收到的反射光光强随光纤探头到反射体的距离的变化而变换。

那么可以近似地假设在光纤的数值孔径内，纤端出射光场的光强沿径向分布是均匀的。基于入射光为激光光源情况下的多模光纤纤端出射场的性质，可以给出平均强度分布为

$$I(r,z)=\frac{2(\alpha\pi\varepsilon_0)^2}{(\lambda z)^2}I_0\exp(-2r^2/q^2) \tag{5-13}$$

其中，$\varepsilon_0$ 为散斑场的相干长度，$\alpha$ 为光纤芯半径，$\lambda$ 为光波长，$q$ 为 $\lambda z/(\pi\varepsilon_0)$。首先，按照光纤传输的模式理论，在光纤中光功率按模式分布，在稳态情况下大部分光功率集中分布在基模及低阶模附近。叠加后的光纤端面光场场强沿径向分布可近似由高斯型函数描写，称其为准高斯分布。其次，沿光纤传输的光可近似看成平面波，此平面波场在纤端出射时，可等价近似为平面波场垂直入射到不透明屏的圆孔表面上，形成圆孔衍射，因而实际情况更接近两者的某种融合。为分析计算方便，作如下假设。①光纤端面：光场是由光强均匀分布的平面波和光强沿径向为高斯发布的高斯光束两部分构成的；②出射光场：纤端出射光场由准平面波场的圆孔衍射场和在自由空间中传输的准高斯光束叠加而成。

为方便起见，我们借助复数运算形式，依上述假设，在光纤端面光场复振幅为

$$\psi_0(u)=p\psi_{p0}(u)+\mathrm{j}qp\psi_{G0}(u) \tag{5-14}$$

这里，$p$、$q$ 为两光场的权重系数，且满足条件，$p^2+q^2=1$。

$$\psi_0(u)=\begin{cases}\psi_0, & u\leqslant\alpha\\ 0, & u>\alpha\end{cases} \tag{5-15}$$

$$\psi_{G0}(u)=\psi_0\exp(-u^2/\omega_0^2) \tag{5-16}$$

上两式分别代表光纤端面均匀分布的平面波场和沿径向高斯分布的高斯光场。式中 $\omega_0=\sigma\alpha$，为高斯光束半径；$\sigma$ 为一相关参数，于是得到

$$\psi_0(u)=p\psi_0+\mathrm{j}q\psi_0\exp(-u^2/\omega_0^2) \tag{5-17}$$

上式所描述的场由源平面沿 Z 轴向自由空间的传输可由惠更斯菲涅耳衍射积分来描写，依旁轴近似，在 $XOY$ 平面内的光场为

$$\psi(r,z)=\frac{\mathrm{j}}{\lambda}\iint\psi_0(u)\frac{\mathrm{e}^{-\mathrm{j}kR}}{R}\mathrm{d}S=\psi_I(r,z)+j\psi_{II}(r,z) \tag{5-18}$$

对于 $\psi_I(r,z)$ 由图 5-76 可知，因为 $k\gg 1/R$，且 $|r-u|\ll z$，所以对 $R$ 用泰勒展开有

$$R=z+[r^2+u^2-2ru\cos(\beta-\beta')]/(2z)=R_0-[ru\cos(\beta-\beta')]/z \tag{5-19}$$

为方便计算，取轴的方向（角度由此开始测量）使

$$\psi_I(r,z)=-\frac{\mathrm{j}}{\lambda z}\psi_0\cdot\exp(-jkR_0)\int_0^{\alpha_0}u\mathrm{d}u\int_0^{2\pi}\exp[\mathrm{j}k(r/z)u\cos\beta]\mathrm{d}\beta \tag{5-20}$$

根据考虑到 Bessel 函数的积分表达式及其关系式，上式可以写为

$$\psi_I(r,z)=\frac{\mathrm{j}\alpha}{r}\psi_0\cdot\exp(-\mathrm{j}kR_0)J_1\left(k\frac{r}{z}\alpha\right) \tag{5-21}$$

同理，对于 $\psi_{II}(r,z)$ 有

$$\psi_{II}(r,z)=\frac{2\mathrm{j}\pi\omega_0^2}{\lambda(2z+jk\omega_0^2)}\psi_0\exp(-\mathrm{j}kR_0)\exp\left[-\mathrm{j}\frac{2kzr^2}{4z^2+(k\omega_0^2)^2}\right]\exp\left[-\frac{(k\omega_0r)^2}{4z^2+(k\omega_0^2)^2}\right] \tag{5-22}$$

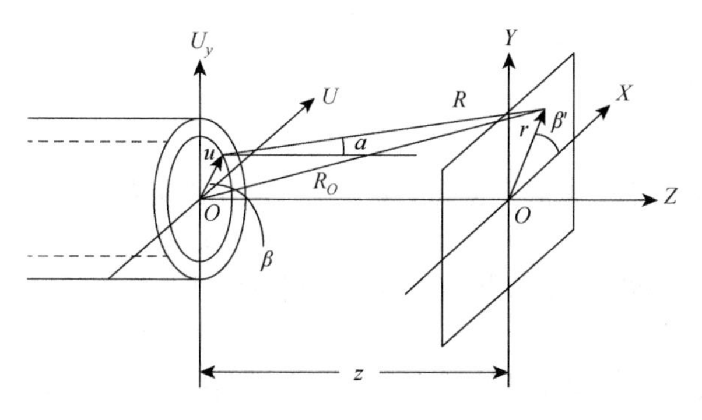


图 5-76　光纤端光场坐标分析系统

于是，点 $(r,z)$ 处光场的场强为

$$
\begin{aligned}
I(r,z) &= \psi(r,z)\times\psi^*(r,z) = p^2\psi_I\cdot\psi_I^* + q^2\psi_{II}\cdot\psi_{II}^* \\
&= I_0\cdot\left\{p^2\frac{a^2}{r^2}J_1^2\left(\frac{kr}{z}a\right) + q^2\frac{(2\pi\omega_0^2)}{\lambda^2(4z^2+k^2\omega_0^4)}\cdot\exp\left[-\frac{2k^2\omega_0^2r^2}{4z^2+(k\omega_0^2)^2}\right]\right\}
\end{aligned}
\tag{5-23}
$$

式中，$I_0=\psi_0$，且表明了光纤端出射光场强度分布是由不同权重下的高斯分布和平面波场的圆孔衍射分布叠加的结果。对于纤径较粗的多模光纤而言，衍射效应基本上被平均化了，即取 $p\approx 0$，$q\approx 1$。因而对于大芯径多模光纤，为了使用方便，上式通常取如下形式

$$
I(r,z) = \frac{I_0}{\pi\sigma_0^2a_0^2[1+\zeta(z/a)^{3/2}]}\cdot\exp\left\{-\frac{r^2}{\sigma_0^2a_0^2[1+\zeta(z/a)^{3/2}]}\right\} \tag{5-24}
$$

式中，$I_0$ 为由光源耦合到发送光纤中的光强，$I(r,z)$ 为光纤端光场中位置 $(r,z)$ 的光通量密度，$\sigma_0$ 表征光纤折射率分布的相关参数，$\zeta$ 与光源种类、光纤的数值孔径及光源与光纤耦合情况有关的综合调制参数。如果将同种光纤置于发送光纤纤端出射光场中作为探测接收器时，在纤端出射光场的远场区所接收到的光强，为方便计算，可用接收光纤端面中心点的光强来作为整个纤芯面上的平均光强，在这种近似下，得到在接收光纤终端所探测到的光强公式为

$$
I(r,z) = \frac{S_AI_0}{\pi\omega^2(z)}\cdot\exp\left[-\frac{r^2}{\omega^2(z)}\right] \tag{5-25}
$$

## 三、实验仪器

（1）半导体激光器 1 台；
（2）光学平台 1 台；
（3）光纤跳线与法兰盘若干；
（4）光功率计 1 台。

## 四、实验步骤

（1）按照图 5-77 安装搭建各光学元件：用螺丝固定两侧推平移平台，侧推平移台装在滑块（120 mm 宽，65 mm 长）上，然后采用 FC-FC 对接法兰连接半导体激光输出接口与塑料反射式传感光纤，塑料反射式传感光纤 FC 端口与功率计感应端口通过光纤法兰座固定；

（2）塑料反射式传感光纤螺纹端夹持固定可调棱镜支架中，并调节可调棱镜支架的调节旋钮使出射的光路与导轨平行；

（3）调节反射镜与反射式光纤跳线之间的距离，使得反射端紧贴反射镜，调

整反射镜调节旋钮使得反射光与入射光重合达到反射镜与光路垂直，直至显示的功率接近 0 值；

（4）固定反射镜与可调棱镜的位置，沿光轴方向（导轨方向）旋转侧推平移台尺杆，使反射镜远离光纤发光端，并记录位移-功率值数据并绘制实验图，在曲线图中线性最好的那一段可作为实际位移传感应用。

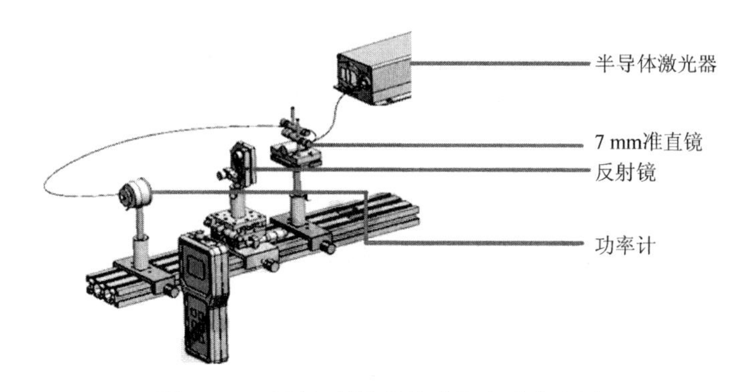


图 5-77　反射光纤位移传感器实验光路图

## 五、实验结果与思考

（1）绘制实验图，通过选取曲线图中线性最好的一段作为实际位移传感应用，并与实际结果进行比较。

（2）温度等参数是否对本实验结果造成影响？

# 5.21　透射光纤位移传感器实验

## 一、实验目的

（1）了解透射式光纤位移传感原理；

（2）熟悉光学平台与光路搭建；

（3）完成透射式光纤位移传感器光路搭建；

（4）计算传感结果，并与实际数据比较。

## 二、实验原理

如实验 5.20 所述，透射光纤位移传感器也为非功能型光纤传感器，主要通过机械位移造成光探测能量的变化实现对位移的感知。透射式光纤位移传感器中发射光纤与接收光纤对准，光强调制信号加载在移动的遮光板上，或者直接移动接收光纤。使接收光纤只能收到发射光纤发出的部分光，从而实现调制。如图 5-78 所示为动光纤式光强调制模型用来测量位移、压力、温度等物理量，这些物理量的变化使接受光纤的轴线相对于出射光纤错开一段距离，光强会发生变化。利用探测器检测的光强变化，即可对光纤的位移做出感知。

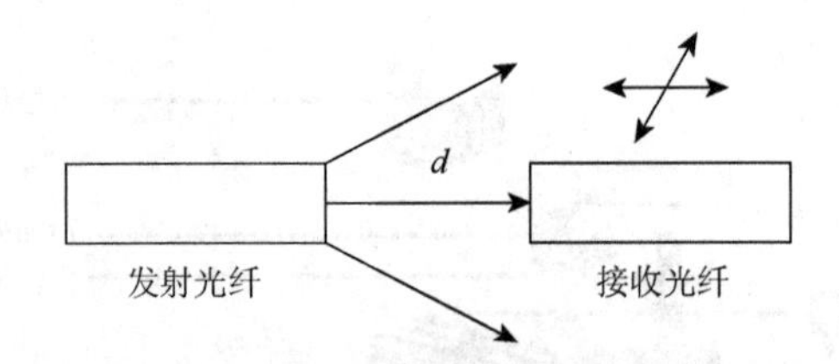


图 5-78　透射式光纤位移传感器示意图

## 三、实验仪器

（1）半导体激光器 1 台；

（2）光学平台 1 台；

（3）光纤跳线与法兰盘若干；

（4）光功率计 1 台。

## 四、实验步骤

（1）按照图 5-79 安装搭建实验光路。

（2）用半导体光纤耦合激光器尾纤 FC 端口连接 7 mm 准直镜，将 7 mm 准直镜安装固定在 1 号可调棱镜支架上，打开激光器调节可调棱镜的旋钮，使得 7 mm 准直镜出射的光斑在近处远处均可通过可变光阑的中心。

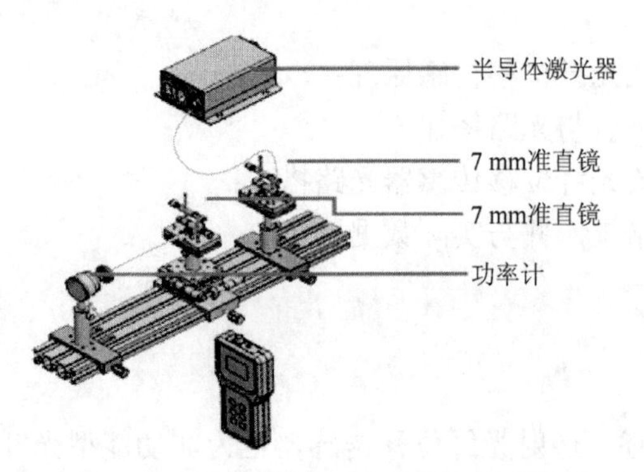


图 5-79　透射光纤位移传感器实验光路图

（3）采用塑料多模光纤跳线连接2号可调棱镜支架中的7 mm准直镜与功率计探头，固定1号和2号可调棱镜支架之间的距离（如10 cm），调整可调棱镜支架的旋钮，使得沿导轨方向移动可调棱镜支架功率计示数不发生变化。

（4）旋转可调棱镜支架下Y向（垂直于导轨方向）侧推平移台，观察功率计示数变化，并记录位移量和功率示数，拟合位移-功。

## 五、实验结果与思考

（1）绘制实验图，通过选取曲线图中线性最好的一段作为实际位移传感应用，并与实际结果进行比较。

（2）温度等参数是否对本实验结果造成影响？

（3）比较本实验与反射式光纤位移传感实验两者之间的优劣性。

# 5.22　光纤微弯传感器实验

## 一、实验目的

（1）了解光纤微弯传感原理；

（2）熟悉光学平台与光路搭建；

（3）完成光纤微弯传感器光路搭建；

（4）计算光功率的数值，得到压力、位移传感结果。

## 二、实验原理

基于微弯损耗机制的强度调制型传感器的结构，见图5-80。由光纤中光功率的数值可得压力、位移等被测量的大小。

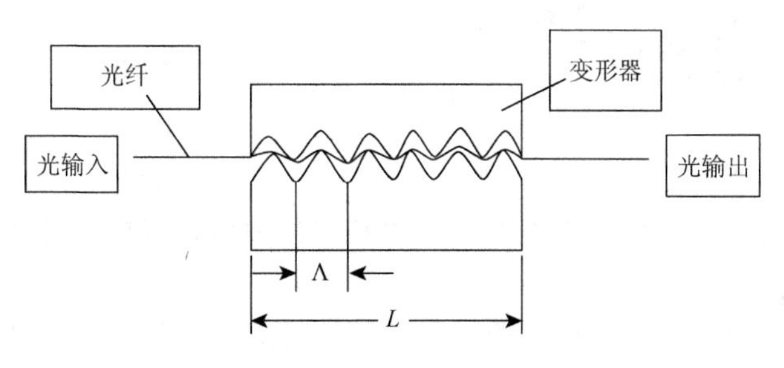


图5-80　光纤微弯传感器结构

假设光纤微弯变形函数为正弦型：

$$f(z)=D(t)\sin f(z)=D(t)\sin qz \tag{5-26}$$

其中，$D(t)$ 外界信号导致的弯曲幅度；$q$ 空间频率、$z$ 变形点到光纤入射端的距离；设光纤微弯变形函数的微弯周期为，则有 $\Lambda=2\pi/q$。微弯损耗系数 $\alpha$：

$$\alpha=\frac{1}{4}KD^2(t)L\left|\frac{\sin[(q-\Delta\beta)L/2]}{(q-\Delta\beta)L/2}\right| \tag{5-27}$$

式中，$K$ 为比例系数；$L$ 为光纤中微弯变形的长度；$\Delta\beta$ 为光纤中光波传播常数差。该式表明，$\alpha$ 与光纤弯曲幅度 $D(t)$ 的平方成正比，弯曲幅度越大，模式耦合越严重，损耗越高；$\alpha$ 与光纤弯曲变形的长度成正比，作用长度越长，损耗越大；$\alpha$ 还与光纤微弯周期有关，当 $q=\Delta\beta$ 时，产生谐振，微弯损耗最大。因此为获得最高灵敏度的角度考虑，需选择合适的微弯周期。

## 三、实验仪器

（1）半导体激光器 1 台；

（2）光学平台 1 台；

（3）光纤跳线与法兰盘若干；

（4）光功率计 1 台。

## 四、实验步骤

（1）按照微位移测量及微弯特性实验图（图 5-81）安装搭建光路。

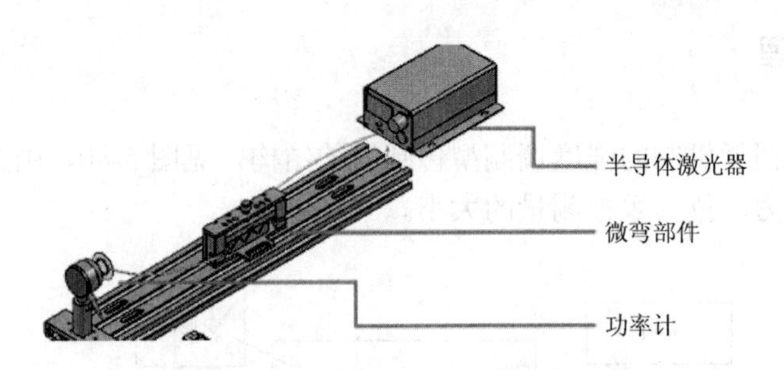


图 5-81　微位移测量及微弯特性实验图

（2）采用 FC-FC 法兰连接激光器与多模光纤跳线，多模光纤跳线另一端与功率计探头连接。

（3）在多模光纤跳线中加入微弯部件，旋转微弯部件压力调节旋钮使光纤发生微量弯曲，观察功率计的示数与弯曲程度的关系。

（4）此实验为定性实验，如需定性测量可以微弯部件旋钮旋转一圈的螺纹距 0.35 mm 作为位移变化量，测量出微弯位移量-功率变化曲线图。注：微弯部件的螺纹距为 0.35 mm，通过数螺纹旋转的圈数测量微弯的位移量。

（5）以横坐标为位移变化量，纵坐标为功率值绘制曲线关系图。

## 五、实验结果与思考

（1）绘制实验结果图，观察光功率与弯曲位移之间的变化，拟合传感公式。

（2）温度等参数是否对本实验结果造成影响？

# 5.23　光纤电压位感实验

## 一、实验目的

（1）了解光纤电压位感器原理；

（2）熟悉光学平台与光路搭建；

（3）完成光纤电压位感器光路搭建；

（4）计算光功率的数值，计算电压。

## 二、实验原理

由电场所引起的晶体折射率的变化，称为电光效应。通常可将电场引起的折射率的变化用式（5-28）表示：

$$n = n_0 + aE_0 + bE_0^2 + \cdots \tag{5-28}$$

式中，$a$ 和 $b$ 为常数；$n_0$ 为不加电场时晶体的折射率。由一次项 $aE_0$ 引起折射率变化的效应，称为一次电光效应，也称线性电光效应或普克尔（Pokells）效应；由二次项 $bE_0^2$ 引起折射率变化的效应，称为二次电光效应，也称平方电光效应或克尔（Kerr）效应。一次电光效应只存在于不具有对称中心的晶体中，二次电光效应则可能存在于任何物质中，一次效应要比二次效应显著。

光在各向异性晶体中传播时，因光的传播方向不同或者是电矢量的振动方向不同，光的折射率也不同。通常用折射率球来描述折射率与光的传播方向、振动方向的关系。在主轴坐标中，折射率椭球及其方程为

$$\frac{x^2}{n_1^2} + \frac{y^2}{n_2^2} + \frac{z^2}{n_3^2} = 1 \tag{5-29}$$

式中，$n_1$、$n_2$、$n_3$为椭球三个主轴方向上的折射率，称为主折射率。当晶体加上电场后，折射率椭球的形状、大小、方位都发生变化，椭球方程变成：

$$\frac{x^2}{n_{11}^2}+\frac{y^2}{n_{22}^2}+\frac{z^2}{n_{33}^2}+\frac{2xz}{n_{13}^2}+\frac{2xy}{n_{12}^2}=1 \tag{5-30}$$

晶体的一次电光效应分为纵向电光效应和横向电光效应两种。纵向电光效应是加在晶体上的电场方向与光在晶体里传播的方向平行时产生的电光效应；横向电光效应是加在晶体上的电场方向与光在晶体里传播方向垂直时产生的电光效应。通常 KDP（磷酸二氘钾）类型的晶体用它的纵向电光效应，$LiNbO_3$（铌酸锂）类型的晶体用它的横向电光效应。本实验研究铌酸锂晶体的一次电光效应，用铌酸锂晶体的横向调制装置测量铌酸锂晶体的半波电压及电光系数，并用两种方法改变调制器的工作点，观察相应的输出特性变化。

由于纵调制器大部分重要的电光晶体的半波电压$V_\pi$都很高，$V_\pi$与$\lambda$成正比，当光源波长较长时（如 10.6 μm），$V_\pi$更高，使控制电路的成本大大增加，电路体积和重量都很大。为了沿光轴加电场，必须使用透明电极，或带中心孔的环形金属电极。前者制作困难，插入损耗较大，后者会引起晶体中电场不均匀。解决上述问题的方案之一，是采用横调制。图 5-82 为横调制器示意图。电极 $D_1$、$D_2$与光波传播方向平行，外加电场则与光波传播方向垂直。

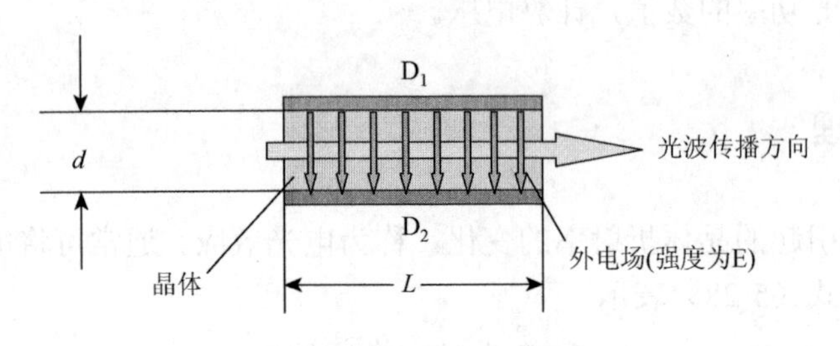


图 5-82　横调制器示意图

已经知道，电光效应引起的相位差$\Gamma$正比于电场强度$E$和作用距离$L$（即晶体沿光轴$z$的厚度）的乘积$EL$，$E$正比于电压$V$，反比于电极间距离$d$，因此有

$$\Gamma \sim \frac{LV}{d} \tag{5-31}$$

对一定的$\Gamma$，外加电压$V$与晶体长宽比$L/d$成反比，加大$L/d$使得$V$下降。电压$V$下降不仅使控制电路成本下降，而且有利于提高开关速度。铌酸锂晶体具有优良的加工性能及很高的电光系数，$\gamma_{33}=30.8\times10^{-12}\mathrm{m/V}$，常常用来做成横调制器。铌酸锂为单轴负晶体，有$n_x=n_y=n_0=2.297$，$n_z=n_e 2.208$，令电场强度为$E=E_z$，得到电场感生的法线椭球方程式：

$$\frac{x^2}{n_x^2}+\frac{y^2}{n_y^2}+\frac{z^2}{n_x^2}=1 \tag{5-32}$$

其中，

$$n_x = n_y \approx n_0 - \frac{1}{2}n_0^3\gamma_{13}E_z \tag{5-33}$$

$$n_z \approx n_e - \frac{1}{2}n_e^3\gamma_{33}E_z \tag{5-34}$$

应注意在这一情况下电场感生坐标系和主轴坐标系一致，仍然为单轴晶体，但寻常光和非常光的折射率都受外电场的调制。设入射线偏振光沿 $xz$ 的角平分线方向振动，两个本征态 $x$ 和 $z$ 分量的折射率差为

$$n_x - n_z = (n_0 - n_e)n_0 - \frac{1}{2}(n_0^3\gamma_{13} - n_e^3\gamma_{33})E \tag{5-35}$$

当晶体的厚度为 $L$，则射出晶体后光波的两个本征态的相位差为

$$\Gamma = \frac{2\pi}{\lambda_0}(n_x - n_z)L = \frac{2\pi}{\lambda_0}(n_0 - n_e)L - \frac{2\pi}{\lambda_0}\frac{n_0^3\gamma_{13} - n_e^3\gamma_{33}}{2}EL \tag{5-36}$$

式（5-36）说明在横调制情况下，相位差由两部分构成：晶体的自然双折射部分（式中第一项）及电光双折射部分（式中第二项）。通常使自然双折射项为 π/2 的整倍数。横调制器件的半波电压为

$$V_\pi = \frac{d}{L}\frac{\lambda_0}{n_e^3\gamma_{13} - n_0^3\gamma_{33}} \tag{5-37}$$

用到关系式 $E=V/d$。由上式可知半波电压 $V_\pi$ 与晶体长宽比 $L/d$ 成反比。因而可以通过加大器件的长宽比 $L/d$ 来减小 $V_\pi$。横调制器的电极不在光路中，工艺上比较容易解决。横调制的主要缺点在于它对波长 $\lambda_0$ 很敏感，$\lambda_0$ 稍有变化，自然双折射引起的相位差即发生显著的变化。当波长确定时（如使用激光），电压又强烈地依赖于作用距离 $L$。加工误差、装调误差引起的光波方向的稍许变化都会引起相位差的明显改变，因此通常只用于准直的激光束中。或用一对晶体，第一块晶体的 $x$ 轴与第二块晶体的 $z$ 轴相对，使晶体的自然双折射部分式（5-36）中第一项相互补偿，以消除或降低器件对温度、入射方向的敏感性。有时也用巴比涅-索勒尔（Babinet-Soleil）补偿器，将工作点偏置到特性曲线的线性部分。迄今为止，所讨论的调制模式均为振幅调制，其物理实质在于：输入的线偏振光在调制晶体中分解为一对偏振方位正交的本征态，在晶体中传播过一段距离后获得相位差Γ，Γ为外加电压的函数。在输出的偏振元件透光轴上这一对正交偏振分量重新叠加，输出光的振幅被外加电压所调制，这是典型的偏振光干涉效应。以波动光学的观点看，光波是横模，即光矢量的振动方向和光束的传播方向是垂直的。因此要完整描述任一点、任一时刻光束量的情况需要考虑它的大小和方向，然而

研究表明，在光的干涉、衍射等许多现象中，常常不考虑光矢量的方向性，而用一个标量表示光振动，光矢量性质最直观的表述方法就是光的偏振现象。

## 三、实验仪器

（1）半导体光纤耦合激光器 1 台；

（2）2×2 光纤分束器 1 套；

（3）四维调整镜架 1 台；

（4）反射镜 1 套；

（5）1 mm 准直镜 1 套；

（6）7 mm 准直镜 1 套；

（7）导轨 1 套；

（8）FC-FC 对接法兰若干。

## 四、实验步骤

（1）按照“光纤电压传感器”实验装置（图 5-83）安装各光学元件，搭建完成实验光路图。

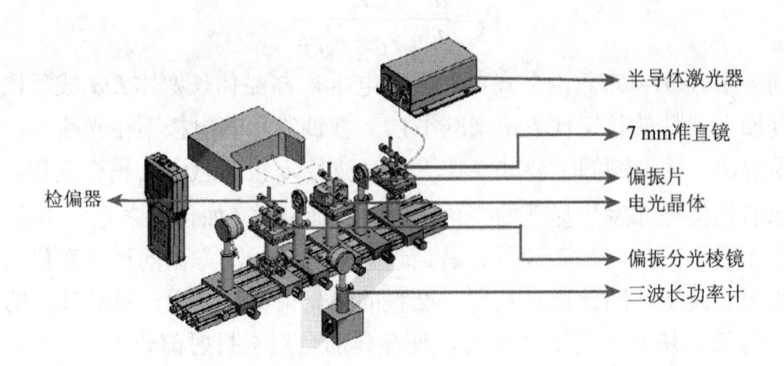


图 5-83　光纤电压传感实验

（2）半导体光纤耦合激光器尾纤与可调棱镜支架中的 7 mm 准直镜相连接，固定可变光阑高度，使激光在近处和远处均可通过可变光阑中心。

（3）在输出光束后端放置起偏器 P1 和偏振分光棱镜，光斑打在分光棱镜中心，分光棱镜的透射光照在功率计探头，反射光对准磁性表座。功率计和磁性表座与棱镜的距离相同，旋转起偏器 P1 使输出光最弱。

（4）在偏振片和分光棱镜中间固定电光晶体，调整晶体高度正好使得光照射在电光晶体中心并通过晶体，电光晶体前端反射光与光路重合，在电光晶体与偏振分光棱镜之间加入 1/4 波片。

（5）开始对电光晶体两端加电压（使用前应预热 3～5 min），每增加 20 V 电压值，用功率计测量并记录反射 $R$ 的光强。测量结束后将功率计固定在磁性表座上，每隔 20 V 电压测量透射 $T$ 光路中的光强。

（6）计算分析反射与透射光路的光强值差的正负（$R-T$），以电压 $U$ 为 $X$ 轴，以 $R-T$ 为 $Y$ 轴，绘制电电压 $U$ 与 $R-T$ 的曲线图。

（7）通过调换电光晶体两端电压的正负极，重复以上实验步骤，观察数据并分析是否和以前实验现象一致。

## 五、实验结果与思考

（1）绘制实验结果图，观察光功率与电压之间的变化。

（2）入射光波长、入射角度等对传感结果是否有影响？

# 5.24　光纤电流传感实验

## 一、实验目的

（1）了解光纤电压位感器原理；

（2）熟悉光学平台与光路搭建；

（3）完成光纤电压位感器光路搭建；

（4）计算光功率的数值，计算电压。

## 二、实验原理

1845 年 M.法拉第发现，当线偏振光（见光的偏振）在介质中传播时，若在平行于光的传播方向上加一强磁场，则光偏振方向将发生偏转，偏转角度与磁感应强度 $B$ 和光穿越介质的长度 $L$ 的乘积成正比，即 $\theta = VBL$ ，比例系数 $V$ 称为旋光材料的维尔德常数，与介质性质及光波频率有关。偏转方向取决于介质性质和磁场方向。上述现象称为法拉第效应或磁致旋光效应。

1825 年，菲涅耳对旋光现象提出了一种唯象的解释。按照他的假设，可以把进入旋光介质的线偏振光看作右旋圆偏振光和左旋圆偏振光的组合。菲涅耳认为，在各向同性介质中，线偏振光的右、左旋圆偏振光分量的传播速度 $v_R$ 和 $v_L$ 相等，因而其相应的折射率 $n_R = c/v_R$ 和 $n_L = c/v_L$ 相等。在右、左旋光介质中，右、左旋圆偏振光的传播速度不同，其相应的折射率也不相等。

在右旋晶体中，右旋圆偏振光的传播速度较快，$v_R > v_L$；左旋晶体中，左旋圆偏振光的传播速度较快，$v_L > v_R$。假设入射到旋光介质上的光是沿水平方向振动的线偏振光，按照归一化琼斯矩阵方法，可以把菲涅耳假设表示为

$$\begin{bmatrix}1\\0\end{bmatrix}=\frac{1}{2}\begin{bmatrix}1\\-\mathrm{i}\end{bmatrix}+\frac{1}{2}\begin{bmatrix}1\\\mathrm{i}\end{bmatrix} \tag{5-38}$$

$x$ 方向振动的线偏振光、振动方向与 $x$ 轴成 $\theta$ 角的线偏振光、左旋圆偏振光、右旋圆偏振光的标准归一化琼斯矢量形式分别为

$$\begin{bmatrix}1\\0\end{bmatrix},\ \begin{bmatrix}\cos\theta\\\sin\theta\end{bmatrix},\ \frac{\sqrt{2}}{2}\begin{bmatrix}1\\\mathrm{i}\end{bmatrix},\ \frac{\sqrt{2}}{2}\begin{bmatrix}1\\-\mathrm{i}\end{bmatrix} \tag{5-39}$$

如果右旋和左旋圆偏振光通过厚度为 $l$ 的旋光介质后，相位滞后分别为

$$\begin{cases}\varphi_R = K_R l = \dfrac{2\pi}{\lambda}n_R l\\[2ex]\varphi_L = K_L l = \dfrac{2\pi}{\lambda}n_L l\end{cases} \tag{5-40}$$

则其合成波的琼斯矢量为

$$\begin{aligned}E &= \frac{1}{2}\begin{bmatrix}1\\\mathrm{i}\end{bmatrix}\mathrm{e}^{\mathrm{i}\varphi_R}+\frac{1}{2}\begin{bmatrix}1\\\mathrm{i}\end{bmatrix}\mathrm{e}^{\mathrm{i}\varphi_L}=\frac{1}{2}\begin{bmatrix}1\\-\mathrm{i}\end{bmatrix}\mathrm{e}^{\mathrm{i}k_R l}+\frac{1}{2}\begin{bmatrix}1\\\mathrm{i}\end{bmatrix}\mathrm{e}^{\mathrm{i}k_L l}\\&=\frac{1}{2}\mathrm{e}^{\mathrm{i}(k_R+k_L)\frac{l}{2}}\left(\begin{bmatrix}1\\-\mathrm{i}\end{bmatrix}\mathrm{e}^{\mathrm{i}(k_R-k_L)\frac{l}{2}}+\begin{bmatrix}1\\\mathrm{i}\end{bmatrix}\mathrm{e}^{-\mathrm{i}(k_R-k_L)\frac{l}{2}}\right)\end{aligned} \tag{5-41}$$

引入：

$$\begin{cases}\varphi = \dfrac{l}{2}(K_R + K_L)\\[2ex]\theta = \dfrac{l}{2}(K_R - K_L)\end{cases} \tag{5-42}$$

由式（5-41）和式（5-42）合成波的琼斯矢量可以写为

$$E = \mathrm{e}^{\mathrm{i}\varphi}\begin{bmatrix}\dfrac{1}{2}(\mathrm{e}^{\mathrm{i}\theta}+\mathrm{e}^{-\mathrm{i}\theta})\\[2ex]-\dfrac{1}{2}(\mathrm{e}^{\mathrm{i}\theta}-\mathrm{e}^{-\mathrm{i}\theta})\end{bmatrix}=\mathrm{e}^{\mathrm{i}\varphi}\begin{bmatrix}\cos\theta\\\sin\theta\end{bmatrix} \tag{5-43}$$

它代表了光振动方向与水平方向成 $\theta$ 角的线偏振光。这说明，入射的线偏振光光矢量通过旋光介质后，转过了 $\theta$ 角。

$$\theta = \frac{\pi}{\lambda}(n_R - n_L)l$$

$$\varphi=\frac{l}{2}(K_R+K_L)\quad \varphi_R=K_R l=\frac{2\pi}{\lambda}n_R l \tag{5-44}$$

$$\theta=\frac{l}{2}(K_R-K_L)\quad \varphi_L=K_L l=\frac{2\pi}{\lambda}n_L l \tag{5-45}$$

由式（5-44）和式（5-45）可以看出如果左旋圆偏振光传播得快 $n_L<n_R$，则 $\theta>0$，即光矢量是向逆时针方向旋转的；如果右旋圆偏振光传播得快，$n_L>n_R$，则 $\theta<0$，即光矢量是向顺时针方向旋转的。这就说明了左、右旋光介质的区别，而且，式（5-44）和式（5-45）还表明旋转角度 $\theta$ 与 $l$ 成正比，与波长有关。这种旋光本领因波长而异的现象称为旋光色散。接下来介绍基于法拉第磁旋光效应的智能电网传感系统，结构原理如图 5-84 所示。

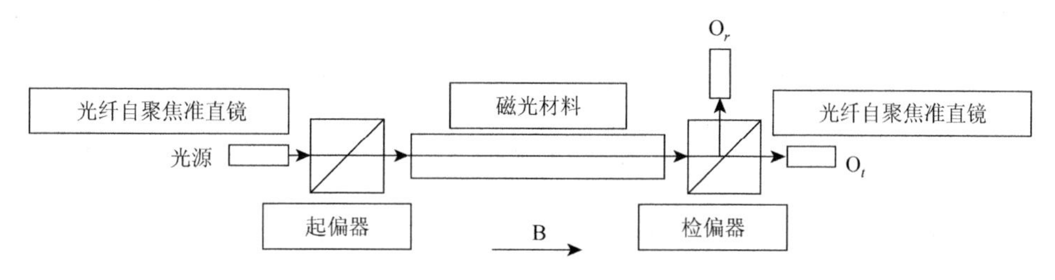


图 5-84　传感系统结构原理

光纤激光光源通过自聚焦准直镜准直，准直光通过起偏器形成偏振光，然后通过磁光材料，并经过检偏器后分成两束，输出光通过光纤自聚焦准直镜输出。其中，磁光材料晶体置于由检测线圈的电流产生的磁场中。按照法拉第磁旋光效应，从磁光材料输出的偏振光由于磁场的作用偏振方向产生了一个 $\theta$ 的变化，因此在检偏后输出透射路的光强和反射路的光强会出现相应变化，对透射路与反射路光强信号的检测，可以通过检测光强变化检测出磁场的强度变化，从而探测出输入线圈的电流量变化 $I$，通过这个过程便完成了电流量的检测。

如果光源功率为 $P_0$，经过起偏器 45°起偏后光源功率减半，功率变为

$$P_1=\frac{1}{2}P_0 \tag{5-46}$$

一般情况下磁光晶体材料的吸收极小，可以忽略不计。因此，在线圈中没有电流的情况下（$I=0$ 时），检偏后输出透射路功率 $P_t$ 和反射路功率 $P_r$，满足下式：

$$P_t=P_r=\frac{1}{4}P_0 \tag{5-47}$$

如果线圈中的电流不为 0，检偏后输出透射路功率 $P_t$ 与反射路功率 $P_r$，满足下式：

$$\begin{cases} P_t = \dfrac{1}{2}P_0\cos^2\theta \\ P_r = \dfrac{1}{2}P_0\cos^2\left(\dfrac{\pi}{2}-\theta\right) \end{cases} \tag{5-48}$$

根据法拉第效应：$\theta = VBL$，则有

$$\begin{cases} P_t = \dfrac{1}{2}P_0\cos^2(VBL) \\ P_r = \dfrac{1}{2}P_0\cos^2\left(\dfrac{\pi}{2}-VBL\right) \end{cases} \tag{5-49}$$

根据毕奥-萨伐尔定律：载流导线上的电流元 $Idl$ 在真空中某点 $P$ 的磁感应强度 $dB$ 的大小与电流元 $Idl$ 的大小成正比，与电流元 $Idl$ 和从电流元到点 $P$ 的位矢 $\vec{r}$ 之间的夹角 $\theta$ 的正弦成正比，与位矢 $\vec{r}$ 的大小的平方成反比。

$$B(x) = \frac{\mu_0}{4\pi}\oint_L \frac{Id\vec{l}\times\vec{r}}{r^2} \tag{5-50}$$

这里，为了方便，假设截面半径为 $a$，长度为 $L$，电流强度为 $I$，总匝数为 $N$ 的通电螺线管的中心点的磁场为匀强磁场（实际为 $L$ 长度内的平均磁场），并且该磁场强度 $B = KI$，其中 $K$ 是与 $a$，$L$，$N$ 有关的常数。

那么可以得到：

$$\begin{cases} P_t = \dfrac{1}{2}P_0\cos^2(KVIL) \\ P_r = \dfrac{1}{2}P_0\cos^2\left(\dfrac{\pi}{2}-KVIL\right) \end{cases} \tag{5-51}$$

由此，便得到了探测出的功率值与电流的对应关系。

## 三、实验仪器

（1）半导体光纤耦合激光器 1 台；
（2）2×2 光纤分束器 1 套；
（3）四维调整镜架 1 台；
（4）反射镜 1 套；
（5）1 mm 准直镜 1 套；
（6）7 mm 准直镜 1 套；
（7）导轨 1 套；
（8）FC-FC 对接法兰若干。

## 四、实验步骤

（1）小心取下电流传感器上面的塑料盖片，然后将磁光晶体棒小心的放入电流传感器内，要求位置在传感器的中央（注：拿取磁光晶体的过程中要轻拿轻放，切不可用手摸晶体的两端）。

（2）安装完晶体之后盖上盖片，然后安装自聚焦透镜（含有尾纤），并用黄色的夹持器夹紧透镜（注：自聚焦透镜在安装过程中不能触碰透镜的末端，要轻拿轻放，加持不能过紧，以防夹碎晶体）。

（3）安装完上面的组件之后，将电流传感器的输入端接入光纤适配器（FC-ST）的 FC 端，650 nm 半导体激光器通过 FC-FC 光纤适配器同理连接），将电流传感器的输出端（反射）接上三波长功率计，适当调节激光器的光强，得到输出端（反射）的光功率值并记录。

（4）等输出端（反射）光功率值稳定之后，再将三波长功率计接在输出端（透射），调整五维架使透射输出功率和反射输出功率基本接近［注：自准直镜耦合过程中，可通过五维架进行耦合，五维架可上下、左右、前后、俯仰调节，调节遵循最大功率的原则，适当调节使率值最接近输出端（反射）］。

（5）光纤自聚焦准直镜耦合实验，按照实验示意图 5-85 所示安装好实验部件。

（6）将光纤自聚焦准直镜夹在卡具上的夹持槽内（注：此时必须注意适当夹紧，以光纤自聚焦准直镜不松动为原则，不能夹得太紧，避免夹碎光纤自聚焦准直镜）。

（7）调节齿轮齿条移动台和四维架上的旋钮，使得光纤自聚焦准直镜对准电流传感光机组件上的透射路的孔位，然后调节四维镜架上的调节旋钮，使得功率计读数达到最大值（注：调节过程中如果光纤自聚焦准直镜撞上透射路安装孔孔壁，则停止继续调节该旋钮，反向旋转正调节的旋钮半圈，并换另外一个旋钮继续调节，直至功率计读数最大）。

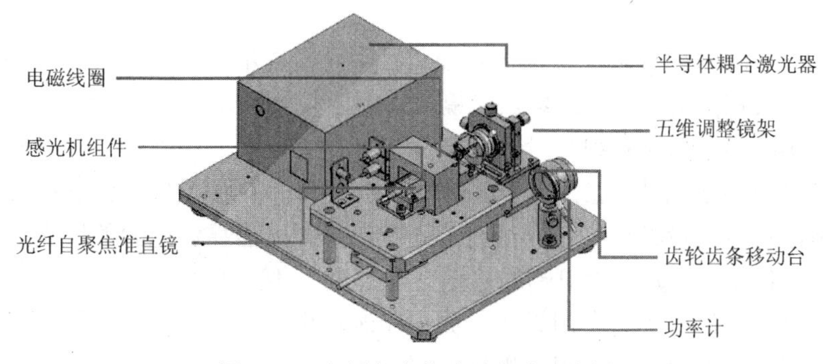


图 5-85　光纤电流传感器实验示意图

（8）记录读数值，并测量反射路（已固定）读数值，对比两者的差异（注意：步骤 3 调节完成后透射路测量功率值与反射路功率值尽可能接近，如果数值不接近重复步骤 2）。

（9）调节电流电源旋钮 0，0.1A，0.2A，0.3A，…，2.6A，使电流为 $I$ 变大，使用激光功率计测量反射路 $R$ 和透射路 $T$ 功率值。

（10）计算分析 $R-T$ 的值的正负，并绘制电流 $I$ 与 $|R-T|$ 的曲线图。

（11）通过调换磁光线圈两端的电压的正负极，重复以上实验，观察数据并分析是否和以前实验现象一致。

## 五、实验结果与思考

（1）绘制电流 $I$ 与 $|R-T|$ 的曲线图，并分析实验结果。

（2）电流测量的精度与量程取决于什么参数？

# 5.25　光纤耦合效率测量实验

## 一、实验目的

（1）了解光纤与光源耦合方法的原理；

（2）实验操作光纤与光源耦合；

（3）学习光纤与光源的耦合方法；

（4）测量光纤与光源耦合效率。

## 二、实验原理

光纤与光源的耦合方法有直接耦合和经聚光器件耦合两种。聚光器件有传统的透镜和自聚焦透镜之分。自聚焦透镜的外形为棒形（圆柱体），因此也称之为自聚焦棒。实际上，它是折射率分布指数为 2（抛物线型）的渐变型光纤棒的一小段。直接耦合是使光纤直接对准光源输出的光进行“对接”耦合。这种方法的操作过程是，将专用设备切制好并经清洁处理的光纤端面靠近光源的发光面，并将其调整到最佳位置（光纤输出端的输出光强最大），然后固定其相对位置。这种方法简单、可靠，但必须有专用设备。如果光源输出光束的横截面面积大于纤芯的横截面面积，将引起较大的耦合损耗。

经聚光器件耦合是将光源发出的光通过聚光器件将其聚焦到光纤端面上，并调整到最佳位置（光纤输出端的输出光强最大），这种耦合方法能提高耦合效率。耦合效率 $\eta$ 的计算公式为

$$\eta=\frac{p_1}{p_2}\times 100\% \text{ 或 } \eta=-10\lg\frac{p_1}{p_2} \tag{5-52}$$

光源与光纤的耦合是指将光源发出的光功率最大限度地输送到光纤中去，耦合效率受光源辐射的空间分布、光源发光面积及光纤收光特性和传输特性等因素的影响。针对半导体激光器，透镜耦合又包括：①端面球透镜耦合，将光纤端面做成一个半球形，有端焦距透镜的作用；②柱透镜耦合，柱透镜可将半导体激光器出射的椭圆光变成圆形光；③透镜耦合，如图 5-86 所示，将激光器放于凸透镜的焦点上，然后用另一凸透镜将平行光汇聚到带光纤端面上。本实验用 10 倍显微物镜实现透镜功能，后端焦距在 1 mm 左右。

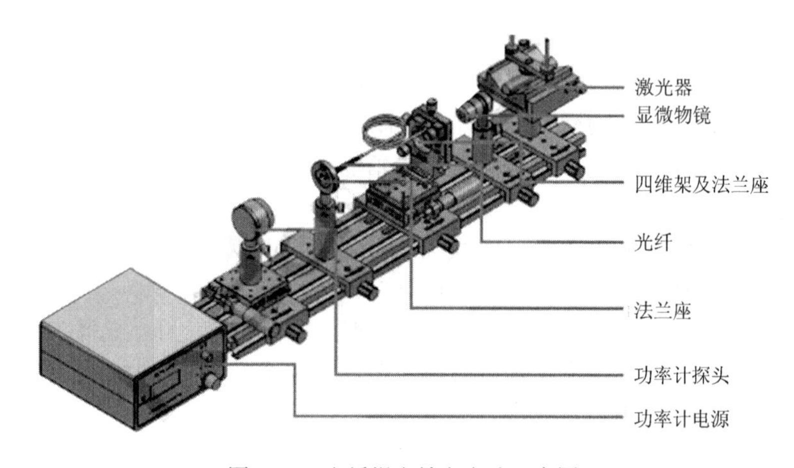


图 5-86　光纤耦合效率实验示意图

## 三、实验仪器

（1）激光器 1 套；
（2）物镜（凸透镜组）1 个；
（3）532 nm 单模光纤 1 根；
（4）四维调整支架 1 套；
（5）功率计 1 台；
（6）光纤切割刀 1 套；
（7）532 nm 多模光纤 1 根。

## 四、实验步骤

（1）搭建实验光路，调整激光器、显微物镜、四维调整架，使他们在同一水平线上，光纤暂不接光功率计。激光器、显微物镜和功率计用 37.5 mm 长支杆和 51 mm 长套筒固定，法兰座用 51 mm 长支杆和 76 mm 长套筒固定，光路中心高以四维架为基准。四维架与平移台用转接板连接。注意两个平移台的安装方向不同。

（2）打开激光器，调整物镜，使物镜后出射光也在同一光轴上，并测量此时物镜后端的激光输出功率 $P_2$。

（3）将 532 nm 多模光纤通过光纤连接模块固定在四维调整架上，调整四维调整架物镜后输出光打在光纤输入端正中心，观察光纤输出端输出光强，待光强较大后接入光功率计探头，打开功率计，选择 532 nm 波长、2 mW 档位，挡住激光后按调零键。

（4）调整四维调整架。

①调整上、下、俯、仰旋钮，使光功率计示数达到最大；

②调整平移台，使物镜与光纤输入端距离拉近；

③重复①、②两步，直到输出功率达到最大值。此时，物镜接圈跟四维调整架卡圈近似平齐。

（5）测量光纤输出功率 $P_1$，利用公式计算光纤的耦合效率。

（6）将光纤换为 532 单模光纤，重复步骤（1）～（5）。

注：当物镜与光纤的陶瓷插芯距离较远时，主要调节上下、左右旋钮；而当物镜与光纤的陶瓷插芯距离足够近时，应该调节俯仰旋钮，此时的上下、右旋钮对耦合效率的影响很小。

## 五、实验结果与思考

（1）总结数据，计算光纤耦合效率。

（2）耦合效率是否与光纤间距、光纤端面等因素有关？

# 5.26　“截断法”测量光纤衰减及损耗实验

## 一、实验目的

（1）了解测量光纤损耗的方法；

（2）学习切割光纤；

（3）测量光纤的损耗。

## 二、实验原理

光纤的传输损耗描述的是光强在光纤内随着距离的衰减情况。采用的测量方案主要为截断法。计算公式为

$$\alpha = -\frac{10}{L}\lg\left(\frac{P_1}{P_2}\right) \tag{5-53}$$

$\alpha$ 表示单位距离内光纤的损耗，单位为 dB/km。式中，$P_2$、$P_1$ 分别代表截断前和截断后光纤透射功率；$L$ 为光纤的长度。测量装置简图如图 5-87 所示。本实验整体光路与实验 5.2 相同，只是将其中的单模或多模光纤换成 1.5 km 光纤。

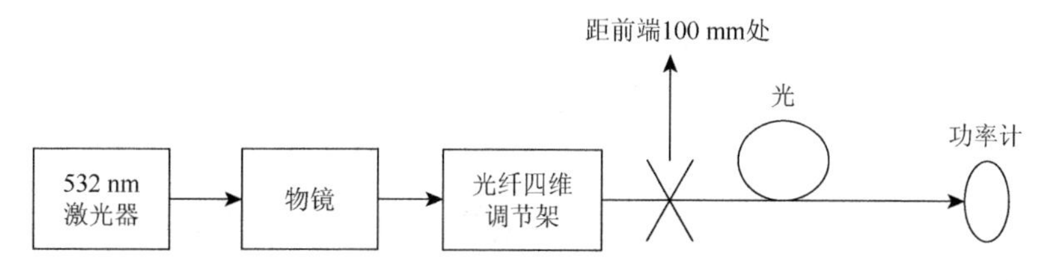


图 5-87　测量光纤传输损耗示意图

在稳态注入条件下，首先测量整根光纤的输出光功率 $P_2$；然后，保持注入条件不变，在离注入端约 100 mm 处切断光纤，测量此短光纤输出的光功率 $P_1$，因其衰减可忽略，故 $P_1$ 可认为是被测光纤的注入光功率。因此，按式（5-53）就可计算出被测光纤的衰减和衰减系数。

## 三、实验仪器

（1）激光器 1 套；

（2）物镜 1 组；

（3）光纤四维调节架 1 套；

（4）光纤 1 根；

（5）光功率计 1 台；

（6）光纤适配器 1 个。

## 四、实验步骤

（1）搭建实验光路，将裸光纤盘没有接口一端连接光纤适配器（详细步骤参考实验 5.1 中的光纤端面切割部分），将光纤适配器接入到四维调整架，调整激光与光纤耦合。

（2）测量光纤输出端输出功率为 $P_2$。

（3）在距离前端 100 mm 处切割光纤，处理光纤端面，安装光纤适配器，测量输出功率为 $P_1$。

（4）计算光纤的损耗。

注：原始光纤总长度为 1.5 km。

## 五、实验结果与思考

（1）多次测量计算光纤损耗，求平均值。

（2）什么因素会严重影响光纤损耗测量的精度？

# 5.27 光纤数值孔径的测量实验

## 一、实验目的

（1）学习光纤数值孔径的含义；

（2）掌握光纤数值孔径的测量方法；

（3）运用光斑法测量光纤的数值孔径。

## 二、实验原理

光纤的数值孔径（$NA$）表征的是光纤接收入射光线的能力，是反映光纤与光源、光探测器及其他光纤相互耦合效率的重要参数。其基本定义式为

$$NA = n_0 \sin\theta = n_0\sqrt{n_1^2 - n_2^2} \tag{5-54}$$

式中，$n_0$ 为光纤周边介质的折射率，一般为空气（$n_0 = 1$）；$n_1$ 和 $n_2$ 分别为光纤纤芯和包层的折射率。光纤在均匀光场的照射下，其远场功率角分布与光纤数值孔

径 $NA$ 有如下关系：

$$\sin\theta = \sqrt{1-\left[P(\theta)/P(0)\right]^{g/2}}\,NA \tag{5-55}$$

式中，$\theta$ 是远场辐射角；$P(\theta)$ 和 $P(0)$ 分别是辐射角为 $\theta$ 和 0 处的远场辐射功率；$g$ 为光纤折射率分布参数。当 $P(\theta)/P(0) \leqslant 10\%$ 时，$\sin\theta \approx NA$，因此可将对应于 $P(\theta)$ 角度曲线上光功率下降到中心值的 10%处的角度 $\theta_0$ 的正弦值定义为光纤的数值孔径，称之为有效数值孔径：$NA_{eff} = \sin\theta_0$。

本实验中采用通过测量光纤出射光斑尺寸大小来计算光纤出射角度，从而确定光纤的数值孔径的方法。这种方法在测量光纤数值孔径时较为常用。具体测量方法如图 5-88 所示。用 532 nm 半导体激光器作为光源，此时测量出射光斑尺寸 $D$ 和光斑距离出射端距离 $L$，则光纤数值孔径为

$$NA = \sin[\arctan(D/2L)] \tag{5-56}$$

测量直径的方法是当功率计沿着圆斑的直径由中心向外围移动时，记录中心功率为 $P_1$，此时平移台刻度为 $R_1$。当边缘功率 $P_2 \leqslant P_1 \times 10\%$ 时，记录功率计移动过的距离 $R_2$。根据上述公式，数值孔径为

$$NA = \sin[\arctan(|R_1 - R_2|/L)] \tag{5-57}$$

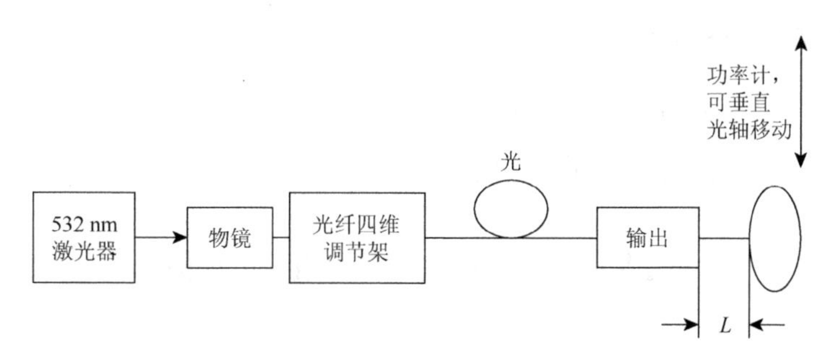


图 5-88　光纤数值孔径测量示意图

## 三、实验仪器

（1）激光器 1 套；

（2）物镜 1 组；

（3）光纤四维调整架 1 套；

（4）532 nm 单模光纤 1 根；

（5）光功率计 1 台。

## 四、实验步骤

（1）搭建光路，并将激光耦合进 532 nm 单模光纤，功率计与光纤输出端的距离为 $L$。

（2）将功率计固定在平移台上，并放于圆斑的正中心，测量此时功率为 $P_1$，记录此时平移台千分丝杆的刻度 $R_1$。

（3）沿着直径方向移动功率计，当功率 $P_2 = P_1 \times 10\%$ 时记录此时千分丝杆的刻度 $R_2$，则圆斑的近似半径 $R = |R_1 - R_2|$。多次测量，求平均值。

将实验数据填入表 5-7，计算数值孔径 $NA$。

**表 5-7　计算数值孔径 *NA***

| 序号 | 圆斑中心功率 $P_1$/mW | 边缘功率 $P_2$/mW | $P_1$ 时平移台刻度 $R_1$/mm | $P_2$ 时平移台刻度 $R_2$/mm | 数值孔径 $NA$ |
|---|---|---|---|---|---|
| 1 | | | | | |
| 2 | | | | | |
| 3 | | | | | |

## 五、实验结果与思考

（1）根据记录数据，计算数值孔径。

（2）数值孔径过大会导致什么问题？

# 5.28　可见光光纤的准直实验

## 一、实验目的

（1）了解可见光光纤准直实验的原理；

（2）学习对光纤出射光束进行准直操作的方法。

## 二、实验原理

直接由光纤出射的光是发散状的，实际应用中用处不大，因此，常常需要将光束进行变换、准直或聚焦。本实验用 FC 光纤输出准直镜（图 5-89）对输出光进行准直操作。

图 5-89　光纤输出准直镜

## 三、实验仪器

（1）激光器 1 套；
（2）光纤输出准直镜 1 个；
（3）光纤四维调整架 1 套；
（4）光纤 1 根；
（5）物镜 1 组；
（6）光功率计 1 台。

## 四、实验步骤

（1）搭建光路，调整耦合光路，使光纤后端输出功率最大。使用 10 倍物镜、单模光纤。

（2）光纤后端连接 1 mm 准直镜，在 1 m 后观察光斑大小。

（3）光纤后端连接 7 mm 准直镜，在 1 m 后观察光斑大小，并与 1 mm 准直镜的光斑作比较。

（4）改变耦合光路，使用 10 倍物镜、多模光纤。

（5）重复步骤（2）、（3），比较两者后端输出光斑大小，并与单模光纤时相同规格准直镜后端出射的光斑大小相比较。

## 五、实验结果与思考

单模、多模光纤出射光斑大小不一的原因是什么？

# 第6章　综合创新实验

## 6.1　二维光电材料石墨烯的制备与形貌观测实验

### 一、实验目的

石墨烯是由碳原子构成的只有一层原子厚度的二维晶体材料，具有最薄、强度最大、导电导热性能最强的优异特性，使其在电子学、太阳能电池、传感器等领域有着诸多潜在应用，被称为“黑金”，是“新材料之王”。目前制备高质量石墨烯的方法有胶带剥离法、碳化硅或金属表面外延生长法和化学气相沉积法等。本实验采用胶带剥离法制备石墨烯，然后初步观察它的形貌，具体目的如下。

（1）掌握实验器材的基本操作和功能；

（2）采用机械剥离法制备二维光电材料石墨烯；

（3）用光学显微镜观测制备的光电材料。

### 二、实验原理

石墨是碳质元素结晶矿物，它的晶体结构为六边形层状结构，每一层的距离为3.4 Å（1 nm=10 Å），同一层中的碳原子的间距为1.42 Å，属于六方晶系，具有完整的层状解理。解理面（cleavage plane）以分子键为主，对分子吸引力较弱。计算结果表明，在石墨晶体中相邻两层石墨烯之间的范德瓦斯力作用能约为2 $ev/nm^2$，因此石墨片层很容易在机械力的作用下剥离。

解理与解理面：矿物晶体在外力作用下沿着一定结晶方向破裂，并且能裂出光滑平面的性质称为解理，这些平面称为解理面。

### 三、实验仪器

（1）BA310MET显微镜；

（2）石墨块材若干；

（3）scotch tape（魔力胶带）一卷；

（4）基底材料若干（根据实验需求，采用$SiO_2$/Si、Si、石英等基底）；

（5）镊子、剪刀。

## 四、实验步骤与数据表格

（1）剪取约 10 cm 长胶带，并将两头对内折叠（方便用手拿胶带），中间胶带空白部分留约 5 cm 长。

（2）将块材放置在胶带空白部分，并用镊子轻压块材。在透明胶带与块材接触 5～10 s 后，用镊子剥下块材，把块材放回原位，留作下次剥离时使用。反复折叠粘贴、撕开胶带，至胶带上粘满样品。最好的状态是直接观察胶带，胶带上有一些反光、闪闪发亮的金属光泽物质。但需注意，不要折叠次数过多，以免得到的薄层都是尺寸非常小的碎片。另一种处理办法是折叠粘贴大概 5 次，用新胶带对粘原来的胶带，这样会产生多条不同样品厚度的胶带，也可用作观察实验，看看不同次数时的样品情况。

（3）将基底材料贴在粘有样品的胶带表面，并按压约 $n$ 秒，按时间不同填写表 6-1。

（4）用镊子将基底材料剥下（此时直接观察，基底材料表面应可见剥离上去的材料，一般呈深灰色或类似颜色）。

（5）将剥离好的基底材料置于显微镜下观察，并寻找所需要的单层或薄层材料（一般先使用 5 倍物镜进行观察，找到疑似单层或薄层样品后，再转至 20 倍、100 倍物镜下进行观察，单层样品会呈现类似薄纱状的形态）。

（6）把在显微镜中找到的单层、双层或多层的石墨烯样品拍摄下来，并记录好是什么条件下得到的［如第（3）步中按压了多少秒］，填写表 6-1。如果得到质量很好的单层，可以留下来，记录位置，后面用来制作微纳半导体器件。

（7）把所有仪器、工具放回原位，基底玻璃放回回收盒。

**表 6-1　按压时间与二维石墨烯质量的关系**

| 按压时间/s | 是否能得到石墨烯 | 石墨烯单层的数量 | 石墨烯多层的数量 | 石墨烯的质量 | 备注、建议 |
|---|---|---|---|---|---|
| | | | | | |
| | | | | | |
| | | | | | |
| | | | | | |
| | | | | | |
| | | | | | |
| | | | | | |

续表

| 按压时间/s | 是否能得到石墨烯 | 石墨烯单层的数量 | 石墨烯多层的数量 | 石墨烯的质量 | 备注、建议 |
|---|---|---|---|---|---|
| | | | | | |
| | | | | | |
| | | | | | |
| | | | | | |
| | | | | | |

注：石墨烯的质量栏请选填优/良/差

## 五、实验总结与思考

写出实验总结报告，并且在下面的问题中选择 4 个以上作答。

（1）胶带剥离法的优点与缺点是什么？是否有改进的方法？

（2）制备石墨烯还有什么方法？简单介绍一下。

（3）用显微镜观测二维石墨烯，并且拍摄下来，比较形状等信息，这些信息中有没有共同点？

（4）是否有简单的方法测量得到的石墨烯的厚度，或者知道石墨烯是否为单层？

（5）石墨烯有哪些优秀性质？可以应用在哪些方面？

（6）对于这个实验，你有什么想法或者建议？

# 6.2　二维光电材料二硫化钼的制备与形貌观测实验

## 一、实验目的

$MoS_2$ 具有优异的半导体性质，当其由体相材料变为超薄二维结构材料时，$MoS_2$ 的禁带宽度随着其层数的减小而增加，到单层时，不但其禁带宽度由体相材料时的 1.29 eV 增加至 1.90 eV，而且电子能带结构也由非直接带隙变为直接带隙。故薄层，特别是单层的 $MoS_2$ 相比零带隙的石墨烯，在光电子器件方面（如光发射器、激光和光电探测器）表现出更为优异的特性。此外，在锂离子电池和催化剂的应用方面，二维结构的 $MoS_2$ 也具有更广阔的应用前景。

本实验采用胶带剥离法制备 $MoS_2$，然后初步观察它的形貌，具体目的如下。

（1）掌握实验器材的基本操作和功能；

（2）采用机械剥离法制备二维光电材料二硫化钼；

（3）用光学显微镜观测制备的光电材料。

## 二、实验原理

二硫化钼是一种典型的过渡金属二维层状化合物，层与层之间由范德瓦斯力相连接，其单层则由三层 S-Mo-S 原子层以共价键方式构成（图 6-1），因而也可以用类似制备石墨烯的方法制备二维 $MoS_2$。目前薄层 $MoS_2$ 的制备方法主要分为微机械剥离法、锂离子插层剥离法、液相超声剥离法、水热法及化学气相沉积法，并且可以推广到其他二维结构材料的制备。

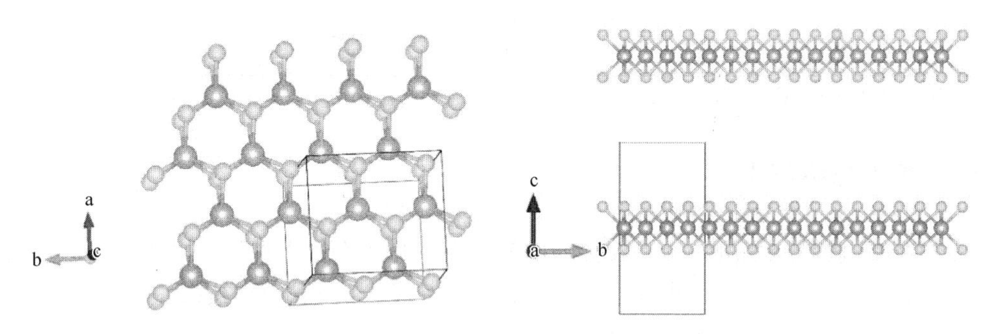


图 6-1　二硫化钼结构示意图

## 三、实验仪器

（1）BA310MET 显微镜；
（2）二硫化钼块材若干；
（3）scotch tape（魔力胶带）一卷；
（4）基底材料若干（根据实验需求，采用 $SiO_2$/Si、Si、石英等基底）；
（5）镊子、剪刀。

## 四、实验步骤与数据表格

实验步骤同实验 6.1，请按实验 6.1 做实验，填写表 6-2。

**表 6-2　按压时间与二硫化钼质量的关系**

| 按压时间/s | 是否能得到二硫化钼 | 二硫化钼单层的数量 | 二硫化钼多层的数量 | 二硫化钼的质量 | 备注、建议 |
|---|---|---|---|---|---|
| | | | | | |
| | | | | | |
| | | | | | |

续表

| 按压时间/s | 是否能得到二硫化钼 | 二硫化钼单层的数量 | 二硫化钼多层的数量 | 二硫化钼的质量 | 备注、建议 |
|---|---|---|---|---|---|
| | | | | | |
| | | | | | |
| | | | | | |
| | | | | | |
| | | | | | |
| | | | | | |
| | | | | | |
| | | | | | |

注：二硫化钼的质量栏请选填优/良/差

## 五、实验总结与思考

写出实验总结报告，并且在下面的问题中选择4个以上作答。

（1）胶带剥离法的优点与缺点分别是什么？是否有改进的方法？

（2）制备二硫化钼还有什么方法？简单介绍一下。

（3）用显微镜观测二维二硫化钼，并且拍摄下来，比较形状等信息，这些信息中有没有共同点？

（4）是否有简单的方法测量得到的二硫化钼的厚度，或者知道二硫化钼是否为单层？

（5）二硫化钼有哪些优秀性质？可以应用在哪些方面？

（6）对于这个实验，你有什么想法或者建议？

# 6.3 新型二维微纳半导体器件的光响应及气敏性质测试实验

## 一、实验目的

用二维材料制作的新型二维微纳半导体器件，因为是单层原子，比表面积（单位质量物料所具有的总面积）大，所以具有体积小、能耗低、反应快等特点，被视为可能取代硅半导体器件的新一代半导体器件。本实验初步测试二维微纳半导体器件的光响应及气敏性质，具体目的如下。

（1）了解微纳器件的制备方法与技术；

（2）通过对二维晶体管器件进行光响应的电学测试掌握二维微纳半导体材料光电特性的作用机理；

（3）通过对二维晶体管器件进行气体响应的电学测试掌握二维半导体材料气敏特性的作用机理。

## 二、实验原理

光电效应是物理学中一个重要而神奇的现象。在高于某特定频率的电磁波照射下，某些物质内部的电子会被光子激发出来而形成电流，即光生电。光电现象由德国物理学家赫兹于 1887 年发现，而正确的解释由爱因斯坦提出。科学家们在研究光电效应的过程中，物理学者对光子的量子性质有了更加深入的了解，这对波粒二象性概念的提出有重大意义。

爱因斯坦光电效应方程 $E_k(max)=hv-W_0$，其中，$h$ 是普朗克常数；$v$ 是入射光子的频率。

### 1. 内光电效应

内光电效应是当光照在物体上，使物体的电导率发生变化或产生光生电动势的现象，分为光电导效应和光生伏特效应（光伏效应）。

### 2. 光电导效应

在光线作用下，电子吸收光子能量从键合状态过渡到自由状态，引起材料电导率变化的现象称为光电导效应。

当光照射到光电导体上时，若这个光电导体为本征半导体材料，并且光辐射能量又足够强，光电材料价带上的电子将被激发到导带上去，使光导体的电导率变大。基于这种效应的光电器件有光敏电阻。

### 3. 光生伏特效应

光生伏特效应简称光伏效应，指光照使不均匀半导体或半导体与金属结合的不同部位之间产生电位差的现象。首先，它是由光子（光波）转化为电子、光能量转化为电能量的过程；其次，是形成电压的过程。有了电压，就像筑高了大坝，如果两者之间连通，就会形成电流的回路。

光伏发电，其基本原理就是光伏效应。太阳能专家的任务就是要完成制造电压的工作。因为要制造电压，所以完成光电转化的太阳能电池是阳光发电的关键。

简单来说光生伏特效应就是在光作用下能使物体产生一定方向电动势的现象。基于该效应的器件有光电池、光敏二极管和光敏三极管。

下面以 $WS_2$ 单晶场效应晶体管为例讲解如何计算光开关比、光敏度和外量子效率。

用机械剥离法在 $SiO_2$ 衬底上制备 $WS_2$ 薄层，用金线-掩膜法制作两个金电极，如图 6-2（a）和图 6-2（b）所示。该器件的沟道长度 $L$=20 μm，宽度 $W$=15 μm，因此有效探测面积 $S=LW=300\ \mu m^2=3\times10^{-6}\ cm^2$。

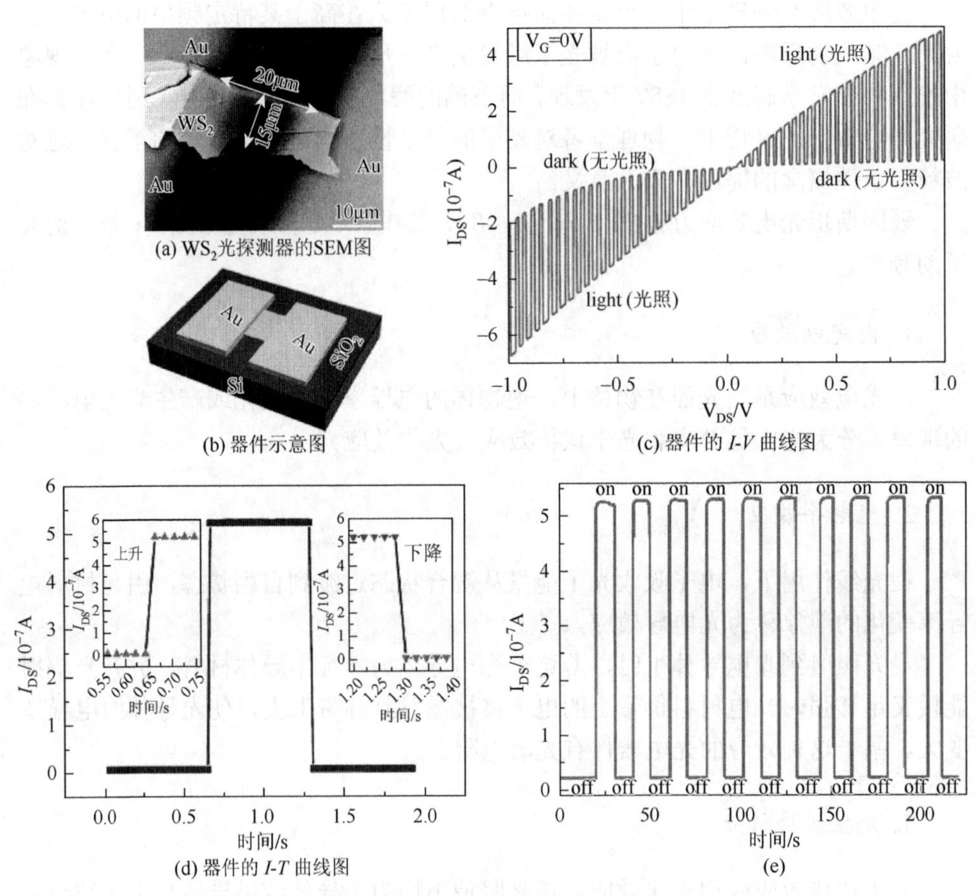


图 6-2　$WS_2$ 单晶场效应晶体管光生伏特效应

入射光源的波长为 633 nm，入射光功率密度为 30 mW/cm²

图 6-2（c）显示了一定调制频率入射光下的 $I$-$V$ 曲线，光电流远大于暗电流，并且响应迅速。如图 6-2（d）和（e）给出了 $WS_2$ 光探测器的 $I$-$T$ 曲线，光开电流上升，光关电流下降，表现出了良好的稳定性和重复性。通过图 6-2（d）中的插图可知，上升时间和下降时间都小于 20 ms。

通过 $I$-$T$ 曲线，该器件的开态电流即光照下的源漏电流 $I_{light}$=0.52 μA；关态电

流即暗电流 $I_{dark}$=6.7 nA；入射光波长 $\lambda$=633 nm；入射光功率密度 $P$=30 mW/ cm$^2$。

光开关比 ON/OFF=$I_{light}/I_{dark}$=0.53 μA/21 nA=25　（6-1）

光敏度计算公式为 $R_\lambda = I_{ph}/PS$，单位是 A/W，式中，$I_{ph}$ 为光电流；$P$ 为入射光功率密度；$S$ 为有效探测面积。$I_{ph}$=$I_{light}$−$I_{dark}$=0.53 μA−21 nA=509 nA。通过上面分析知道 $P$=30 mW/ cm$^2$，$S$=3×10$^{-6}$ cm$^2$。因此，

$$R_\lambda = \frac{509\text{nA}}{30\text{nV/cm}^2 \times 3 \times 10^{-6}\text{cm}^2} = 5.7\text{A/W} \tag{6-2}$$

外量子效率的计算公式为

$$EQE = hcR_\lambda / e\lambda \tag{6-3}$$

式中，$h$ 为普朗克常量 $h$=4.136×10$^{-15}$ eV·s；$c$ 为光速，$c$=3×10$^8$ m/s；$e$ 为电子电荷量 $e$=1.6×10$^{-19}$C；$\lambda$ 为入射光波长 $\lambda$=633 nm。

把所有数值带入计算公式得到 $EQE$=1118%。

## 三、实验仪器

（1）四寸小型探针台 SM-4；
（2）405 nm 激光器，532 nm 激光器，635 nm 激光器；
（3）正置金相显微镜 BA310MET；
（4）电动快门 HM-S-100；
（5）双通道数字源表 2614B；
（6）数字显示系统 MOTIC PRO 205A。

## 四、实验步骤与数据表格

1. 实验准备

（1）选择两个已制作好的微纳半导体器件（对应表 6-4，表 6-5 中的器件 A、器件 B）。

（2）查看激光器的波长及功率密度，填表 6-3。

（3）在显微镜下测量器件沟道的长与宽，填表 6-4。

**表 6-3　激光器的波长及功率密度**

| | 405 nm 激光器 | 532 nm 激光器 | 635 nm 激光器 |
|---|---|---|---|
| 波长 | | | |
| 功率密度 | | | |

**表 6-4　器件的沟道的长与宽**

| 沟道的大小 | 器件 A | 器件 B |
|---|---|---|
| 沟道的长 | | |
| 沟道的宽 | | |

2. 二维半导体器件光响应及气敏性质测试

（1）保持器件源漏两端的电压不变，测试并比较二维半导体器件在有光照及无光照时的电流变化情况（分别用 405 nm 激光器、532 nm 激光器及 635 nm 激光器照，记录情况并填表 6-5）。

（2）保持器件源漏两端的电压不变，测试器件的气敏（乙醇、水蒸气等）特性。

**表 6-5　二维半导体器件光响应及气敏性质测试**

| 测试条件 | 器件 A（记录电流值/mA） | 器件 B（记录电流值/mA） |
|---|---|---|
| 405 nm 激光器 | | |
| 532 nm 激光器 | | |
| 635 nm 激光器 | | |
| 无光照 | | |
| 乙醇 | | |
| 水蒸气 | | |

## 五、实验总结与思考

写出实验总结报告，画出二维半导体器件的结构示意图，回答下面的问题。

（1）解释光照对二维半导体材料的作用，并指出其作用机理。

（2）说明乙醇、水蒸气等气体对二维材料（石墨烯、硫化钼或硫化钨等）的作用，并指出其作用的机理。

（3）这两个器件可以应用在哪些方面？

（4）提出对这个实验的改进建议。

# 6.4　新型二维微纳半导体器件的电学性质测试实验

## 一、实验目的

用二维材料制作的新型二维微纳半导体器件，因为是单层原子或仅几个原子层，比表面积（单位质量物料所具有的总面积）大，所以具有体积小（微米级甚至纳米级）、能耗低、反应快等特点，被视为可能取代硅半导体器件的新一代半导体器件。本实验初步测试二维微纳半导体器件的电学性质，具体目的如下。

（1）了解微纳器件的制备方法与技术；

（2）通过对二维晶体管器件迁移率的电学测试，掌握器件的测试方法并理解器件的工作原理。

## 二、实验原理

迁移率 $\mu$ 是衡量半导体导电性能的重要参数，它决定半导体材料的电导率，影响器件的工作速度。在半导体材料中，由某种原因产生的载流子处于无规则的热运动，当外加电压时，导体内部的载流子受到电场力作用，做定向运动形成电流，即漂移电流，定向运动的速度称为漂移速度，方向由载流子类型决定。在电场下，载流子的平均漂移速度 $v$ 与电场强度 $E$ 成正比为

$$v = \mu E \tag{6-4}$$

式中，$\mu$ 为载流子的漂移迁移率，简称迁移率。它表示单位电场下载流子的平均漂移速度，单位是 $m^2$/（V·s）或 $cm^2$/（V·s）。也就是说相同的电场强度下，载流子迁移率越大，运动得越快；迁移率越小，运动得越慢。同一种半导体材料中，载流子类型不同，迁移率不同，一般是电子的迁移率高于空穴。如室温下，低掺杂硅材料中，电子的迁移率为 1350 $cm^2$/（V·s），而空穴的迁移率仅为 480 $cm^2$/（V·s）。

迁移率主要影响到晶体管的两个性能。

一是与载流子浓度一起决定半导体材料的电导率（电阻率的倒数）的大小。迁移率越大，电阻率越小，通过相同电流时，功耗越小，电流承载能力越大。由于电子的迁移率一般高于空穴的迁移率。因此，功率型 MOSFET 通常总是采用电子作为载流子的 *N* 沟道结构，而不采用空穴作为载流子的 *P* 沟道结构。

二是影响器件的工作频率。双极晶体管频率响应特性最主要的限制是少数载流子渡越基区的时间。迁移率越大，需要的渡越时间越短。晶体管的截止频率与基区材料的载流子迁移率成正比，因此提高载流子迁移率，可以降低功耗，提高

器件的电流承载能力，同时也可提高晶体管的开关转换速度。

一般来说 P 型半导体的迁移率是 N 型半导体的 1/3～1/2。

电导率和迁移率之间的关系为 $\sigma=ne\mu$。也就是在一定的电子浓度 $n$ 和电荷量的情况下，电子迁移率和电导率是正相关的。

下面以 $WS_2$ 单晶场效应晶体管测试为例讲解如何计算迁移率及开关比。

$WS_2$ 单晶场效应晶体管是用金线-掩膜法制备。图 6-3（a）给出了该晶体管的示意图，以 Au 为源（S）漏（D）电极，$SiO_2$ 为绝缘介质层（厚度为 300 nm），高掺杂 Si 为底部栅电极，单晶 $WS_2$ 为晶体管沟道层。通过在栅极（G）施加电压，调控 $WS_2$ 靠近 $SiO_2$ 界面处的电荷浓度，从而实现对源漏电流的调控。图 6-3（b）给出了 $WS_2$ 晶体管的光学显微镜图，通过测量得到该晶体管的沟道长度 $L$ 为 20 μm，沟道宽度 $W$ 为 25 μm。

然后，在场效应测试系统中进行测试，得到 $WS_2$ 晶体管的转移和输出曲线，分别如图 6-3（c）和图 6-3（d）所示。可以看到，随着栅压的增加，源漏电流增大，表明 $WS_2$ 为 N 型半导体，在未加栅压下（$V_g$=0 V），源漏电流很大，晶体管为开启状态，表明零栅压下 $WS_2$ 中的 N 沟道已存在。综上分析，单晶 $WS_2$ 场效

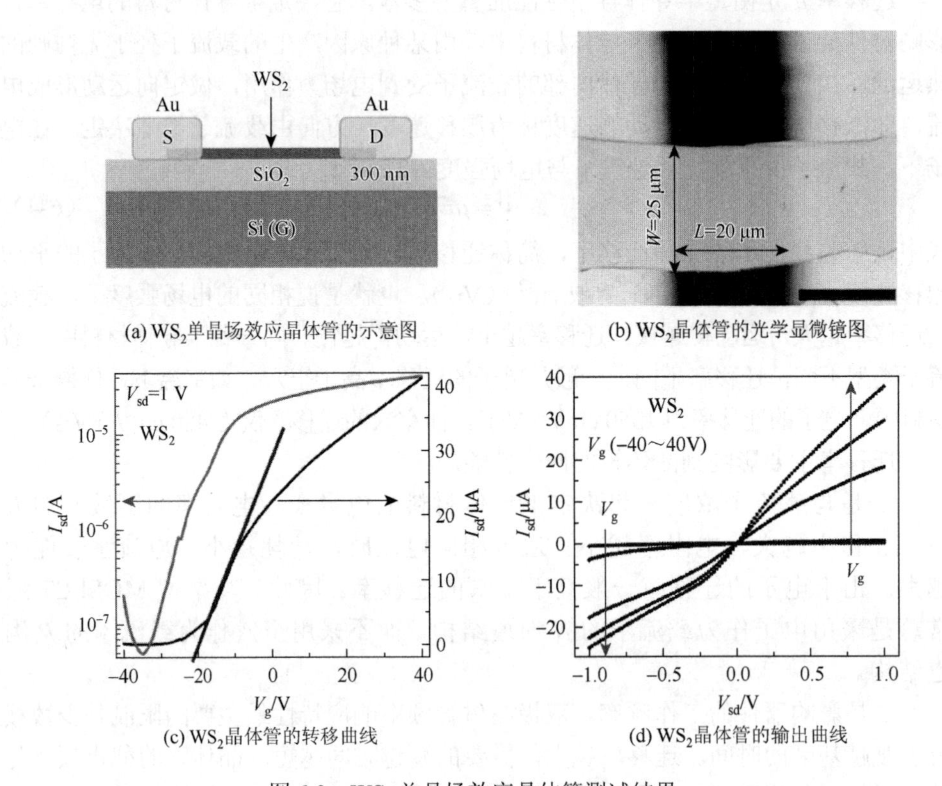


(a) $WS_2$单晶场效应晶体管的示意图　(b) $WS_2$晶体管的光学显微镜图

(c) $WS_2$晶体管的转移曲线　(d) $WS_2$晶体管的输出曲线

图 6-3　$WS_2$ 单晶场效应晶体管测试结果

应晶体管为 N 沟道耗尽型晶体管。

场效应开关比和迁移率是描述晶体管性能的两个重要参数，下面对该晶体管的性能参数进行计算分析。

场效应开关比 $I_{on}/I_{off}$ 定义为器件在“开”态和“关”态时的源漏电流的比值。通过转移曲线（图 6-3（c）），该器件的关态电流 $I_{off}$ 为 $5\times10^{-8}$A，开态电流 $I_{on}$ 为 $4\times10^{-5}$A，因此开关比为

$$I_{on}/I_{off}=\frac{4\times10^{-5}\,\mathrm{A}}{5\times10^{-8}\,\mathrm{A}}=800 \tag{6-5}$$

场效应迁移率 $\mu$ 是指在单位电场下，电荷载流子的平均漂移速率，可以根据以下公式计算得到：

$$\mu=\frac{\partial I_{sd}}{\partial V_g}\left(\frac{L}{WC_iV_{sd}}\right) \tag{6-6}$$

式中，$I_{sd}$ 为源漏电流；$V_g$ 为栅压；$V_{sd}$ 为源漏偏压；$L$ 和 $W$ 分别是沟道长度和宽度；$C_i$ 是栅电容率；可以通过公式 $C_i=\varepsilon_o\varepsilon_r/d$ 计算得到；$\varepsilon_o$ 是真空介电常数；$\varepsilon_r$ 绝缘层 $SiO_2$ 的介电常数；$d$ 为 $SiO_2$ 厚底。

已知，源-漏偏压 $V_{sd}$=1 V，沟道长度 $L$=20 μm，沟道宽度 $W$=25 μm，真空介电常数 $\varepsilon_0=8.85\times10^{-12}$ F/m，$SiO_2$ 的介电常数 $\varepsilon_r$=3.9，厚度 $d$=300 nm。通过计算转移曲线的最大斜率（如图 6-3（c）中直线所示）得到 $\frac{\partial I_{sd}}{\partial V_g}=1.42\times10^{-6}$ A/V。把以上所有数值带入迁移率计算公式，得到

$$\mu=1.42\times10^{-6}\mathrm{A/V}\left(\frac{20\mu\mathrm{m}\times300\mathrm{nm}}{25\mu\mathrm{m}\times8.85\times10^{-12}\frac{F}{m}\times3.9\times1\mathrm{V}}\right) \tag{6-7}$$

根据单位换算 1F=1C/V，1C=1 A·s，得到 1F=1 A·s/V，统一所有单位后得到迁移率的量纲为 $cm^2$/（V·s），最后得到 $\mu$=98.7 $cm^2$/（V·s）。

## 三、实验仪器

（1）四寸小型探针台 SM-4；

（2）正置金相显微镜 BA310MET；

（3）电动快门 HM-S-100；

（4）双通道数字源表 2614B；

（5）数字显示系统 MOTIC PRO 205A。

## 四、实验步骤与数据表格

1. 实验准备

（1）选择两个已制作好的微纳半导体器件；

（2）在显微镜下测量器件沟道的长与宽，填表 6-6。

**表 6-6　器件沟道的长与宽**

| 沟道的大小 | 器件名称及编号 | 器件名称及编号 |
| --- | --- | --- |
| 沟道的长 | | |
| 沟道的宽 | | |

2. 二维半导体器件电学性质测试

（1）测试石墨烯与二硫化钼器件在不同栅压下的输出曲线；

（2）在探针台辅助下测试石墨烯器件的转移曲线，并计算石墨烯器件的开关比与电子迁移率，填表 6-7 与表 6-8。

**表 6-7　场效应晶体管的开关比测试**

| 测试参数 | 器件名称及编号 | 器件名称及编号 |
| --- | --- | --- |
| $I_{on}$ | | |
| $I_{off}$ | | |
| 开关比 | | |

**表 6-8　二维半导体器件电子迁移率测试**

| 栅压 | 源漏偏压 | 器件名称及编号、电子迁移率 | 器件名称及编号、电子迁移率 |
| --- | --- | --- | --- |
| | | | |
| | | | |
| | | | |
| | | | |
| | | | |
| | | | |

## 五、实验总结与思考

写出实验总结报告，画出二维半导体器件的结构示意图，回答下面的问题。

（1）测试并计算出所测二维半导体材料（如石墨烯）的迁移率。

（2）测试石墨烯与二硫化钼等器件在不同栅压下的输出曲线，并作比较，有什么特点？

（3）这两个器件可以应用在哪些方面（场效应晶体管的应用）？

（4）提出对这个实验的改进建议。

# 6.5　激光内雕刻实验

## 一、实验目的

（1）学习计算机激光雕刻机系统修正图形参数的方法；

（2）学习激光雕刻系统激光雕刻和切割路径设置的基本方法；

（3）学习激光雕刻机的正确操作方法，完成所设计产品的雕刻、切割加工。

## 二、实验原理

激光之所以能在透明物体内产生损伤点，主要是利用材料对高强度激光的非线性“异常吸收”现象。当波长 1.06 μm 激光束强度大于 $10^7$ W/mm$^2$（由石英玻璃性质决定）时，由于极强非线性效应的产生，激光能被石英玻璃“异常吸收”，造成多光子电离损伤并产生等离子体，从而使透明材料的体内形成损伤，从玻璃外面看呈现一个“小白斑”。石英玻璃内部的光束吸收可以由两种效应来解释：①最小的显微效应使玻璃吸收光能后，导致局部熔触甚至破坏。这种效应除了主要取决于光束强度外，还取决于外来粒子的种类、大小和密度及高质的石英玻璃。②在高强度时，非线性系数占才有意义。这时正常的折射率与光强的关系：$n=n_0+\delta_1$，由于石英玻璃非线性系数的典型值 $\delta\approx3\times10^{-14}$ mm$^2$/W，在强度大于 $10^7$ W/mm$^2$ 时，该非线性效应会明显出现。当石英玻璃内部的激光束呈高斯分布时，上述非线性效应导致折射率在射束中心达到最大值，并向外衰减。这种径向阶梯折射率对激光束的作用如同透镜，即通过聚焦可提高光强度，这导致透镜效应进一步加大，又进一步引起更强的聚焦等，直至最终“电介质击穿”。图 6-4 是波长为 1.06 μm 的激光束通过石英玻璃时的透过率。

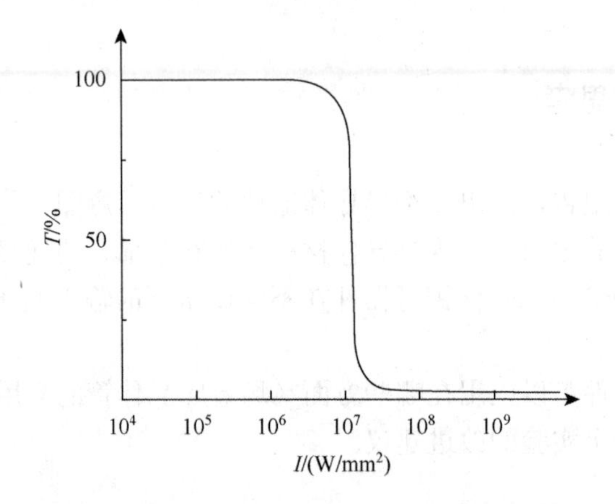


图 6-4　不同强度的激光束（波长为 1.06 μm）通过石英玻璃时的透过率

内雕过程主要是利用纳秒脉冲激光器（通常是石榴石激光器的基频，倍频或 3 倍频），把激光聚焦在玻璃内部，通过扫描实现三维（3D）内雕。目前常用有两种技术的激光内雕机。

（1）采用半导体泵浦固体如 Nd-YAG（Nd：YAG 晶体称为掺钕钇铝石榴石，是综合性能优异的激光晶体，激光波长 1064 nm，广泛用于军事、工业和医疗等行业，技术的激光内雕机。

（2）另一种是灯泵浦。用半导体激光二极管（LD）或二极管阵列泵浦的固体激光器。它是目前激光发展的主要方向之一，其泵浦效率高，具有较高雕刻速度，没有耗材，价格高。灯泵浦激光内雕机采用氪灯泵浦 Nd-YAG 产生激光，其雕刻速度较慢，有耗材，需要一到两个月更换一只氪灯，价格相对便宜。

要实现激光雕刻，在玻璃中激光聚焦点的激光能量密度必须大于使玻璃破坏的临界值，称为损伤阈值。激光在该处的能量密度与它在该点光斑的大小有关。对于同一束激光来说，光斑越小所产生的能量密度越大。通过聚焦，可以使激光的能量密度在到达要加工区之前低于玻璃的破坏阈值，在希望加工的区域则超过这一临界值。脉冲激光的能量可以在瞬间使玻璃受热炸裂，从而产生微米至毫米数量级的微裂纹，由于微裂纹对光的散射而呈白色，通过已经设定好的计算机程序控制在玻璃内部雕刻出特定的形状，玻璃的其余部分则保持原样。

## 三、实验仪器

实验仪器包括激光内雕机控制系统、激光发生器、激光光路控制系统、计算机软件系统，系统组成框图见图 6-5。

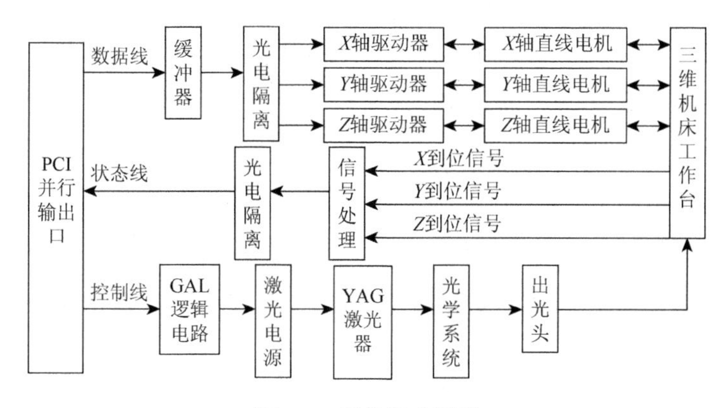


图 6-5　系统组成框图

仪器参数为：激光内雕机的纳秒激光波长为 532 nm；激光在材料中打出的孔洞直径最小为 0.04 μm；激光内雕机所加工的两点间距最小为 0.08 mm，若小于这两点间距会使点爆裂，因此在进行二维图像雕刻时，图像的 DPI 需要设置为 300（可通过 ps 软件转化）；激光内雕机所加工的图案最大为 250 mm×300 mm。

## 四、实验步骤

1. 激光内雕机开机步骤

（1）按下机器上的绿色按钮（控制机器开关）。

（2）观察 4 个指示灯，机器预热时预热灯亮，约 30 s 后预热灯熄灭，工作灯亮，此时机器进入正常工作状态。

2. 内雕机软件使用步骤

（1）首次运行时，点击操作界面的复位按钮，进行位置校正。

（2）点击输入文件—输入，打开所需雕刻的图像。

（3）此时弹出对话框，“新建”表示删除当前文件，建立新的文件；“合并”表示将新的文件与当前文件合并，一起雕刻；“点距”表示激光所雕刻图案点与点之间最小距离，默认 0.08 mm 即可；“层距”表示所雕刻图像层间距的大小，雕刻人像时 0.35 mm 为宜，雕刻风景像时 0.4 mm 为宜；“层数”表示所雕刻图像的层数，为 0 时，系统自动分层，层数越大立体感越强，但会使图像模糊。

（4）根据图像在水晶的位置，可以移动、旋转、放大、对齐图像。

对齐图像：当两图像有基点时，基点对齐；无基点时，几何中心对齐。

连拼：在一个水晶中打开多个相同的指定的图像。

分组：将所雕刻的多个图像分组雕刻。

加强：在一个点激光打两次，使点更加清晰。

激光打点方式有正常（对样品精细度要求不高时使用）、斜切（要求高时使用，有点重叠时，激光斜着打）和分层（要求高时使用，逐层打点）三种。

平时一般使用选择正常就可以。

3. 布点软件参考

布点软件只对于三维图形实施布点，对于二维图片可直接在软件中导入。具体步骤如下。

（1）导入 OBJ 格式文件（在 3ds Max 中生成）。一种是普通层（不带贴图），一种是带贴图的 OBJ 层。

（2）在“编辑”中“设置参数”，再“居中”。对于带贴图的 OBJ 文件还需“纹理设置”（导入已保存的贴图）。

（3）布点参数设置。

普通层：线点距、面点距、规则侧距、$Z$ 向浓度（1.5）。其中点距最小为 0.08 mm，否则玻璃易裂。显示形式有点、面与点，点分布可以随机也可以呈现某种格式，层数也可选择。

OBJ 图层：最小点距、层数、层距、$Z$ 向点距（0.15）。显示形式有切除背面、整体单面、整体双面，加层形式选为普通加层即可。

（4）保存修改，生成点云。观看效果后可以重新更改参数，最终确定后保存成 dxf 文件，使其能导入软件中进行加工。

4. 实验任务

（1）在软件中导入一张二维图片，并在玻璃中雕刻出来；

（2）在玻璃中设计制作毛泽东的诗词《沁园春·雪》显示器件。

## 五、注意事项

1. 加密狗的使用

（1）绿色的加密狗为三维布点软件，做三维图像雕刻时使用。

（2）橙色的加密狗为内雕机操控软件，做二维三维图像均要使用。

2. 激光内雕机的保养及使用注意事项

（1）每隔一个月左右，在机器内丝杆和平台滑杆上滴加少量润滑油（内雕机附带）。

（2）激光镜头不要用纸巾擦拭，有灰尘时用吹尘球吹一下。

（3）在移动机器后，要检测一下机器是否运行正常，方法如下：①开机后运行软件；②点击测试命令，进行测试。

（4）操作系统的时间不能更改，否则会使加密狗失效。

# 6.6　激光熔覆实验

## 一、实验目的

（1）了解激光产生的原理和激光加工成套设备的主要组成；

（2）了解激光加工的基本原理、优点、工艺过程和应用领域；

（3）了解激光熔覆的基本操作方法及注意事项。

## 二、实验原理

激光加工是一种极其重要的高能加工技术。通过利用激光高强度、高亮度、方向性好、单色性好的特性，在光学系统中把激光束聚焦成尺寸小、能量密度高（可达 $10^7$～$10^{11}$ W/cm$^2$）的光斑照射到材料上，瞬时温度可高达 10 000℃，使材料在较短的时间（＜$10^{-3}$ s）内熔化甚至汽化，从而达到加热和去除材料的目的。

激光加工原理如图 6-6 所示。

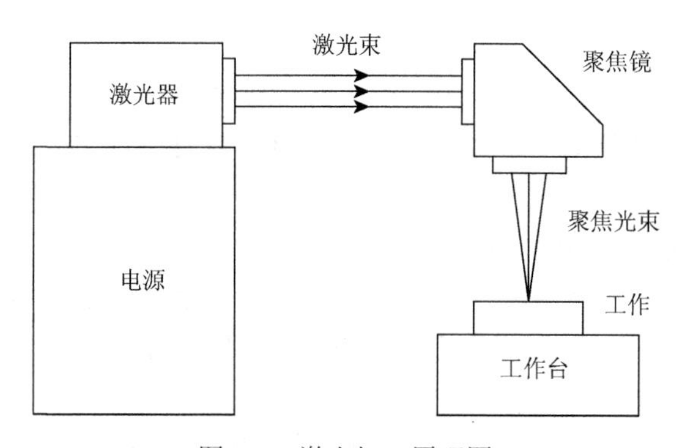


图 6-6　激光加工原理图

激光熔覆就是利用大功率高能量激光束聚集能量极高的特点，瞬间将被加工工件表面微熔，同时使零件表面预置或与激光束同步自动送置的合金粉末完全熔化。激光束扫描后快速凝固，获得与基体冶金结合的致密覆层，恢复几何尺寸和表面强化等特点。

在不同的功率密度等条件下，材料表面区域发生各种不同的变化。这种变化包括温度升高、熔化、汽化、形成小孔等。熔化的金属在保护气体作用下结晶凝固形成焊缝；汽化后的金属蒸气在辅助气体的吹力作用下离开被加工表面从而形成割缝或孔洞。如果加工过程中加入一定的粉末材料，使其和被加工工件表面部分材料熔合在一起，就可以得到高性能的熔覆层。

## 三、实验仪器

实验材料为板状材料 Q235；尺寸（长×宽×高）：50 mm×60 mm×10 mm；合金粉体材料 302，其化学成分见表 6-9。

**表 6-9 铁基合金粉末 302 的化学成分**

| 化学成分 | Fe | C | Cr | Si | B | Ni |
|---|---|---|---|---|---|---|
| 含量/% | 45 | 1.0～1.5 | 8.0～12.0 | 3.0～5.0 | 3.5～4.5 | 28.0～32.0 |

实验仪器为掺铱光纤激光器和焊接机械控制器。其中掺镱光纤激光器波长为 1064 nm；额定光功率为 500 W；激光功率可调谐范围为 10%～100%；功率稳定性为±2%（0.3%）；脉冲频率范围为 CW-5 kHz；光束质量为≤2.5 mm mrad（50 μm 光纤）。

## 四、实验步骤

（1）观察激光加工装备结构，了解各部分元配件功能。了解激光加工设备的光路搭建方式，掌握激光空间传输机制。实验前需要检查室内水、电、气等是否正常。

（2）安装试板，用砂轮打磨试板表面。

（3）选择预置的合金粉体，配制相应的熔覆合金，将铁粉与黏结剂以适量比例混合并均匀搅拌，涂覆在试板表面，熔覆层的厚度为 0.7 mm，随后用吹风机将涂覆层吹干。

（4）确定熔覆的过程工艺参数，编制数控机械装置的加工程序，激光功率（此时的扫描速度为 6 mm/s）分别定为 300 W、150 W 和 50 W，扫描速度（此时的激光功率为 150 W）分别为 3 mm/s、6 mm/s、9 mm/s，熔覆的道次为 6 道，扫描轨迹为直线、不重叠，根据实验方案，编制数控机械加工程序。

（5）调整工作台位置，佩戴好防护眼镜，穿好防护服。

（6）按照设备操作步骤和防护要求，开启激光加工设备，调整激光头的垂直距离和位置，正离焦量约为 15 mm，在生锈钢板上打出光斑，光斑尺寸为 2 mm。输入以上编订的数控加工程序，将预置合金粉末的试板放于工作台中央。移动激光头到试板上方位置，按照以上设计定参数，运行数控程序，自动进行激光熔覆。

（7）对熔覆试件统一编号，并做上标记。对照试件，准确记录每个试件的熔覆条件，包括试板的材质、形状尺寸，熔覆合金粉末的型号、成分、预置厚度，激光功率、扫描速度及光斑尺寸等（表 6-10）。

（8）对实验结果进行讨论分析，撰写实验报告。

**表 6-10　熔覆实验方案**

| 编号 | 板材料 | 合金粉 | 厚度 | 激光功率 | 扫描速度 | 光斑尺寸 |
|---|---|---|---|---|---|---|
| | | | | | | |
| | | | | | | |
| | | | | | | |
| | | | | | | |
| | | | | | | |

## 五、注意事项

（1）未经指导老师许可，严禁开动接通设备电源，触动控制按钮；
（2）操作人员须戴防护眼镜，严禁直接用眼睛对激光口观看，以免伤害眼睛；
（3）请勿用手直接取放、触摸试样，小心烫伤；
（4）在激光切割加工前，必须检查水、气管路是否畅通，压力是否正常。

# 6.7　光载毫米波系统设计和传输实验

## 一、实验目的

（1）理解马赫-曾德尔调制器（MZM）实现光调制器的原理、过程；动手组建 MZM 为核心的系统主要组成；

（2）理解常用光调制解调方法、实现方案及其学习分析其各自频谱特性；

（3）了解光载毫米波通信系统（ROF）在未来移动通信体系 LTE-A 中的作用及搭建系统结构。

## 二、实验原理

### 1. 马赫-曾德尔调制器（MZM）

铌酸锂调制器属于电光调制器，基于铌酸锂晶体的线性电光效应（也称为 Pockels 效应）。利用铌酸锂材料的电光效应可以制作出不同功能的调制器，主要有相位调制器、马赫-曾德尔结构的强度调制器、定向耦合强度调制器及偏振调制器。相位调制器是铌酸锂调制器中最基本也是最简单的一种调制器，基本原理为利用铌酸锂晶体的电光效应改变材料折射率从而改变光波的相位。MZM 利用 MZ 干涉结构实现相位调制到强度调制的变化，其数学模型非常简单，并且可以实现大带宽调制。偏振调制器是利用铌酸锂晶体的双折射效应制作而成的，经过特殊设计的偏振调制器专注于需要高性能偏振调制的应用。

如图 6-7 所示，一个典型的 MZM 是基于 MZ 干涉结构的，可以将相位信息转变为幅度或强度信息。

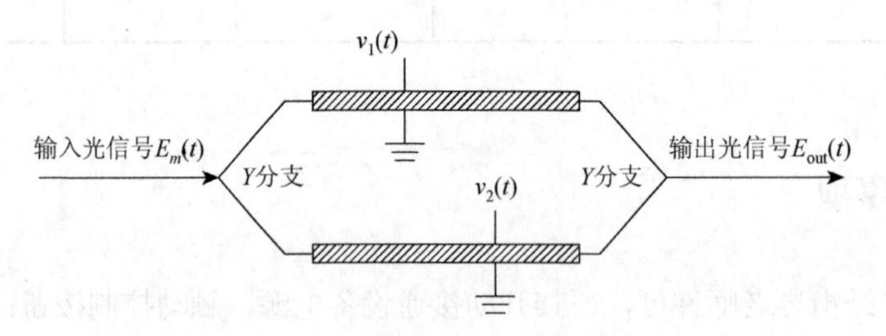


图 6-7 双电极 MZM 结构示意图

其中，输入端的 Y 型分支可以看作一个功分器，将输入光信号等分成两路，这两路光信号将在分离的两段光波导中传播，一般将这两条支路称为 MZM 的两条“臂”。这两条臂中至少要有一条被设计成电光波导结构，即原理和制作类似于相位调制器。位于输出端的 Y 型分支的作用是将经过两个臂后的光信号合并为一路单模光信号输出。整个结构都是在铌酸锂衬底上制作而成的。在实际中，为了实现零啁啾调制和其他更复杂的功能，一般将这两条臂都设计成电光波导结构，也就是说这两条臂的光信号都可以通过特定的电极设计而受到外加电信号的调制。因此可以将 MZM 的两条臂简单地理解为经过特殊设计制作而成的两个并行的相位调制器。

### 2. ROF 系统原理

随着移动通信技术发展，光纤已经逐渐从核心网渗透到了离用户更近的接入网中，以无源光网络（passive optical networks，PON）技术为代表的宽带光纤接入网已经被大家所熟知，并处于商用化加速阶段来代替基于铜线的有线接入技术。另外，以大气为传输介质的射频技术往往受限于高的传输损耗和有限的传输带宽。因此，鉴于光纤独有的优势，很容易想到可以用光纤代替铜线或大气作为某段链路的传输介质，或者通过光纤延长传输距离。要做到这一点，就需要将微波（毫米波）信号加载到光载波上然后通过光纤传输后，在接收端通过光电转换还原出原始的微波（毫米波）信号，也就是 ROF 系统。

典型的 ROF 系统一般由三个部分组成：中心局（contral station，CS）、光纤链路和远端天线单元（remote antenna unit，RAU），原理如图 6-8 所示。

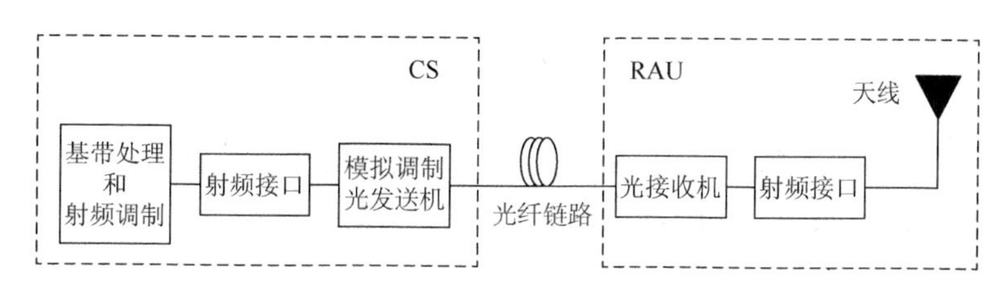


图 6-8　ROF 系统结构示意图

3. MZM 调制方式

（1）双边带（double side band，DSB）调制。

双边带调制信号主要有三个频谱分量组成，分别为光载波 $\omega$ 及两个边带（边带 $\Omega$），对应中心光角频率分别为 $\omega$、$\omega-\Omega$ 和 $\omega+\Omega$。

（2）单边带（single side band，SSB）调制。

单边带调制信号主要有两个频谱分量组成，分别为光载波及上边带或下边带，对应中心光角频率分别为为 $\omega$，$\omega-\Omega$，$\omega+\Omega$。

（3）抑制载波双边带（carrior-suppressed double side band，CS-DSB）调制。

抑制载波双边带调制信号主要有两个频谱分量组成，载波分量被抑制，只含有上下两个边带，对应中心光角频率分别为 $\omega-\Omega$ 和 $\omega+\Omega$。

## 三、实验仪器

实验仪器包括 MZM、激光器、光放大器 EDFA、单模光纤跳线、微波信号源、天线对、光电检测器等。实验中用到的其他配件具体图 6-9 所示的 ROF 实验结构和连线图。

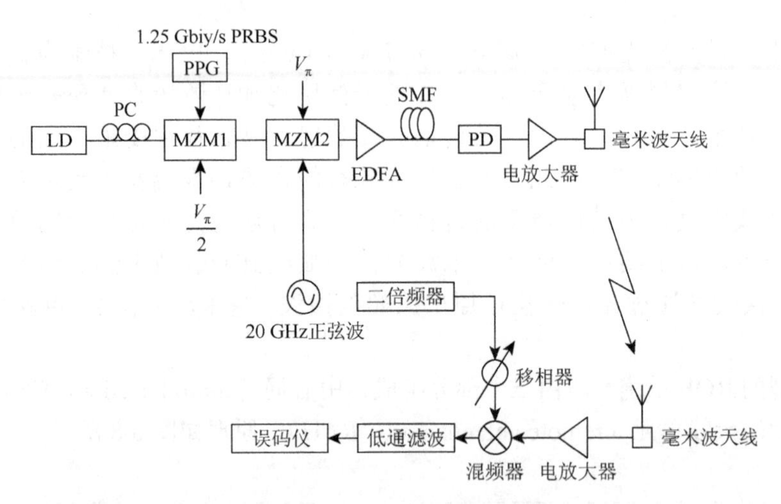


图 6-9　ROF 实验结构图

这是一个 40 GHz 频段 ROF 系统光纤与无线传输实验装置图，实验中需要使用测试仪器包括示波器、误码分析仪、光谱仪、频谱仪等。

误码仪数据界面如图 6-10 所示。

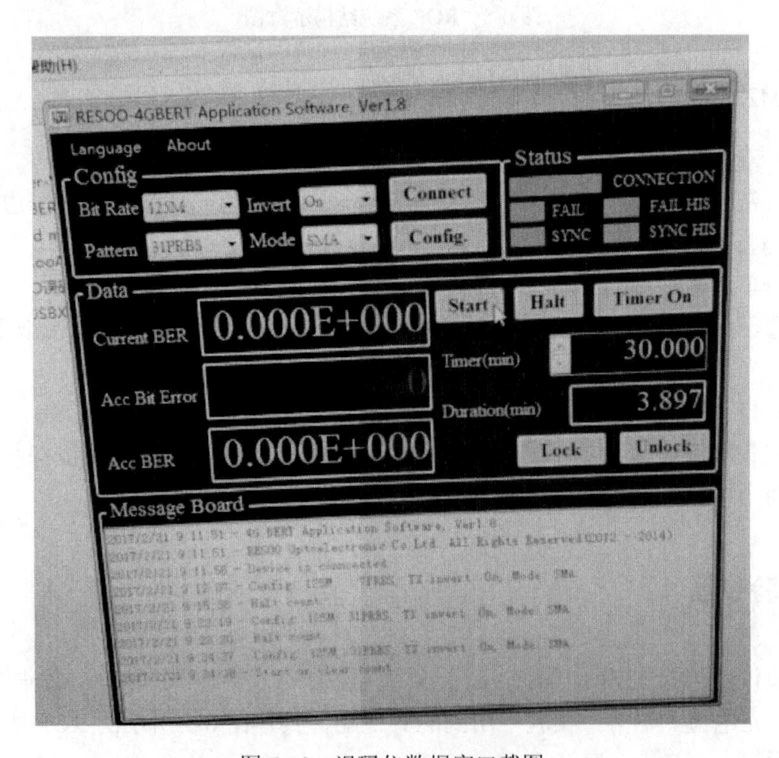


图 6-10　误码仪数据窗口截图

## 四、实验步骤

（1）观察 MZM 结构，了解各 MZM 各个端口功能。了解激光器的光路搭建和调节方式，掌握激光光源和 MZM 连接方式。试验前需要检查室内水、电、气等是否正常。

（2）光谱仪使用，用光谱仪测试输出激光器，注意规范的操作流程。观察光谱图，记录激光器工作波长和功率。

（3）按照图 6-9 中的 MZM1 和 MZM2 连接搭建两级调制结构。即将激光器输出连接 MZM1，误码仪输出作为 MZM1 的调制信号，MZM1 输出连接 MZM2 输入光信号，20 GHz 微波信号源输入 MZM2 进行副载波调制。

（4）使用光谱仪测试 MZM 输出端的频谱特性，记录波长和功率；变换误码仪不同频率的输出波形，用频谱仪测量输入信号频谱。

（5）按照图 6-9，连接 EDFA、长距离单模光纤、光电检测器（PD），使用光谱仪测试 EDFA 和单模光纤光功率大小，并记录具体大小，计算光放大的增益倍数；用频率仪观察 PD 的输出波形，分析工作频率。

（6）按照图 6-9，搭建收发天线、混频器、滤波器等电路，学习理解混频器工作原理。

（7）对解调的信号进行测量和分析。对解调输出的时域用示波器采集波形，观察通信眼图。并且用频率仪分析频谱特性。把滤波器输出的波形引入到误码分析仪，观察和记录误码仪的输出。

（8）改变天线之间的距离，用示波器测试最终输出的波形图，并记录误码仪所记录的误码率；调节移相器，通过改变不同的相位差异，观察输出波形的变换，并记录误码仪所记录的误码率。

（9）改变单模光纤的长度，记录长度对误码率的影响数据。对实验结果进行讨论分析，撰写实验报告，格式参考表 6-11。

**表 6-11　实验数据**

| 编号 | 光纤长度 | 误码率 | 天线距离 | LD 功率 | 光谱仪 | 示波器 |
| --- | --- | --- | --- | --- | --- | --- |
| | | | | | 中心波长： | 频率： |
| | | | | | | |
| | | | | | 功率： | 眼图数据 |
| | | | | | | |
| | | | | | 边频： | |
| | | | | | | |

## 五、注意事项

（1）未经指导老师许可，严禁开动接通激光器电源，触动其控制按钮；

（2）操作人员须戴防护眼镜，严禁眼睛对激光口观看，以免伤害眼睛；

（3）请勿用手直接触摸微波器件接头、光纤跳线不要过渡弯折，严禁用手接触光纤头；

（4）在搭建光路和电路前，必须器件和连线统一编号，并做标记，拆装过程注意对号入座。

# 参 考 文 献


曹凤国，2015. 激光加工[M]. 北京：化学工业出版社.

陈国通，2005. 数字通信[M]. 第二版. 哈尔滨：哈尔滨工业大学出版社.

陈曦，邱志成，张鹏，等，2009. 基于 Verilog HDL 的通信系统设计[M]. 北京：中国水利水电出版社.

迟泽英，2014. 光纤光学与光纤应用技术[M]. 第二版. 北京：电子工业出版社.

樊昌信，曹丽娜，2012. 通信原理[M]. 第七版. 北京：国防工业出版社.

裴世鑫，等，2015. 光电信息科学与技术实验[M]. 北京：清华大学出版社.

顾畹仪，2013. 光纤通信系统[M]. 第三版. 北京：北京邮电大学出版社.

郭杰荣，等，2015. 光电信息技术实验教程[M]. 西安：西安电子科技大学出版社.

郝允祥，陈遐举，张保琳，2010. 光度学[M]. 北京：中国计量出版社.

胡昌奎，等，2015. 光纤技术实践教程[M]. 北京：清华大学出版社.

黄章勇，2003. 光纤通信用新型光无源器件[M]. 北京：北京邮电大学出版社.

黄植文，1996. 激光实验[M]. 北京：北京大学出版社.

杭凌侠，2011. 光学工程基础实验[M]. 北京：国防工业出版社.

江月松，2002. 光电技术与实验[M]. 北京：北京理工大学出版社.

金冈优，2005. 激光加工[M]. 北京：机械工业出版社.

李敬林，2003. 近代物理实验[M]. 北京：北方交通大学出版社.

李泽民，1992. 光纤通信[M]. 北京：科学技术文献出版社.

李志超，2001. 大学物理实验[M]. 第 3 册. 北京：高等教育出版社.

廖延彪，黎敏，2013. 光纤光学[M]. 第二版. 北京：清华大学出版社.

林学煌，2002. 光无源器件[M]. 北京：人民邮电出版社.

刘增基，等，2011. 光纤通信原理[M]. 第二版. 西安：西安电子科技大学出版社.

吕乃光，2006. 傅里叶光学[M]. 第 2 版. 北京：机械工业出版社.

孙恒慧，包宗明，1985. 半导体物理[M]. 北京：高等教育出版社.

汤顺清，1990. 色度学[M]. 北京：北京理工大学出版社.

田耘，徐文波，张延伟，等，2008. 无线通信 FPGA 设计[M]. 北京：电子工业出版社.

吴凤修，2006. SDH 技术与设备[M]. 北京：人民邮电出版社.

谢自美，2015. 电子线路设计·实验·测试[M]. 第三版. 武汉：华中科技大学出版社.

王庆有，2010. 光电信息综合实验与设计教程[M]. 北京：电子工业出版社.

解金山，陈宝珍，2002. 光纤数字通信技术[M]. 北京：电子工业出版社.

原荣，2010. 光纤通信[M]. 第三版. 北京：电子工业出版社.

袁国良，2012. 光纤通信原理[M]. 第二版. 北京：清华大学出版社.

赵梓森，等，2003. 光纤通信工程[M]. 第二版. 北京：人民邮电出版社.

中国人民解放军总装备部军事训练教材工作委员会，2002. 光纤通信技术[M]. 北京：国防工业出版社.

周世勋，2003. 量子力学教程[M]. 第二版. 北京：高等教育出版社.

Dean C R，et al.，2010. Boron nitride substrates for high-quality graphene electronics[J]. Nature Nanotechnology，5，722-726.

Lopez-Sanchez O，Lembke D，Kayci M，et al.，2013，Ultrasensitive photodetectors based on monolayer MoS2[J]. Nature Nanotechnology，8（7），497-501.